普通高等教育信息技术类系列教材

大学计算机基础

（Windows 10+Office 2016）

主　编　刘志国　苟　燕　马跃春

参　编　石　淼　王　莉　王　强　赵希武

科学出版社

北　京

内 容 简 介

本书主要内容包括计算机基础知识、Windows 操作系统、Internet 基础和 Office 2016（Word 2016、PowerPoint 2016 和 Excel 2016）的应用。在内容安排上创设问题与情景，提出学习目标，以具体实例进行讲解，并以活动为中心，以任务为驱动，注重学生实践能力的培养。第 2～6 章章末配有相应的实验供学生练习使用。

本书既可作为师范院校公共计算机基础课程教材，也可作为广大计算机爱好者的自学参考用书。

图书在版编目(CIP)数据

大学计算机基础：Windows 10+Office 2016/刘志国，苟燕，马跃春主编. —北京：科学出版社，2022.8

（普通高等教育信息技术类系列教材）

ISBN 978-7-03-072653-7

Ⅰ. ①大… Ⅱ.①刘…②苟…③马… Ⅲ. ①Windows 操作系统-高等学校-教材②办公自动化-应用软件-高等学校-教材 Ⅳ. ①TP316.7 ②TP317.1

中国版本图书馆 CIP 数据核字（2022）第 109653 号

责任编辑：宋 丽 李 莎 / 责任校对：赵丽杰
责任印制：吕春珉 / 封面设计：东方人华平面设计部

科学出版社 出版
北京东黄城根北街 16 号
邮政编码：100717
http://www.sciencep.com

三河市良远印务有限公司印刷
科学出版社发行　各地新华书店经销

*

2022 年 8 月第 一 版　开本：787×1092 1/16
2022 年 8 月第一次印刷　印张：19 1/4
字数：452 000

定价：68.00 元

（如有印装质量问题，我社负责调换〈良远〉）
销售部电话 010-62136230 编辑部电话 010-62138978-2046

前　言

本书以教育部高等学校计算机科学与技术教学指导委员会《关于进一步加强高等学校计算机基础教学的意见暨计算机基础课程教学基本要求（试行）》（2006 年）和教育部高等学校文科计算机基础教学指导委员会《大学计算机教学基本要求》（2008 年）的基本精神为编写依据，以《教育部关于加快建设高水平本科教育　全面提高人才培养能力的意见》（教高〔2018〕2 号）、《教育部关于深化本科教育教学改革　全面提高人才培养质量的意见》（教高〔2019〕6 号）和《教育部关于一流本科课程建设的实施意见》（教高〔2019〕8 号）中提出的“学生中心、产出导向、持续改进”为编写理念，由多名长期从事计算机基础教育且具有先进教学理念和丰富教学经验的一线教师编写而成。

本书共分 6 章：第 1 章计算机基础知识，主要介绍计算机的发展、数据在计算机中的表示、计算机系统的组成及基本工作原理、大数据等新技术；第 2 章 Windows 操作系统，主要介绍 Windows 10 操作系统的使用方法；第 3 章 Internet 基础，主要介绍计算机网络和 Internet 的基本概念与基本知识、信息的查找与保存等内容；第 4 章 Word 文字处理软件，主要介绍 Word 2016 的基本操作；第 5 章 PowerPoint 演示文稿软件，主要介绍利用 PowerPoint 2016 制作图文并茂、动态播放的演示文稿的方法；第 6 章 Excel 电子表格软件，主要介绍 Excel 2016 的基本操作和使用技巧，以及数据处理和数据分析方法。第 2～6 章章末附有实验环节，供学生课后训练以巩固所学知识。

本书以实用性、科学性和易学性为原则，结合编者多年的实际教学经验，充分体现了学生的问题探究式、协作式的学习方式。本书针对教学内容设定了问题与情景、学习目标、实施过程等环节，以激发学生的学习兴趣。学生在学习过程中以项目式学习方式为主线完成相应的项目作品，从而达到学习目标的要求。

本书在教学过程中所使用的教学资源与全部素材均可在内蒙古师范大学“师大学堂”平台下载。

本书由刘志国、苟燕、马跃春主编并统稿。具体编写分工如下：第 1 章由马跃春编写，第 2 章由石淼编写，第 3 章由刘志国编写，第 4 章由苟燕编写，第 5 章由王强编写，第 6 章由王莉编写。赵希武教授在本书编写过程中给予了指导并提出了宝贵的建议，在此对赵希武教授及其他关心和支持本书编写的同仁表示衷心的感谢。

由于编者水平有限，加之时间仓促，书中不妥之处在所难免，敬请广大读者批评指正，不吝赐教。

编　者

2022 年 5 月

前言

目　　录

第 1 章　计算机基础知识……1
1.1　计算机概述……1
1.1.1　计算机的概念……1
1.1.2　计算机的发展……2
1.1.3　计算机的主要特点……3
1.1.4　计算机的发展趋势……4
1.1.5　计算机的应用领域……5
1.2　计算机中常用的数制……6
1.2.1　数制的相关概念……6
1.2.2　常用的进位计数制……7
1.2.3　不同进位计数制之间的转换……8
1.2.4　二进制与计算机……10
1.3　计算机中的数据与编码……11
1.3.1　数据的概念……11
1.3.2　数据的单位……11
1.3.3　字符编码……12
1.4　计算机系统的组成与应用……13
1.4.1　计算机系统的组成……13
1.4.2　微型计算机的硬件系统……14
1.4.3　微型计算机的软件系统……17
1.4.4　微型计算机的主要性能指标……18
1.5　计算机的安全与病毒……19
1.5.1　计算机的安全操作……19
1.5.2　计算机病毒及其防治……20
1.5.3　计算机病毒的检测与清除……20
1.6　多媒体技术……21
1.6.1　多媒体技术概述……21
1.6.2　多媒体技术的特征及多媒体计算机系统的构成……22
1.6.3　多媒体技术的应用……22
1.7　计算思维……23
1.7.1　计算思维概述……23
1.7.2　计算思维的典型方法……23
1.7.3　计算机问题求解过程……25

1.7.4 算法与程序的概念 …… 26
1.8 计算机领域的新技术 …… 27
1.8.1 大数据概述 …… 27
1.8.2 云计算及其应用 …… 28
1.8.3 人工智能及其应用 …… 30
1.8.4 物联网 …… 32
1.8.5 大数据时代对计算机教育形成的挑战 …… 34
习题 …… 35
第 2 章 Windows 操作系统 …… 38
2.1 操作系统概述 …… 38
2.1.1 操作系统的概念 …… 38
2.1.2 操作系统的功能 …… 39
2.1.3 典型桌面操作系统 …… 39
2.1.4 典型移动操作系统 …… 41
2.1.5 我国操作系统的发展 …… 41
2.1.6 其他类型的操作系统 …… 43
2.2 Windows 10 操作系统概述 …… 43
2.2.1 Windows 10 操作系统的特点 …… 43
2.2.2 Windows 10 操作系统的基本操作 …… 44
2.2.3 Windows 10 任务栏的操作 …… 50
2.2.4 Windows 10 的帮助系统 …… 51
2.3 Windows 10 文件资源管理器 …… 52
2.3.1 Windows 10 文件资源管理器的打开方式 …… 52
2.3.2 文件和文件名 …… 52
2.3.3 查看计算机资源 …… 53
2.3.4 Windows 10 文件管理操作 …… 53
2.4 Windows 10 操作系统的设置 …… 57
2.4.1 显示与个性化设置 …… 58
2.4.2 日期和时间、输入法与鼠标设置 …… 60
2.4.3 应用和功能设置 …… 62
2.4.4 账户管理 …… 63
2.5 Windows 10 应用程序的执行及其他操作 …… 64
2.5.1 Windows 10 应用程序的执行 …… 64
2.5.2 Windows 10 操作系统的其他操作 …… 65
2.6 常用 Windows 工具软件 …… 66
2.6.1 记事本 …… 66
2.6.2 截图和草图 …… 67
2.6.3 画图 3D …… 68

2.7 问题设计……69
2.8 实验……70
2.8.1 Windows 10 操作系统的初步使用……70
2.8.2 Windows 10 文件资源管理器的使用……72
2.8.3 Windows 10 设置和应用程序的使用……73
习题……74
第 3 章 Internet 基础……77
3.1 计算机网络概述……77
3.1.1 计算机网络的定义……77
3.1.2 计算机网络的功能……78
3.1.3 计算机网络的组成……78
3.1.4 计算机网络的分类……81
3.2 Internet 概述……83
3.2.1 Internet 的概念与功能……83
3.2.2 Internet 的接入方式……86
3.2.3 IP 地址的设置和查看……87
3.3 信息服务……90
3.3.1 WWW 服务……90
3.3.2 电子邮件……93
3.3.3 FTP 上传和下载……96
3.3.4 远程登录……98
3.3.5 云盘……99
3.4 信息检索……101
3.4.1 信息的查找……101
3.4.2 信息的保存……105
3.5 信息安全与防范……106
3.5.1 常见的威胁与攻击……107
3.5.2 个人信息安全防范……108
3.6 实验……111
习题……112
第 4 章 Word 文字处理软件……116
4.1 Word 2016 概述……117
4.1.1 Word 2016 的基本功能……117
4.1.2 Word 2016 的启动……118
4.1.3 Word 2016 主窗口组成及其功能……118
4.1.4 选择不同的视图方式……121
4.1.5 Word 2016 版本新增实用功能……122
4.2 利用 Word 2016 制作一份板报……126

4.2.1 编辑文档……126
4.2.2 保存文档……128
4.2.3 关闭文档……129
4.2.4 打开现有文档……129
4.2.5 设置文档属性……130
4.2.6 退出 Word 2016……130
4.3 修改板报……131
4.3.1 文本的选择……131
4.3.2 文本的编辑……131
4.3.3 撤销、恢复操作……133
4.3.4 文本的查找和替换……133
4.3.5 Word 2016 自动更正功能……134
4.3.6 Word 2016 拼写和语法检查功能……135
4.4 设置板报的格式……135
4.4.1 编排环境的设置……135
4.4.2 字体的排版……136
4.4.3 段落的排版……138
4.4.4 设置行距和段落间距……140
4.4.5 设置制表位……141
4.4.6 给段落添加边框和底纹……142
4.4.7 设置项目符号和编号……143
4.4.8 文档字数统计……145
4.5 美化板报……146
4.5.1 分栏排版……146
4.5.2 文档的分页与分节……146
4.5.3 艺术字的插入与编辑……149
4.5.4 插入文本框……149
4.5.5 设置首字下沉……150
4.5.6 插入页眉和页脚……151
4.5.7 设置页码……152
4.5.8 设置脚注和尾注……153
4.5.9 插入题注……154
4.5.10 插入书签……154
4.5.11 中文版式的使用……155
4.5.12 图片的操作……155
4.5.13 插入剪贴画、形状、SmartArt 图形……159
4.5.14 设置页面背景和颜色……161
4.5.15 插入文档封面……162

4.6 保护文档……163
4.7 打印板报……163
4.7.1 页面设置……163
4.7.2 打印预览与打印……164
4.8 表格的建立与编辑……165
4.8.1 表格的建立……165
4.8.2 表格中数据的输入……167
4.8.3 表格线的设置……168
4.8.4 表格的编辑……169
4.8.5 表格内数据的排序与计算……173
4.8.6 文字与表格的相互转换……174
4.9 编辑公式……175
4.9.1 插入自定义公式……175
4.9.2 插入 Word 内置公式……175
4.9.3 插入墨迹公式……176
4.9.4 保存公式……177
4.10 实验……178
4.10.1 文字录入与编辑……178
4.10.2 格式设置……179
4.10.3 版面设置与编排……180
习题……181
第 5 章 PowerPoint 演示文稿软件……184
5.1 PowerPoint 2016 概述……185
5.1.1 PowerPoint 2016 的基本功能……185
5.1.2 PowerPoint 2016 的启动和退出……185
5.1.3 PowerPoint 2016 窗口……186
5.1.4 PowerPoint 2016 的视图……187
5.2 演示文稿的基础操作……189
5.2.1 创建演示文稿……190
5.2.2 编排文本……193
5.2.3 操作幻灯片……195
5.3 丰富演示文稿的内容……197
5.3.1 添加特殊文本……197
5.3.2 添加图形图像……198
5.3.3 添加表格……208
5.3.4 添加图表……209
5.3.5 插入音频……212
5.3.6 插入视频……213

5.4 设计演示文稿外观……214
5.4.1 主题……215
5.4.2 背景……217
5.4.3 母版……221
5.5 设置演示文稿的放映效果……225
5.5.1 设置动画效果……225
5.5.2 幻灯片切换……230
5.6 超链接幻灯片……232
5.6.1 设置超链接……233
5.6.2 编辑超链接……235
5.7 放映幻灯片……237
5.7.1 设置播放范围……237
5.7.2 设置放映方式……238
5.7.3 排练计时与录制演示文稿……239
5.7.4 启动幻灯片放映……241
5.8 实验……242
习题……243
第 6 章 Excel 电子表格软件……248
6.1 Excel 2016 概述……249
6.1.1 Excel 2016 的基本功能……249
6.1.2 Excel 2016 的启动与退出……249
6.1.3 Excel 2016 窗口……249
6.1.4 Excel 2016 的基本概念……250
6.2 工作簿的基本操作……251
6.2.1 工作簿的建立……251
6.2.2 工作簿的保存、打开与关闭……251
6.2.3 在工作簿中选择工作表……252
6.3 工作表的基本操作……253
6.3.1 工作表的插入与删除……253
6.3.2 工作表的移动、复制与重命名……253
6.3.3 工作表、行、列的隐藏与取消隐藏……254
6.3.4 工作表窗口的拆分与冻结……254
6.3.5 行、列和单元格的插入与删除……255
6.3.6 单元格及单元格区域的选取……256
6.4 数据录入……256
6.4.1 直接录入数据……257
6.4.2 快速录入数据……257
6.4.3 编辑单元格数据……260

6.4.4 单元格的命名及为单元格插入批注……261
6.4.5 设置数据的有效检验……262
6.4.6 查找与替换……262
6.5 格式化工作表……263
6.5.1 行高与列宽的调整……263
6.5.2 “设置单元格格式”对话框……263
6.5.3 格式化的其他方法……267
6.5.4 条件格式……268
6.6 数据计算……269
6.6.1 公式……269
6.6.2 公式的引用位置……271
6.6.3 自动求和……272
6.6.4 公式自动填充……272
6.6.5 函数……272
6.6.6 错误值……273
6.7 数据可视化……274
6.7.1 创建图表……274
6.7.2 编辑图表……274
6.7.3 格式化图表……276
6.8 数据处理……276
6.8.1 数据排序……276
6.8.2 数据筛选……277
6.8.3 合并计算……280
6.8.4 分类汇总……282
6.8.5 数据透视表……283
6.9 打印输出……284
6.9.1 页面设置……284
6.9.2 设置打印区域……285
6.9.3 打印预览与打印文档……286
6.10 实验……287
6.10.1 工作簿操作……287
6.10.2 数据处理……289
习题……291
参考文献……295

第 1 章

计算机基础知识

【问题与情景】

在 21 世纪，学生不但要学会利用各种信息工具获取信息、加工信息、展示信息和评价信息，还要具备信息意识，知道何时、何地、从何处高效率地获取自己想要的信息。

【学习目标】

计算机是一个非常有用的工具，因此我们要掌握计算机基础知识，了解计算机的组成和工作原理，学会使用计算机搭建自己的学习与生活空间。

1.1 计算机概述

1.1.1 计算机的概念

现代计算机是一种能够存储数据和程序，并能自动执行程序，从而快速、高效地自动完成各种数字化信息处理的电子设备。数据和程序存放在计算机的存储器中，通过执行程序，计算机对输入的各种数据进行处理、存储或传送，并输出处理结果。程序是计算机解决问题的有限指令序列，不同的问题只需执行相应的程序即可，因此计算机具有较好的通用性。计算机所处理的对象和结果都是信息，从这一点来看，计算机与人的大脑有某些相似之处。因为人的大脑和五官也是信息采集、识别、转换、存储、处理的器官，所以人们常把计算机称为电脑。

随着信息时代的到来和信息高速公路的兴起，全球信息化进入了一个全新的发展时期。人们越来越深刻地认识到计算机强大的信息处理功能，从而使之成为信息产业的基础和支柱。人们在物质需求不断得到满足的同时，对各种信息的需求也将日益增长，计算机已成为人们生活中不可或缺的工具之一。

1.1.2 计算机的发展

1. 计算机的诞生与发展

20 世纪 40 年代中期，正值第二次世界大战进入激烈的决战时期，在新式武器的研究中，日益复杂的数字运算问题亟须迅速、准确地解决。于是 1946 年年初，在美国宾夕法尼亚大学，由物理学家莫克利等研制的电子数字积分计算机（electronic numerical integrator and calculator，ENIAC）正式投入使用。ENIAC 是一台公认的“大型”计算机，其体积达 $90m^3$，重 30t，占地约 $120m^2$，耗电约 150kW/h，使用了 18 800 支电子管、70 000 多个电阻器、10 000 多个电容器、6000 多个开关。其每秒可计算 5000 次加法或 400 次乘法，原来需要 20 多分钟才能计算出来的一条弹道，现在只要短短的 30s，计算速度比人工计算提高了 8400 多倍，是当时速度最快的机电式计算机的 1000 倍。虽然这台计算机完全为了军事用途而研制，但是 ENIAC 的问世，在人类科学史上具有划时代的意义，它奠定了计算机发展的基础，开辟了电子计算机科学的新纪元。

ENIAC 虽然极大地提高了运算速度，但它需要在解题前根据计算的问题连接外部线路。这项工作在当时只能由少数计算机专家完成，而且当需要求解另一个问题时，必须重新进行连线，因而使用极不方便。与此同时，对计算机做出巨大贡献的数学家冯·诺依曼发表了一篇名为《电子计算机装置逻辑结构初探》的论文，第一次提出了存储程序的理论，即程序和数据都事先存入计算机，运行时自动取出指令并执行指令，从而实现计算的完全自动化。根据这一思想，他设计出了世界上第一台“存储程序式”计算机，即电子离散变量自动计算机（the electronic discrete variable automatic computer，EDVAC），并于 1952 年正式投入运行。事实上实现存储程序设计思想的第一台电子计算机是英国剑桥大学的 M. V. 威尔克斯领导设计的电子延迟存储自动计算器（electronic delay storage automatic calculator，EDSAC），其于 1949 年 5 月研制成功并投入运行。基于“存储程序”方式工作的计算机，人们仍然习惯称之为冯·诺依曼计算机。尽管现在的计算机与当初的计算机在各方面都发生了惊人的变化，但其基本结构和原理仍是基于冯·诺依曼理论体系。

自第一台计算机问世以来，按计算机所采用的逻辑元器件，计算机的发展分为 4 个阶段。

第一代计算机（1946～1957 年）：采用电子管作为逻辑元器件，其主存储器采用磁鼓、磁芯，外部存储器采用磁带、纸带、卡片等；存储容量只有几千字节，运算速度为每秒几千次；主要使用机器语言编程，用于数值计算。这一代计算机的体积大、价格高、可靠性差、维修困难。

第二代计算机（1958～1964 年）：采用晶体管作为逻辑元器件，其主存储器使用磁芯，外存储器使用磁带和磁盘；开始使用高级程序设计语言；应用领域也由数值计算扩展到数据处理、事务处理和过程控制等方面。相对第一代计算机，这一代计算机的运算速度更快，体积变小，功能更强。

第三代计算机（1965～1970 年）：逻辑元器件采用中小规模集成电路，其主存储器开始逐渐采用半导体元器件，存储容量可达几兆字节，运算速度可达每秒几十万至几百万次。这一代计算机体积更小，成本更低，性能进一步提高；在软件方面，开始使用操作系统，计算机的应用领域逐步扩大。

第四代计算机（1971 年至今）：逻辑元器件采用大规模和超大规模集成电路，集成度大幅提高，运算速度可达每秒几百万次至几百万亿次，具有高集成、高速、高性能、大容量和低成本等优点；在软件方面，系统软件功能完善，应用软件十分丰富，软件业已成为重要的产业之一；同时，计算机网络、分布式处理和数据库管理技术等都得到了进一步的发展和应用。

从 20 世纪 80 年代开始，世界各国相继开始研究称为“智能计算机”的新一代计算机系统，企图打破现有的体系结构，使计算机具有思维、推理和判断能力。

2. 微型计算机的发展阶段

为叙述简单起见，本书关于微型计算机的阶段划分从准 16 位的 IBM-PC 开始。

（1）第一代微型计算机

1981 年 8 月，国际商业机器公司（International Business Machines Corporation，IBM）推出了个人计算机 IBM-PC。1983 年 8 月，IBM 又推出了 IBM-PC/XT，其中 XT 表示扩展型，它以 Intel 8088 芯片为中央处理器（central processing unit，CPU），内部总线为 16 位，外部总线为 8 位。人们称 IBM-PC/XT 及其兼容机为第一代微型计算机。

（2）第二代微型计算机

1984 年 8 月，IBM 又推出了 IBM-PC/AT，其中 AT 表示先进型或高级型。

（3）第三代微型计算机

1986 年，由康柏（Compaq）公司率先推出了 386/AT，牌号为 Deskpro 386，开辟了 386 微型计算机的新时代。

（4）第四代微型计算机

1989 年，Intel 80486 芯片问世，不久就出现了以它为 CPU 的微型计算机。

（5）第五代微型计算机

1993 年，Intel 公司推出了 Pentium 芯片，即人们常说的 80586 芯片，出于专利保护的原因，将其命名为 Pentium，中文名称为“奔腾”。

1.1.3 计算机的主要特点

计算机的发明和发展是 20 世纪伟大的科学技术成就之一。作为一种通用的智能工具，它具有以下几个特点。

（1）运算速度快

现代巨型计算机系统的运算速度已达每秒几十亿次至几百亿次。

（2）运算精度高

计算机内采用二进制数制进行运算，因此可以用增加表示数字的设备和运用计算技术使数值计算的精度越来越高。

（3）通用性强

计算机可以将任何复杂的信息处理任务分解成一系列的基本算术和逻辑操作，反映在计算机的指令操作中，即按照各种规律执行的先后次序把它们组织成各种程序并存入存储器。

（4）具有记忆和逻辑判断功能

计算机具备内部存储器和外部存储器，可以存储大量的数据，随着存储容量的不断增大，可存储记忆的信息量也越来越大。

（5）具有自动控制能力

计算机内部的操作、控制是由事先编制好的程序自动控制的，无须人工干预。

1.1.4 计算机的发展趋势

计算机为人类做出了巨大的贡献。随着计算机在社会各领域的普及和应用，人们对计算机的依赖性越来越大，对计算机的功能要求也越来越高，因此，有必要研制功能更强大的新型计算机。计算机的发展趋势可概括为以下 5 个方向。

（1）巨型化

巨型化是指发展高速、大存储容量和功能更强大的巨型计算机，以满足尖端科学的需求。并行处理技术是研制巨型计算机的基础，巨型计算机能够体现一个国家计算机科学水平的高低，也能反映一个国家的经济和科学技术实力。

（2）微型化

发展外形小巧、质量轻、价格低、功能强的微型计算机，以满足广泛应用领域的需求。近年来，微型计算机技术发展迅速，新产品不断问世，芯片集成度和性能不断提高，价格越来越低。

（3）网络化

计算机网络是计算机技术和通信技术结合的产物，是计算机技术中重要的一个分支，是信息系统的基础设施。目前，世界各国都在规划和实施自己的国家信息基础设施（national information infrastructure，NII），即一个国家的网络信息系统。NII 将学校、科研机构、企业、图书馆、实验室等部门的各种资源连接在一起，供全体公民共享，使任何人在任何时间、任何地点都能够将声音、文字、图像、视频等信息传递给在任何地点的任何人。

网络的高速率、多服务和高质量是计算机网络总的发展趋势。尽管网络的带宽大幅提高，服务质量不断改善，服务种类不断增加，但由于网络用户急剧增长，网络用户要求也越来越高，目前网络仍不能满足人们的需求。

（4）智能化

智能化是指用计算机模拟人的感觉和思维过程，使计算机具备人的某些智能，能够进行一定的学习和推理（如听、说，识别文字、图形和物体等）。智能化技术包括模式识别、图像识别、自然语言的生成和理解、博弈、定理自动证明、自动程序设计、专家系统、学习系统和智能机器人等。

（5）多媒体化

多媒体化是指计算机能够更有效地处理文字、图形、动画、音频、视频等形式的信息，从而使人们可以更自然、更有效地使用这些信息。多媒体技术的发展使计算机具备了综合处理文字、声音、图形和图像的能力，而在现实生活中人们也更乐于接受图、文、声并茂的信息。因此，多媒体化也是计算机发展的一个重要趋势。

硅芯片技术高速发展的同时，硅技术越来越接近其物理极限。为此，人们正在研究开发新型计算机，以使计算机的体系结构与技术产生质的飞跃。新一代计算机包括量子计算机、光子计算机、分子计算机、纳米计算机等。

1.1.5 计算机的应用领域

计算机具有高速度运算、逻辑判断、大容量存储和快速存取等特性，这决定了它在现代人类社会的各种活动领域都成为越来越重要的工具。人类的社会实践活动总体上可分为认识世界和改造世界两大范畴。对自然界和人类社会各种现象和事实进行探索，并发现其中的规律，是科学研究的任务，属于认识世界的范畴。利用科学研究的成果进行生产和管理，属于改造世界的范畴。在这两大范畴中，计算机都是极有力的一个工具。

计算机的应用范围相当广泛，涉及科学研究、军事技术、信息管理、工农业生产、文化教育等各个领域。

1. 科学计算（数值计算）

科学计算是计算机重要的应用领域之一。工程设计、地震预测、气象预报、火箭和卫星发射等都需要由计算机承担庞大复杂的计算任务。

2. 数据处理（信息管理）

当前计算机应用较广泛的领域之一就是数据处理。人们用计算机收集、记录数据，经过加工产生新的信息形式。

3. 过程控制（实时控制）

计算机是生产自动化的基本技术工具之一，主要从两个方面影响生产自动化：一是在自动控制理论上，现代控制理论处理复杂的多变量控制问题，其数学工具是矩阵方程和向量空间，必须使用计算机求解；二是在自动控制系统的组织上，由数字计算机和模拟计算机组成的控制器是自动控制系统的大脑。它按照设计者预先规定的目标和计算程序，以及反馈装置提供的信息指挥执行机构动作。生产自动化程度越高，对信息传递的速度和准确度的要求也越高，这一任务靠人工操作已无法完成，只有计算机才能胜任。在综合自动化系统中，计算机赋予自动控制系统越来越强的智能性。

4. 计算机通信

现代通信技术与计算机技术相结合，构成计算机网络，这是微型计算机具有广阔前景的一个应用领域。计算机网络的建立，不仅实现了一个地区、一个国家中计算机之间的通信和网络内各种资源的共享，还可以促进和发展国际通信和各种数据的传输与处理。

5. 计算机辅助工程

（1）计算机辅助设计

利用计算机高速处理、大容量存储和图形处理功能辅助设计人员进行产品设计的技术称为计算机辅助设计（computer aided design，CAD）。计算机辅助设计技术已广泛应用于电路设计、机械设计、土木建筑设计和服装设计等各个方面。

（2）计算机辅助制造

在机器制造业中，利用计算机通过各种数控机床和设备，自动完成离散产品的加工、装配、检测和包装等制造过程的技术称为计算机辅助制造（computer aided manufacturing，CAM）。

（3）计算机辅助教学

学生通过与计算机系统之间的对话实现教学的技术称为计算机辅助教学（computer aided instruction，CAI）。

（4）其他计算机辅助系统

利用计算机作为工具辅助产品测试的计算机辅助测试（computer aided testing，CAT），利用计算机对学生教学、训练和对教学事务进行管理的计算机辅助教育（computer aided education，CAE），利用计算机对文字、图像等信息进行处理、编辑、排版的计算机辅助出版（computer aided publishing，CAP）等都是计算机辅助系统。

6. 人工智能

人工智能是利用计算机模拟人类某些智能行为（如感知、思维、推理、学习等）的理论和技术。它是在计算机科学、控制论等基础上发展起来的一门边缘学科，包括专家系统、机器翻译、自然语言理解等。

1.2 计算机中常用的数制

1.2.1 数制的相关概念

1. 数制

数制也称为计数制，是指用一组固定的符号和统一的规则来表示数值的方法。

2. 进位计数制

按进位的方法进行计数称为进位计数制。在日常生活和计算机中采用的都是进位计数制。

3. 数位、基数和位权

在进位计数制中有数位、基数和位权 3 个要素。

1）数位：数码在一个数中所处的位置。

2）基数：在某种进位计数制中，每个数位上所能使用的数码的个数。例如，在十进位计数制中，每个数位上可以使用的数码为 0～9，共 10 个数码，即其基数为 10。

3）位权：在某种进位计数制中，每个数位上的数码所代表的数值大小，等于在这个数位上的数码乘以一个固定的数值，这个固定的数值就是此种进位计数制中该数位上的位权。数码所处的位置不同，代表数值的大小也不同。

1.2.2 常用的进位计数制

进位计数制很多，这里主要介绍与计算机技术有关的几种常用进位计数制。

1. 十进制

十进位计数制简称十进制。十进制数具有以下特点。

1）有10个不同的数码符号：0、1、2、3、4、5、6、7、8、9。

2）每个数码符号根据它在这个数中所处的位置（数位），按“逢十进一”来决定其实际数值，即各数位的位权是以10为底的幂次方。

例如，$(123.456)_{10}$，以小数点为界，从小数点往左依次为个位、十位、百位，从小数点往右依次为十分位、百分位、千分位。因此，小数点左边第一位的3代表数值3，即3×10^0；第二位的2代表数值20，即2×10^1；第三位的1代表数值100，即1×10^2；小数点右边第一位的4代表数值0.4，即4×10^{-1}；第二位的5代表数值0.05，即5×10^{-2}；第三位的6代表数值0.006，即6×10^{-3}。因而该数可表示为

$$(123.456)_{10}=1\times10^2+2\times10^1+3\times10^0+4\times10^{-1}+5\times10^{-2}+6\times10^{-3}$$

由上述分析可归纳出，任意一个十进制数S，可表示成以下形式：

$$(S)_{10}=S_{n-1}\times10^{n-1}+S_{n-2}\times10^{n-2}+\cdots+S_1\times10^1+S_0\times10^0+S_{-1}\times10^{-1}$$
$$+S_{-2}\times10^{-2}+\cdots+S_{-m+1}\times10^{-m+1}+\cdots+S_{-m}\times10^{-m}$$

式中，S_n为数位上的数码，其取值范围为0～9；n为整数位个数；m为小数位个数；10为基数；10^{n-1}、10^{n-2}、…、10^1、10^0、10^{-1}、10^{-2}、…、10^{-m+1}、…、10^{-m}是十进制数的位权。在计算机中，一般用十进制数作为数据的输入和输出。

2. 二进制

二进位计数制简称二进制。二进制数具有以下特点。

1）有两个不同的数码符号：0、1。

2）每个数码符号根据它在这个数中的数位，按“逢二进一”来决定其实际数值。

例如：

$$(1011.101)_2=1\times2^3+0\times2^2+1\times2^1+1\times2^0+1\times2^{-1}+0\times2^{-2}+1\times2^{-3}=(11.625)_{10}$$

任意一个二进制数S，可以表示为

$$(S)_2=S_{n-1}\times2^{n-1}+S_{n-2}\times2^{n-2}+\cdots+S_1\times2^1+S_0\times2^0+S_{-1}\times2^{-1}+S_{-2}\times2^{-2}+\cdots+S_{-m}\times2^{-m}$$

式中，S_n为数位上的数码，其取值范围为0～1；n为整数位个数；m为小数位个数；2为基数；2^{n-1}、2^{n-2}、…、2^1、2^0、2^{-1}、2^{-2}、…、2^{-m}是二进制数的位权。

3. 八进制

八进位计数制简称八进制。八进制数具有以下特点。

1）有8个不同的数码符号：0、1、2、3、4、5、6、7。

2）每个数码符号根据它在这个数中的数位，按“逢八进一”来决定其实际的数值。

例如：

$$(123.24)_8=1\times8^2+2\times8^1+3\times8^0+2\times8^{-1}+4\times8^{-2}=(83.3125)_{10}$$

任意一个八进制数 S，可以表示为

$$(S)_8=S_{n-1}\times8^{n-1}+S_{n-2}\times8^{n-2}+\cdots+S_1\times8^1+S_0\times8^0+S_{-1}\times8^{-1}+S_{-2}\times8^{-2}+\cdots+S_{-m}\times8^{-m}$$

式中，S_n 为数位上的数码，其取值范围为0～7；n 为整数位个数；m 为小数位个数；8为基数；8^{n-1}、8^{n-2}、…、8^1、8^0、8^{-1}、8^{-2}、…、8^{-m} 是八进制数的位权。

八进制数是计算机中常用的一种计数方法，可以弥补二进制数书写位数过长的不足。

4. 十六进制

十六进位计数制简称十六进制。十六进制数具有以下特点。

1）它有16个不同的数码符号：0、1、2、3、4、5、6、7、8、9、A、B、C、D、E、F。因为数字只有0～9共10个，而十六进制要使用16个数字，所以用A～F 6个英文字母分别表示数字10～15。

2）每个数码符号根据它在这个数中的数位，按"逢十六进一"来决定其实际的数值。例如：

$$(3AB.48)_{16}=3\times16^2+A\times16^1+B\times16^0+4\times16^{-1}+8\times16^{-2}=(939.28125)_{10}$$

任意一个十六进制数 S，可表示为

$$(S)_{16}=S_{n-1}\times16^{n-1}+S_{n-2}\times16^{n-2}+\cdots+S_1\times16^1+S_0\times16^0+S_{-1}\times16^{-1}+S_{-2}\times16^{-2}+\cdots+S_{-m}\times16^{-m}$$

式中，S_n 为数位上的数码，其取值范围为0～F；n 为整数位个数；m 为小数位个数；16为基数；16^{n-1}、16^{n-2}、…、16^1、16^0、16^{-1}、16^{-2}、…、16^{-m} 为十六进制数的位权。

十六进制数是计算机常用的一种计数方法，可以弥补二进制数书写位数过长的不足。

以上4种计数制的特点可概括如下。

1）每种计数制都有一个固定的基数 R（R 为大于1的整数），它的每一数位可取0～R 个不同的数值。

2）每种计数制都有自己的位权，并且遵循"逢 R 进一"的原则。

对于任一种 R 进位计数制数 S，可表示为

$$(S)_R=\pm(S_{n-1}R_{n-1}+S_{n-2}R_{n-2}+\cdots+S_1R_1+S_0R_0+S_{-1}R_{-1}+\cdots+S_{-m}R_{-m})$$

式中，S_n 表示数位上的数码，其取值范围为0～$R-1$，R 为计数制的基数，m 和 n 为数位的编号（整数位取 $n-1$～0，小数位取 -1～$-m$）。

1.2.3 不同进位计数制之间的转换

不同进位计数制之间的转换，实质上是基数间的转换。转换的一般原则如下：如果两个有理数相等，则两数的整数部分和小数部分一定分别相等。因此，各数制之间进行转换时，通常对整数部分和小数部分分别进行转换，然后将其转换结果合并即可。

1. 非十进制数转换成十进制数

非十进制数转换成十进制数的方法是把各个非十进制数按公式

$$(S)_p=\pm\sum_{i=n-1}^{-m}S_iR^i$$

展开求和即可。即把二进制数（或八进制数、十六进制数）写成2（或8、16）的各次幂之和的形式，然后计算其结果。

例如，把二进制数$(10101)_2$和$(1101.101)_2$转换成十进制数的过程分别为

$$(10101)_2=1\times2^4+0\times2^3+1\times2^2+0\times2^1+1\times2^0=16+0+4+0+1=(21)_{10}$$

$$(101.01)_2=1\times2^2+0\times2^1+1\times2^0+0\times2^{-1}+1\times2^{-2}=4+0+1+0+0.25=(5.25)_{10}$$

把八进制数$(305)_8$和$(456.124)_8$转换成十进制数的过程分别为

$$(305)_8=3\times8^2+0\times8^1+5\times8^0=192+5=(197)_{10}$$

$$\begin{aligned}(456.124)_8&=4\times8^2+5\times8^1+6\times8^0+1\times8^{-1}+2\times8^{-2}+4\times8^{-3}\\&=256+40+6+0.125+0.03125+0.0078125\\&=(302.1640625)_{10}\end{aligned}$$

把十六进制数$(2A4E)_{16}$和$(32CF.48)_{16}$转换成十进制数的过程分别为

$$\begin{aligned}(2A4E)_{16}&=2\times16^3+A\times16^2+4\times16^1+E\times16^0\\&=8192+2560+64+14=(10830)_{10}\end{aligned}$$

$$\begin{aligned}(32CF.48)_{16}&=3\times16^3+2\times16^2+C\times16^1+F\times16^0+4\times16^{-1}+8\times16^{-2}\\&=12288+512+192+15+0.25+0.03125\\&=(13007.28125)_{10}\end{aligned}$$

2. 十进制数转换成非十进制数

把十进制数转换为二进制数、八进制数、十六进制数的方法如下：整数部分转换采用“除R取余法”，小数部分转换采用“乘R取整法”。

例如，将十进制数$(125.25)_{10}$转换为二进制数的过程为

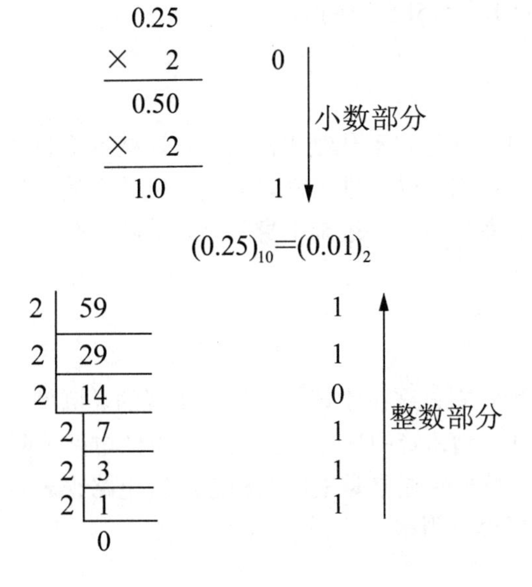

$$(59)_{10}=(111011)_2$$

因此 $(59.25)_{10}=(111011.01)_2$。

3．二进制数、八进制数、十六进制数之间的相互转换

由于 1 位八（十六）进制数相当于 3（4）位二进制数，因此，要将八（十六）进制数转换成二进制数时，只需以小数点为界，向左或向右将每位八（十六）进制数用相应的 3（4）位二进制数取代即可。如果不足 3（4）位，可用零补足。反之，二进制数转换成相应的八（十六）进制数，只是上述过程的逆过程，即以小数点为界，向左或向右将每 3（4）位二进制数用相应的 1 位八（十六）进制数取代即可。

例如，将八进制数 $(714.431)_8$ 转换成二进制数的过程为

7 1 4 . 4 3 1

111 001 100 . 100 011 001

即 $(714.431)_8=(111001100.100011001)_2$。

将二进制数 $(11101110.00101011)_2$ 转换成八进制数的过程为

011 101 110 . 001 010 110

3 5 6 . 1 2 6

即 $(11101110.00101011)_2=(356.126)_8$。

将十六进制数 $(1AC0.6D)_{16}$ 转换成二进制数的过程为

1 A C 0 . 6 D

0001 1010 1100 0000 . 0110 1101

即 $(1AC0.6D)_{16}=(1101011000000.01101101)_2$。

将二进制数 $(10111100101.00011001101)_2$ 转换成相应的十六进制数的过程为

0101 1110 0101 . 0001 1001 1010

5 E 5 . 1 9 A

即 $(10111100101.00011001101)_2=(5E5.19A)_{16}$。

1.2.4 二进制与计算机

计算机是对数据信息进行高速自动化处理的机器。这些数据信息是以数字、字符、符号及表达式等形式来体现的，它们都以二进制编码形式与机器中的电子元器件状态相对应。二进制与计算机之间的密切关系，是与二进制本身所具有的特点分不开的。概括起来，二进制有以下 4 个特点。

1．可行性

二进制只有 0 和 1 两种状态，这在物理上是极易实现的。例如，电平的高与低、电流的有与无、开关的接通与断开、晶体管的导通与截止、灯的亮与灭等两个截然不同的对立状态都可用来表示二进制数。计算机中通常是采用双稳态触发电路来表示二进制数的，这比用十稳态电路来表示十进制数要容易得多。

2. 简易性

二进制数的运算法则简单。例如，二进制数的求和法则只有以下 3 种：

0＋0＝0

0＋1＝1＋0＝1

1＋1＝10（逢二进一）

而十进制数的求和法则有 100 种之多。因此，采用二进制可以使计算机运算器的结构大为简化。

3. 逻辑性

由于二进制数符 1 和 0 正好与逻辑代数中的真（true）和假（false）相对应，用二进制数来表示二值逻辑进行逻辑运算十分方便。

4. 可靠性

由于二进制只有 0 和 1 两个符号，在存储、传输和处理时不容易出错，这使计算机具有的高可靠性得到了保障。

1.3 计算机中的数据与编码

1.3.1 数据的概念

数据是可由人工或自动化手段加以处理的那些事实、概念、场景和指示的表示形式，包括字符、符号、表格、声音、图形和图像等。数据可在物理介质上记录或传输，并通过外围设备被计算机接收，经过处理而得到结果。

数据能被送入计算机加以处理，包括存储、传送、排序、归并、计算、转换、检索、制表和模拟等操作，以得到人们需要的结果。数据经过加工并赋予一定的意义后，便成为信息。

计算机系统中的每个操作都是对数据的某种处理，所以数据和程序一样，是软件工作的基本对象。

1.3.2 数据的单位

计算机中数据的常用单位有位、字节和字三种。

1. 位

计算机采用二进制。运算器运算的是二进制数，控制器发出的各种指令也表示成二进制数，存储器中存放的数据和程序也是二进制数，在网络上进行数据通信时发送和接收的还是二进制数。显然，在计算机内部到处都是由 0 和 1 组成的数据流。

计算机中最小的数据单位是二进制的一个数位，简称为位（bit，也称比特）。计算机中最直接、最基本的操作是对二进制位的操作。一个二进制位可表示两种状态（0 或 1）。两个二进制位可表示 4 种状态（00、01、10、11）。位数越多，所表示的状态也就越多。

2. 字节

为了表示数据中的所有字符（字母、数字及各种专用符号，大约有 256 个），需要用到 7 位或 8 位二进制数。因此，人们选定 8 位为 1 字节（byte，通常用 B 表示）。1 字节由 8 个二进制位组成。

字节是计算机中用来表示存储空间大小的基本的容量单位。例如，计算机内存的存储容量、磁盘的存储容量等都是以字节为单位表示的。

3. 字

字（word）由若干字节组成（通常取字节的整数倍），是计算机进行数据存储和数据处理的基本运算单位。

字长是计算机性能的重要标志，它是一个计算机字所包含的二进制位的个数。不同档次的计算机有不同的字长。按字长可以将计算机划分为 8 位机（如 AppleⅡ、中华学习机）、16 位机（如 286 机）、32 位机（如 386 机、486 机、586 机）、64 位机（目前主流的各类微型计算机）。

1.3.3 字符编码

在计算机中，对非数值的文字和其他符号，要进行数字化处理，即用二进制编码来表示文字和符号。字符编码就是规定用二进制编码表示文字和符号的方法。

1. ASCII

最常见的符号信息是文字符号，所以字母、数字和各种符号都必须按约定的规则才能在机器中用二进制编码表示。

ASCII（American standard code for information interchange），即美国信息交换标准码，有 7 位版本和 8 位版本两种。国际上通用的是 7 位版本。7 位版本的 ASCII 有 128 个元素，其中包括通用控制字符 34 个，阿拉伯数字 10 个，大、小写英文字母 52 个，各种标点符号和运算符号 32 个。7 位版本 ASCII 只用到 7 个二进制位（$2^7=128$）。

当微型计算机上采用 7 位 ASCII 作为机内码时，每个字节只占用后 7 位，最高位恒为 0。

8 位 ASCII 需用 8 位二进制数进行编码。当最高位为 0 时，称为基本 ASCII（编码与 7 位 ASCII 相同）。当最高位为 1 时，形成扩充的 ASCII，它所表示的数为 128～255，可表示 128 种字符。通常各个国家都把扩充的 ASCII 作为自己国家语言文字的代码。

2. 汉字编码

我国用户在使用计算机进行信息处理时要用到汉字，因此，必须解决汉字的输入、输出及处理等一系列问题。当然，关键问题是要解决汉字编码问题。

由于汉字是象形文字，数目很多，常用汉字有 3000～5000 个，加上汉字的形状和笔画差异极大，因此，不可能用少数几个确定的符号将汉字完全表示出来，或像英文那样将汉字拼写出来。每个汉字必须有其自己独特的编码。

1）《信息交换用汉字编码字符集　基本集》：我国于 1980 年制定的国家标准 GB 2312—1980，又称为国标码，是国家规定的用于汉字信息交换使用的代码的依据。

2）汉字的机内码：供计算机系统内部进行存储、加工处理、传输统一使用的代码，又称为汉字内部码或汉字内码。

3）汉字的输入码：为了将汉字通过键盘输入计算机而设计的代码，又称为汉字外码。汉字输入编码方案很多，其表示形式大多为字母、数字或符号。

4）汉字的字形码：汉字字库中存储的汉字字形的数字化信息，用于汉字的显示和打印。

1.4　计算机系统的组成与应用

1.4.1　计算机系统的组成

一个完整的微型计算机系统包括硬件系统和软件系统两大部分，如图 1-1 所示。

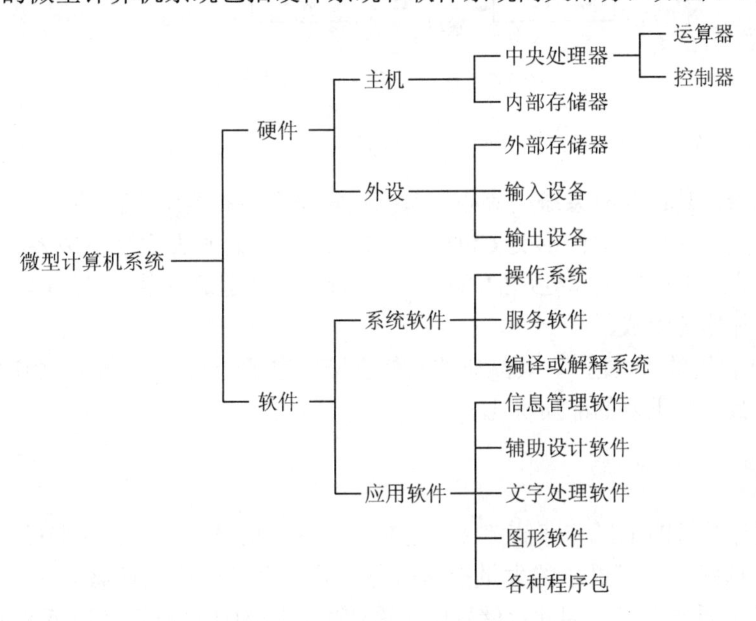

图 1-1　微型计算机系统的组成

硬件系统一般指用电子元器件和机电装置组成的计算机实体。组成微型计算机的主要电子部件是由集成度很高的大规模集成电路及超大规模集成电路构成的。这里“微”的含义是体积小。微型化的中央处理器称为微处理器，它是微型计算机系统的核心组件之一。

由微处理器送出的 3 组总线分别是地址总线（address bus，AB）、数据总线（data bus，DB）和控制总线（control bus，CB）。其他电路（常称为芯片）都可连接到这 3 组总线上。由微处理器和内部存储器构成微型计算机的主机。此外，还有外部存储器、输入设备和输出设备，它们统称为外围设备，简称外设。

计算机软件是在硬件设备上运行的各种程序及有关说明资料的总称。所谓程序实际上是用户用于指挥计算机执行各种动作以便完成指定任务的指令集合。计算机所做的工作可能很复杂，因而指挥计算机工作的程序也可能是很庞大而复杂的，有时还可能要对程序进行修改与完善。因此，为了便于阅读和修改，必须对程序进行必要的说明或整理出其相关资料。

1.4.2 微型计算机的硬件系统

计算机硬件的基本功能是接受计算机程序的控制来实现数据的输入、运算、输出等一系列根本性的操作。如图 1-2 所示为一个计算机系统的基本硬件结构。图中实线代表数据流，虚线代表指令流，计算机各部件之间的联系就是通过这两股信息流来实现的。

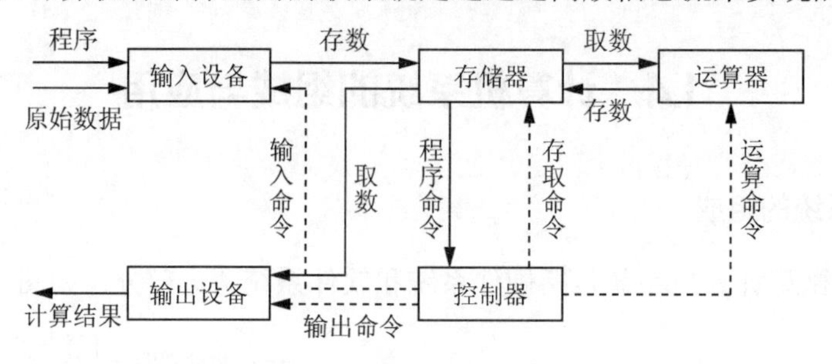

图 1-2 计算机系统基本硬件结构

1. 中央处理器

中央处理器，是计算机系统的核心，包括运算器和控制器两个部件。

计算机所发生的全部动作都受 CPU 的控制。其中，运算器主要完成各种算术运算和逻辑运算，是对信息进行加工和处理的组件，由进行运算的运算器件，以及用来暂时寄存数据的寄存器、累加器等组成。

CPU 是计算机的“心脏”，其品质的高低直接决定了计算机系统的“档次”。CPU 能够处理的数据位数是其重要的品质标志。

2. 存储器

存储器是计算机的记忆和存储部件，用来存放各种信息。对于存储器而言，容量越大，存取速度越快越好。计算机中的大量操作是与存储器交换信息，存储器的工作速度相对于 CPU 的运算速度要低得多，因此存储器的工作速度是制约计算机运算速度的主要因素之一。

存储器分为内部存储器（简称内存或主存储器）和外部存储器（简称外存或辅助存储器）。内部存储器主要采用半导体集成电路制成，用于暂时存放系统中运行的程序和数据，其存取速率相对较快，但存储容量较小。外部存储器一般采用磁性介质或光学材料制成，用于长期保存各种数据，特点是存储容量大，但存储速度较慢。计算机上的常用外部存储器主要有硬盘、光盘和 U 盘等。

关于存储器，常用到以下术语。

1）位。二进制数所表示的数据的最小单位。

2）字节。8 位称为 1 字节，是计算机中最小的存储单元。

3）字长。若干字节组成一个字，其位数称为字长。字长是计算机能直接处理的二进制数的数据位数，直接影响计算机的功能、用途及应用领域。常见的字长有 8 位、16 位、32

位、64 位等。

4）字节、字的位编号。

1 字节的位编号为

b_7	b_6	b_5	b_4	b_3	b_2	b_1	b_0

2 字节（16 位）组成的字的位编号为

b_{15}	b_{14}	b_{13}	b_{12}	b_{11}	b_{10}	b_9	b_8	b_7	b_6	b_5	b_4	b_3	b_2	b_1	b_0

字节最左侧的一位称为最高有效位，最右侧的一位称为最低有效位。在 16 位字中，左 8 位称为高位字节，右 8 位称为低位字节。

5）存储单位。计算机的存储器（包括内部存储器与外部存储器）容量及文件的大小通常以字节（B）为单位表示。字节这个单位非常小，为便于描述大量数据或大容量存储设备的能力，一般用 KB（千字节）、MB（兆字节）、GB（吉字节）、TB（太字节）、PB（拍字节）和 EB（艾字节）来表示。它们之间的换算关系如下：

$$1KB=1024B=2^{10}B，1MB=1024KB=2^{20}B，1GB=1024MB=2^{30}B$$

$$1TB=1024GB=2^{40}B，1PB=1024TB=2^{50}B，1EB=1024PB=2^{60}B$$

6）内存地址。内存地址是计算机存储单元的编号。计算机的整个内存被划分成若干存储单元以存放数据或程序代码，每个存储单元可存放 8 位二进制数。为了能有效地存取该单元内存储的内容，每个单元必须由唯一的编号来标志，这个编号称为内存地址。

3. 输入设备

输入设备是外界向计算机传送信息的装置。在微型计算机系统中，常用的输入设备是键盘和鼠标。

1）键盘。键盘由一组按阵列方式装配在一起的按键开关组成。

2）鼠标。鼠标也是一种常用的输入设备，通过它可以方便、准确地移动鼠标指针进行定位。

4. 输出设备

输出设备的作用是将计算机中的数据信息传送到外部媒介，并转化成某种人们所认识的表示形式。在微型计算机中，常用的输出设备有显示器、打印机和绘图仪 3 种。

1）显示器。显示器是微型计算机不可缺少的一种输出设备。通过显示器可以方便地查看送入计算机的程序、数据等信息和经过微型计算机处理后的结果，显示器具有显示直观、速度快、无工作噪声、使用方便灵活、性能稳定等特点。

2）打印机。打印机是微型计算机另一种常用的输出设备。常见的打印机有针式打印机、喷墨打印机和激光打印机。

3）绘图仪。绘图仪是一种输出图形的设备。绘图仪在绘图软件的支持下可绘制出复杂、精确的图形，是各种计算机辅助设计不可缺少的工具。

5. 其他外围设备

随着微型计算机应用领域的不断扩大，特别是随着多媒体技术的广泛应用，外设种类日益增多。在此只介绍声卡、视频卡和调制解调器。

（1）声卡

声卡又称音效卡，部分经销商将新加坡创新公司（Creative Labs）制造的 Sound Blaster 称为声霸卡，把与之兼容的声卡也称为声霸卡。

声卡的输入设备可以是音频放大器、传声器、CD 唱机、乐器数字接口（music instrument digital interface，MIDI）控制器、CD-ROM 驱动器、游戏机等。输出设备可接扬声器。

声卡获取声音的来源可以是模拟音频信号输入和数字音频信号输入。

声卡是置于计算机内部的硬件扩展卡，安装在计算机主板的扩展槽上。

声卡在相应软件的支持下，一般具有以下功能。

1）以数字音频文件的形式存放来自传声器、收音机、录音机、激光唱片等的声音，可对这些文件进行处理，并可将这些数字音频文件回放还原成声音。

2）利用声卡的混合器控制各声源音量并进行混合。

3）对数字音频文件进行实时压缩和解压缩。

4）具有一定的语音识别功能和语音合成功能，可用口令指挥计算机工作。

5）利用 MIDI 接口可控制多台 MIDI 接口的电子乐器，可在计算机上作曲并通过声卡来试听。

（2）视频卡

视频卡（也称为显卡）的功能是将视频信号数字化，在视频图形阵列（video graphics array，VGA）显示器上显示独立窗口，并与 VGA 信号叠加显示。视频卡按功能可分为视频转换卡（video conversion card）、视频捕获卡（video capture card）、视频叠加卡（video overlay card）、动态视频捕获/播放卡（motion video capture/playback card）和视频 JPEG/MPEG 压缩卡（compression card）。

（3）调制解调器

调制解调器（modem）是调制器（modulator）和解调器（demodulator）的简称，是计算机通信必不可少的外围设备之一。调制解调器的主要性能指标如下。

1）速率：在单位时间里能发送或接收数据的最大量，单位为位每秒（bit/s）或字节每秒（B/s）。

2）规程：通信的规则和协议标准。调制解调器常用的标准有 Bell 标准和 CCITT 标准。

3）命令模式：通过计算机向调制解调器发布的命令。这类命令已形成国际标准，称为 AT（Attention）命令集。

4）自动拨号/自动应答：调制解调器不借助电话机就可直接拨号/应答的功能。

5）自动再拨号：调制解调器将电话号码存储在 RAM 中，进行拨号时，若是忙信号，则可自动再拨。

6）存储电话号码功能。

7）自动切换波特率功能。

8）自动检测功能。

9）调制解调器将收到的数据还原，送到计算机中。

10）内含通信软件：将通信软件固化在调制解调器中，不必从磁盘安装通信软件即可工作。

6. 微型计算机总线

总线是连接微型计算机系统中各个部件的一组公共信号线，是计算机中传送数据、信息的公共通道。

微型计算机系统总线由数据总线、地址总线和控制总线 3 部分组成。

数据总线：用于微处理器、存储器和输入/输出设备之间传送数据。

地址总线：用于传送存储器单元地址或输入/输出接口地址信息。

控制总线：用于传送控制器的各种控制信号，包括命令和信号交换联络线及总线访问控制线等。

目前微型计算机中使用的总线有下列几种：ISA 总线、MCA 总线、EISA 总线、VESA VL 总线、PCI 总线。

1.4.3 微型计算机的软件系统

1. 软件的概念及其分类

（1）软件的概念

软件是相对于硬件而言的。软件和硬件有机地结合在一起组成计算机系统。脱离软件或没有相应的软件，计算机硬件系统不可能完成任何有实际意义的工作。

为了使计算机实现预期的目的，需要编制程序来指挥计算机进行工作。为使编制完毕的程序便于使用、维护和修改，需要给程序编写一个详细的使用说明，这个使用说明就是程序的文档，或称为软件的文档。

程序的文档一般包括以下内容。

1）功能说明：程序解决的问题、要求输入的数据、产生输出的结果、参考文献等。

2）程序说明：解决问题的方法的详细说明、流程图、程序清单，以及参数说明中使用的库和外部模块、数值精确度要求等。

3）上机操作说明：硬件要求、计算机类型、外围设备等。

4）测试和维护说明：测试数据、使用测试数据时的结果、程序中使用模块的层次。

（2）软件的分类

计算机软件的内容很丰富，要对其进行严格分类比较困难。

1）按软件的用途来划分，大致可以将软件分为以下 3 类。

① 服务类软件。这类软件面向用户，为用户服务。

② 维护类软件。这类软件面向计算机维护，主要包括错误诊断和检查程序、测试程序及各种调试用软件等。

③ 操作管理类软件。这类软件面向计算机操作和管理。

2）从计算机系统的角度来划分，软件又可以分为系统软件和应用软件两大类。

① 系统软件。这类软件管理、监控和维护计算机资源（包括硬件和软件），主要包括操作系统、各种程序设计语言及其解释和编译系统、数据库管理系统等。

② 应用软件。除系统软件以外的所有软件都是应用软件，它是用户利用计算机及其提供的系统软件为解决各类实际问题而编写的计算机程序。由于计算机的应用已经渗透到各个领域，其应用软件也是多种多样的，如科学计算、工程设计、文字处理、辅助教学、游戏等方面的程序。

2. 程序设计语言与语言处理程序

（1）程序设计语言

人们要利用计算机解决实际问题，一般先要编写程序。程序设计语言就是用户用来编写程序的语言，是人们与计算机之间交换信息的工具，实际上也是人们指挥计算机工作的工具。

程序设计语言是软件系统的重要组成部分，一般可分为机器语言、汇编语言和高级语言 3 类。

1）机器语言：每条指令是由 0 和 1 组成的代码串。因此，由它编写的程序不易阅读，而且指令代码不易记忆。

2）汇编语言：用助记符代替二进制指令的语言。

机器语言和汇编语言都是面向机器的语言，一般称为低级语言。

3）高级语言：接近自然语言的程序设计语言。

（2）语言处理程序

对于用某种程序设计语言编写的程序，通常要经过编辑处理、语言处理、装配链接处理后，才能够在计算机上运行。

1）汇编程序：用于将用汇编语言编写的程序（源程序）翻译成机器语言程序（目标程序）。这个翻译过程称为汇编。汇编程序功能示意图如图 1-3 所示。

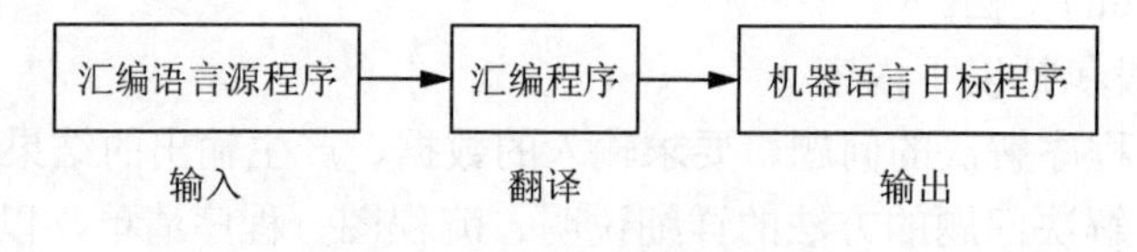

图 1-3　汇编程序功能示意图

2）编译程序：用于将用高级语言编写的程序（源程序）翻译成机器语言程序（目标程序）。这个翻译过程称为编译。

3）解释程序：边扫描边翻译边执行的翻译程序，解释过程不产生目标程序。

1.4.4　微型计算机的主要性能指标

衡量微型计算机性能的好坏，有下列 5 项主要技术指标。

1. 字长

字长是指微型计算机能直接处理的二进制信息的位数。字长越长，微型计算机的运算速度就越快，运算精度就越高，内存容量就越大，微型计算机的性能就越强（因为支持的指令多）。

2. 内存容量

内存容量指微型计算机内部存储器的容量，用于表示内部存储器所能容纳信息的字节数。内存容量越大，它所能存储的数据和运行的程序就越多，程序运行的速度就越高，微型计算机的信息处理能力就越强，因此内存容量也是微型计算机的一个重要性能指标。

3. 存取周期

存取周期是指对存储器进行一次完整的存取（即读/写）操作所需的时间，即存储器进行连续存取操作所允许的最短时间间隔。存取周期越短，存取速度越快。存取周期的大小影响微型计算机运算速度的快慢。

4. 主频

主频是指微型计算机 CPU 的时钟频率。主频的单位是兆赫（MHz）。主频的大小在很大程度上决定了微型计算机运算速度的快慢。主频越高，微型计算机的运算速度越快。

5. 运算速度

运算速度是指微型计算机每秒能执行多少条指令，其单位为百万条指令每秒（MIPS）。由于执行不同的指令所需的时间不同，运算速度有不同的计算方法。

1.5 计算机的安全与病毒

1.5.1 计算机的安全操作

1. 微型计算机的使用环境

随着计算机技术的迅速发展，特别是微电子技术的进步，微型计算机的应用日趋深入和普及。

一个良好的环境是计算机正常工作的基础。微型计算机对环境条件的要求有以下几条。

1）环境温度。微型计算机一般在室温 10～30℃下正常工作。

2）环境湿度。在安装微型计算机的房间内，其相对湿度不能超过 80%，否则会使微型计算机内各部件表面结露，使元器件受潮、变质，严重时会造成短路而损坏机器。

3）洁净要求。微型计算机机房应该保持洁净。

4）电源要求。微型计算机对电源的基本要求：一是电压稳定，二是在微型计算机工作期间不能断电。

2. 微型计算机的维护

微型计算机虽然在一般的办公室条件下就能正常使用，但要注意防潮、防水、防尘、防火。在使用时应注意通风，不用时应盖好防尘罩。机器表面要用软布蘸中性清洗剂经常擦拭。

除了上述这些日常性的维护外，还应注意开关机的顺序和数据的备份。

系统在开机和关机的瞬间会有较大的冲击电流，因此开机时应先对外围设备加电，再对主机加电；关机时，应先关闭主机，再关闭外围设备。

通常，硬盘的容量要比软盘大得多，存取的速度也快，关机后其中的数据不会丢失，因此，很多大型文件的存取可以直接通过硬盘进行。但是，硬盘中的重要文件也必须在移动硬盘或U盘等外部存储器中进行备份。

1.5.2　计算机病毒及其防治

计算机技术的迅速发展和计算机应用领域的不断扩大，使计算机在现代社会中占据的地位越来越重要。与此同时，计算机应用的社会化与计算机系统本身的开放性也带来了一系列新的问题。计算机病毒的出现使计算机的安全性遇到了严重挑战，使信息化社会面临严重的威胁。

1. 计算机病毒的危害

计算机病毒的危害性很大，它能对计算机系统进行各种破坏。

2. 计算机病毒的主要特点

计算机病毒具有传染性、潜伏性、激发性和破坏性。

3. 计算机病毒的分类

1）根据计算机病毒的表现性质，可将其分为良性病毒和恶性病毒两种。

2）根据计算机病毒被激活的时间，可将其分为定时病毒和随机病毒两种。

3）根据入侵系统的途径，可将其分为源码病毒、入侵病毒、操作系统病毒和外壳病毒。

4）根据计算机病毒的传染方式，可将其分为磁盘引导区传染的病毒、操作系统传染的病毒及可执行程序传染的病毒。

4. 计算机病毒的传染途径

1）通过U盘传染。这是最普通的一种传染途径。由于使用带病毒的U盘，先要使机器（如硬盘、内部存储器）感染病毒，并迅速传染给未被感染的“干净”U盘，这些感染上病毒的U盘再在别的计算机上使用，就会造成更大范围的传染。

2）通过机器传染。这实际上是通过硬盘传染。由于把带病毒的机器移到其他地方使用、维修等，将“干净”的硬盘传染后再扩散。

3）通过网络传染。这种传染扩散的速度极快，能在很短的时间内使网络上打开的所有机器受到感染。

1.5.3　计算机病毒的检测与清除

1. 计算机病毒的检测

病毒是靠复制自身来传染的。在计算机染上病毒或病毒传播的过程中，计算机系统往往会出现一些异常情况，用户可通过观察系统出现的故障，从中发现异常，以初步确定用户系统是否已经受到病毒的侵袭。

2. 计算机病毒的清除

如果发现了计算机病毒，应立即清除。清除病毒的方法通常有两种：人工处理和利用杀病毒软件处理。

3. 计算机病毒的防范

杀病毒软件可用于病毒的检测和清除，除此之外还有各种防病毒卡。这些卡可以直接插在微型计算机的扩展槽中，既可以检测已经侵入的病毒，也可以防止病毒的侵入，从而使计算机系统得到有效的保护。

1.6 多媒体技术

1.6.1 多媒体技术概述

1. 媒体的概念

媒体是信息表示和传播的载体。例如，文字、声音、图像等都是媒体，它们向人们传递着各种信息。

2. 多媒体的概念

多媒体（multimedia）与其说是一种产品，不如说是一种技术。利用这种技术可实现声音、图形、图像等多种媒体的集成应用。多媒体意味着音频、视频、图像和计算机技术集成到同一数字环境中，由它派生出若干应用领域。

3. 多媒体个人计算机的概念

多媒体个人计算机（multimedia personal computer，MPC）是个人计算机（personal computer，PC）领域综合了多种技术的一种集成形式，汇集了计算机体系结构，计算机系统软件，视频、音频信号的获取、处理、特技及显示输出等技术。

多媒体计算机是指能综合处理多媒体信息，使多种信息建立联系，并具有交互性的计算机系统。

4. 多媒体技术的概念

多媒体技术是指利用计算机技术把文字、声音、图形和图像等多媒体综合一体化，使它们之间建立起逻辑联系，并能进行加工处理的技术。

5. 多媒体基本元素

多媒体基本元素主要有以下 5 种。

1）文本：以 ASCII 存储的文件，是一种常见的媒体形式。

2）图形：由计算机绘制的各种几何图形。

3）图像：由摄像机或图形扫描仪等输入设备获取的实际场景的静止画面。

4）音频：数字化的声音，可以是解说、背景音乐及各种声响。

5）视频：由摄像机、手机等输入设备获取的活动画面。

1.6.2 多媒体技术的特征及多媒体计算机系统的构成

1. 多媒体技术的特征

1）集成性：将多种媒体有机地组织在一起，共同表达一个完整的多媒体信息，使声、文、图、像一体化。

2）交互性：人和计算机能“对话”，以便进行人工干预控制。交互性是多媒体技术的关键特征。

3）数字化：多媒体中的各个媒体都是以数字形式存放在计算机中的。

4）实时性：多媒体技术是多种媒体集成的技术，在这些媒体中，有些媒体（如声音和图像）是与时间密切相关的，这就决定了多媒体技术必须支持实时处理。

2. 多媒体计算机系统的构成

多媒体计算机系统一般由多媒体计算机硬件系统和多媒体计算机软件系统组成。

（1）多媒体计算机硬件系统

多媒体计算机硬件系统主要包括以下 6 部分。

1）多媒体主机：如个人计算机、工作站、超级微型计算机等。

2）多媒体输入设备：如摄像机、电视机、传声器、录像机、录音机、扫描仪、CD-ROM 等。

3）多媒体输出设备：如打印机、绘图仪、音响、电视机、扬声器、录音机、录像机、高分辨率屏幕等。

4）多媒体存储设备：如硬盘、光盘、声像磁带等。

5）多媒体功能卡：如视频卡、声卡、压缩卡、家电控制卡、通信卡等。

6）操纵控制设备：如鼠标、操纵杆、键盘、触摸屏等。

（2）多媒体计算机软件系统

多媒体计算机软件系统基于操作系统。除此之外，还有多媒体数据库管理系统、多媒体压缩/解压缩软件、多媒体声像同步软件、多媒体通信软件等。

1.6.3 多媒体技术的应用

多媒体的应用领域涉及广告、艺术、教育、娱乐、工程、医药、商业及科学研究等行业。多媒体技术的典型应用主要体现在以下几个方面。

1）教育与培训领域。利用多媒体技术进行教学，不仅可以增加学生自学过程的互动性，还可以提高学生的学习兴趣，以及利用视觉、听觉及触觉三方面的反馈来增强学生对知识的吸收程度。

2）商业领域。利用多媒体网页，商家可以将广告变成有声有画的互动形式，在吸引用户之余，也能够提供更多商品的信息。

3）信息领域。多媒体技术还可以应用于数字图书馆、数字博物馆、地理信息系统等领域。此外，道路交通等也可使用多媒体技术进行相关监控。

4）娱乐与服务领域。多媒体技术给传统的计算机系统、音频和视频设备带来了方向性的变革，将加速其进入家庭和社会各个方面的进程。多媒体技术在娱乐与服务领域的应用包括视频电话、视频会议、短视频服务、网络游戏等。

1.7 计算思维

1.7.1 计算思维概述

2006年，美国卡内基·梅隆大学的周以真（Jeannette M. Wing）教授首次提出了计算思维（computational thinking）的概念。她认为，计算思维是运用计算机科学的思想与方法进行问题求解、系统设计、人类行为理解等涵盖计算机科学之广度的一系列思维活动。

计算思维具有以下特征。

1）计算思维是概念化的抽象思维，而不是程序思维。

2）计算思维是一项基本技能。

3）计算思维是人的思维，而不是计算机的思维。

4）计算思维是数学和工程思维的互补与融合。

5）计算思维是思想，而不是人造品。

6）计算思维面向所有的人和所有领域。

7）计算思维针对依旧亟待理解和解决的智力上极具挑战性的科学问题。

通常，科学界专家认为，人类认识世界和改造世界包括3种思维：以数学学科为基础的理论思维、以物理学科为基础的实验思维和以计算机学科为基础的计算思维。计算思维汲取了解决问题所采用的一般数学思维方法，现实世界复杂系统设计与评估的一般工程思维方法，以及复杂性、智能、心理、人类行为理解等的一般科学思维方法。

计算思维是计算机专业工作者必须具备的技能之一，这就如同人们应具备基本的读、写和计算技能一样。计算思维最根本的内容是抽象（abstraction）和自动化（automation）。与数学和物理相比，计算思维中的抽象显得更丰富，也更复杂。计算思维中的抽象超越物理的时空观，并完全用符号来表示。

虽然计算思维是近几年提出的理念，但计算思维其实很早就在各学科领域甚至各行各业中发挥着重要的作用，而且随着计算机科学的发展，这种作用将不断增强。探讨计算思维的目的是使人们在学习和应用计算机的过程中有意识地培养计算思维，更有效地利用计算机分析和解决现实问题。

1.7.2 计算思维的典型方法

随着计算技术的不断发展，计算思维在其他学科中的影响也在不断深化。在计算机科学与技术的发展过程中，已形成了许多使用计算思维解决问题的方法，较典型的有抽象、分解、并行、缓存、排序、索引、递归、容错、冗余、调度学习等方法。这些方法在计算机科学与技术研究、工程实践中发挥了重要的作用，在其他领域甚至日常生活实践中也得到了广泛运用。

1. 抽象

抽象是指抽取事物的共同的本质性特征，即忽略一个主题中与当前问题无关的因素，以便更充分地考虑与当前问题相关的因素。抽象是简化复杂问题的有效途径，如网络协议就是运用抽象思维解决复杂问题的典型代表。

2. 分解

在计算机科学中，将大规模的复杂问题分解成若干个规模较小的、简单并容易解决的问题加以解决，是一种常用的思维方式。问题分解（decomposition）首先需要明确描述问题，并对问题的解决方法做出决策，把问题分解成若干个相对独立的子问题，再以相同的方式处理每个子问题，并得到每个子问题的解，直到最终获得整个问题的解。

日常工作中的层次化管理就是对分解思维方法的具体运用。以公司运行为例，一个大型公司就是一个复杂系统，采取层次化管理是一种常用的方法。将公司逐层分解，越上层的机构越少，越往下机构数目越多。各级机构各自管理自己的下属机构，完成上级机构制定的目标，最终实现公司的整体目标。

计算思维采用抽象和分解处理复杂的任务或者设计庞大的系统。这样通过选择合适的方式陈述问题，或者对一个问题的相关方面进行建模，从而简明扼要地刻画复杂系统，能够在不必理会每个细节的情况下安全地使用、调整和影响一个大型复杂系统的信息。

3. 并行

并行（parallel）是指无论从微观还是宏观，事件在系统中同时发生，是一种重要的计算思维方法。并行计算（parallel computing）一般指多条指令得以同时执行的模式。在计算机系统设计中，应用并行技术可提高系统的效率。例如，指令流水线技术和多核处理器技术，前者属于时间并行，后者属于空间并行。这两种技术体现了运用并行方法解决问题的不同思路。如果各并行活动独立进行（即以完全平行的方式进行），问题就相对简单，只需要建立单独的程序来处理每项活动即可；如果并行活动之间有交互影响，就需要加以协调，因此设计并行系统较困难。

4. 缓存

在计算机系统中，缓存（cache）将未来可能用到的数据存放在高速存储器中，使将来能够快速得到这些数据，从而提高系统的效率。在计算机的硬件结构设计和操作系统等软件的设计中，预取（prefetching）和缓存技术都被用来提高系统的效率。

预取和缓存技术基于程序的局部性原理，即程序总是趋向于使用最近使用过的数据和指令，其访问行为不是随机的，而是相对集中的。例如，CPU 访问存储器，无论存取指令还是数据，所访问的存储单元多聚集在一个较小的连续区域中。根据这一原理，计算机系统中采取了层次化的存储体系结构设计，包括高速缓存、内部存储器、外部存储器等。高速缓存的访问速度最快、成本高、容量最小，外部存储器的访问速度最慢、成本低、容量大。计算机系统充分利用局部性原理，通过预存数据和动态调整策略，提高系统在缓存中命中数据的概率，从而以较多的低速大容量存储器并配合较少的高速缓存，以得到与高速存储器差别不大的存取效率，并在存储容量、速度和成本上获得较好的平衡。

5. 排序与索引

排序（sort）是信息处理中经常进行的一种操作，将一组元素从“无序”序列调整为“有序”序列。高效的排序算法是提高信息处理效率的基本保障。

索引（index）是指对具有共性的一组对象进行编目，从而根据数据的某一属性能够快速访问数据。在数据库中，使用索引可以快速访问数据库表中的特定信息。

排序和索引技术并非计算机科学独有，在图书和出版行业早就利用排序和索引进行文献的管理。例如，每本图书的目录就是该书的一个索引。索引也是 Web 搜索引擎的核心技术之一。

1.7.3 计算机问题求解过程

使用计算机进行问题求解一般需要经过问题分析、算法设计、程序编码和测试 4 个阶段，把应用需求转变成可以在计算机上运行的程序。

1. 问题分析

问题分析是使用计算机进行问题求解的第一步。问题分析的目的是明确拟解决的问题，并写出求解问题的规格说明。因此，准确、完整地理解和描述问题是解决问题的关键。一个问题通常涉及需求、对象和操作三方面的信息，所以问题的规格说明通常包括要求用户输入和输出的数据及形式、问题求解的数字模型或对数据处理的需求、程序的运行环境等。数学模型是用数字语言（符号、表达式与图像）描述的现实问题，是现实问题的公式化表示。用计算机解决问题必须有合适的数学模型。对实际问题加以提炼和抽象，并建立数学模型的过程称为数学建模。

在软件的开发过程中，当需求分析完成后，形成软件的需求规格说明书，程序员根据需求规格说明书进行软件开发。

2. 算法设计

算法设计是把问题的数学模型或处理过程转化为计算机的解题步骤。算法设计的好坏直接影响程序的质量。对于大型软件的开发，算法设计是一个非常复杂又重要的阶段，通常分为概要设计和详细设计两个子阶段。概要设计子阶段主要是根据需求规格说明书建立软件系统的总体结构，设计全局数据结构，规定设计约束，制订组装测试计划等。详细设计子阶段主要是逐步细化概要设计所生成的各模块，并详细描述程序模块内部的细节，如工作流程、数据结构、算法等，详细设计的结果应能方便地转换成程序。

3. 程序编码

程序编码的主要任务是用某种程序设计语言，将前一步设计的算法转换为可以在计算机上运行的程序。在软件开发过程中，程序编码需要按照需求规格说明书进行。程序编码涉及以下一系列的工作：准备输入数据，制作算法流程图，测试、调试及验证程序等；检查每个执行步骤；保存工作的准确记录。程序设计者要养成保存历史文档的习惯，如应保存问题的描述与分析文档、原始图、数据描述与数据结构、算法源程序和调试运行的过程记录等。

4. 测试

一般来说，编写程序很难做到一次成功，还需要通过测试和调试等步骤获得可正确运行的程序。测试和调试的主要目的在于发现（通过测试）和纠正（通过调试）程序中的错误。调试可分为程序调试和系统调试两个阶段。在程序编码阶段对程序调试完毕后，要进行系统的整体测试，以便检测所有的功能是否都正确实现，以及程序是否可靠。

软件测试分为两种：黑盒测试和白盒测试。黑盒测试是对功能的测试，只关心输入和输出的正确，而不关注内部的实现。白盒测试又称结构测试，是对程序的内部逻辑结构的测试。

1.7.4 算法与程序的概念

1. 算法

算法是对特定问题求解步骤的一种描述，是指令的有限序列，其中每一条指令分别表示一个或多个操作。

（1）算法的特征

算法应当满足以下特征。

1）输入：零个或多个由外界提供的输入量。

2）输出：至少产生一个输出量。

3）确定性：每个指令都有确切的语义，无歧义。

4）有限性：在执行有限步骤后结束，且每一步都可在有穷时间内完成。

5）可行性：通过执行有限次运算可以实现算法中描述的操作。

（2）算法的描述

算法的描述有多种方法，一般用自然语言、流程图和伪代码进行描述。

1）自然语言描述是指用人们日常生活中使用的语言（本国语言）描述算法，优点是容易理解。

2）流程图描述又称程序框图，是算法的一种图形化表达方法。它描述的算法形象、简洁、直观。

3）伪代码描述是介于自然语言和计算机程序语言之间的一种算法描述方法，是专业软件开发人员常用的方法之一。

（3）优秀算法的特征

一个“好”的算法应具有以下特征。

1）正确性：算法应当满足具体问题的需求。

2）可读性：算法便于阅读、理解和交流。

3）健壮性：当输入数据非法时，算法应当能适当地做出反应或进行处理，而不会产生莫名其妙的输出结果。

4）执行效率高与存储需求少：效率是指算法的执行时间。对于同一个问题，如果有多个算法可以解决，执行时间短的算法效率高；存储需求是指算法执行过程中所需的存储空间。

2. 程序

程序是为实现特定目标或解决特定问题，用计算机程序设计语言编写的指令序列集合。人们通过运行相应问题算法的程序实现问题的解决。算法是程序实现的基础，程序是某一算法的具体实现。一个程序应包括对数据的描述和对运算的操作两方面的内容。著名的计算机科学家尼克劳斯·沃思（Niklaus Wirth）就此提出一个公式：数据结构＋算法＝程序。

1.8 计算机领域的新技术

1.8.1 大数据概述

人类是数据的创造者和使用者，自结绳计数起，它就已慢慢产生。随着互联网、传感器，以及各种数字化终端设备的普及，一个万物互连的世界正在成型，人类产生、创造的数据量呈爆炸式增长，数字化已经成为构建现代社会的基础力量，并推动着人们走向一个深度变革的时代。据国际数据公司（International Data Corporation，IDC）发布的《数据时代 2025》报告显示，全球每年产生的数据将从 2018 年的 33ZB 增长到 2025 年的 175ZB，相当于每天产生 491EB 的数据。中国大力发展新技术、新应用，5G 通信技术、物联网、人工智能等领域发展迅速，已成为全球数据总量最大，数据类型最丰富的国家之一。

1. 大数据单位

175ZB 的数据到底有多大呢？为了对这个数据单位有一个大体的概念，下面先介绍一下各数据单位。

1）1B（byte，字节）＝8b（bit，位）；
2）1KB（kilobyte，千字节）＝1024B；
3）1MB（megabyte，兆字节，简称兆）＝1024KB；
4）1GB（gigabyte，吉字节，又称千兆）＝1024MB；
5）1TB（trillionbyte，万亿字节，又称太字节）＝1024GB；
6）1PB（petabyte，千万亿字节，又称拍字节）＝1024TB；
7）1EB（exabyte，百亿亿字节，又称艾字节）＝1024PB；
8）1ZB（zettabyte，十万亿亿字节，又称泽字节）＝1024EB；
9）1YB（yottabyte，一亿亿亿字节，又称尧字节）＝1024ZB。

1ZB 相当于 11 亿 TB，175ZB 相当于全球每人每年产生 35TB 的数据。

2. 大数据的特征

（1）规模性（volume）

第一个特征是数据量大。大数据的起始计量单位是 PB、EB 或 ZB。

（2）多样性（variety）

第二个特征是数据类型繁多。包括网络日志、音频、视频、图片、地理位置信息等多类型的数据对数据的处理能力提出了更高的要求。

（3）价值性（value）

第三个特征是数据价值密度相对较低。例如，随着物联网的广泛应用，信息感知无处不在，信息海量，但价值密度较低，如何通过强大的机器算法更迅速地完成数据的价值“提纯”，是大数据时代亟待解决的难题之一。

（4）高速性（velocity）

第四个特征是处理速度快，时效性要求高。这是大数据区分于传统数据挖掘最显著的特征。

以上是大数据的 4 个特征，也称为 4V 特征。现在有些机构提出 5V 特征，比 4V 多了真实性（veracity）。真实性是指数据的准确和可信赖，即数据可信性。

3. 大数据的应用

大数据广泛应用于各个行业，下面仅从电商行业、金融行业、传统工业、政府决策等方面做简单介绍。

（1）电商行业

电商行业是最早利用大数据进行精准营销的行业，初期使用商品推荐系统，根据用户的访问记录等信息为用户推荐商品。目前大数据已可帮助电商根据客户的消费习惯提前购买生产资料，进行物流管理等，有利于社会大生产的精细化。

（2）金融行业

大数据在金融行业的应用比较深入。例如，现在很多股权交易、期货交易利用大数据算法进行，这些算法对社交媒体和网站新闻等大量数据进行自动分析，决定在未来几秒内是买入还是卖出。

（3）传统工业

大数据驱动传统工业向前发展，助力工业提质增效，实现转型升级，从设计到生产，从运维到管理，大数据正在重新定义工业的未来。

（4）政府决策

大数据时代的大门已经开启，数据智慧已成为政府决策的科学依据之一。

1.8.2 云计算及其应用

1. 云计算概述

云计算（cloud computing）是分布式计算的一种，是指通过网络“云”将巨大的数据计算处理程序分解成无数个小程序，然后通过多部服务器组成的系统处理和分析这些小程序，得到结果并返回给用户。云计算早期也称为网格计算，主要是通过网络进行分布式计算，可以在很短的时间内（几秒钟）完成对数以万计数据的处理。

目前所说的云计算已经不单是分布式计算，而是与信息技术、软件、互联网相关的一种服务，这种计算资源共享池称为“云”，云计算把许多计算资源集合起来，通过软件实现自动化管理，只需很少的人参与，就能让资源被快速提供。

用户只需向“云”提出要求来获取服务，而无须了解云内部的细节。这里的“云”实际上是一个大量硬件资源和软件资源的集合体。这些软硬件资源集合通过网络与“云软件”连接和组织在一起，向用户提供各种服务。

云计算主要有两个发展方向，一是构建与应用程序紧密结合的大规模底层基础设施，使应用能够扩展到更大的规模；二是通过构建新型的云计算应用程序，在网络上提供更好的用户体验。虽然现在的云计算并不能完美地解决所有问题，但是相信在不久的将来，一定会有更多的云计算应用投入使用，云计算系统也将不断完善，并推动其他科学技术的发展。

2. 云计算服务类型

云计算通过互联网向用户提供服务，主要有基础设施即服务、平台即服务和软件即服务三种服务类型。

（1）基础设施即服务

基础设施即服务（infrastructure as a service，IaaS）是云计算主要的服务类别之一，向云计算提供商的个人或组织提供虚拟化计算资源，如虚拟机、存储、网络和操作系统。

（2）平台即服务

平台即服务（platform as a service，PaaS），为开发人员提供通过全球互联网构建应用程序和服务的平台。PaaS 为开发、测试和管理软件应用程序提供按需开发环境。

（3）软件即服务

软件即服务（software as a service，SaaS），通过互联网提供按需软件付费应用程序，云计算提供商托管和管理软件应用程序，并允许其用户连接到应用程序并通过全球互联网访问应用程序。

3. 云计算应用场景

较为简单的云计算技术已经普遍应用于当今的互联网服务中，常见的就是网络搜索引擎和电子邮箱。搜索引擎如百度，在任何时刻，只要使用移动终端就可以在搜索引擎上搜索任何自己想要的资源，在云端共享自己的数据资源。电子邮箱也是如此，在云计算技术和网络技术的推动下，电子邮箱成为人们社会生活中的一部分，只要在网络环境下，就可以实现实时的邮件的收发。其实，云计算技术已经融入当今社会的各个领域。

（1）存储云

存储云，又称为云存储，是在云计算技术上发展起来的一个新的存储技术。云存储是一个以数据存储和管理为核心的云计算系统。用户可以将本地的资源上传至云端上，可以在任何地方连入互联网来获取云上的资源。亚马逊、微软等大型网络公司均提供云存储的服务。在国内，百度网盘是市场占有量最大的存储云。此外，各大手机厂商也提供专用云存储服务，用于为手机提供数据备份等服务。

（2）医疗云

医疗云，指在云计算、移动技术、多媒体、5G 通信、大数据，以及物联网等新技术的基础上，结合医疗技术，使用“云计算”来创建医疗健康服务云平台，实现医疗资源的共享和医疗范围的扩大。因为云计算技术的运用与结合，医疗云提高了医疗机构的效率，方便了居民就医，如医院的预约挂号、电子病历、医保系统等都是云计算与医疗领域相结合的产物。此外，医疗云还具有数据安全、信息共享、动态扩展、布局全国的优势。

（3）金融云

金融云是指利用云计算模型，将信息、金融和服务等功能分散到由庞大分支机构构成的互联网“云”中，旨在为银行、保险和基金等金融机构提供互联网处理和运行服务，同时共享互联网资源，从而解决现有问题并且达成高效、低成本的目标。2013 年 11 月 27 日，阿里云整合阿里巴巴旗下资源推出了阿里金融云服务，即目前已基本普及的快捷支付服务，金融与云计算的结合，使用户只需在手机上简单操作，就可以完成银行存取款、购买保险和买卖基金等操作。现在，不仅阿里巴巴推出了金融云服务，苏宁金融、腾讯等企业也相继推出了自己的金融云服务。

（4）教育云

教育云，实质上是教育信息化的一种发展。具体而言，教育云可以将所需要的任何教育硬件资源虚拟化，然后将其传入互联网，以向教育机构和学生、教师提供一个方便快捷的平台。慕课（massive open online course，MOOC）即大规模开放在线课程，就是教育云的一种应用。2012 年，美国各知名顶尖大学陆续设立网络学习平台，用以在网上提供免费课程，Coursera、Udacity、edX 三大课程提供商的兴起，给更多学生提供了系统学习的可能。2013 年，MOOC 大规模进入亚洲，香港科技大学、北京大学、清华大学、香港中文大学等相继提供网络课程。2013 年 10 月 10 日，清华大学推出了 MOOC 平台——学堂在线。2014 年 5 月，由网易云课堂承接教育部国家精品开放课程任务，与爱课程网合作推出的“中国大学 MOOC”项目正式上线。“中国大学 MOOC”和“学堂在线”平台为学习者提供了大量高质量的课程，学习者可以免费学习，获得相应证书。国内除了这两大平台外，还有很多其他网络教学平台，如华文慕课、好大学在线、学习通等。

1.8.3 人工智能及其应用

1. 人工智能的概念

人工智能（artificial intelligence，AI），是研究、开发用于模拟、延伸和扩展人的智能的理论、方法、技术及应用系统的一门新的技术科学。

人工智能是计算机科学的一个分支，它企图了解智能的实质，并生产出一种新的能以人类智能相似的方式做出反应的智能机器，该领域的研究包括机器人、语言识别、图像识别、自然语言处理和专家系统等。人工智能诞生以来，其相关理论和技术日益成熟，应用领域也不断扩大，可以设想，未来人工智能带来的科技产品，将会是人类智慧的“容器”。人工智能可以对人的意识、思维的信息过程进行模拟。人工智能不是人的智能，但能像人那样思考、也可能超过人的智能。

人工智能是一门极富挑战性的科学，从事这项工作的人必须懂得计算机知识、心理学和哲学。人工智能是一门涵盖广泛的科学，由不同的领域组成，如机器学习、计算机视觉等。总体而言，人工智能研究的一个主要目标是使机器能够胜任一些通常需要人类智能才能完成的复杂工作。但不同的时代、不同的人对这种“复杂工作”的理解不相同。2017年12月，人工智能入选“2017年度中国媒体十大流行语”。

2. 人工智能的发展

1942年，美国科幻作家艾萨克·阿西莫夫提出了“机器人三定律”，其后来成为学术界默认的研发原则。

1956年，在达特茅斯会议上，科学家们探讨用机器模拟人类智能等问题，并首次提出了人工智能的术语，人工智能的名称和任务得以确定，同时出现了最早的一批研究者，并取得了最初的成就。

1959年，乔治·德沃尔与美国发明家约瑟夫·英格伯格联手制造了世界上第一台工业机器人。随后，成立了世界上第一家机器人制造工厂——Unimation公司。

1965年，兴起研究“有感觉”的机器人，约翰斯·霍普金斯大学应用物理实验室研制出了机器人Beast。Beast能通过声呐系统、光电管等装置，根据环境校正自己的位置。

1968年，美国斯坦福研究所公布研发成功的机器人Shakey，它可以被认为是世界上第一台智能机器人。Shakey带有视觉传感器，能根据人的指令发现并抓取积木，但控制它的计算机有一间房间那么大。

2002年，美国iRobot公司推出了吸尘器机器人Roomba，它能避开障碍，自动设计行进路线，还能在电量不足时，自动驶向充电插座。Roomba是目前世界上销量较大的智能家用机器人之一。

2014年，在英国皇家学会举行的“2014图灵测试”大会上，聊天程序“尤金·古斯特曼”首次通过了图灵测试，预示着人工智能进入全新的时代。

2016年3月，AlphaGo对战世界围棋冠军、职业九段选手李世石，并以4∶1的总比分获胜。

3. 人工智能的应用

人工智能的应用十分广泛，如机器视觉、指纹识别、人脸识别、视网膜识别、虹膜识别、掌纹识别、专家系统、自动规划、智能搜索、定理证明、博弈、自动程序设计、智能控制、机器人学、语言和图像理解、遗传编程等。

日常生活中智能家居、自动驾驶、人脸识别、围棋博弈等都是人工智能的实际应用。此外，太空中也有人工智能的影子，如送至月球和火星的机器人、在太空轨道上运行的卫星等。动画片、电子游戏、卫星导航系统和搜索引擎也都以人工智能技术为基础。金融家们预测股市波动，以及各国政府用来指导制定公共医疗和交通决策的各项系统，也是基于人工智能技术的。还有虚拟现实中的虚拟替身技术，以及为“陪护”机器人建立的各种“试水”情感模型，甚至美术馆也使用人工智能技术，如网页和计算机艺术展览等。当然，人工智能在军事领域也得到广泛应用，如在战场上穿梭的军事无人机等。

人工智能也向人类发出了挑战——如何看待人性，以及未来在何方。有些人会担心人类是否真的有未来，因为他们预言人工智能将全面超过人的智能。虽然他们当中的某些人对这种预想充满了期待，但是大多数人还是会对此感到恐惧。他们会问，如果这样，那么还有什么地方能保留人类的尊严和责任？

1.8.4 物联网

1. 物联网的概念

物联网（internet of things，IoT），即“万物相连的互联网”，是在互联网基础上延伸和扩展的网络，将各种信息传感设备与网络结合起来而形成的一个巨大网络，实现任何时间、任何地点，人、机、物的互连互通。其内涵包含两个方面：一是物联网的核心和基础仍是互联网，是在互联网基础上延伸和扩展的一种网络；二是其用户端延伸和扩展到了物品与物品之间，能令物品与物品之间进行信息交换和通信，即物联网时代的每一件物品均可寻址、通信、控制。物联网的核心技术是通过射频识别（radio frequency identification，RFID）装置、传感器、红外感应器、全球定位系统和激光扫描器等信息传感设备，按约定的协议，把相应的物品与互联网相连，进行信息交换和通信，以实现智慧化识别、定位、跟踪、监控和管理。

物联网是新一代互联网技术的充分运用。具体地说，就是把感应器嵌入电网、铁路、桥梁、隧道、公路、建筑、油气管道等各种物体中，然后将“物联网”与现有的互联网整合起来，实现人类社会与物理系统的整合。在这个整合的网络中，需要功能超级强大的中心计算机群，能够对整合网络内的人员、机器、设备和基础设施实施实时的管理和控制，以更加精细和动态的方式管理生产和生活，以期达到“智慧”状态，最终提高资源利用率和生产力水平，改善人与物之间的关系。

2. 物联网的产生与发展

物联网概念最早可追溯到 1995 年，比尔·盖茨在《未来之路》一书中首次提出了物联网概念，但受限于无线网络、硬件及传感器的发展，当时并未引起太多关注。

1999 年，美国自动识别（Auto-ID）中心首先提出“物联网”的概念，主要建立在物品编码、RFID 技术和互联网的基础之上。以前国内物联网被称为传感网，中国科学院早在 1999 年就启动了传感网的研究。同年，在美国召开的移动计算和网络国际会议提出了“传感网是下一个世纪人类面临的又一个发展机遇”。

2003 年，美国《技术评论》杂志提出：传感网技术将是未来改变人们生活的十大技术中重要的技术。

2005 年，国际电信联盟（International Telecommunications Union，ITU）在信息社会世界峰会上发布了《ITU 互联网报告 2005：物联网》，正式提出了“物联网”概念。报告指出，无所不在的“物联网”通信时代即将来临，世界上所有的物体从轮胎到牙刷、从房屋到纸巾都可以通过因特网主动进行交换。射频识别技术、传感器技术、纳米技术、智能嵌入技术将得到更加广泛的应用和关注。

2021 年 7 月 13 日，中国互联网协会发布了《中国互联网发展报告（2021）》，提及国内

2020年物联网市场规模已达1.7万亿元，人工智能市场规模已达3031亿元。

2021年9月，工业和信息化部、中央网络安全和信息化委员会办公室等八部门联合印发了《物联网新型基础设施建设三年行动计划（2021—2023年）》，明确到2023年底，在国内主要城市初步建成物联网新型基础设施，社会现代化治理、产业数字化转型和民生消费升级的基础更加稳固。

3. 典型的物联网应用

物联网技术已经比较成熟，在很多领域已得到广泛应用。下面介绍几个典型的物联网应用。

（1）智能交通

随着物联网技术的日益发展和完善，其在智能交通中的应用越来越广泛、深入，在世界各地出现了很多成功应用物联网技术提高交通系统性能的实例，如电子收费（electronic toll collection，ETC）系统就是物联网在智能交通方面的一个典型应用。

电子收费系统通过安装在车辆风窗玻璃上的车载电子标签与在收费站ETC车道上的微波天线进行专用短程通信，利用计算机联网技术与银行进行后台结算处理，从而达到车辆通过高速公路或桥梁收费站无须停车就能缴纳高速公路或桥梁费用的目的。在车辆驶过收费站时自动收取相关费用，不停车缴费降低了收费站附近产生交通拥堵的概率。截至2021年9月底，我国全网ETC平均使用率已超过66%，高速公路网通行效率大幅提升，物流降本增效成效明显。

辅助驾驶和自动驾驶也是未来的发展方向之一。车辆上的车载设备可以通过无线通信技术，对信息网络平台中的所有车辆动态信息进行有效利用，提升车辆整体的智能驾驶水平，为用户提供安全、舒适、智能、高效的驾驶感受与交通服务，同时提高交通运行效率，提升社会交通服务的智能化水平。

（2）智能家居

智能家居通过物联网技术将家中的音视频设备、照明系统、窗帘、空调、网络家电等设备连接到一起，提供家电控制、照明控制、电话远程控制、室内外遥控、防盗报警、环境监测、暖通控制、红外转发及可编程定时控制等多种功能和手段。例如，小米智能家居围绕小米手机、小米电视、小米路由器三大核心产品，由小米生态链企业的智能硬件产品组成一套完整的闭环体验，已构成智能家居网络中心小米路由器、家庭安防中心智能摄像机、影视娱乐中心小米盒子等产品矩阵，轻松实现智能设备互连，提供智能家居真实落地、简单操作、无限互连的应用体验。

（3）农业

农业与物联网的融合，表现在农业种植、畜牧养殖方面。农业种植利用传感器、摄像头、卫星来促进农作物和机械装备的数字化发展。畜牧养殖通过耳标、可穿戴设备、摄像头收集数据，然后分析并使用算法判断畜禽的状况，精准管理畜禽的健康、喂养、位置等。其典型应用有自动喷灌系统、无人机放牧等。

（4）智能零售

智能零售通过运用互联网、物联网技术，感知消费者的消费习惯，预测消费趋势，引导生产制造，为消费者提供多样化、个性化的产品和服务。例如，无人超市利用人脸识别、货物识别、轨迹识别等物联网技术。在某些零售店内，智能零售系统还能通过人脸识别自动分析会员信息，并推荐相关产品。

（5）智能安防

智能安防可以利用设备，减少对人员的依赖。智能安防的核心是智能安防系统，主要包括门禁、报警器、视频监控等，其中视频监控用得比较多，同时该系统可以传输存储图像，也可以进行分析处理。智能安防设备包括智慧门禁、智能门锁、智慧猫眼、智能门铃等。智能安防通过硬件设备联网，智能分析访客，保护家庭和社区安全。

（6）智慧物流

智慧物流是指通过智能硬件、物联网、大数据等智慧化技术与手段，提高物流系统分析决策和智能执行的能力，提升整个物流系统的智能化、自动化水平。目前，智慧物流已经应用在智能分拣设备、智能快递柜、无人配送车、运输监测等领域。结合物联网技术，智慧物流可以监测货物的温湿度和运输车辆的位置、状态、油耗、速度等。从运输效率来看，智慧物流提高了物流行业的智能化水平。

（7）智能制造

制造领域涉及行业范围较广。制造与物联网的结合，主要是数字化、智能化工厂，如机械设备监控和环境监控。设备厂商们能够远程升级维护设备，了解产品使用状况，收集其他关于产品的信息，利于以后的产品设计和售后。

通过物联网和互联网把人、设备、数据打通，进而降低生产成本，提高生产效率。

1.8.5 大数据时代对计算机教育形成的挑战

大数据时代的来临，是对人类社会生活的一个新冲击，其影响无处不在，大到国家层面的国防安全、公共安全、经济决策，小到个人生活的方方面面。其中，与计算机科学和信息技术息息相关的计算机教育更是如此。

在大数据时代背景下，对计算机教育形成的挑战主要体现在以下 5 个方面。

1. 计算思维与认知模式的改变

随着大数据时代的来临，计算思维更加被重视，将同数学、物理思维一样成为人类的基本思维方式之一。对计算思维能力的培养成为计算机教学（特别是基础教学）的“重要组成部分”之一。

随着大数据时代的来临，认知过程也将从基于猜测假定的设计转变为基于事实与经验的归纳总结。与此同时，科学发展的范式也将从过去几十年间的计算模拟型转变成数据探索型。各种理论、实验、模拟都将统一在信息处理这种数据探索框架之下。

2. 大数据时代为计算机教学提供了海量的学习对象与辅助教学资源

在大数据时代，互联网上充斥着海量的教学资源，除了政策引导下的各类精品课程外，还充斥着广播电视大学、各类网络学院等远程教育提供的教学视频，以及个人自由上传的 PPT 课件等学习资料，让人应接不暇。同时，一些学校还建立了规模不一的教学资源库。教育部在 2012 年年初，也倡导高水平完成各类精品课程的“共享资源”建设。这既为学生提供了海量的学习资料，扩展了学生获得知识的途径，也增加了教师的教学压力。

3. 开放课程等新型教育方式对传统的教学模式产生了极大冲击

开放课程（Open Course）不以获得学历为目标，充分利用在线视频进行远程教学，为任何有意者提供学习的平台，其突破了学习的限制，回归学习本质，配合社会化网络，实现了随时随地学习和讨论。

目前，Open Course 已经成为教育界的“Linux”，对传统教育造成冲击并形成有益补充。受 Open Course 的影响，网络公开课已经成为很多大学提高教学水平和学校声誉的一种活动。

4. 基于新媒体模式的社会化互助学习，打破了教学的界限，将课堂讨论延伸到网络

比较和交流是学习进步的利器。互助学习可实现学习者内部自我互动。社交网络与移动互联网相结合，催生了社会化学习社区，打破了教学的界限，将课堂讨论延伸到网络。时间不限、空间不限的开放式主动学习或许将成为未来教学环境的主流形态，改变了传统课堂教学常见的被动学习状态的局面。

5. 对计算机专业毕业生人才的基本要求发生变化

随着大数据时代的来临，对计算机专业毕业生的基本要求也将发生变化。计算机专业毕业生将面临数据到知识的挑战和跨域。赫伯特·西蒙曾说：“信息并不匮乏，匮乏的是我们处理信息的能力。”大数据时代背景下的计算机专业人才不能只是一名会编程的程序员，而应该具有面向大数据的计算思维和认知模式能力，掌握大数据分析方法、挖掘分析工具和开发环境，具有跨学科的基础知识和学习能力，并能够与来自不同领域的专家学者紧密合作。

习　题

一、选择题

1．冯·诺依曼计算机的工作原理是（　　），使计算机能自动地执行程序。

A．二进制数　　B．把指令和数据存储起来

C．逻辑电路　　D．开关电路

2．（　　）是内部存储器中的一部分，且 CPU 对其中的信息只读不写。

A．键盘　　B．RAM

C．ROM　　D．随机存储器

3．某单位的人事档案管理程序属于（　　）。

A．目标程序　　B．系统软件

C．应用软件　　D．系统程序

4．以下设备中，既可以作为输入设备又可以作为输出设备的是（　　）。

A．磁盘存储器　　B．鼠标

C．键盘　　D．打印机

5．显示器的显示质量主要取决于显示器的（ ）。

A．亮度 B．分辨率

C．对比度 D．大小

6．办公自动化是计算机的一项应用，按计算机应用的分类，它属于（ ）。

A．科学计算 B．实时控制

C．数据处理 D．辅助设计

7．在微型计算机中，I/O 设备的含义是（ ）。

A．输入/输出设备 B．输入设备

C．控制设备 D．输出设备

8．输出设备除显示器、打印机、绘图仪外，还有（ ）。

A．键盘 B．磁盘

C．激光打印机 D．扫描仪

9．一台计算机主要由运算器、控制器、存储器、输入设备和（ ）构成。

A．键盘 B．寄存器

C．输出设备 D．软件

10．世界上首台计算机诞生于（ ）。

A．美国 B．日本

C．法国 D．英国

11．输入设备是（ ）。

A．从磁盘上读取信息的电子线路 B．磁盘文件等

C．键盘、鼠标和打印机 D．从计算机外部获取信息的设备

12．以（ ）构成硬件基本部件的计算机称为第三代计算机。

A．中小规模集成电路 B．RAM

C．ROM 和 RAM D．大规模集成电路

13．计算机硬件能直接识别和执行的只有（ ）。

A．符号语言 B．高级语言

C．汇编语言 D．机器语言

14．发现计算机病毒后，比较彻底的清除方法是（ ）。

A．用杀毒软件处理 B．删除磁盘文件

C．装入系统软件 D．格式化磁盘

15．以下描述中，正确的是（ ）。

A．1MB＝1024B B．1KB＝1024×1024B

C．1KB＝1024MB D．1MB＝1024×1024B

16．决定微型计算机性能的指标是（ ）。

A．价格 B．质量

C．ALU D．CPU

17．以下设备中，只能作为输出设备的是（ ）。

A．打印机 B．磁盘存储器

C．键盘　　D．鼠标

18．（　　）是计算机进行数据存储和数据处理的基本运算单位。

A．字节　　B．字

C．字长　　D．位

19．第四代计算机使用（　　）作为主要元器件。

A．晶体管　　B．大规模、超大规模集成电路

C．集成电路　　D．电子管

20．关于CPU，以下说法错误的是（　　）。

A．CPU能直接为用户解决各种实际的问题

B．CPU是中央处理单元的简称

C．CPU的档次可概略地表示微型计算机的规格

D．CPU能准确地执行人预先安排的指令

二、判断题

1．HTML的中文名称是超链接。（　　）

2．2MB＝2048KB。（　　）

3．拆装计算机硬件时应该防尘、防震、防静电。（　　）

4．在计算机中采用二进制的一个原因是二进制的运算规则简单。（　　）

5．第三代计算机的主要元器件是集成电路。（　　）

6．公用软件的版权已被放弃，不受版权保护。（　　）

7．CPU的中文名称是中央处理器。（　　）

8．计算机的主机包括CPU、内部存储器和硬盘3部分。（　　）

9．操作系统是一种可使计算机便于操作的硬件。（　　）

10．CAI的中文名称是计算机辅助教学。（　　）

三、填空题

1．2GB是________MB。

2．微处理器芯片有许多性能指标，其中主要是字长和________。

3．内部存储器的每个存储单元都被赋予一个唯一的序号，称为________。

4．操作系统、DBMS和编译程序都属于________软件。

5．计算机硬件包括主机和________两部分。

6．CAD的中文名称是________。

7．________内有一组称为寄存器的高速存储单元。

8．ASCII是________位编码。

9．计算机网络是计算机技术和________技术相结合的产物。

10．完整的计算机系统由硬件和________两部分组成。

第2章 Windows 操作系统

【问题与情景】

在人们的工作和学习过程中，会使用计算机处理大量的信息资源，如电子文档、电子表格、图片、视频和应用程序等。我们应该如何有效地对这些信息资源进行管理呢？

【学习目标】

在 Windows 10 操作系统中可以创建文件夹，对信息资源进行分类，用不同的文件夹来存放不同类型的信息。掌握利用 Windows 10 操作系统对各种文件进行复制、移动、重命名等管理操作。

【实施过程】

活动 1：完善和整理自己的学习项目文件夹。
活动 2：使用移动硬盘或 U 盘对自己的学习资料或作业等进行备份。
活动 3：创建、保存、打开和关闭文本文档。
活动 4：截图并将图片保存到文件夹中。
活动 5：问题设计。

2.1 操作系统概述

2.1.1 操作系统的概念

操作系统（operating system，OS）是指用来控制和管理计算机硬件资源与软件资源的程序集合。操作系统是计算机系统最底层的系统软件，是对硬件系统功能的首次扩充。操作系统用于统一管理计算机资源，合理组织计算机的工作流程，协调计算机系统各部分之间、系统与用户之间、用户与用户之间的关系，同时也为用户提供与系统交互的界面。

2.1.2 操作系统的功能

计算机操作系统通常具备处理器管理、存储管理、设备管理、文件管理和作业管理 5 个功能模块。

（1）处理器管理

处理器管理主要确定处理器的分配调度策略、分配实施和资源回收等问题。处理器是计算机系统中的关键资源之一。

（2）存储管理

存储管理主要管理内存资源，根据用户程序的要求为其分配内存，保护用户存放在内存中的程序和数据不被破坏，解决内存的扩充问题。

（3）设备管理

计算机主机通常连接各类外围设备，如输入/输出设备、存储设备等。设备管理负责管理各类外围设备的分配、启动和故障处理等。

（4）文件管理

文件管理是指操作系统对计算机所存储信息资源的管理。操作系统中负责存取和管理信息的子系统称为文件系统。文件管理包括文件的存储、检索、修改和保护等。

（5）作业管理

用户请求计算机系统完成的一个独立操作称为作业。作业管理包括作业的输入与输出、作业的调度与控制。作业管理的任务是为用户提供一个使用系统的良好环境，根据不同的系统要求制定相应的调度策略，进行作业调度。

2.1.3 典型桌面操作系统

1. Windows 操作系统

Windows 操作系统是由美国微软公司研发的一款操作系统，于 1985 年问世。Windows 采用了图形用户界面（graphical user interface，GUI），比起从前的 MS-DOS 需要输入指令使用的方式更为人性化。随着微软公司对其进行不断更新升级，提升其易用性，Windows 目前已成为应用广泛的操作系统之一。

2. UNIX 操作系统

UNIX 操作系统于 1970 年由美国电话电报（AT&T）公司贝尔实验室开发，是一款多用户、多进程的操作系统，支持多种处理器架构，属于分时操作系统。UNIX 系统提供良好的用户界面，具有使用方便、功能齐全、清晰灵活、易于扩充和修改等特点，其用户主要集中在商业领域。

3. Linux 操作系统

Linux 操作系统是一款免费使用和自由传播的类 UNIX 操作系统，是一款多用户、多任务、支持多线程和多 CPU 的操作系统。Linux 系统的源代码完全开放，用户可以根据自身的需要来修改完善 Linux 操作系统，使其最大化地适应自身需要，因此得到了全世界软件爱好者、组织、公司的支持。Linux 操作系统不仅大规模用于超级计算机和服务器，在个人计算机（PC）、手机、平板计算机和嵌入式设备上也被广泛使用，拥有广阔的发展前景。

Linux 同时提供字符界面和图形界面。在字符界面用户可以通过键盘输入相应的指令来进行操作；在图形界面（类似 Windows 系统的图形界面），用户可以使用鼠标对其进行操作，如图 2-1 和图 2-2 所示。

```
user@user-virtual-machine: /
To run a command as administrator (user "root"), use "sudo <command>".
See "man sudo_root" for details.

user@user-virtual-machine:~/桌面$ ls
user@user-virtual-machine:~/桌面$ cd ./
user@user-virtual-machine:~/桌面$ cd /
user@user-virtual-machine:/$ ls
bin    dev   lib    libx32      mnt   root  snap      sys  var
boot   etc   lib32  lost+found  opt   run   srv       tmp
cdrom  home  lib64  media       proc  sbin  swapfile  usr
user@user-virtual-machine:/$
```

图 2-1　Linux 操作系统字符界面

图 2-2　Linux 操作系统的一种图形界面

4. macOS

macOS 是由美国苹果公司开发的一款操作系统（图 2-3），主要被应用于苹果公司推出的个人计算机中。macOS 是首个商用的图形用户界面操作系统。一直以来，macOS 各版本都因其区别于 Windows 操作系统的独特用户界面和其所具备的特点及服务被广泛应用于设计、影视、教育等领域。

图 2-3　macOS 界面

2.1.4　典型移动操作系统

1. Android

Android（安卓）是一款基于 Linux 内核的开放源代码的操作系统。Android 系统主要应用于移动设备，支持智能手机、平板计算机、可穿戴设备等多种类型的硬件设备，同时也为第三方应用软件开发者提供强大的开放性和兼容性。Android 操作系统最初由安迪 • 鲁宾（Andy Rubin）开发，主要支持手机。2005 年 8 月，谷歌公司收购 Android 后，继续与开放手机联盟（Open Handset Alliance，OHA）共同领导及开发此系统。目前 Android 操作系统已成为全球应用广泛的移动操作系统之一。

2. iOS

iOS 是由美国苹果公司开发的一款移动操作系统。iOS 原名为 iPhone OS，是苹果公司于 2007 年 1 月发布的用于 iPhone 智能手机的操作系统，随着该系统被陆续用在 iPod touch 和 iPad 平板计算机等设备上，苹果公司于 2010 年宣布其改名为 iOS。iOS 与 macOS 系统一样，属于类 UNIX 商业操作系统，拥有独特的用户界面，但与其他操作系统应用软件的兼容性较差。

2.1.5　我国操作系统的发展

操作系统的本土化是国家维护网络信息安全的重要一环。我国的操作系统本土化工作始于 20 世纪末，1999 年 4 月 8 日，一款基于 Linux/Fedora 的国产操作系统“Xteam Linux

中文版 1.0”发布，代表着我国操作系统本土化之路的开端。2006 年，在国务院发布的《国家中长期科学和技术发展规划纲要（2006—2020 年）》中提出要重点聚焦基础软件的自主突破与创新。此后，信息技术产业的自主可控始终是国家发展战略和政策制定的一大重点。

1. 基于 Linux 开源内核开发的操作系统

目前我国主流的国产操作系统大多是基于 Linux 开源内核开发的，应用广泛的主要有以下 5 款。

（1）红旗 Linux 桌面操作系统

红旗 Linux 桌面操作系统（RedFlag Desktop Linux）是由中科红旗信息科技产业集团自主研发的一款基于 Linux 内核的操作系统，诞生于 1999 年，目前已更新到 10.0 版本。它支持多款国产芯片，具有美观实用、功能丰富、安全可靠的特点，广泛应用于政府机关、企事业单位、学校等。

（2）优麒麟操作系统

优麒麟（Ubuntu Kylin）操作系统是由麒麟软件有限公司主导开发的一款基于 Linux 内核的开源操作系统，适用于 x86、ARM、RISC-V 等主流架构的 PC 和嵌入式设备等，是一款通用桌面操作系统。优麒麟目前不仅兼容 Windows 应用软件，还通过软件商店向用户提供了上千款主流软件。

（3）中标麒麟操作系统

中标麒麟操作系统是一款由麒麟软件公司开发的面向桌面应用的图形化操作系统，实现了对龙芯、申威、兆芯、鲲鹏等自主 CPU 及 x86 平台的同源支持。它提供了全新、经典的用户界面，兼顾用户已有的使用习惯，系统兼容性好，支持国内外主流软硬件设备。中标麒麟于 2018～2019 年成为国内 Linux 市场占有率第一的操作系统。

（4）深度操作系统

深度（deepin）操作系统是由武汉深之度科技有限公司开发的一款基于 Linux 内核的国产操作系统，已通过公安部安全操作系统认证、工业和信息化部国产操作系统适配认证，并在国内党、政、军、金融、运营商、教育等领域得到了广泛应用。在全球开源操作系统排行榜上，深度操作系统是率先进入国际前十名的国产操作系统产品。

（5）统信操作系统

统信（UOS）操作系统是由国内领先的操作系统厂商联合开发的一款操作系统，以深度操作系统为核心，支持多款国产 CPU，在系统安全和运行稳定方面表现十分出色。同时，因其界面简洁、使用流畅，从而拥有“最美国产操作系统”之称。在应用生态方面，统信操作系统为用户提供了应用商店，同时也兼容多款安卓系统应用程序。

2. 基于微内核的操作系统

鸿蒙系统（HarmonyOS）由华为公司于 2019 年 8 月推出，是一款基于微内核的全新的面向全场景的分布式操作系统，为智能家居、汽车、运动、办公等多种场景中的不同类型终端的智能化、互连和协作提供了统一的解决方案。

鸿蒙系统是华为公司经过多年积累研发出的具备强大竞争力的国产操作系统，推出时恰逢我国基础软件行业亟待补足短板，以及华为公司遭到美国政府制裁，代表了我国信息技术产业的一次战略突围，被看作中国解决诸多“卡脖子”问题的一个突破口。

2.1.6 其他类型的操作系统

1. 浏览器操作系统

浏览器操作系统可以理解为“操作系统＝浏览器”。中文浏览器操作系统“FydeOS”是基于开源项目“The Chromium Projects”开发的，加入了更多符合中文用户习惯和提高用户体验的本地化增强功能，可以说是一款真正符合互联网时代需求的操作系统。

2. 应用于多领域的嵌入式操作系统

嵌入式操作系统（embedded operating system，EOS）是指用于嵌入式系统、能够支持嵌入式应用的操作系统，能够像其他操作系统一样有效管理复杂的软硬件资源。嵌入式操作系统的概念很早就出现了，过去主要应用于工业控制和国防领域。随着消费电子产业和物联网技术的发展，嵌入式操作系统特别是满足实时控制要求的嵌入式操作系统（real time operating system，RTOS）被越来越多地应用于能源、通信、医疗、汽车、家居等各个行业领域。

例如，基于 Linux、Android 和 QNX 三款底层操作系统开发的车载操作系统，被广泛应用的有苹果公司的 CarPlay、谷歌公司的 Android Auto、百度公司的 Carlife 及阿里巴巴公司的 AliOS；应用于工业和个人消费等多个领域的国产嵌入式操作系统包括阿里巴巴公司的 AliOS Things，华为公司的 Huawei Lite OS 及睿赛德公司的 RT-Thread。

2.2 Windows 10 操作系统概述

2.2.1 Windows 10 操作系统的特点

Windows 10 操作系统是微软公司在 2015 年正式推出的一款操作系统。相较于受用户欢迎的 Windows 7 和饱受诟病的 Windows 8 操作系统，Windows10 操作系统在易用性和安全性方面有了极大提升，并针对云服务、移动设备、智能人机交互提供了支持。Windows 10 操作系统具有如下特点。

1. 用户界面友好

Windows 10 操作系统的用户界面十分友好，大多数用户能够轻松使用，并支持个性化界面设置。“开始”菜单被重新启用，与“开始”屏幕一起为用户提供便捷的应用服务。

同时，为了吸引随着触控屏幕成长的新一代用户，Windows 10 操作系统提供了针对触控屏设备的优化功能及平板计算机模式，其中的“开始”菜单和应用都将全屏模式运行。

2. 生物识别技术和智能人机交互

Windows 10 操作系统新增的“Windows Hello”功能提供了对生物识别技术的支持。在用户登录系统时，除了常见的指纹扫描之外，还能采用面部或虹膜扫描。

Windows 10 操作系统新增了 Cortana 智能语音助手，用户可以用它来搜索计算机内的文件，进行系统设置，以及与浏览器和搜索引擎配合搜索互联网信息。

3. 全新应用

像使用智能手机一样，Windows 10 操作系统为用户提供在 Microsoft Store 中下载安装应用的渠道，几乎所有主流的应用软件都包含其中。

微软公司在 Windows 10 操作系统中推出了全新的浏览器 Microsoft Edge，以取代 IE 浏览器。微软公司已经宣布 IE 浏览器不再能够满足当前的用户需求，全新的浏览器能够提供更好的 Web 服务。

4. 系统更新

为了提升用户计算机的安全性，Windows 10 操作系统采用强制更新系统的策略，避免用户在使用之前版本的 Windows 操作系统时经常忽略系统更新的行为。

2.2.2 Windows 10 操作系统的基本操作

1. 启动和退出

如果 Windows 10 与其他操作系统并存于同一台计算机上，在开启计算机后，用户需要用键盘或鼠标选择“Microsoft Windows 10××版”来启动 Windows 10 操作系统。如果用户设置了个人账户和密码，则需要选择账户名称并输入正确的密码，方可完成系统的启动。Windows 10 同时也提供了多种登录账户的方式，如图 2-4 所示。

登录选项

管理你登录设备的方式

选择一个登录选项，添加、更改或删除它。

Windows Hello 人脸
此选项当前不可用 - 单击以了解详细信息

Windows Hello 指纹
此选项当前不可用 - 单击以了解详细信息

Windows Hello PIN
此选项当前不可用 - 单击以了解详细信息

安全密钥
使用物理安全密钥登录

密码
使用你的帐户密码登录

图片密码
此选项当前不可用 - 单击以了解详细信息

图 2-4 Windows 10 操作系统账户登录选项

当用户准备结束本次操作，退出 Windows 10 操作系统并关闭计算机时，需要遵循正确的操作步骤，以保证个人数据和系统的安全。具体操作步骤如下。

1）关闭所有正在运行的应用程序。

2）单击桌面左下角的“开始”→“电源”按钮，可以看到 3 个电源选项，“睡眠”、“关机”和“重启”，如图 2-5 所示。

3）单击“睡眠”按钮，计算机进入睡眠状态，内存中的数据会被保存，以便用户开始操作时计算机立即恢复到睡眠前的状态。

单击“关机”按钮，退出 Windows 10 操作系统并关闭计算机。

单击“重启”按钮，重新启动计算机进入 Windows 10 工作界面。

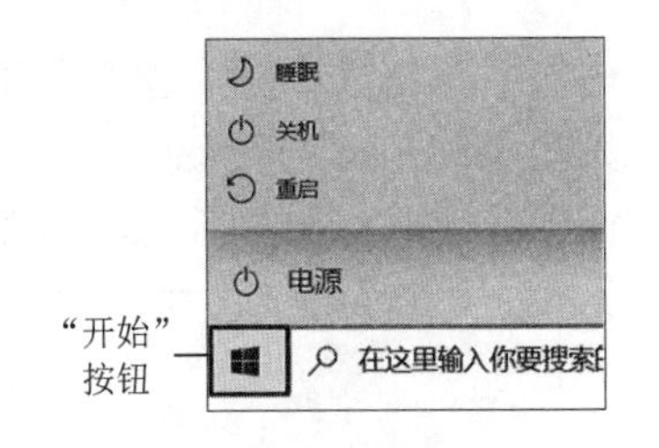

图 2-5 电源选项

2. 桌面

Windows 10 桌面是启动 Windows 10 操作系统后呈现出的整个屏幕画面，包括桌面图标、任务栏、桌面背景等元素，如图 2-6 所示。

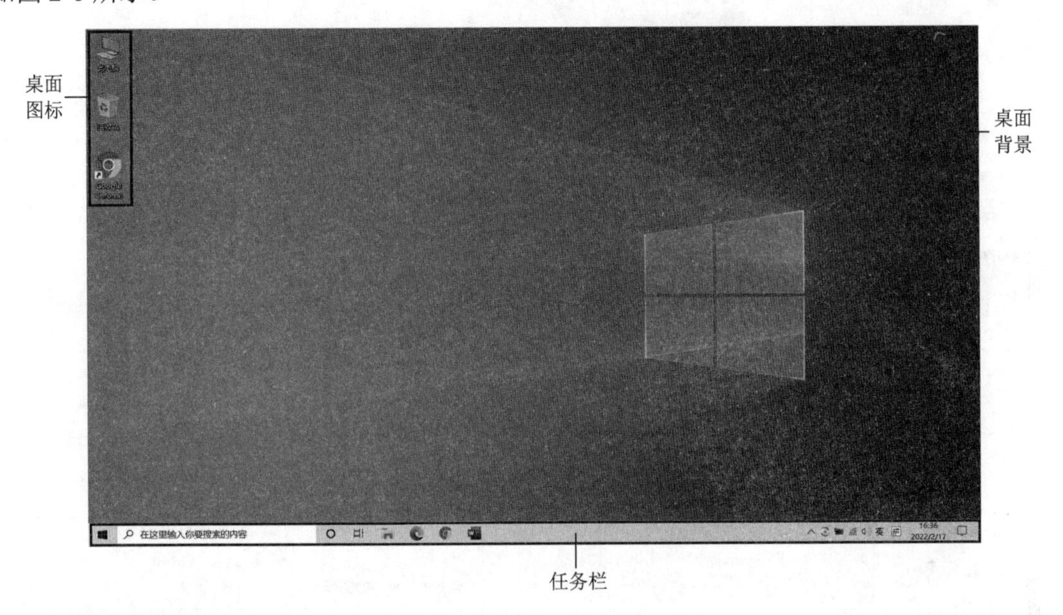

图 2-6 Windows 10 桌面

3. 桌面图标及设置

在 Windows 10 桌面上有若干个上方是图形、下方是文字说明的组合，这种组合称为图标。在 Windows 10 中，用户主要通过单击图标对计算机的程序、驱动器、文件和文件夹等进行操作。

在桌面图标中，一部分是计算机安装 Windows 10 操作系统后自动出现的系统图标，还有一部分是用户在 Windows 10 操作系统中安装应用软件后自动添加或用户自行添加的快捷方式图标。

1）此电脑：包含计算机硬盘中存储的数据和各类对象。

2）回收站：用于存放和恢复被删除的文件。

3）Microsoft Edge：Windows 10 操作系统包含的默认网络浏览器。

4）网络：可浏览局域网中的设备。

5）Admin（或用户名）：用户可浏览自己账户的文件。

用户可以对系统图标进行设置。在桌面空白处右击，在弹出的快捷菜单中选择“个性化”命令，打开“设置”窗口，如图 2-7 所示，在左侧的“个性化”导航栏中选择“主题”选项，进入主题设置界面，选择界面右侧的“桌面图标设置”选项，打开“桌面图标设置”对话框，如图 2-8 所示。选择想要在桌面上显示的系统图标，单击“更改图标”按钮，打开“更改图标”对话框，在图标列表中或计算机存储的图片中选择图形作为系统图标。

图 2-7　个性化主题设置界面

图 2-8　“桌面图标设置”和“更改图标”对话框

快捷方式图标在图形的左下角有箭头标志，如图 2-9 所示。快捷方式图标是为了用户能够快速找到并启动应用程序而在桌面设置的图标，对其进行修改、删除不会影响应用程序本身在 Windows 10 上的运行。

图 2-9 应用程序的快捷方式图标

4. “开始”按钮

“开始”按钮一直以来都是 Windows 操作系统的核心，是用户启动计算机应用程序的主要途径，同时可以找到系统设置和电源选项等。启动 Windows 10 操作系统后，单击桌面左下角的“开始”按钮，即可打开“开始”菜单。

在 Windows 10 操作系统中，“开始”菜单拥有了全新的界面，用户可以自由地选择使用“开始”菜单或“开始”屏幕，如图 2-10 所示。“开始”菜单中的应用程序按照其名称的首字母排序，用户可以按自己喜好将常用的或需要快速启动的应用程序添加到“开始”屏幕中，在“开始”菜单中选择应用程序并右击，在弹出的快捷菜单中选择“固定到‘开始’屏幕”命令即可。

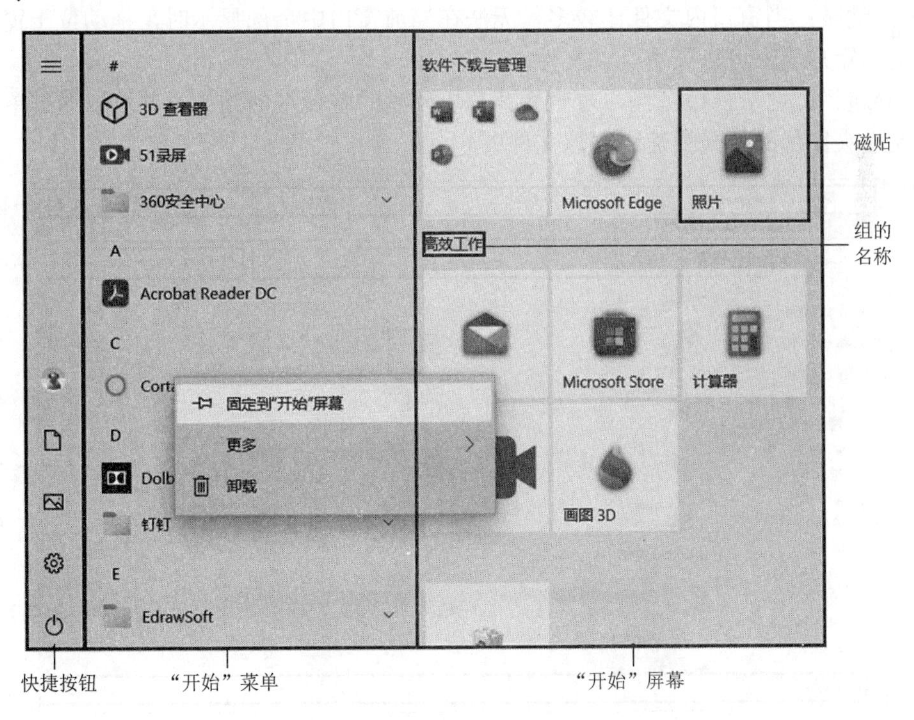

图 2-10 “开始”菜单和“开始”屏幕

“开始”屏幕是 Windows 8 推出的一项功能，是 Windows 操作系统兼顾在平板计算机上应用的一次改变。在 Windows 10 的开始屏幕中，用户可以以“磁贴”的方式自由拖动排列应用程序，排列在一起的几个应用程序可以形成一组，用户可以编辑组的名称。同时，用户还可以像操作智能手机一样，在 Windows 10 的 Microsoft Store 中下载并安装应用程序，安装好的应用程序会自动显示在“开始”屏幕中。

5. 窗口与对话框

窗口是用户在 Windows 10 中使用应用程序、查看文档、设置功能的交互界面。常见的窗口类型有两种：窗口和对话框。

（1）窗口

在 Windows 10 中，窗口的结构基本是相同的，如图 2-11 所示。

1）标题栏：位于窗口的最上方，用来显示窗口的名称。在此栏上还有窗口的最小化、最大化和关闭按钮。

2）菜单栏：在标题栏的下方，包含用户所能使用的各类命令按钮和选项。

3）地址栏：显示当前打开的文件在硬盘中存储的位置。在此栏中输入文件夹路径或网址，单击“转到”按钮或按 Enter 键，将打开文件夹或网页。

4）搜索栏：在此输入关键词可快速找到硬盘中存储的相应文件。

5）工作区：窗口的内部区域称为工作区或工作空间，是应用程序实际工作的区域。其内容就是窗口内容。

6）滚动条：当窗口内文件比较多，无法在当前窗口中全部显示时，拖动位于窗口右侧和底部的小矩形块，可以查看全部文件。

7）导航栏：位于窗口左侧，可查看计算机硬盘的整体存储结构，并可以通过单击导航栏某一文件夹图标的方式快速访问该文件夹。

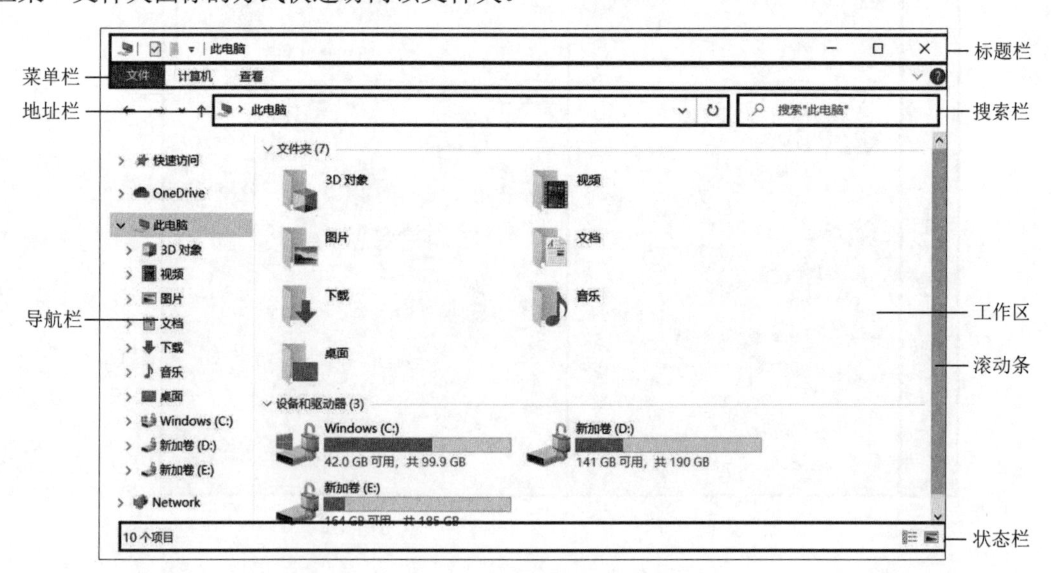

图 2-11 窗口的结构

8）状态栏：状态栏位于窗口的最下方，显示文件、文件夹的总数或一些帮助信息。

9）窗口边框：当鼠标指针移动到窗口边框时，鼠标指针会变成垂直或水平的双向箭头，拖动鼠标即可改变窗口的大小。

任务1：对“此电脑”窗口进行最大化、最小化、还原和关闭等操作。

双击桌面上的“此电脑”图标，打开“此电脑”窗口，单击标题栏上的“最大化”按钮进行最大化和还原窗口操作；单击标题栏上的“最小化”按钮进行最小化窗口操作；单击标题栏上的“关闭”按钮进行关闭窗口操作。

任务2：调整“此电脑”窗口大小和位置。

双击桌面上的“此电脑”图标，打开“此电脑”窗口；将鼠标指针移动到窗口的左边框，鼠标指针变成双向箭头时，按住鼠标左键向右拖动鼠标，使窗口缩小；将鼠标指针移动到窗口的右下角，按住鼠标左键拖动鼠标使窗口缩小，再使窗口扩大；将鼠标指针移动到窗口的标题栏上，按住鼠标左键拖动鼠标改变窗口的位置，位置确定后释放鼠标左键。

当同时打开多个窗口时，各窗口的大小和所在的位置是不一致的，为了便于浏览使用，可以对窗口进行重新排列。

任务3：打开“回收站”和“此电脑”等多个窗口，分别将打开的多个窗口并排显示、层叠显示或堆叠显示。

分别双击桌面上的“回收站”和“此电脑”等图标打开多个窗口；右击任务栏的空白位置，在弹出的快捷菜单中选择“并排显示窗口”、“层叠显示窗口”或“堆叠显示窗口”命令。

（2）对话框

对话框是 Windows 10 操作系统的重要组成部分之一，是系统提供给用户用于输入信息或选择某个选项的矩形框，可以看作一种特殊的窗口。它的外形与窗口类似，但不像窗口那样可以随意改变大小。对话框主要有以下几个组成部分。

1）标题栏。位于对话框的最上方，用来显示对话框的名称。在此栏上还有对话框的关闭按钮。

2）标签（选项卡）：部分对话框的标题栏下方会有选项卡，用来分类显示不同选项内容。图 2-12 中的对话框没有选项卡，图 2-13 中的对话框有选项卡。

3）输入框：可分为文本框和下拉列表框。文本框用于输入文本信息，一般在其右端有一个下拉按钮，用户既可以在文本框中直接输入和修改文字，也可以单击下拉按钮打开下拉列表框，从中选取要输入的信息。

4）按钮：对话框中的按钮可分为以下 4 种。

① 命令按钮：带有文字的矩形按钮。

② 选择按钮：分为单选按钮和复选框。

③ 数字增减按钮：包括两个连续的三角形状小按钮。

④ 滑动式按钮：可用鼠标在滑动条上拖动按钮以调整属性。

5）下拉列表（目录）框：用户可在下拉列表中选择一个需要的选项，单击下拉列表框右端的下拉按钮才能看到所有的选项。

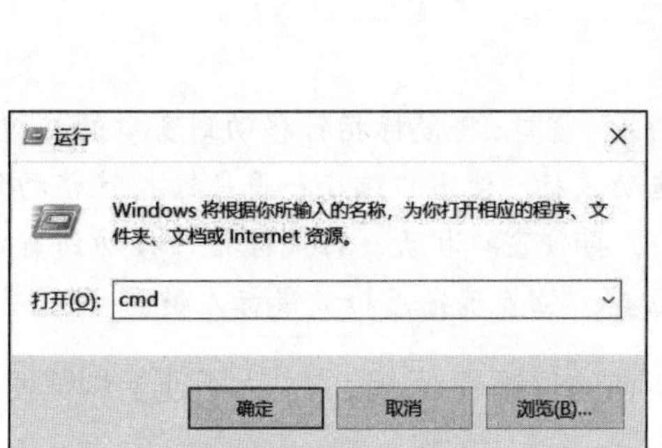

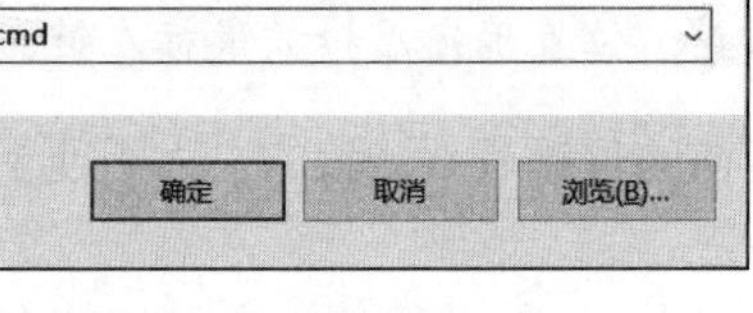

图 2-12　“运行”对话框

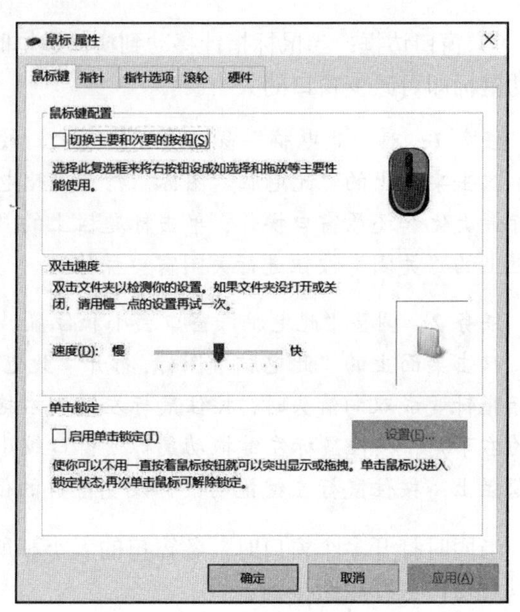

图 2-13　“鼠标 属性”对话框

2.2.3　Windows 10 任务栏的操作

Windows 10 是一款支持多任务的多用户操作系统，可以同时启动多个应用程序，并可以通过任务栏进行快速切换，用户还可以根据个人需要和喜好修改任务栏的外观。

1. Windows10 任务栏的特征

启动 Windows 10 操作系统时，任务栏位于桌面的底部。Windows 10 的任务栏相较于之前版本的 Windows 操作系统有了全新的交互界面和更强大的功能，主要包含以下组成部分，如图 2-14 所示。

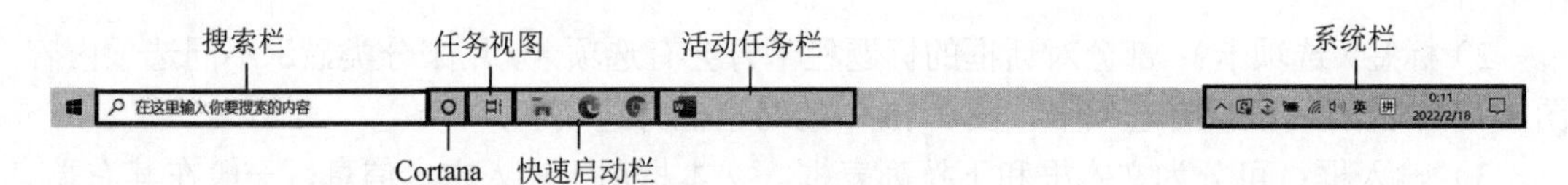

图 2-14　任务栏

1）搜索栏：可用于搜索计算机中的应用程序和各类型文件，如果搜索的内容不在计算机中，会直接打开浏览器进入搜索引擎为用户进行搜索。

2）Cortana：Windows 10 操作系统中的智能语音助手应用程序，帮助用户通过语音交互搜索信息。

3）任务视图：用户可在任务视图中建立多个桌面，从而便捷地管理多项工作任务和多个应用程序窗口。

4）快速启动栏：用户可以将常用的应用程序图标拖动到快速启动栏，然后单击图标即可快速启动该应用程序。

5）活动任务栏：显示所有正在运行的应用程序和文件夹窗口。

6）系统栏：系统栏显示了当前计算机的输入法、电源、网络、声音、系统时间等状态，以及后台运行的杀毒软件图标等。

2. 任务栏设置

用户在任务栏空白处右击，打开任务栏菜单，其主要功能如下。

1）层叠窗口：把各应用程序窗口在屏幕上重叠显示，除最上面的窗口完全可见外，其余窗口只有标题栏可见。

2）堆叠显示窗口：使各窗口以较小的面积水平平铺在屏幕上，所有窗口均可见。

3）并排显示窗口：使各窗口以较小的面积竖直平铺在屏幕上，所有窗口均可见。

4）显示桌面：使各窗口全部最小化为任务栏上的图标，显示出桌面。

5）任务管理器：选择此命令后即可打开“Windows 任务管理器”对话框。

6）锁定任务栏：取消选中，即为解除锁定状态，反之为锁定状态。

7）任务栏设置：设置任务栏的某些属性。

选择“任务栏设置”命令，在打开的“设置”窗口中可以对任务栏的属性进行设置，如图 2-15 所示，其主要属性设置包括以下几项。

1）锁定任务栏：当锁定任务栏为关闭状态时，用户可将鼠标指针指向任务栏边缘，此时鼠标指针变为一个双向箭头形状，拖动鼠标即可改变任务栏大小。

2）任务栏在屏幕上的位置：任务栏的默认位于桌面的底部，用户也可以根据个人需要或喜好选择任务栏在屏幕中的位置。

3）隐藏任务栏：Windows 10 兼顾了在 PC 和平板计算机上的运行，可以设置在桌面模式和平板模式下自动隐藏任务栏。开启此状态后，鼠标指针离开任务栏区域，任务栏将自动隐藏，鼠标指针移动到屏幕边框处，任务栏将再次显示。

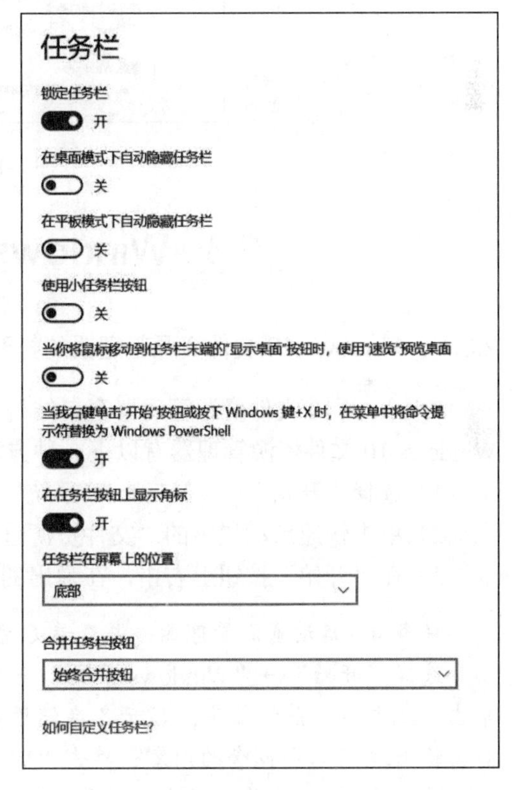

图 2-15　任务栏设置

2.2.4　Windows 10 的帮助系统

用户在使用 Windows 10 操作系统时遇到问题可以通过帮助系统进行搜索（图 2-16），获得官方提供的解决方法。选择“开始”→“获取帮助”选项，即可打开帮助系统。

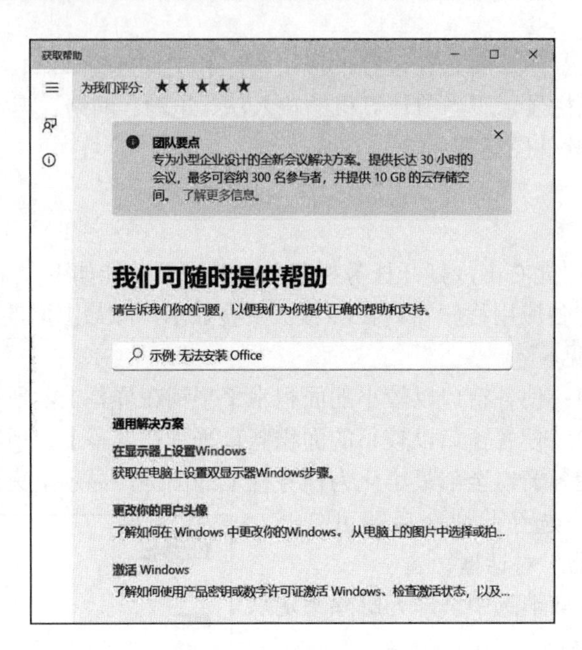

图 2-16　获取帮助

2.3　Windows 10 文件资源管理器

2.3.1　Windows 10 文件资源管理器的打开方式

Windows 10 文件资源管理器窗口结构与 2.2 节介绍的 Windows 10 窗口结构相同。打开 Windows 10 文件资源管理器有以下 3 种方法。

1）选择“开始”→“Windows 系统”→“文件资源管理器”选项。

2）单击快速启动栏中的“文件资源管理器”图标。

3）在“开始”按钮上右击，在弹出的快捷菜单中选择“文件资源管理器”命令。

任务 4： 启动资源管理器，并查看 C 盘的内容。

选择“开始”→“Windows 系统”→“文件资源管理器”选项，打开资源管理器窗口，单击“此电脑”前的箭头，显示各存储设备；单击“Windows（C:)”的图标或名称，这时右窗格出现 C 盘所包含的内容；单击“Windows（C:)”前的箭头，展开 C 盘所包含的文件夹；单击“Windows”文件夹的名称，这时右窗格显示该文件夹所包含的内容。

2.3.2　文件和文件名

文件是计算机中的常用概念之一。在计算机领域，文件的含义非常广泛。文件是数据组织的一种形式。例如，写的一封信是一个文件，制作的一个报表是一个文件，一种游戏是由一个或多个文件组成的，一幅图画是一个文件，一首歌也是一个文件。在计算机中，所有的信息都是以文件的形式存储在磁盘上的。

为了便于管理和使用文件，每个文件都有一个名称，即文件名。计算机通过文件名来识别文件。就像每个人都有一个名字，相互之间依靠姓名区分彼此一样。当用计算机写信时，也要给它设置一个文件名并保存在磁盘上，这样以后用到这封信时，根据文件名查找即可。使用某种软件进行学习时，也要知道它的文件名，以便运行这个软件并把它显示在屏幕上。

文件名由主文件名和扩展名两部分组成，它们之间用下脚点隔开。例如，“letter1.txt”是一个文件名，“letter1”是主文件名，主文件名可以是英文字母也可以是汉字；“.txt”是扩展名。为了管理文件方便，同一类文件拥有相同的扩展名。例如，用 Word 文字处理软件写信或写文章时，Word 自动在文件名后加一个扩展名“.docx”。根据文件类型的不同，文件会以不同的图标显示在桌面或资源管理器中。

2.3.3 查看计算机资源

先双击“此电脑”图标，打开“此电脑”窗口或者打开“文件资源管理器”窗口，再双击要查看的驱动器图标，Windows 10 将显示驱动器上的文件和文件夹。文件夹可以包含文件和其他子文件夹。要打开文件或文件夹，或者启动应用程序，只需双击其名称或图标即可。

计算机磁盘，特别是硬盘，容量非常大，可以存储成千上万个文件。众多文件放在一起，无论操作系统还是用户自己，查找起来都不方便，费时又费力。这就像一个办公室中有许多文件，如果杂乱无章地堆放在文件柜中，要查找一份文件，可想而知是多么的困难。因此一般文件柜中会分成若干个小格子，所有的文件分门别类地存放在不同的格子中。计算机中的文件也是如此，文件以文件夹的方式组织，一个文件夹还可以包含若干个子文件夹，每个子文件夹中也可以包含若干个子文件夹，就好像文件柜中的格子又可分成几个小格子一样。

2.3.4 Windows 10 文件管理操作

1. 在文件资源管理器中打开或关闭文件夹

1）使用鼠标实现：在导航栏中单击文件夹的图标，或在工作区中双击文件夹图标。

2）使用键盘实现：用 Tab 键选择窗格，用方向键移动鼠标指针，鼠标指针所在文件夹即被打开。如果某一文件夹包含子文件夹，可用“→”方向键展开子文件夹或用“←”方向键收起子文件夹。

2. 改变文件列表的显示方式

单击“查看”选项卡中“布局”选项组中的 8 个布局按钮（“超大图标”“大图标”“中图标”“小图标”“列表”“详细信息”“平铺”“内容”）即可改变文件列表的显示方式。

3. 排列图标

单击“查看”→“当前视图”→“排列方式”下拉按钮，在打开的下拉列表中选择一种图标排列方式，即可按选择的排列方式重新排列图标，主要有以下 5 种排列方式。

1）名称：按照文件夹和文件的名称首字母顺序排列图标。

2）修改日期：按照用户修改此文件夹和文件的时间顺序排列图标。

3）类型：按照文件扩展名排列文件夹和文件的图标。

4）大小：按照所占存储空间的大小排列文件夹和文件的图标（按由小到大的顺序）。

5）创建日期：按照文件夹和文件被用户创建的时间顺序排列图标。

4. 建立新的文件夹

用户可以在桌面上建立新的文件夹，也可以在各驱动器下或某个文件夹中建立新的文件夹，具体操作步骤如下。

1）打开“文件资源管理器”窗口，选择新文件夹存放的位置（某驱动器或某驱动器下的文件夹）。

2）单击“主页”→“新建”→“新建文件夹”按钮，此时会在工作区中出现一个名为“新建文件夹”（这是临时名称）的文件夹。

3）用户可按 Backspace 键或 Delete 键删除临时名称，然后输入新的文件夹名称。

任务 5： 在 E 盘下创建文件夹“Windows 10”。

右击“开始”按钮，在弹出的快捷菜单中选择“文件资源管理器”命令，打开“文件资源管理器”窗口；在“文件资源管理器”窗口中单击导航栏中的“本地磁盘（E:)”图标或名称，这时工作区将出现 E 盘所含的内容；在工作区空白处右击，在弹出的快捷菜单中选择“新建”→“文件夹”命令，新建一个文件夹，文件夹的名称为“新建文件夹”；在文件夹名称为反白状态时输入“Windows 10”，按 Enter 键完成操作。

5. 建立新的快捷方式图标

快捷方式图标可以放在桌面上，也可以放在各驱动器下的文件夹中。建立快捷方式图标的一般操作步骤如下。

1）打开“文件资源管理器”窗口，选择新快捷方式图标存放的位置（桌面或某驱动器下的文件夹）。

2）单击“主页”→“新建”→“新建项目”下拉按钮，在打开的下拉列表中选择“快捷方式”选项，打开“创建快捷方式”对话框。

3）在“请键入对象的位置”的文本框中输入或单击“浏览”按钮选择要建立快捷方式图标的文件夹或文件所在的路径和名称。

4）用户可以选择系统为该图标选取的名称，也可以在文本框中输入自定义的图标名称，按 Enter 键或单击“完成”按钮即可。

6. 文件和文件夹的选择

（1）选择连续的文件或文件夹

1）用鼠标选择连续的文件或文件夹：单击要选择的第一个文件或文件夹后按住 Shift 键，再单击要选择的最后一个文件或文件夹，则两个文件或文件夹之间的若干文件或文件夹全部被选中。

2）用键盘选择连续的文件或文件夹：先使用 Tab 键选择资源管理器窗口的右窗格操作区，再使用方向键移到要选择的第一个文件或文件夹处；按住 Shift 键，再使用方向键移动到要选择的最后一个文件或文件夹处，释放 Shift 键和方向键，则两个文件或文件夹之间的若干文件或文件夹全部被选中。

（2）选择不连续的文件或文件夹

先单击要选择的第一个文件或文件夹，然后按住 Ctrl 键，再逐一单击要选择的文件或文件夹。

（3）取消文件或文件夹的选择

按住 Ctrl 键，在要取消选择的文件或文件夹处单击。

任务 6： 选中 C:\Windows\Help\目录下任一文件夹中的任一文件。

选择“开始”→“Windows 操作系统”→“文件资源管理器”选项，打开“文件资源管理器”窗口；单击“Windows（C:)”前的三角形图标，再单击“Windows”前的三角形图标，展开 Windows 文件夹下所包含的文件夹；单击“Help”文件夹的名称，这时右窗格将出现该文件夹所包含的内容；在右窗格双击打开任一文件夹，找到任一文件，完成选中操作。

任务 7： 继续任务 6 的操作，选中 C:\Windows\Help\mui\0804 文件夹中以字母 m 开头的所有文件。

单击以字母 m 开头的第一个文件，按住 Shift 键不放，再单击以字母 m 开头的最后一个文件。

7. 复制文件或文件夹

（1）用拖动的方法复制文件或文件夹

1）用鼠标在“文件资源管理器”窗口的导航栏中选择要复制的源驱动器和文件夹。

2）在“文件资源管理器”窗口的工作区中选择要复制的文件或文件夹。

3）在“文件资源管理器”窗口的导航栏中移动滑动式按钮让目标驱动器和目标文件夹是可见的。

4）按住 Ctrl 键和鼠标左键把要复制的文件或文件夹拖动到“文件资源管理器”窗口导航栏中的目标驱动器或目标文件夹上（使目标驱动器或目标文件夹呈深色显示），释放 Ctrl 键和鼠标左键。

（2）用剪贴板的方法复制文件或文件夹

1）选择要复制的文件或文件夹。

2）单击“主页”→“剪贴板”→“复制”按钮，此时系统将要复制的文件或文件夹的名称及路径复制到了剪贴板上。

3）选择目标驱动器或目标文件夹。

4）单击“主页”→“剪贴板”→“粘贴”按钮。

任务 8： 继续任务 7 的操作，复制 C:\Windows\Help\mui\0804 文件夹中以字母 m 开头的所有文件到 E:\Windows10 文件夹中。

单击“主页”→“剪贴板”→“复制”按钮，或按 Ctrl+C 组合键；单击左窗格中的 E:\Windows10 文件夹的名称（若是没有这个文件夹可新建一个）；单击“主页”→“剪贴板”→“粘贴”按钮，或按 Ctrl+V 组合键完成操作。

8. 移动文件或文件夹

（1）用拖动方法移动文件或文件夹

1）用鼠标在“文件资源管理器”窗口的导航栏中选择要移动的文件或文件夹所在的源

驱动器和文件夹。

2）在“文件资源管理器”窗口的工作区中选择要移动的文件或文件夹。

3）在“文件资源管理器”窗口的导航栏中移动滑动式按钮让目标驱动器和目标文件夹是可见的。

4）按住鼠标左键把要移动的文件或文件夹拖动到“文件资源管理器”窗口导航栏中的目标驱动器或目标文件夹上（使目标驱动器或目标文件夹呈深色显示）后，释放鼠标左键。

（2）用剪贴板方法移动文件或文件夹

1）选择要移动的文件或文件夹。

2）单击“主页”→“剪贴板”→“剪切”按钮，此时系统将要移动的文件或文件夹的名称及路径复制到了剪贴板上。

3）选择目标驱动器或目标文件夹。

4）单击“主页”→“剪贴板”→“粘贴”按钮。

9. 删除文件或文件夹

1）选择要删除的文件或文件夹。

2）单击“主页”→“组织”→“删除”按钮，或直接按Delete键，此时弹出提示对话框，单击“是”按钮则将要删除的文件放入回收站，单击“否”按钮则放弃删除操作。

10. 更改文件或文件夹名称

1）选择要更改名称的文件或文件夹。

2）单击“主页”→“组织”→“重命名”按钮。

3）删除矩形框中的原文件或文件夹名称，输入新的文件或文件夹名称后，按Enter键结束。

11. 设置文件或文件夹属性

设置文件（或文件夹）属性的目的是限定用户对文件（或文件夹）的操作。

（1）Windows 10中文件（或文件夹）的属性

1）只读：用户只能阅读其内容，不能修改。

2）隐藏：使文件或文件夹不可见。如果在右键快捷菜单中的“查看”子菜单中选中“隐藏的项目”复选框，被设置为隐藏的文件或文件夹则可以显示出来。

（2）设置文件或文件夹的属性的步骤

1）选择所要设置某种属性的文件或文件夹。

2）单击“主页”→“打开”→“属性”按钮，或将鼠标指针移动到需要设定属性的文件或文件夹上，右击，在弹出的快捷菜单中选择“属性”命令，在弹出的属性对话框中设置属性后单击“确定”按钮即可。

12. 文件的查找

当用户硬盘上的文件夹和文件过多时，如果要查找某一个或某一类文件，而又不知道该文件在哪一个文件夹中，或到底有多少个同名但位于不同文件夹中的文件时，查找将十分困难。

在 Windows 10 中搜索文件有以下两种方法。

1）在任务栏的搜索框中输入要查找的文件的文件名，即可在计算机中开始查找。

2）在桌面双击“此电脑”图标，在打开的“此电脑”窗口的搜索框中输入要查找的文件的文件名，即可在计算机的所有磁盘中进行查找。如果知道文件存放在哪个磁盘中，可以直接打开该磁盘，在搜索框中输入要查找的文件的文件名，即可在当前目录中进行查找。

任务 9： 查找文件名为“calc.exe”的文件。

双击“此电脑”图标，在打开的“此电脑”窗口右上方的搜索栏中输入要查找的内容，按 Enter 键，结果就会显示在工作区中。

活动 1： 完善和整理自己的学习项目文件夹。对自己的文档进行归类，并根据需要再创建新的文件夹或重命名文件夹或文档，或对属性进行设置等。对自己的文档资料要做到分门别类的管理，以便于查找与使用，养成良好的资源管理与整理习惯。

活动 2： 使用移动硬盘或 U 盘对自己的学习资料或作业等进行备份。

2.4 Windows 10 操作系统的设置

Windows 10 操作系统允许用户按照自己的需求和喜好对系统进行一些设置，如桌面背景、键盘和鼠标的属性、输入法等。这些设置都可以在“设置”或“控制面板”窗口中完成。当用户更改了设置以后，信息将保存在 Windows 10 注册表中，以后每次启动系统时都将按修改后的设置运行。

在推出 Windows 10 操作系统时，微软公司曾宣布要放弃经典的“控制面板”，将所有选项都迁移到“设置”中，但为了使从早期版本的 Windows 操作系统升级而来的用户能够顺畅使用 Windows 10，在 Windows 10 操作系统的历次更新中，“控制面板”仍一直存在。“设置”和“控制面板”窗口如图 2-17 和图 2-18 所示。

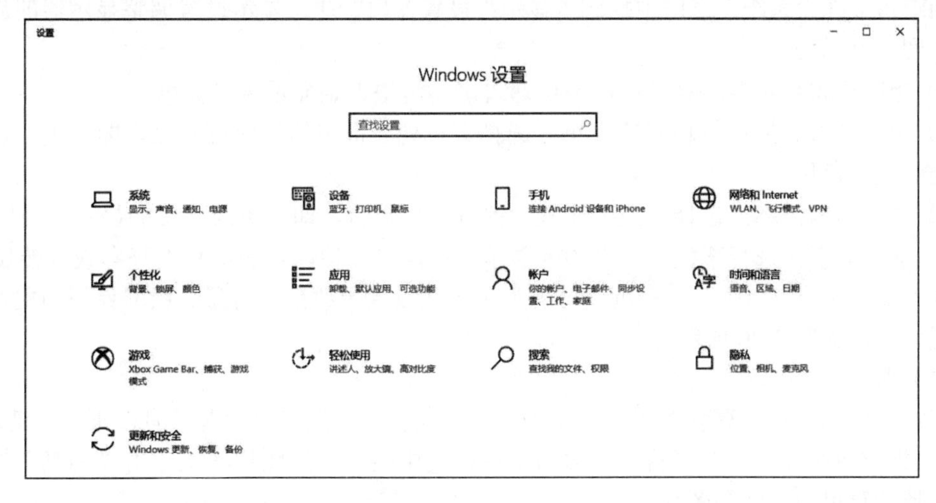

图 2-17 “设置”窗口

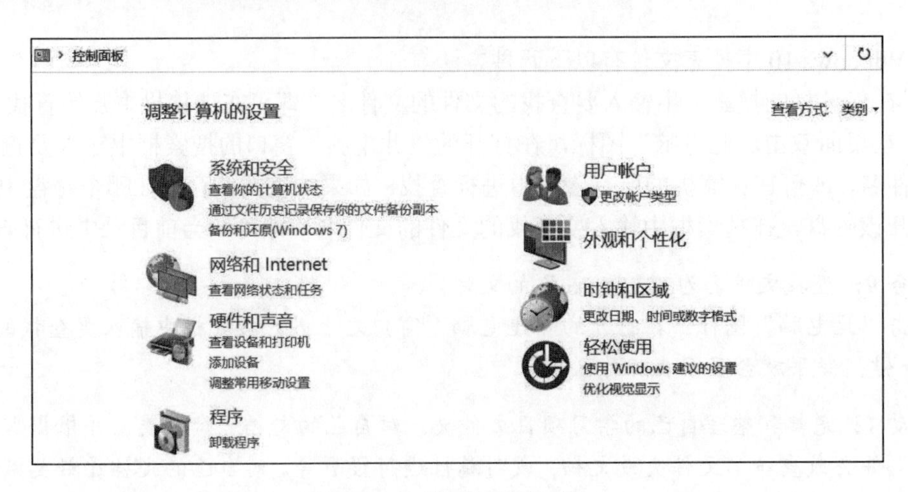

图 2-18 “控制面板”窗口

打开“设置”窗口的方法主要有以下 4 种。

1）单击“开始”→“设置”按钮。

2）右击“开始”按钮，在弹出的快捷菜单中选择“设置”命令。

3）单击任务栏右侧系统栏的“通知”按钮，在弹出的菜单中选择“所有设置”命令。

4）按 Windows+I 组合键。

打开“控制面板”窗口的方法主要有以下 3 种。

（1）选择“开始”→“Windows 系统”→“控制面板”选项。

（2）在任务栏的搜索框中搜索“控制面板”，在搜索结果中选择并打开。

（3）在桌面图标设置中，选择将“控制面板”图标显示在桌面上，即可单击该图标打开“控制面板”窗口。

2.4.1 显示与个性化设置

用户可以在“系统”窗口中找到“显示”设置窗口，通过显示设置调整显示器的显示效果，如图 2-19 所示。

1）更改内置显示器的亮度：用户可通过滑动滑块调整显示屏幕亮度。

2）更改文本、应用等项目的大小：选择下拉列表框中的缩放百分比，即可更改显示内容的相对大小比例。

3）显示器分辨率：选择下拉列表框中的分辨率数值，即可更改屏幕的显示清晰度。

4）显示方向：选择下拉列表框中的显示方向，可以使内容在屏幕上竖向或翻转显示。

在“个性化”窗口中，用户可通过调整个性化设置更改桌面背景、锁屏界面和主题等系统外观属性，如图 2-20 所示。

（1）背景

用户可以选择自己喜欢的图片或颜色作为桌面背景。选择桌面背景有以下 3 种情况。

1）指定单张图片。在“背景”窗口中单击选中要设置的图片，或单击“浏览”按钮查找并选择计算机中存储的图片。

2）纯色。在“背景”窗口中单击选中的背景色，背景即设置为当前颜色。

3）幻灯片放映。多张图片像幻灯片一样进行切换。用户需要浏览计算机中存储的图片，按住 Ctrl 键，选中多张图片，作为幻灯片放映的相册。

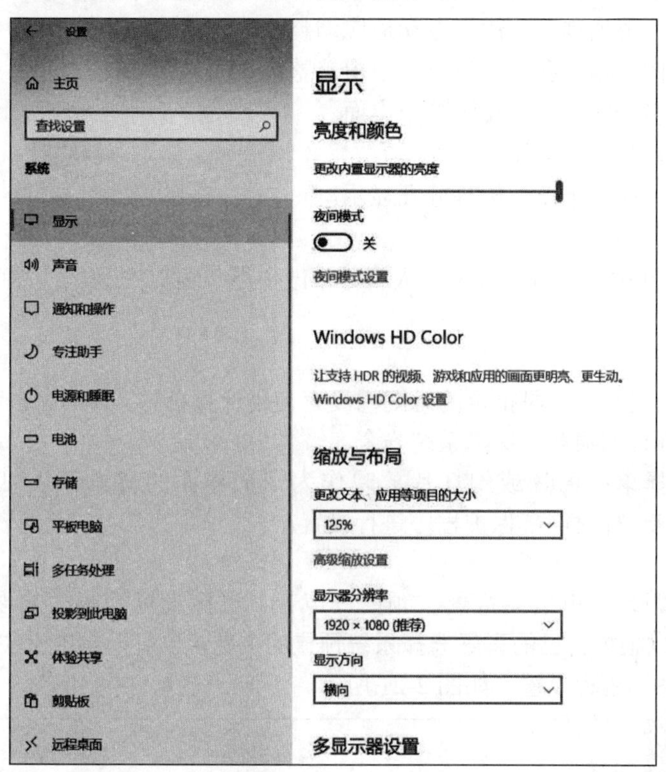

图 2-19 “显示”设置

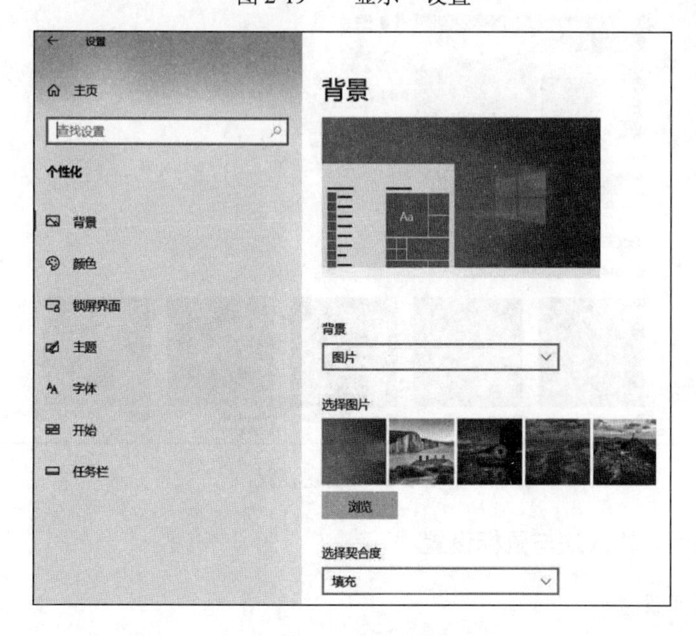

图 2-20 “个性化”设置

桌面背景图片主要有以下 6 种排列方式。

1）填充：系统默认的排列方式。

2）适应：图片根据屏幕分辨率自动适应调整位置。

3）拉伸：将图片横向和纵向拉伸，以覆盖整个桌面。

4）平铺：用多个图片平铺排满整个桌面。

5）居中：图片显示在桌面中央。

6）跨区：图片在两个以上屏幕分开显示。

（2）颜色

在 Windows 10 中用户可以根据个人喜好修改主题、窗口的颜色，并可以选择预置的颜色或自定义颜色。

（3）锁屏界面

锁屏界面是当用户在一段指定的时间内没有使用计算机时，屏幕上自动出现的图案。锁屏界面可以减少屏幕的损耗并保障系统安全。

用户可以选择单张图片或幻灯片放映作为锁屏界面的背景，还可以像其他版本的 Windows 操作系统一样对屏幕保护程序进行设置。

（4）主题

Windows 主题是一组桌面背景、颜色、声音、鼠标光标等属性的设置组合，用户在 Windows 10 中可以根据自己的喜好选择系统预置的主题，也可以自定义主题的每一项属性，同时可以对桌面图标进行设置，如图 2-21 所示。

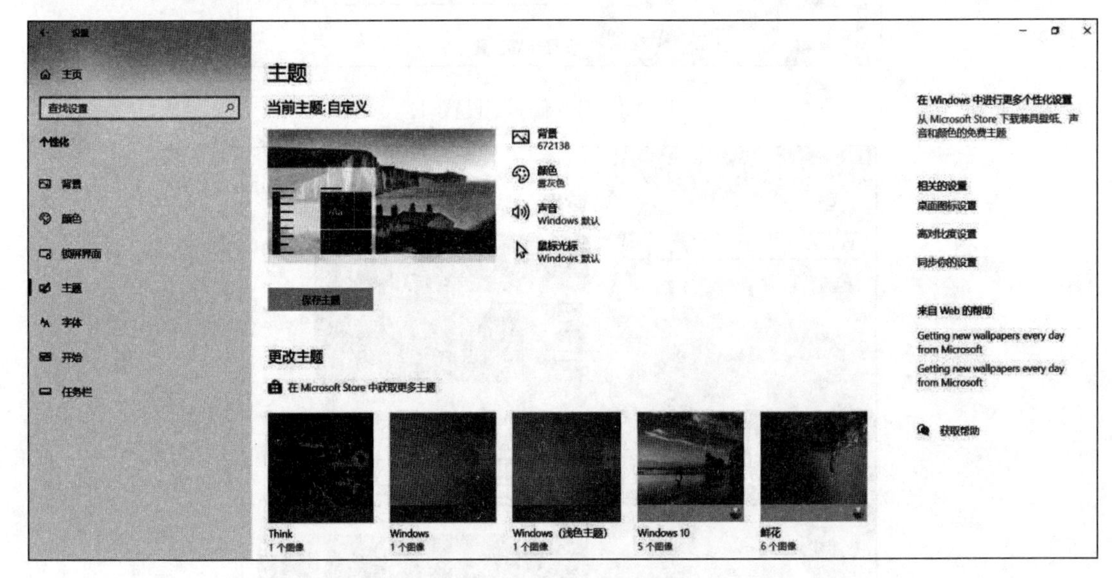

图 2-21　主题设置

2.4.2 日期和时间、输入法与鼠标设置

1. 日期和时间设置

在“时间和语言”栏中选择“日期和时间”选项，可打开“日期和时间”的窗口。用户

选择时区之后既可以选择自动设置时间，这时计算机将同步获得该时区的日期和标准时间，也可以选择手动设置日期和时间，如图 2-22 所示。

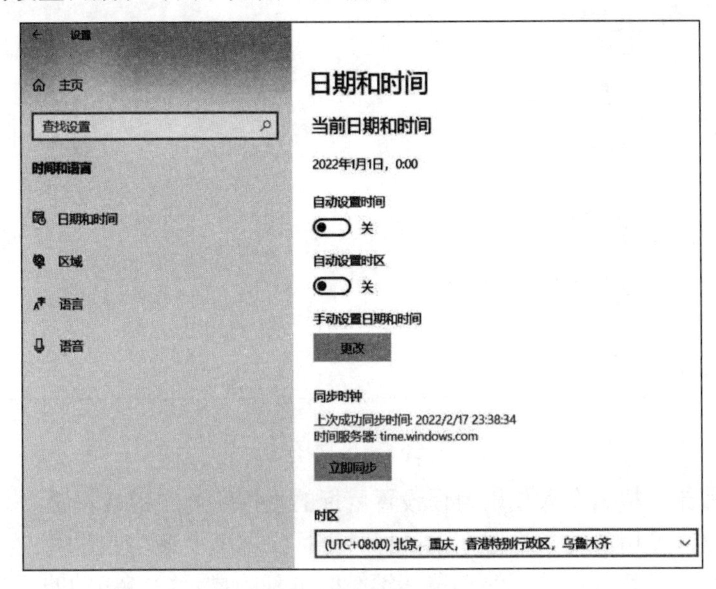

图 2-22 日期和时间设置

2. 输入法设置

在“时间和语言”栏中选择“语言”选项，可打开“语言”窗口，设置使用 Windows 10 操作系统时的语言。单击“语言”窗口中的“键盘”按钮，用户可对计算机使用的输入法进行设置，如图 2-23 所示。

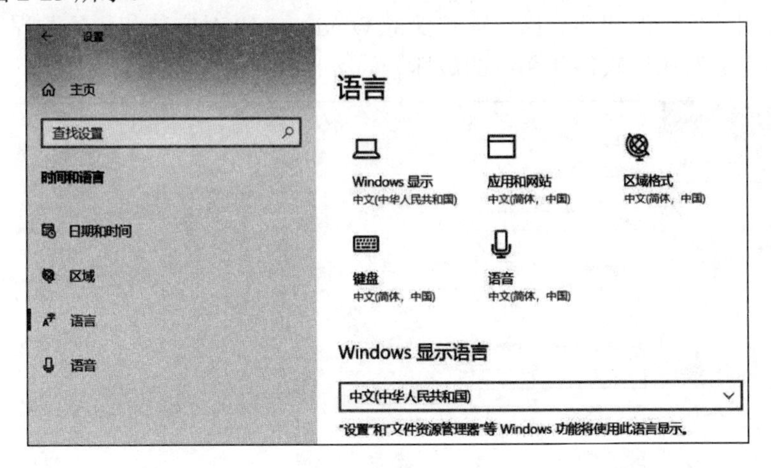

图 2-23 输入法设置

3. 鼠标设置

在“设备”栏中选择“鼠标”选项，可在打开的“鼠标”窗口中根据个人使用习惯对鼠标的属性进行设置，如图 2-24 所示。

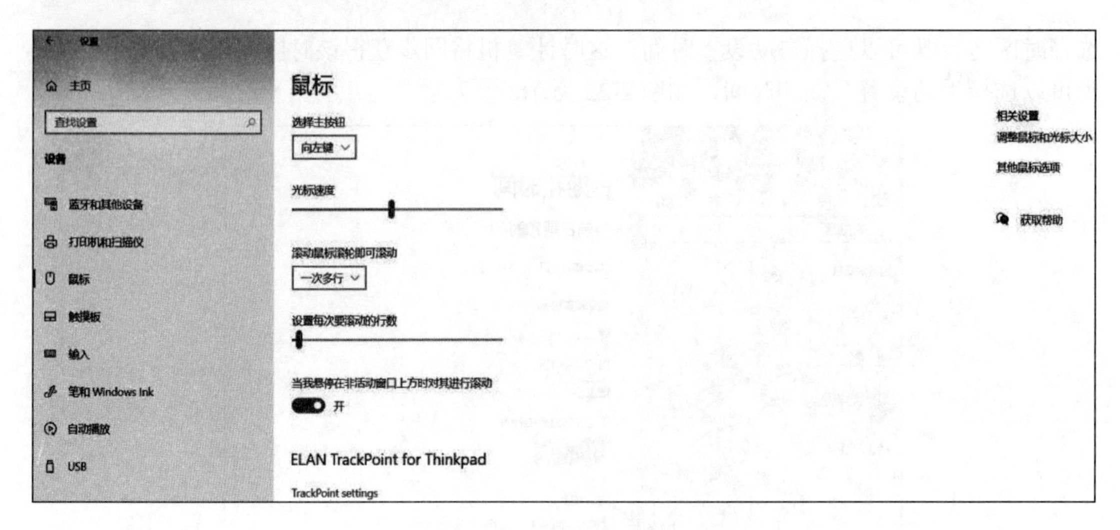

图 2-24　鼠标设置

1）选择主按钮：根据个人使用习惯设置鼠标的主按钮为左键或右键。

2）光标速度：使用滑动条设置拖动鼠标时光标在屏幕上移动的速度。

3）鼠标滚轮滚动行数：选择滚动鼠标滚轮时屏幕的显示内容滚动的行数，可通过滑动条修改滚动行数。

2.4.3　应用和功能设置

1. 应用和功能

在“应用和功能”窗口中，用户可以修改和卸载已经安装的应用软件，如图 2-25 所示。在这里进行应用软件修改和卸载操作能够保持 Windows 10 对安装和删除过程的控制，不会因为误操作而造成对应用软件和系统的破坏。

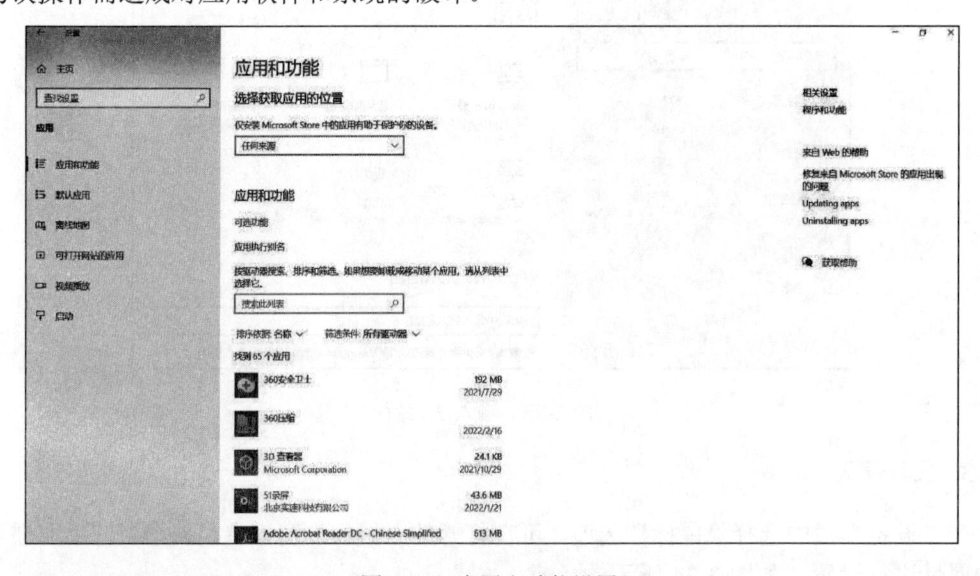

图 2-25　应用和功能设置

要修改或卸载安装在计算机中的应用软件，用户只需在“应用和功能”窗口的软件列表中单击要修改或卸载的应用图标，然后单击弹出的“修改”或“卸载”按钮。

2. 默认应用

用户在“默认应用”窗口可指定打开特定类型文件的默认应用软件。默认应用是指用户在 Windows 10 操作系统中打开特定类型文件时首先启动的应用软件。用户可以在默认应用设置窗口单击图标来设置打开电子邮件、地图、音乐、图片、视频和 Web 页面等类型文件的默认应用软件，如图 2-26 所示。

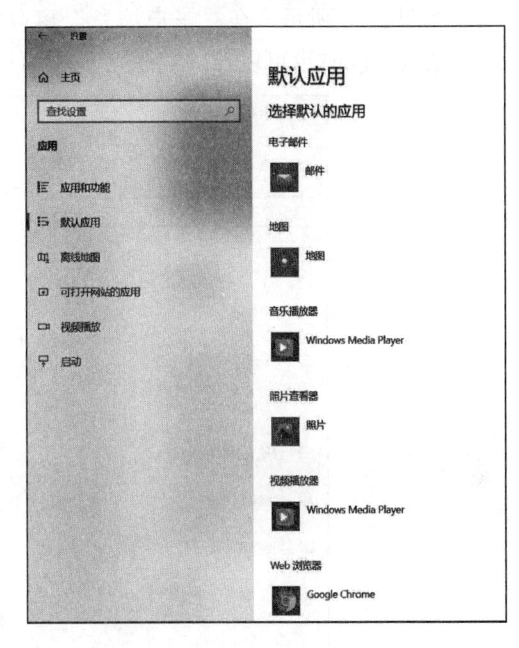

图 2-26　默认应用设置

3. 程序和功能

单击“应用和功能”窗口右上角的“程序和功能”按钮，将打开控制面板的“程序和功能”窗口，用户在此窗口同样可以修改和卸载应用软件，如图 2-27 所示。单击该窗口左侧的“启动或关闭 Windows 功能”超链接，弹出“Windows 功能”窗口，用户可通过复选框选择要启动或关闭的 Windows 组件。

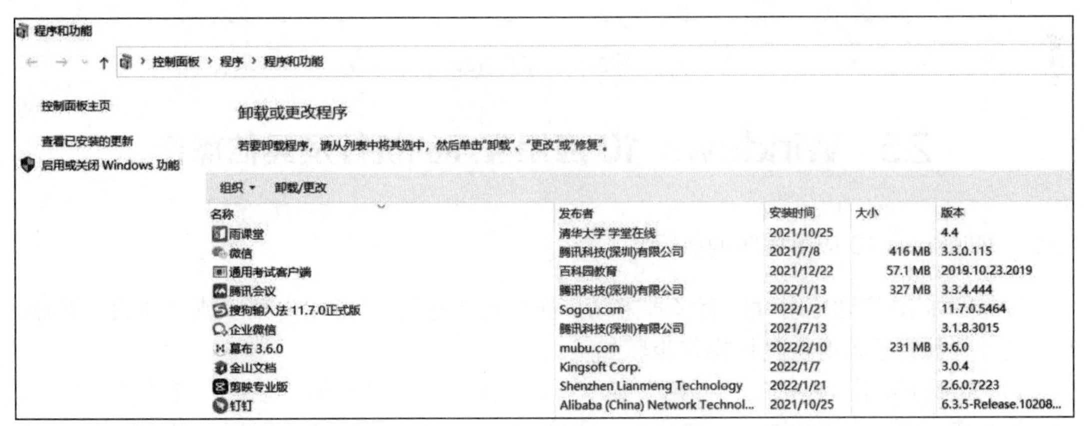

图 2-27　“程序和功能”窗口

2.4.4　账户管理

Windows 10 允许多个用户使用同一台计算机，每个用户都可以进行个性化的系统环境设置。Windows 10 的账户有两类，一类是管理员账户，另一类是普通账户。管理员账户可以对计算机系统进行更改、安装应用软件、访问计算机上所有文件，以及创建和删除计算机上其他用户的账户。被设定为普通账户的用户可以访问已经安装在计算机上的应用软件，但不能安装软件或硬件，不能删除系统重要文件，也不能更改大多数计算机设置。这类用户可以更改其账户图片，可以创建、更改或删除其密码，但不可以更改账户名和账户类型。

如图 2-28 所示，在“帐户信息”窗口中，用户可以创建账户、选择登录账户及修改账户头像等，同时也可以在“登录选项”窗口中设置登录密码或其他登录账户的验证方式。

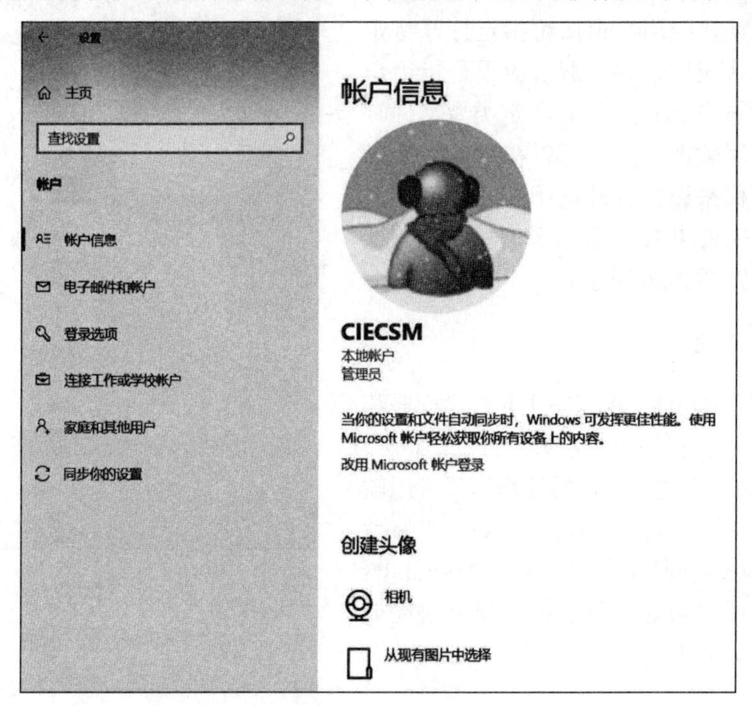

图 2-28 账户管理

2.5 Windows 10 应用程序的执行及其他操作

2.5.1 Windows 10 应用程序的执行

Windows 10 启动应用程序有多种方法，如通过任务栏、“开始”菜单或“开始”屏幕，利用文件资源管理器等，具体操作步骤如下。

1）大部分应用程序都在“开始”菜单中，可通过单击“开始”按钮，打开“开始”菜单，单击某一应用程序的图标来启动它；同时，用户可以将常用的应用程序以磁贴的形式固定到“开始”屏幕，或固定在任务栏的快速启动栏，以便快速找到并启动它们。

2）如果已利用某一应用程序建立了文档，在“文件资源管理器”窗口中双击该文档，即可打开该应用程序，并打开该文档。

3）对于系统中安装的任何应用程序，都可以通过“Windows 资源管理器”找到它的可执行文件，然后双击该文件名或图标来启动它。这样的可执行文件通常以.exe 或.com 为扩展名。

4）如果某应用程序已作为快捷方式图标置于桌面上，则可双击该快捷方式图标启动该应用程序，或右击该快捷方式图标，在弹出的快捷菜单中选择“打开”命令启动该应用程序。

在 Windows 10 中，允许同时打开多个应用程序，只要依次执行即可。但只有当前打开的应用程序置于前台（成为活动应用程序或当前应用程序）运行（窗口可见，在任务栏上以亮色显示），其余打开的应用程序均置于后台，其窗口缩为一个图标置于任务栏上（以灰色显示）。

2.5.2 Windows 10 操作系统的其他操作

1. 任务管理器

用户可以在任务管理器中浏览计算机上正在运行的应用程序和后台进程的状态与信息，也可以结束它们的运行。同时，任务管理器还提供了系统运行状态、计算机性能和开机启动项管理等功能。“任务管理器”窗口如图 2-29 所示。

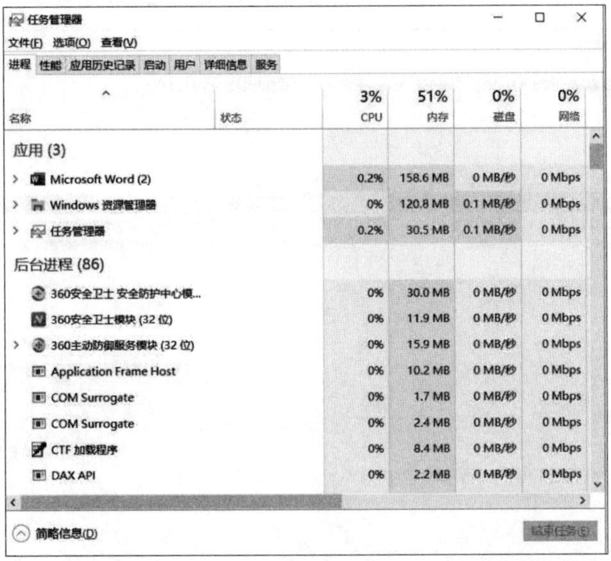

任务管理器
文件(F) 选项(O) 查看(V)
进程 性能 应用历史记录 启动 用户 详细信息 服务

名称	状态	3% CPU	51% 内存	0% 磁盘	0% 网络
应用 (3)					
Microsoft Word (2)		0.2%	158.6 MB	0 MB/秒	0 Mbps
Windows 资源管理器		0%	120.8 MB	0.1 MB/秒	0 Mbps
任务管理器		0.2%	30.5 MB	0.1 MB/秒	0 Mbps
后台进程 (86)					
360安全卫士 安全防护中心模...		0%	30.0 MB	0 MB/秒	0 Mbps
360安全卫士模块 (32 位)		0%	11.9 MB	0 MB/秒	0 Mbps
360主动防御服务模块 (32 位)		0%	15.9 MB	0 MB/秒	0 Mbps
Application Frame Host		0%	10.2 MB	0 MB/秒	0 Mbps
COM Surrogate		0%	1.7 MB	0 MB/秒	0 Mbps
COM Surrogate		0%	2.4 MB	0 MB/秒	0 Mbps
CTF 加载程序		0%	8.4 MB	0 MB/秒	0 Mbps
DAX API		0%	2.2 MB	0 MB/秒	0 Mbps

简略信息(D) 结束任务(E)

图 2-29 任务管理器

（1）打开任务管理器

1）右击“开始”按钮，在弹出的快捷菜单中选择“任务管理器”命令。

2）在任务栏空白处右击，在弹出的快捷菜单中选择“任务管理器”命令。

3）按 Ctrl+Alt+Delete 组合键，在打开的窗口中选择“任务管理器”命令。

（2）结束正在运行的应用程序或进程

当正在运行的应用程序出现异常，用户无法通过正常操作结束其运行时，选择任务管理器的“进程”选项卡，在图 2-29 的窗口中选择要结束运行的应用或后台进程，单击窗口右下角的“结束任务”按钮即可结束正在运行的应用或后台进程。

（3）管理开机启动项

选择“启动”选项卡，在窗口中看到的程序列表就是启动项。启动项是指计算机开机后自动运行的程序。自动运行的程序会给用户带来很多便捷，但也会影响计算机的启动速度和运行速度，因此用户可以在“启动”窗口对启动项进行管理。

要禁用启动项，只需在“启动”窗口选中相应的程序，单击窗口右下角的“禁用”按钮即可。

2. 磁盘格式化

在“此电脑”或“文件资源管理器”窗口中，右击指定的磁盘驱动器，在弹出的快捷菜单中选择“格式化”命令即可将磁盘格式化。

3. 磁盘碎片整理

当用户对磁盘进行了多次写入和删除等日常操作后，磁盘上会出现“碎片”。所谓“碎片”是指不能再存放数据的零碎的存储空间。此时用户可以使用“碎片整理和优化驱动器”工具对磁盘进行整理，使磁盘释放更多的存储空间，如图 2-30 所示。

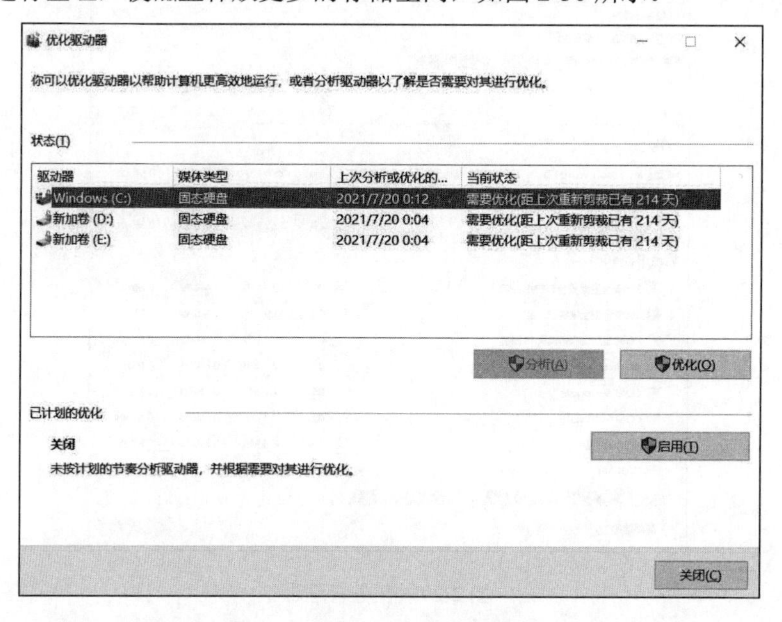

图 2-30 碎片整理和优化驱动器

用户可在“开始”菜单中的“Windows 管理工具”中找到“碎片整理和优化驱动器”程序；在“此电脑”窗口中，右击驱动器图标，在弹出的快捷菜单中选择“属性”命令，在弹出的属性对话框中选择“工具”选项卡，也可找到“碎片整理和优化驱动器”功能。

2.6 常用 Windows 工具软件

2.6.1 记事本

“记事本”是 Windows 操作系统提供的基础文字处理工具。在 Windows 10 中，用户可以在“开始”菜单的 Windows 附件中找到并打开记事本，也可以在 Windows 10 桌面的空白处右击，利用新建“文本文档”的方式打开记事本窗口。记事本窗口如图 2-31 所示。

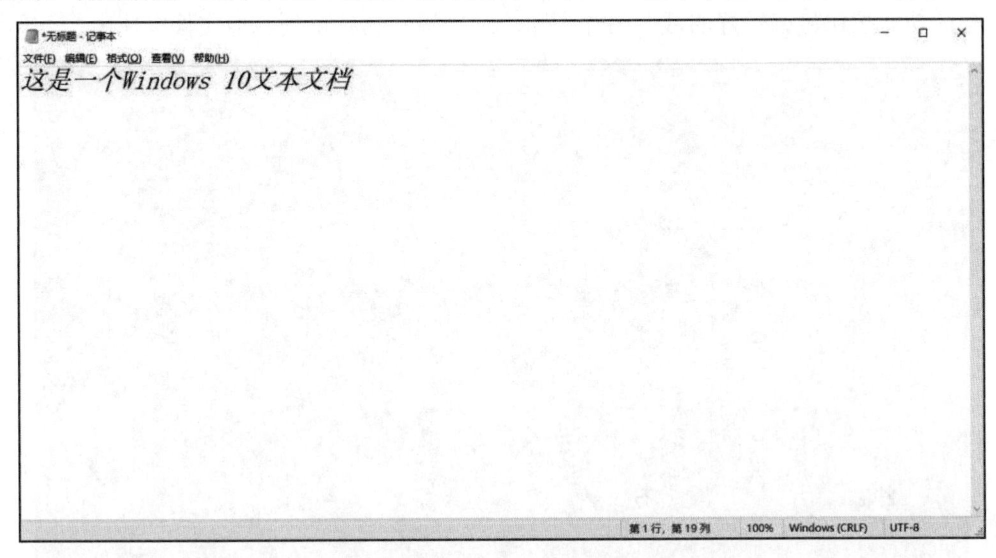

图 2-31 记事本窗口

通过“开始”菜单打开记事本时，记事本会自动生成一个空白文档，并在窗口左上角显示“无标题”，即此文档尚未被命名。用户可以在记事本中输入文字，并利用窗口上方的“格式”选项卡对文字格式进行编辑。输入结束后，选择“文件”→“保存”选项，在弹出的对话框中将其保存为“文本文档”类型的文件，文件扩展名为“.txt”，并同时输入文件名和选择文件保存的位置即可。

如果通过在桌面新建文本文档的方式打开记事本，用户将直接得到一个文件名为“新建文本文档.txt”的文件，双击该文件图标即可打开记事本窗口编辑文档。在文档中输入文字后选择“文件”→“保存”选项，此文档将保存一次，但无法修改文件名和保存位置。此时用户可以选择“文件”→“另存为”选项，将此文档重命名并保存到新的位置。文档保存好之后，单击窗口右上角的“关闭”按钮即可关闭窗口。

活动 3：任选一种方式新建一个文本文档，输入以自我介绍为主要内容的文字，并对文字格式进行设置。内容编辑完成后将文档另存为“自我介绍”，存放位置为桌面，保存好后即可关闭文档。在桌面上找到该文档并打开，对内容进行修改并保存，最后关闭文档。

2.6.2 截图和草图

Windows 操作系统在“开始”菜单附件中为用户提供了“截图工具”，但从 Windows 10 操作系统开始，微软引导用户使用“截图和草图”应用程序完成截图等操作。

要使用“截图和草图”应用程序，用户可以单击“开始”→“截图和草图”图标，也可以按 Windows+Shift+S 组合键。

按组合键启动截图功能后，屏幕上方出现的按钮包含 4 种截图方式，分别是矩形截图、任意形状截图、窗口截图和全屏幕截图，如图 2-32 所示。用户选择其中一种方式单击相应按钮完成截图后，会在任务栏的通知区域看到提示消息“截图已保存到剪贴板”，单击这条提示消息就可以打开“截图和草图”窗口进行编辑，如图 2-33 所示。用户可以单击该窗口右上角的功能按钮将编辑好的截图另存为图片或直接复制粘贴到其他文件中使用。

图 2-32 “截图”窗口

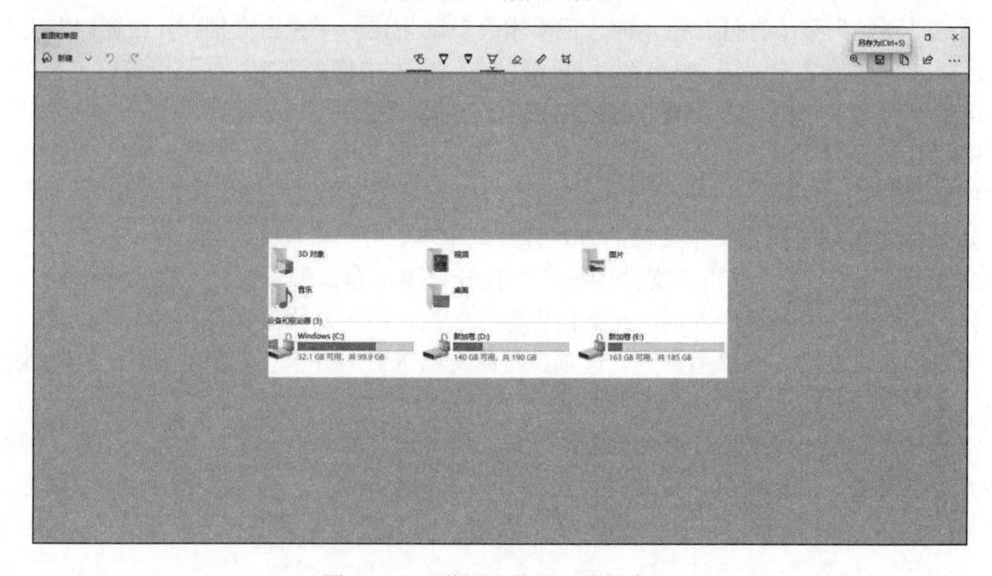

图 2-33 “截图和草图”编辑窗口

活动 4: 打开“此电脑”窗口，利用 Windows+Shift+S 组合键启动“截图和草图”应用程序，使用“矩形截图”工具对当前窗口进行截图。截图完成后打开“截图和草图”窗口，对截图进行裁剪等编辑，使截图更加美观。将编辑好的截图另存为“.jpg”格式，存放位置为桌面，以备使用。

2.6.3 画图 3D

“画图 3D”是微软公司在历代 Windows 操作系统中包含的“画图”工具基础上，提供的功能更强大的图形图像绘制软件。与经典的“画图”工具相比，“画图 3D”为用户提供了创造空间，帮助更多专业用户完成复杂的设计工作。

用户可以单击“开始”→“画图 3D”图标，打开其窗口，单击窗口中间的“新建”按钮可以新建一个绘图项目。画图 3D 提供了新的绘图工具，以及内容丰富的 3D 资源库，用户可以从资源库下载 3D 对象，并可以通过移动、多轴旋转及多种画图工具对 3D 对象进行编辑，如图 2-34 所示。

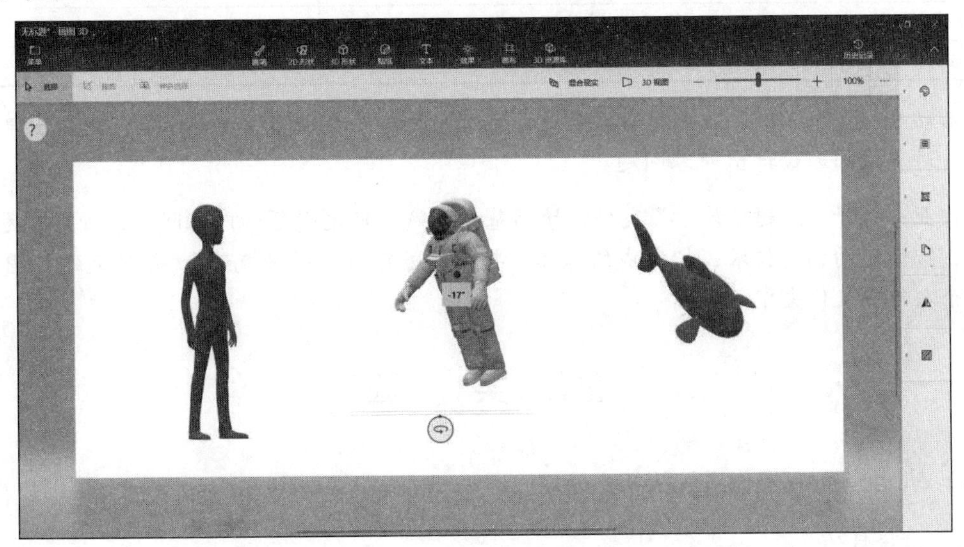

图 2-34　“画图 3D”窗口

2.7　问 题 设 计

问题设计一般指在教师的引导下针对学生实际情况，设计出具有思考价值和现实意义的问题（开放性的、可探究的、有兴趣的问题，便于学生分工协作，培养其合作学习的意识），用以培养学生解决实际问题的能力。阅读如表 2-1 所示的问题设计卡示例，完成下面的活动与作业。

表 2-1　问题设计卡示例：多彩的民族风情

问题		示例
框架问题	基本问题	世界为什么是多姿多彩的？
	单元问题	1．你是怎样了解不同的民族风情的？ 2．不同的民族为什么会有不同的风俗习惯？
	内容问题	1．你知道少数民族生活在哪里吗？ 2．你知道他们住什么样的房子吗？他们为什么住这样的房子吗？ 3．你知道他们穿什么样式的衣服吗？他们为什么穿这样的衣服？ 4．你知道他们喜欢吃什么吗？他们为什么喜欢吃这些？ 5．你知道他们的哪些风俗节日？这些风俗节日怎么产生的？

续表

问题	示例
研究概述	只研究“不同的民族风情”，对不同少数民族的风俗礼仪、服饰、饮食文化、建筑、舞蹈等方面进行研究，从中了解这些少数民族的风俗特色及其形式原因。在研究的过程中，熟悉收集资料的途径，初步掌握收集和整理资料的方法，并创造性地运用各种形式来展示研究成果
关键词	民族服饰、民族风情、蒙古族、藏族、维吾尔族、苗族、白族、傣族
拟使用的相关技术	文件的管理、资源的查询，中文 Word、PowerPoint、Excel 等
拟完成的作品	板报、演示文稿等

活动 5：设计与专业相关或个人感兴趣的研究问题，参照问题设计示例，设计出单元问题，针对单元问题设计出内容问题。

作业：打开“问题设计卡”文件，填写基本问题、单元问题和内容问题、研究概述、关键词、拟使用的相关技术、拟完成的作品。将文件另存为“项目概述”，并提交到 FTP 服务器中个人作业文件夹中。

2.8 实　验

2.8.1 Windows 10 操作系统的初步使用

1. 实验目的

1）了解 Windows 10 操作系统的桌面。
2）掌握鼠标的基本操作。
3）掌握窗口、菜单及任务栏的基本操作。
4）掌握启动、切换及退出应用程序的方法。
5）掌握对话框、窗口的使用。
6）了解获得帮助的途径。

2. 实验环境

1）硬件：CPU 主频在 1GHz 及以上，内存在 1GB 及以上，硬盘具备 16GB 以上可用空间，显卡为 DirectX 9 或更高版本。
2）软件：Windows 10 操作系统。

3. 实验内容

1）观察 Windows 10 桌面的组成，认识应用程序图标、文件图标、快捷方式图标、文件夹图标和任务栏等元素。
2）鼠标的使用。
① 指向：将鼠标指针依次指向任务栏上的每个图标，如将鼠标指针指向时钟图标会显示计算机系统日期等。

② 单击：用于选中对象。单击任务栏上的“开始”按钮、浏览器图标、显示桌面图标等，观察发生了什么；单击桌面上的“此电脑”图标（表示选中），观察发生了什么。

③ 拖动：将桌面上的“此电脑”图标移动到新的位置。请将任务栏拖动到桌面四周，最后再拖动到桌面下方。

④ 双击：用于执行程序或打开窗口。请双击桌面上的“此电脑”图标，即打开“此电脑”窗口，并双击某一应用程序图标，即启动某一应用程序。

⑤ 右击：用于调出快捷菜单。分别右击“开始”按钮、任务栏空白处、桌面空白处、“此电脑”图标、一个文件夹图标或文件图标，观察弹出的快捷菜单。注意，右击对象不同，快捷菜单也不同。

3）掌握 Windows 10 窗口的最大化、最小化、还原、关闭、移动和调整大小等操作。请打开“此电脑”窗口、“网络”窗口，并了解窗口各元素的名称和作用，掌握当前窗口的切换。

4）将“此电脑”窗口移动到桌面右下角，将其最大化、还原、最小化，通过拖动窗口边框或窗口角调整窗口的大小。

5）按 Alt＋Space 组合键或单击窗口标题栏最左侧的控制菜单按钮，打开控制菜单，通过键盘进行窗口的各种操作。

6）通过单击“关闭”按钮、选择“文件”→“关闭”选项、按 Alt＋F4 组合键、双击控制菜单按钮等方法关闭窗口。

7）改变窗口的尺寸，并使用滚动条、滚动块、滚动箭头查看窗口内容。

8）在桌面上再打开几个窗口，练习窗口的纵向平铺、横向平铺、层叠等操作（右击任务栏空白处，在弹出的快捷菜单中选择“层叠窗口”等命令）。

9）最小化所有窗口，再撤销该操作。

10）打开“此电脑”窗口，掌握“文件”菜单和“查看”菜单中各命令的使用。

11）使窗口中的图标按“大图标”“小图标”等方式显示；通过“查看”菜单设置控制窗口内不显示隐藏的项目；将图标按“名称”或“总大小”排列显示。

12）在“开始”菜单中找到并启动“获取帮助”功能，搜索并学习“格式化磁盘”的方法。

13）启动“记事本”应用程序，输入样文 2-1（图 2-35）中的文字，练习汉字输入，切换输入法，将输入的内容存入个人 U 盘，文件名为“LX2-1.txt”，正确退出“记事本”应用程序。

在计算机没有 file 管理系统的时期，file 的使用是相当复杂、极为烦琐的工作。特别是用户 file 的组织和管理常常需要用户亲自干预，稍不小心就会破坏已存入介质的 file。为了用户方便地使用 file，当然也是为了操作系统本身的需要，现代计算机的操作系统中都配备了 file 管理系统，由它负责存取和管理 file 信息。

图 2-35　样文 2-1

4. 实验问题

1）应用程序窗口与文档窗口有何区别?
2）窗口有哪些元素？请一一写出。
3）获得系统帮助有哪几种方法?
4）连续按 Alt＋F4 组合键能弹出“关闭 Windows”对话框吗?
5）窗口滚动条中的滑块的长度与位置各取决于什么？

2.8.2 Windows 10 文件资源管理器的使用

1. 实验目的

1）了解文件资源管理器的功能及组成。
2）掌握文件及文件夹的概念。
3）掌握 Windows 文件资源管理器的使用。
4）掌握使用“此电脑”窗口浏览系统资源的方法。
5）掌握添加和删除应用程序的方法。

2. 实验环境

1）硬件：CPU 主频在 1GHz 及以上，内存在 1GB 及以上，硬盘具备 16GB 以上可用空间，显卡为 DirectX 9 或更高版本。
2）软件：Windows 10 操作系统。

3. 实验内容

1）打开 Windows 文件资源管理器，浏览菜单，了解 Windows 文件资源管理器的功能及窗口组成。
2）适当调整 Windows 文件资源管理器左右窗格的大小，隐藏暂时不用的工具栏。
3）改变文件及文件夹的显示方式及排列方式，观察其变化。
4）使用 Windows 文件资源管理器完成以下操作。
① 在个人 U 盘上创建一个名为 XS 的文件夹，在 XS 文件夹下创建两个并列的二级文件夹，其名称分别为 XS1 和 XS2。
② 在 C 盘中任选 3 个不连续的文件，将它们复制到 XS 文件夹中；在 C 盘中任选 3 个连续的文件，将它们复制到 XS1 文件夹中。
③ 将 XS 文件夹中的一个文件移动到 XS2 文件夹中，并将 XS1 文件夹移动到 U 盘根目录下作为其一级子文件夹。
④ 将 XS1 文件夹中的 3 个文件分别重命名为 F1、F2 和 F3，其扩展名不变。
⑤ 删除 C 盘下的一个文件或文件夹，再将其恢复；删除 XS 文件夹中的所有文件，再删除 XS1 子文件夹。
⑥ 将 XS 文件夹中的文件发送（复制）到 U 盘，并将 U 盘上的文件重命名为 F4、F5 和 F6。

⑦ 打开“此电脑”窗口，浏览资源。

⑧ 查看任一文件夹的属性，了解该文件夹的位置、大小、包含的文件及子文件夹的数量、创建时间等信息。

5）在 C 盘上查找“notepad”程序文件，并运行它。

4. 实验问题

1）一般情况通过“此电脑”窗口查看某一磁盘上的文件时，不显示文件的扩展名。应怎样操作才能显示文件的扩展名？请写出操作步骤。

2）如何才能快速查到某文件夹下占用存储空间最大的文件。

3）如何将某一文件夹下全部扩展名为.txt 的文件复制到 U 盘上（假设 U 盘可容纳这些文件）？

4）你认为什么情况下使用 Windows 文件资源管理器比使用“此电脑”窗口更方便？

5）删除的文件放在了哪里？如何使删除的文件不能再恢复？

6）用鼠标操作时，同一驱动器上文件的复制和移动与不同驱动器间文件的复制和移动有何区别？

7）甲同学在计算机上进行了若干操作，然后正常关机并离开，然后，乙同学又重新启动计算机，他经过某些操作后，知道了甲同学刚才在计算机上做了哪些操作，建立了哪些文件。请问他是如何做到的？甲同学能否在操作计算机后“不留痕迹”？如果能，应该怎样做？

2.8.3 Windows 10 设置和应用程序的使用

1. 实验目的

1）掌握 Windows 10 设置中的常用属性设置。

2）掌握添加和删除应用程序的方法。

3）掌握任务栏的设置。

4）掌握文字录入软件快捷方式图标的方法。

5）了解“画图 3D”、“计算器”和“记事本”的功能及其使用。

2. 实验环境

1）硬件：CPU 主频在 1GHz 及以上，内存在 1GB 及以上，硬盘具备 16GB 以上可用空间，显卡为 DirectX 9 或更高版本。

2）软件：Windows 10 操作系统。

3. 实验内容

1）打开“设置”窗口，设置系统颜色、桌面背景和锁屏界面。

2）先使用一个应用程序安装包安装一个应用程序，然后在应用和功能设置窗口删除该应用程序。

3）右击任务栏，在弹出的快捷菜单中选择“任务栏设置”命令，在打开的“设置”窗口中查看各项属性设置。

4）在桌面上创建文字录入软件的快捷方式图标（前提是保证所用计算机上安装了一种文字录入软件，并明确软件的名称和位置）。

5）启动“Windows 附件”中的“画图”应用，制作一张贺年片并保存为“贺年片”文件，存放在文件资源管理器中的“文档”文件夹下。

6）启动“计算器”应用并使用。

7）启动“Windows 附件”中的“记事本”应用，输入样文 2-2（图 2-36）中的文字，并按样文格式进行排版，存放在个人 U 盘中，文件名为“LX2-2”。

满江红 ·写怀

怒发冲冠，凭栏处、潇潇雨歇。抬望眼、仰天长啸，壮怀激烈。三十功名尘与土，八千里路云和月。莫等闲、白了少年头，空悲切。

靖康耻，犹未雪；臣子恨，何时灭。驾长车，踏破贺兰山缺。壮志饥餐胡虏肉，笑谈渴饮匈奴血。待从头、收拾旧河山，朝天阙。

——摘自《唐宋词鉴赏辞典》

图 2-36 样文 2-2

4. 实验问题

1）如何设置鼠标的双击速度？

2）如何切换输入法？

3）如何将鼠标设置为左手习惯、移动时不显示指针轨迹且双击速度较快？

习 题

一、选择题

1. 下列软件中，属于计算机操作系统的是（ ）。
   A. Windows 10　　B. Word 2016
   C. Excel 2016　　D. PowerPoint 2016
2. 计算机操作系统的主要功能是（ ）。
   A. 对计算机的所有资源进行控制和管理，为用户使用计算机提供方便
   B. 对源程序进行编译
   C. 对用户数据文件进行管理
   D. 对汇编语言程序进行翻译
3. 计算机的操作系统是（ ）。
   A. 计算机中使用最广的应用软件　　B. 计算机系统软件的核心
   C. 微型计算机的专用软件　　D. 微型计算机的特殊软件
4. 在 Windows 10 操作系统中，将打开的窗口拖动到屏幕顶端，窗口会（ ）。

A．关闭　　B．消失　　C．最大化　　D．最小化

5．文件的类型可以根据（　　）来识别。

A．文件的大小　　B．文件的用途

C．文件的扩展名　　D．文件的存放位置

6．在 Windows 10 操作系统中，所有已经打开的应用程序或窗口均保留在（　　）中。

A．“开始”菜单　　B．任务栏　　C．桌面　　D．文件夹

7．以下对 Windows 10 操作系统任务栏的描述中，错误的是（　　）。

A．任务栏的位置、大小均不能改变

B．任务栏的尾端可以添加图标

C．任务栏内显示的是已打开的窗口或程序的标题按钮

D．任务栏可以隐藏

8．Windows 10 桌面上已经有某程序图标，要运行该程序，可以（　　）。

A．单击图标　　B．右击图标

C．双击图标　　D．用鼠标右键双击图标

9．Windows 10 的对话框（　　）。

A．既可移动，又可改变大小　　B．既不可移动，又不可改变大小

C．只能移动，不能改变大小　　D．不能移动，仅可改变大小

10．快捷方式图标的特点是（　　）。

A．图标的右下角带有小箭头　　B．图标的左下角带有小箭头

C．图标的左下角带有黑三角　　D．图标的右下角带有黑三角

11．选中非集中在同一矩形区域内的多个图标时，则应按住（　　）键的同时，依次单击每个需要的图标。

A．Alt　　B．Esc　　C．Ctrl　　D．Shift

12．Windows 10 的应用程序窗口中，鼠标指针指向标题栏，进行拖动操作，可以（　　）该窗口。

A．移动　　B．删除　　C．缩小　　D．放大

13．在 Windows 10 环境中，用来管理文件和文件夹的工具是（　　）。

A．文件资源管理器　　B．文件管理器

C．控制面板　　D．Windows 设置程序

二、填空题

1．在 Windows 操作系统中，Ctrl＋C 是________命令的组合键。

2．在 Windows 10 的“开始”屏幕中，用户可以用________的方式排列和放置应用程序图标。

3．文件名一般分为________和________两部分，命名文件时用“.”隔开。

4．操作系统是计算机的________软件。

5．Windows 10 账户有两类，一类是________账户，另一类是普通账户。

三、判断题

1．Windows 10 操作系统只允许用户建立一个账户。 （ ）

2．我国国产操作系统大多是基于 Windows 系统进行开发的。 （ ）

3．Windows 10 操作系统中的智能语音助手是“微软小冰”。 （ ）

4．Windows10 中可以通过“任务视图”建立虚拟桌面，管理多个打开的窗口。 （ ）

5．Windows 10 的“文件资源管理器”窗口中，文件列表有 8 种布局方式。 （ ）

第3章

Internet 基础

【问题与情景】

21 世纪，人类开始进入信息化社会，社会节奏与知识增长速度大大加快，知识总量以“爆炸式”的速度急剧增长，Internet 成为人们获取信息的重要途径之一。那么，如何才能快速高效地找到所需资源并进行分析加工，为我所用呢？

【学习目标】

Internet 已经融入了人们的社会生活，变成不可或缺的一部分。因此，我们要掌握 Internet 基础知识，了解 Internet 的组成，掌握使用 Internet 检索所需资源。

【实施过程】

活动 1：小组讨论大家上网主要做什么。
活动 2：了解身边的计算机是如何接入 Internet 的。
活动 3：电子邮箱的申请和使用。
活动 4：个人计算机的安全防范。

3.1 计算机网络概述

3.1.1 计算机网络的定义

随着计算机的广泛应用，特别是家用计算机越来越普及，一方面希望众多用户能共享信息资源，另一方面希望各计算机之间能互相传递信息。个人计算机的硬件和软件配置一般比较低，其功能也有限。因此，这就要求大型与巨型计算机的硬件和软件资源，以及它们所管理的信息资源能够为众多的微型计算机所共享，以便充分利用这些资源。上述原因促使计算机向网络化发展，将分散的计算机连接成网，组成计算机网络。

计算机网络是现代通信技术与计算机技术相结合的产物。计算机网络，是指由各自具有自主功能而又通过各种通信手段相互连接起来以便进行信息交换、资源共享或协同工作的计算机组成的复合系统。通俗地说，网络就是通过光缆、双绞线、电话线或无线通信等互连的计算机的集合。

3.1.2 计算机网络的功能

计算机网络有许多功能，如可以进行数据通信、资源共享等。下面简单介绍一下其主要功能。

1. 数据通信

数据通信即实现计算机与终端、计算机与计算机之间的数据传输，这是计算机网络最基本的功能，也是实现其他功能（如发送电子邮件、远程数据交换等）的基础。

2. 资源共享

实现计算机网络的主要目的是共享资源。一般情况下，网络中可共享的资源包括硬件资源、软件资源和数据资源，其中共享数据资源最为重要。

3. 远程传输

计算机已经由科学计算向数据处理方面发展，由单机向网络方面发展，且发展的速度很快。通过计算机网络，相距很远的用户可以互相传输数据信息，互相交流，协同工作。

4. 集中管理

计算机网络技术的发展和应用，已使现代办公、经营管理等发生了很大的变化。目前，已经有了许多信息管理系统、自动办公系统等，通过这些系统可以实现日常工作的集中管理，提高工作效率，增加经济效益。

5. 分布式处理

网络技术的发展使分布式计算成为可能。对于大型的综合性问题，可以将其分为众多小的问题，由不同的计算机同时进行处理，再集中起来解决问题。

6. 负载平衡

负载平衡是指工作被均匀地分配给网络上的各台计算机。网络控制中心负责分配和检测，当某台计算机负载过重时，系统会自动转移部分工作到负载较轻的计算机中进行处理。

3.1.3 计算机网络的组成

从系统功能的角度来看，计算机网络系统由通信子网和资源子网两部分组成。资源子网主要包括联网的计算机、终端、外围设备，网络协议及网络软件等，其主要任务是收集、存储和处理信息，为用户提供网络服务及共享资源功能等。通信子网主要包括通信线路（即传输介质)、网络连接设备(如通信控制处理器)、网络协议和通信控制软件等，其主要任务是连接网络上的各种计算机，完成数据的传输、交换和通信处理。

计算机网络也可以看作由软件系统和硬件系统组成。软件系统是网络服务质量的保证，硬件系统则是计算机网络的工作基础。

1. 软件系统

在计算机网络系统中，网络上的每个用户都可享有系统中的各种资源，系统必须对用户进行控制，否则就会造成系统混乱，信息数据被破坏与丢失等问题。为了协调系统资源，系统需要通过软件工具对网络资源进行全面管理、调度和分配，并采取一系列的安全保密措施，防止用户不合理地对数据和信息进行访问，以防数据和信息的破坏与丢失。网络软件是实现网络功能不可缺少的软件环境，通常网络软件有以下 4 种类型。

1）网络协议和协议软件：通过协议程序实现网络协议功能。

2）网络通信软件：通过网络通信软件实现网络工作站之间的通信。

3）网络操作系统：用以实现系统资源共享、管理用户对不同资源访问的应用程序，是最重要的网络软件之一。

4）网络管理及网络应用软件：网络管理软件是用来对网络资源进行管理和对网络进行维护的软件，网络应用软件是为网络用户提供服务并为网络用户解决实际问题的软件。

网络软件最重要的特征：网络软件所研究的重点不是在网络中互连的各个独立的计算机本身的功能，而是如何实现网络特有的功能。

2. 硬件系统

硬件系统是计算机网络系统的物质基础。构成一个计算机网络系统，要先将计算机及其附属硬件设备与网络中的其他计算机系统连接起来。不同的计算机网络系统在硬件方面有所差别。随着计算机技术和网络技术的发展，网络硬件日趋多样化，功能更加强大，也更加复杂。常见的网络硬件设备如图 3-1 所示，包括网卡、无线网卡、无线接入点、无线路由器、交换机和企业级路由器等。

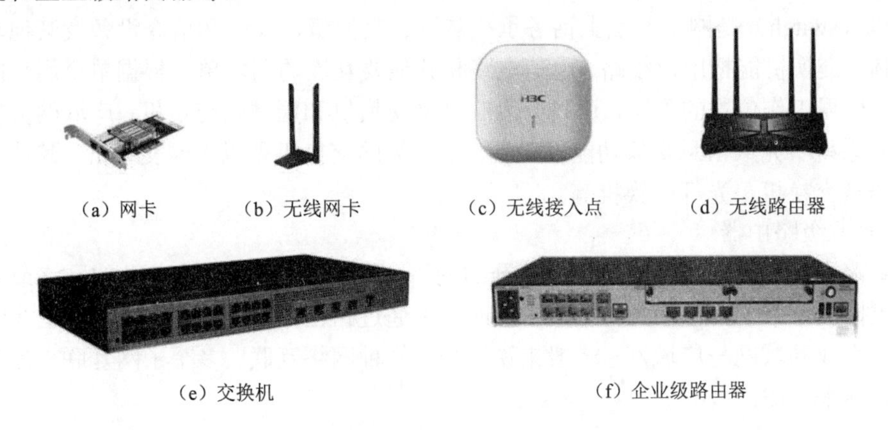

(a) 网卡　(b) 无线网卡　(c) 无线接入点　(d) 无线路由器

(e) 交换机　(f) 企业级路由器

图 3-1　网络硬件设备

（1）网卡

网卡（network interface card，NIC，即网络适配器）是局域网中基本的部件之一，是计算机接入网络时必须配置的硬件设备之一。无论是哪种类型的计算机网络，都要通过网卡才能实现数据通信。现在多数计算机主板都集成了千兆网卡，通过网线接入网络。此外，也可以根据需要使用高性能的独立网卡。

（2）无线网卡

无线网卡与普通网卡的功能相同，都是一种利用无线传输介质与其他无线设备进行连接的装置。换句话说，无线网卡就是使计算机可以利用无线来连接网络的一个装置，但是有了无线网卡也还需要可以连接的无线网络，因此需要配合无线路由器或者无线接入点来使用。笔记本计算机一般都配有无线网卡，无线网卡分为 54Mbit/s、300Mbit/s、1300Mbit/s 等不同的传输速率，而且不同的传输速率分属于不同的无线网络传输标准。

（3）无线接入点

无线接入点（access point，AP）用于无线网络的无线交换机，也是无线网络的核心。无线 AP 是移动计算机用户进入有线网络的接入点，主要应用于宽带家庭、大楼内部及园区内部，信号可覆盖几十米至上百米，目前主要技术为 802.11 系列。大多数无线 AP 还带有 AP 客户端模式，可以和其他 AP 进行无线连接，延展网络的覆盖范围。例如，内蒙古师范大学在图书馆、教学楼、宿舍等地点提供校园无线网，这些地点有大量的无线 AP 设备，用户通过这些设备接入校园无线网。

（4）无线路由器

无线路由器是用于用户上网、带有无线覆盖功能的路由器。无线路由器可以看作一个转发器，将宽带网络信号通过天线转发给附近的无线网络设备（笔记本计算机、支持 Wi-Fi 的手机、平板计算机及所有其他带有 Wi-Fi 功能的设备）。市场上流行的无线路由器一般都支持专线 xDSL、Cable、动态 xDSL、PPTP 4 种接入方式，一般只能支持十几个设备同时在线使用。无线路由器还具有其他一些网络管理功能，如 DHCP 服务、NAT 防火墙、MAC 地址过滤等，适用于家庭组建无线局域网，共享 Internet 连接上网。

（5）交换机

交换机（switch）是网络节点上话务承载装置、交换级、控制和信令设备及其他功能单元的集合体。交换机能把用户线路、电信电路和其他要互连的功能单元根据单个用户的请求连接起来。根据工作位置的不同，可以分为广域网交换机和局域网交换机。广域网交换机是一种在通信系统中完成信息交换功能的设备。最常见的交换机是以太网交换机，其他常见的还有电话语音交换机、光纤交换机等。

（6）企业级路由器

企业级路由器用于连接多个逻辑上分开的网络。逻辑网络代表一个单独的网络或者一个子网。当数据从一个子网传输到另一个子网时，可通过路由器来完成。事实上，企业级路由器主要连接企业局域网与广域网。一般来说，企业异种网络互联、多个子网互联，都应采用企业级路由器来完成。

3.1.4 计算机网络的分类

计算机网络可按不同的标准进行分类，下面介绍几种常见的计算机网络分类。

1. 按地理范围分类

（1）局域网

局域网（local area network，LAN）是最常见的、应用最广的一种网络。目前，局域网随着整个计算机网络技术的发展和提高得到充分的应用和普及，几乎每个单位都有自己的局域网，甚至有的家庭中也有自己的小型局域网。很明显，所谓局域网就是在局部地区范围内的使用网络，覆盖范围较小。局域网在计算机数量配置上没有太多的限制，少的可以只有两台，多的可达几百台。一般来说，在企业局域网中，工作站的数量为几十台至 200 台。在网络所涉及的地理距离上一般为几米至 10km。局域网一般位于一个建筑物或一个单位内，不存在寻径问题，不包括网络层的应用。这种网络的特点是连接范围小、用户数少、配置容易、连接速率高。目前局域网的连接速率最快已达到 10Gbit/s。

（2）城域网

城域网（metropolitan area network，MAN）一般来说是在一个城市，但不在同一地理小区范围内的计算机互连。这种网络的连接距离可达 10～100km，采用 IEEE 802.6 标准。MAN 与 LAN 相比扩展的距离更长，连接的计算机数量更多，在地理范围上可以看作 LAN 的延伸。在一个大型城市或地区，一个 MAN 通常连接着多个 LAN，如连接政府机构的 LAN、医院的 LAN、电信的 LAN、企业的 LAN 等。由于光纤连接的引入，使 MAN 中高速的 LAN 互联成为可能。

（3）广域网

广域网（wide area network，WAN）也称为远程网，覆盖的范围比 MAN 更广，一般用于不同城市之间的 LAN 或 MAN 互联，覆盖地理范围可从几百千米到几千千米。因为距离较远，信息衰减比较严重，所以这种网络一般要租用专线，通过接口信息处理（interface message processor，IMP）协议和线路连接起来，构成网状结构，解决寻径问题。广域网因为所连接的用户多，总出口带宽有限，分配到用户终端的带宽较小，因此连接速率一般较低。

（4）Internet

Internet 因其英文发音又称因特网。在应用如此广泛的今天，已成为人们生产生活的一部分。无论从地理范围，还是从网络规模来讲，它都是最大的网络。从地理范围来讲，它是全球计算机的互连。这种网络的最大的特点就是不定性，整个网络的计算机每时每刻随着人们网络的接入在不断地变化。当用户的计算机连接在 Internet 上时，可以看作 Internet 的一部分，当用户的计算机断开 Internet 的连接时就不属于 Internet 了。但它的优点也非常明显，即信息量大、传播广，无论身处何地，只要连接 Internet 就可以对任何可以联网的用户发送信函或广告。因为这种网络的复杂性，其实现技术也非常复杂。

2. 按网络拓扑结构分类

按照网络的物理形状或拓扑结构对网络进行分类，可分为网状网络、星形网络、总线网络、环形网络和树状网络，如图 3-2 所示。

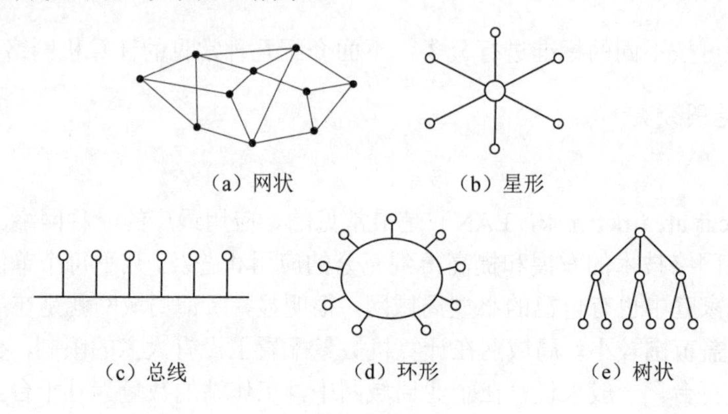

图 3-2 网络的拓扑结构

3. 按网络传输介质分类

网络传输介质是网络中发送方与接收方之间的物理通路，对网络的数据通信具有一定的影响。常用的有线传输介质有双绞线、同轴电缆和光纤等，如图 3-3 所示。此外，还有一类是无线传输介质。

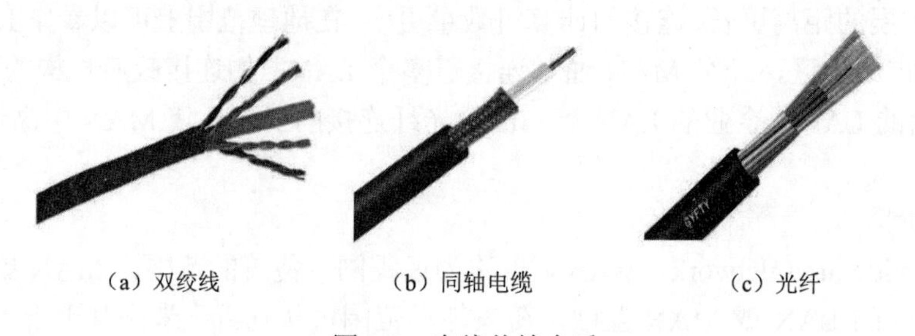

图 3-3 有线传输介质

（1）双绞线

双绞线是目前使用最普遍的一种传输介质。如图 3-3（a）所示，一对以上的双绞线被封装在一个绝缘外套中，为了降低信号的干扰程度，电缆中的每对双绞线一般由两根绝缘铜导线相互扭绕而成，因此把它称为双绞线。典型的双绞线直径为 1mm。双绞线分为非屏蔽双绞线（unshielded twisted pair，UTP）和屏蔽双绞线（shielded twisted pair，STP）两种，适用于短距离通信，多用于企业、家庭、宿舍等小型局域网的组建。双绞线一般用于星形网络的布线连接，两端安装有 RJ-45 接头（水晶头），用于连接网卡与交换机，最大网线长度为 100m。

（2）同轴电缆

同轴电缆如图 3-3（b）所示，以单根铜导线为内芯，外裹一层绝缘材料，再覆盖密集的网状导体作为屏蔽层，最外面是一层保护性塑料。广泛使用的同轴电缆有两种：50Ω同轴电缆和 75Ω同轴电缆。家庭有线电视网用的就是同轴电缆。同轴电缆需要使用带 BNC 接头的 T 形连接器连接。

（3）光纤

光纤又称光导纤维，如图 3-3（c）所示，由光导纤维纤芯、包层和外壳组成，是由一组光导纤维组成的用来传播光束的、细小而柔韧的传输介质。应用光学原理，由光发送机产生光束，将电信号变为光信号，再把光信号导入光纤，在另一端由光接收机接收光纤上传来的光信号，并把它变为电信号，经解码后再处理。与其他传输介质比较，光纤的电磁绝缘性能好、信号衰减小、频带宽、传输速度快、传输距离大，主要用于要求传输距离较长、布线条件特殊的主干网连接，具有不受外界电磁场影响、不限制带宽等特点，可以实现每秒几十兆位的数据传送，尺寸小、质量轻，数据可传送几百千米，但价格昂贵。光纤分为单模光纤和多模光纤。单模光纤由激光作为光源，仅有一条光通路，传输距离长，一般用于 2～100km 的传输；多模光纤由二极管发光，传输速率低、距离短，传输距离在 2km 以内。

（4）无线传输介质

无线传输介质是指人们周围的自由空间。利用无线电波在自由空间的传播可以实现多种无线通信。在自由空间传输的电磁波根据频谱可分为无线电波、微波、红外线、激光等，信息被加载在电磁波上进行传输。

按照以上网络传输介质来分类，网络可以分为有线传输网络和无线传输网络两大类，有线传输网络包括双绞线网络、同轴电缆网络和光纤网络。

4. 其他分类方法

网络也可以从是通过点到点的信道经过不断转接的，还是通过共享的信道的这两种传输技术来区分。通常 WAN 属于前者，而 LAN 属于后者。

网络若从其使用范围来分类，则可分为公用网和专用网两大类。公用网是为全社会所有的人提供服务的，如电信部门为用户提供的 Internet 接入服务，人们只要按规定交纳费用就可以使用 Internet。专用网则是某个单位、部门或行业为特殊业务需要而组建的网络，如中国长城互联网、广州金盾网等。

3.2 Internet 概述

3.2.1 Internet 的概念与功能

随着网络的飞速发展，人们的生活方式也在悄然改变。人们可以通过 Internet 获取各种想要的信息，查找各种资料，如文献期刊、时事资讯、气象信息等，还可以收发电子邮件，进行视频会议、网上购物、网络办公、网络教学甚至虚拟旅游等。

1. Internet 的概念

Internet 是 20 世纪发展最快、规模最大、涉及面最广的科技成果之一。Internet 就是利用通信协议和必要的物理设备（如光缆、路由器等）把世界上成千上万台计算机连接到一起，从而实现资源共享。也就是说，Internet 是将不同类型的计算机、不同技术组成的各种计算机网络，按照一定的协议相互连接在一起，使网络中的每台计算机或终端实现资源和服务共享。

Internet 起源于 20 世纪 60 年代末的美国国防部的 ARPA 网，90 年代以来迅猛发展，联网主机数以指数速率增长。根据目前的协议，Internet 上可连接的主机有 36 亿多台。

中国的 Internet 虽然起步较晚，但发展速度极快。根据 2021 年 8 月 27 日中国互联网络信息中心（China Internet Network Information Center，CNNIC）在北京发布的第 48 次《中国互联网络发展状况统计报告》显示，截至 2021 年 6 月，我国网民规模达到 10.11 亿人，较 2020 年 12 月增长 2175 万人，互联网普及率达到 71.6%。

2. Internet 的基本功能

网络的应用涉及各行各业，除 WWW、电子邮件外，比较典型的还有电子商务、远程教育、远程医疗、远程电视会议、虚拟大学、虚拟城市等。Internet 的应用非常广泛而且发展迅速。它的基本功能如下。

（1）漫游世界

WWW（World Wide Web）简称 3W，中文译名为万维网。WWW 由欧洲核物理研究中心研制，其目的是让全球范围的科学家可以利用 Internet 方便地进行通信、信息交流和信息查询。

WWW 也简称为 Web。因此，它又可以分为 Web 客户端和 Web 服务器程序。WWW 可以让 Web 客户端（常用浏览器）访问浏览 Web 服务器上的页面。WWW 提供了丰富的文本、图形、音频、视频等多媒体信息，并将这些内容集合在一起，还提供了导航功能，使用户可以方便地在各个页面之间进行浏览。由于 WWW 内容丰富，浏览方便，目前已经成为互联网重要的服务之一。

（2）收发电子邮件

电子邮件（E-mail）是一种通过计算机网络与其他用户进行联系的快速、简便、高效的现代化通信手段。用户通过电子邮件的地址相互转发邮件。

电子邮件可以是文字、图像、声音等多种形式。同时，用户可以得到大量免费的新闻、专题邮件，并轻松实现信息搜索。电子邮件的存在极大地方便了人与人之间的沟通与交流，促进了社会的发展。

（3）传输文件

文件传输协议（file transfer protocol，FTP）是 TCP/IP 网络上两台计算机传送文件的协议，是在 TCP/IP 网络和 Internet 上较早使用的协议之一。尽管 WWW 已经替代了 FTP 的大多数功能，但 FTP 仍然是通过 Internet 把文件从客户机复制到服务器上的一种有效途径。FTP 客户机可以给服务器发送命令来下载、上传文件，以及创建或改变服务器上的目录。

FTP 的主要作用是让用户连接上一台远程计算机（这台计算机上运行着 FTP 服务器程序）查看远程计算机中的文件，然后把需要的文件从远程计算机上复制到本地计算机，或把本地计算机的文件发送到远程计算机。

（4）网上交流

电子公告栏系统（bulletin board system，BBS）的终端可以读写 BBS 上的信息。

Internet 上还有一种更开放的交流信息方式，即 Usenet News（网络新闻），具体刊载新闻的计算机称为 News 服务器，可以用电子邮件给新闻组写信或阅读问题。

（5）远程登录

Telnet 协议是 TCP/IP 协议族中的一员，是 Internet 远程登录服务的标准协议和主要方式。它为用户提供了在本地计算机上完成远程操作主机的能力。使用者在终端计算机上使用 Telnet 程序连接服务器，在 Telnet 程序中输入命令，这些命令会在服务器上运行，就像直接在服务器的控制台上输入命令一样，在本地就能控制服务器。要开始一个 Telnet 会话，必须输入用户名和密码来登录服务器。

Windows 操作系统提供的远程桌面连接是从 Telnet 发展而来的，由命令行变成图形化操作，使用 Microsoft 的远程桌面协议（remote desktop protocol，RDP）进行工作，在功能、配置、安全等方面有了很大的改善。在建立连接前也需要配置好连接的服务器端和客户端，这里的服务器端是指接受远程桌面连接的计算机一方（被控端），而客户端是指发起远程桌面连接的计算机一方（主控端）。在客户端运行远程桌面连接，输入服务器端的 IP 地址，接着输入用户名和密码即可登录服务器端的桌面，进行远程操作。

活动 1：小组讨论，大家平时上网都做哪些事情，总结 Internet 的功能及使用频率。

3. Internet 的通信协议

Internet 是由千万台计算机组成的计算机网络，要想在属于不同系统的计算机之间正确传输信息必须制定一个共同遵守的规则，即通信协议。Internet 上最基本的通信协议是传输控制协议（transmission control protocol，TCP）和网际协议（Internet protocol，IP），简称 TCP/IP 协议。TCP/IP 协议分为底层协议和上层协议。底层协议规定计算机硬件的接口规范；上层协议规定软件程序必须共同遵守的一些规则，以及程序员编写程序时使用的统一标准。

（1）IP

IP 主要规定如何定位计算机在 Internet 上的位置及计算机地址的统一表示方法。

在 Internet 上连接的所有计算机，从大型计算机到微型计算机都是以独立的身份出现的，称为主机。为了实现各主机间的通信，每台主机都必须有一个唯一的网络地址。在 Internet 中，网络地址唯一地标识一台计算机，这个地址就称为 IP 地址，即用 Internet 协议语言表示的地址。

在 Internet 中，按照 TCP/IP 规定，IP 地址用 32 位二进制数来表示，每个 IP 地址长 32 位。为了便于记忆，将它们分为 4 组，每组 8 位，由小数点隔开，即用 4 个字节来表示。每个字节的值是 0～255，如 219.225.189.8，这种书写方法称为点数表示法。例如，一个采用二进制形式的 IP 地址是“00001010000000000000000000000001”，这么长的地址，人们处理起来也太费劲了。IP 地址经常被写成十进制的形式，中间使用小数点分开不同的字节。于是，上面的 IP 地址可以表示为“10.0.0.1”。

（2）TCP

TCP 建立在 IP 之上，常用于处理大量数据，各个计算机都必须执行自己的 TCP 程序来自动完成计算机之间的信息传输工作。

（3）计算机域名

为了便于用户记忆，也可以用符号形式表示计算机的 IP 地址，称为计算机域名。域名由以小数点隔开的若干级子域名组成。子域从左至右表示的范围逐步扩大，即域名采用层次结构，每一层构成 1 个子域名，子域名之间用小数点隔开，表示为“计算机名.网络名.机构名.最高域名”。例如，内蒙古师范大学计算机学院的域名是 cs.imnu.edu.cn，IP 地址是 210.31.176.22。其中，cs 表示计算机学院，imnu 表示内蒙古师范大学，edu 代表教育网，cn 代表中国。

（4）IPv6

IPv6 是英文“Internet protocol version 6”（互联网协议第 6 版）的缩写，是互联网工程任务组（the Internet engineering task force，IETF）设计的用于替代 IPv4 的下一代 IP 协议，其地址数量号称可以为全世界的每一粒沙子编上一个地址。

我国非常重视 IPv6 的发展和应用。截至 2021 年 10 月 11 日，我国 IPv6 网络基础设施规模全球领先，已申请的 IPv6 地址资源位居全球第一。我国 IPv6“高速公路”已全面建成。

与 IPv4 相比，IPv6 具有以下优势。

1）IPv6 具有更大的地址空间。IPv4 中规定 IP 地址长度为 32，即有 $2^{32}-1$ 个地址；而 IPv6 中 IP 地址的长度为 128，即有 $2^{128}-1$ 个地址。

2）IPv6 使用更小的路由表。IPv6 的地址分配一开始就遵循聚类原则，这使路由器能在路由表中用一条记录表示一片子网，大幅缩短了路由器中路由表的长度，提高了路由器转发数据包的速度。

3）IPv6 增加了增强的组播支持和对流的支持，这使网络上的多媒体应用有了长足发展的机会，为服务质量控制提供了良好的网络平台。

4）IPv6 加入了对自动配置的支持。这是对动态主机配置协议（dynamic host configuration protocol，DHCP）的改进和扩展，使网络（尤其是 LAN）的管理更加方便和快捷。

5）IPv6 具有更高的安全性。在使用 IPv6 网络时，用户可以对网络层的数据进行加密并对 IP 报文进行校验，极大地增强了网络的安全性。

3.2.2 Internet 的接入方式

Internet 的世界是如此丰富多彩，那么如何将自己的计算机接入 Internet 呢？下面介绍几种主要的接入方式。

1. 局域网方式

局域网方式主要采用以太网技术，以信息化小区的形式为用户服务。通常情况下它主要用于企业网络和小区宽带的共享接入。局域网内的用户，可以使用交换机、路由器或专线连接 Internet。校园网一般使用这种接入方式，由运营商提供光纤专线接入。

2. 有线电视网络接入方式

有线电视网络接入方式是基于有线电视网络铜线资源的接入方式，其具有专线上网的连接特点，允许用户通过有线电视网接入互联网，适用于拥有有线电视网的家庭、个人或中小团体。这种接入方式使用方便，缺点在于当用户数量激增时，传输速率就会下降且不稳定，扩展性不够。

3. 光纤接入方式

通过光纤直接接入用户节点，特点是速率高、抗干扰能力强，适用于家庭、个人或各类企事业团体，可以实现各类高速率的互联网应用（视频服务、高速数据传输、远程交互等），是目前发展的主流接入之一。光纤直接入户，网络带宽可达千兆以上。

4. 无线接入方式

无线接入方式主要有两种，分别是无线广域网接入和无线局域网接入。

无线广域网（wireless WAN，WWAN）是指采用无线网络把物理上极为分散的局域网连接起来的通信方式。这种方式多用于笔记本计算机或者其他设备，在蜂窝网络覆盖范围内可以在任何地方连接到互联网。通常是指利用手机信号接入互联网的一种技术，如各大通信运营商提供的 4G 和 5G 数据服务。其特点是流量计费，价格偏贵，但方便灵活。

无线局域网（wireless LAN，WLAN）是以传统局域网为基础，使用无线接入点和无线网卡来构建的无线上网方式，如校园内覆盖的无线网络。家庭用户可以使用无线路由器搭建小型 WLAN 共享网络，方便无线设备上网。基于 IEEE 802.11ac 标准传输速率可以达到 1Gbit/s，下一代标准传输速率会更快。

无线接入 Internet 会成为未来的主流，特别是 5G 网络的发展普及。2022 年 1 月，工业和信息化部发布的《2021 年通信业统计公报》显示，截至 2021 年底，我国累计建成并开通 5G 基站 142.5 万个，占全球总量的 60%以上，每万人拥有 5G 基站数达到 10.1 个。我国华为公司掌握 5G 核心技术，在 5G 领域居世界领先水平。

3.2.3 IP 地址的设置和查看

互联网服务提供商（Internet service provider，ISP），是向广大用户综合提供互联网接入业务、信息业务和增值业务的电信运营商。ISP 是经国家主管部门批准的正式运营企业，享受国家法律保护。我国有三大基础运营商：中国电信、中国移动和中国联通。除了这三大基础运营商外，还有许多其他运营商，如全国高校所使用的中国教育和科研计算机网（China Education and Research Network，CERNET）。

接入 Internet 的计算机都有唯一的 IP 地址。

1. 设置 IP 地址

IP 地址由 ISP 提供，主要通过两种方式给用户分配 IP 地址。一种是静态设置，给每台计算机分配固定的 IP 地址，用户手动设置计算机的 IP 地址、子网掩码、网关和 DNS。学校的服务器和机房固定设备多采用这种分配方式，便于网络监管。另一种是自动分配，网络中有专用的 DHCP 服务器。DHCP 是一个局域网网络协议，使用 UDP 工作，自动分配 IP 地址给用户。用户无须记录和设置 IP 地址、子网掩码、默认网关和 DNS 服务器，只需设置为自动获取 IP 地址。针对公共场所的流动设备和家庭用户多采用该方式，用户使用简单方便，ISP 管理高效便捷。

在 Windows 10 中设置 IP 地址的操作步骤如下。

单击“开始”→“设置”按钮，打开“设置”窗口，选择“网络和 Internet”选项，打开“网络和 Internet”窗口，选择“状态”选项，在打开的窗口中单击“高级网络设置”组中的“更改适配器选项”按钮，打开“网络设置”窗口。接着右击“以太网”图标，在弹出的快捷菜单中选择“属性”命令，弹出“以太网 属性”对话框。在该对话框中选择“Internet 协议版本 4（TCP/IPv4）”选项。单击“属性”按钮，弹出“Internet 协议版本 4（TCP/IPv4）属性”对话框，如图 3-4 所示。

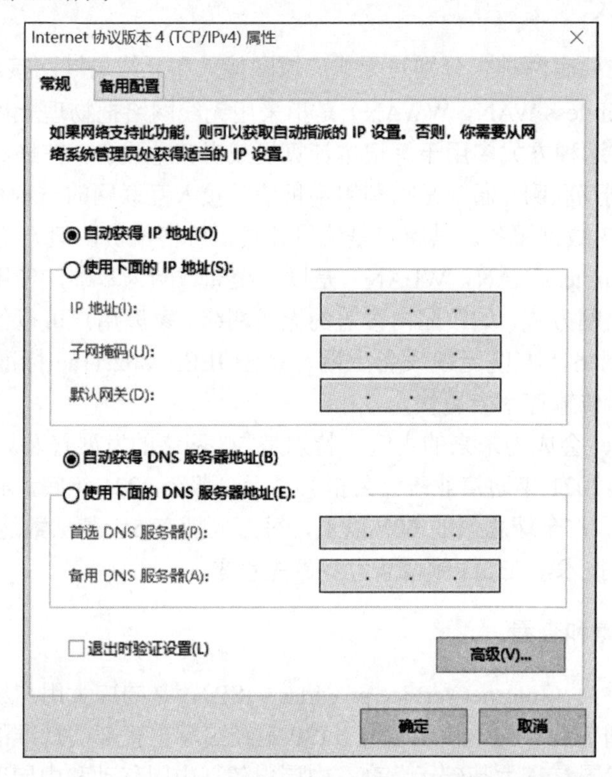

图 3-4　“Internet 协议版本 4（TCP/IPv4）属性”对话框

接下来进行 IP 地址的具体配置，主要有以下两种情况。

如果 ISP 没有提供 IP 地址、子网掩码、默认网关、DNS 服务器等具体参数，则多数情况下使用自动分配 IP 的方式，用户只需在图 3-4 所示的“Internet 协议版本 4（TCP/IPv4）属性”对话框中，选中“自动获得 IP 地址”和“自动获得 DNS 服务器地址”单选按钮。一般情况下 Windows 10 操作系统默认自动获得 IP 地址，无须用户修改。现实中大多数网络接入都采用自动获取方式，无须进行网络设置，这就是大家平时不用设置 IP 地址的主要原因。

如果 ISP 提供 IP 地址、子网掩码、默认网关、DNS 服务器等具体参数，则需要使用指定的 IP 地址。选中“使用下面的 IP 地址”单选按钮，在文本框中输入指定的 IP 地址、子网掩码和默认网关，再选中“使用下面的 DNS 服务器地址”单选按钮，在文本框中输入指定的 DNS 服务器，单击“确定”按钮即完成设置。

2. 查看 IP 地址

笔记本计算机多使用无线网络接入，一般无须设置网络连接，会自动获取 IP 地址等信息。下面介绍 Windows 10 操作系统下两种查看 IP 地址的常用方法。

（1）通过网络状态进行查看

右击任务栏右侧的无线连接图标，在弹出的快捷菜单中选择“打开‘网络和 Internet’设置”命令，打开如图 3-5 所示窗口。窗口中会显示当前网络的连接状态，这里显示的是 WLAN，说明使用的是无线局域网。接着单击“属性”按钮，打开如图 3-6 所示的窗口，可以看到 IP 地址、IP DNS 服务器等信息。

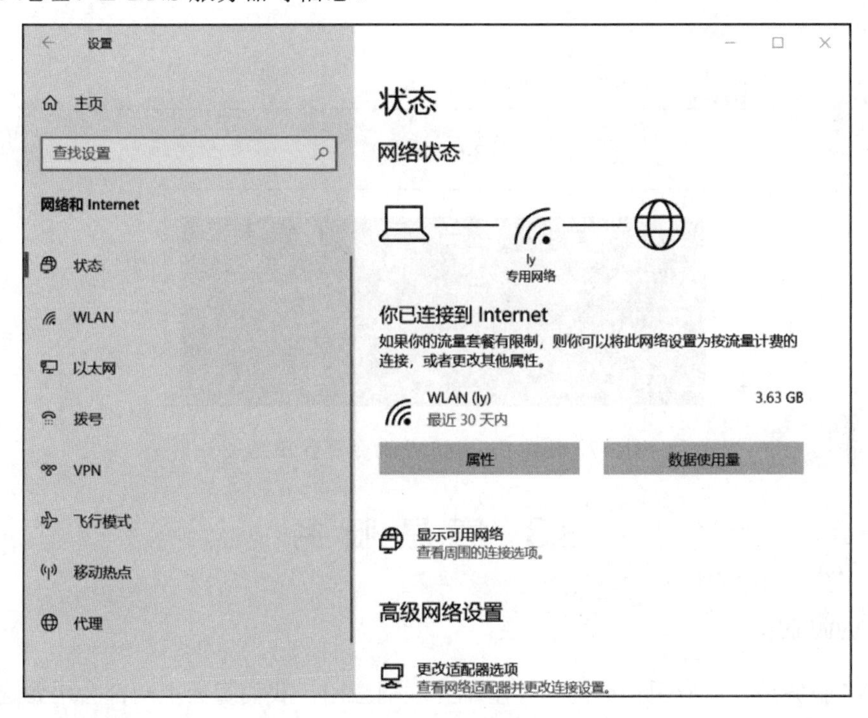

图 3-5　网络状态

（2）使用“ipconfig”命令查看

在任务栏中的搜索框中输入“CMD”命令，按 Enter 键即可打开“命令提示符”窗口，在窗口中输入“ipconfig”命令后按 Enter 键，即可看到 Windows IP 配置情况，包括各个网络适配器的具体参数，如图 3-7 所示。如果需要更详细的信息（DNS 地址、MAC 地址等），可以在“ipconfig”命令后加上参数“/all”。注意，在命令和参数中间要加上空格。

活动 2： 查看周围的计算机是如何接入 Internet 的，和其他同学交流结果，讨论哪种接入方式较为常用。查看自己计算机的 IP 地址。自学子网掩码、默认网关和 DNS 服务器等概念。

设置
ly
IP 设置
IP 分配: 自动(DHCP)
编辑
属性
SSID: ly
协议: Wi-Fi 4 (802.11n)
安全类型: WPA2-个人
网络频带: 2.4 GHz
网络通道: 1
链接速度(接收/传输): 300/300 (Mbps)
本地链接 IPv6 地址: fe80::a156:5518:ecdd:7a1b%14
IPv4 地址: 192.168.1.109
IPv4 DNS 服务器: 192.168.1.1
制造商: Intel Corporation
描述: Intel(R) Wi-Fi 6 AX201 160MHz
驱动程序版本: 22.60.0.6

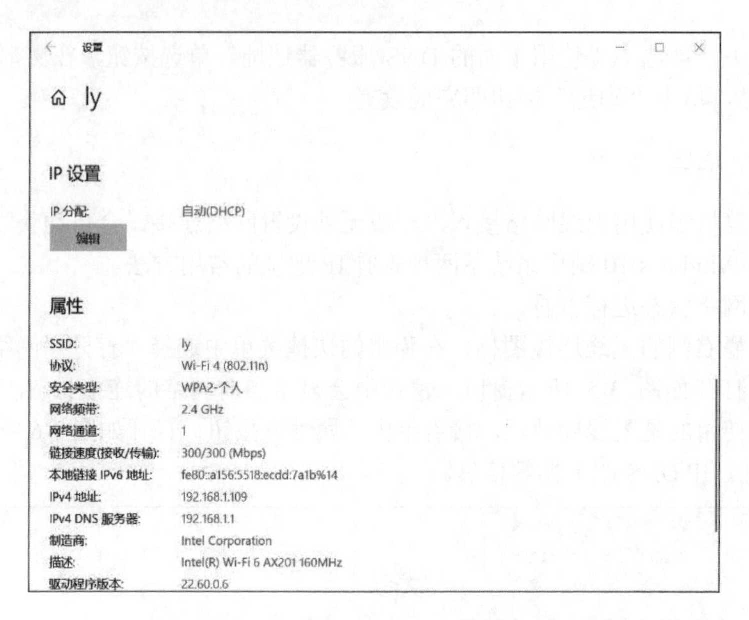

图 3-6　IP 信息

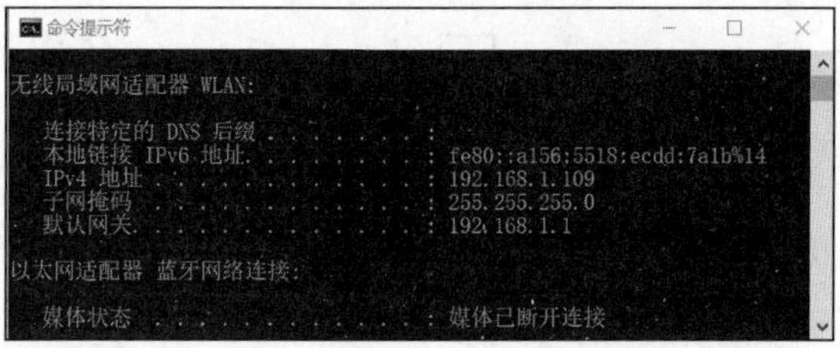

命令提示符
无线局域网适配器 WLAN:
连接特定的 DNS 后缀 . . . . :
本地链接 IPv6 地址. . . . . : fe80::a156:5518:ecdd:7a1b%14
IPv4 地址 . . . . : 192.168.1.109
子网掩码 . . . . : 255.255.255.0
默认网关. . . . . : 192.168.1.1
以太网适配器 蓝牙网络连接:
媒体状态 . . . . : 媒体已断开连接

图 3-7　使用“ipconfig”命令查看 IP 地址

3.3 信息服务

3.3.1 WWW 服务

WWW 服务是目前应用最广的一种基础互联网应用，我们每天上网都会用到这种服务。通过 WWW 服务，只要用鼠标进行本地操作，就可以到达世界上的任何地方。由于 WWW 服务使用的是超文本标记语言（hypertext markup language，HTML），可以很方便地从一个信息页转换到另一个信息页。它不仅能查看文字，还可以欣赏图片、音乐、动画。网络浏览器是用户用来浏览网上信息的软件程序，为用户导航于千万个网站之间。

1. 浏览器

目前常用的浏览器主要有谷歌公司的 Chrome、微软公司的 Edge、苹果公司的 Safari 等。

Chrome 浏览器是一款快速、安全且免费的网络浏览器，能很好地满足新型网站对浏览器的要求，可让用户更快速、轻松且安全地使用网络。根据有关研究机构的调查报告显示，2020 年 Chrome 浏览器依据其简约的设计风格、较快的页面访问速度和丰富的拓展功能，占据了国内市场 58.52%的份额，位居国内第一，而第二名 Microsoft Edge 浏览器市场占比仅为 15.84%，如今很多网站特别是一些网络学习平台都建议使用 Chrome 浏览器访问。

Internet Explorer 一直以来都是 Windows 操作系统的内置浏览器，简称 IE 浏览器。其市场占有率一度非常高，但随着新技术的出现和应用，IE 浏览器没有跟上时代的发展，即将面临淘汰。2021 年 5 月 20 日，微软正式宣布 IE 浏览器将停止支持，IE 浏览器桌面程序将会于 2022 年 6 月 15 日退役。此后，其将被新版 Microsoft Edge 及其 IE 模式替代。

Edge 浏览器是 Windows 10 上市之后微软新推出的浏览器，采用全新的 UI 设计，在插件的支持上、网络引擎及内核上都有着很大的提升，比 IE 更流畅、界面也更美观。

Safari 浏览器是各类苹果设备（如 Mac、iPhone、iPad）的默认浏览器。Safari 使用 WebKit 浏览器引擎。

2. 浏览器的设置

虽然 IE 浏览器面临淘汰，但是有些网络应用仍需要使用 IE，故下面将以 Windows 10 内置的 IE 浏览器为例介绍浏览器的设置。打开 IE 浏览器，选择“工具”→“Internet 选项”选项，弹出“Internet 选项”对话框，如图 3-8 所示。

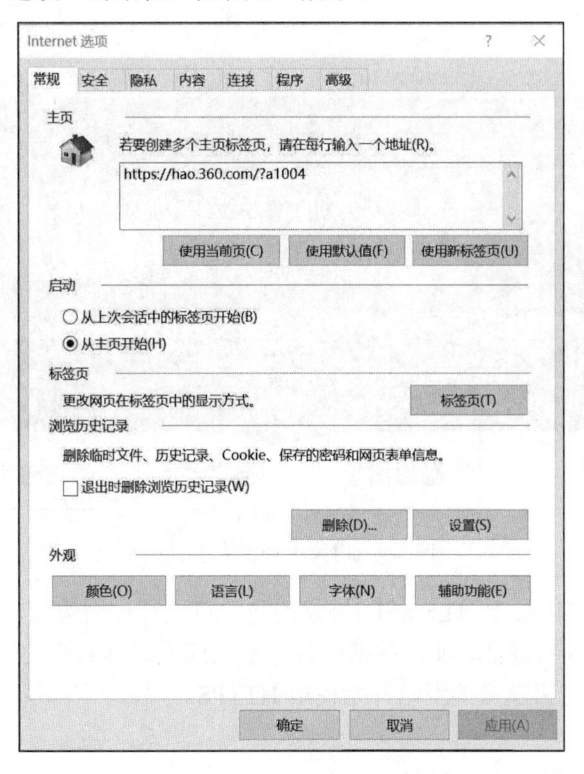

图 3-8 “Internet 选项”对话框

1）“常规”选项卡：可进行主页、启动、标签页、浏览历史记录、外观等的设置。

2）“安全”选项卡：可为 Web 的不同区域设置不同的安全级以保护用户的计算机。

3）“隐私”选项卡：可进行阻止第三方 Cookie、位置、弹出窗口阻止、InPrivate 的设置。

4）“内容”选项卡：可进行证书、自动完成、源和网页快讯的设置。

5）“连接”选项卡：可进行 Internet 连接、拨号和虚拟专用网络、局域网的设置。

6）“程序”选项卡：可进行打开 IE 方式、管理加载项、HTML 编辑、Internet 程序、文件关联的设置。

7）“高级”选项卡：用于自定义 Web 页的显示方式、重置 IE 设置。

3. URL

统一资源定位符（uniform resource locator，URL）是某一信息或目标地址的说明。URL 的形式是“协议://计算机域名/路径/文件名”，其中协议是用于文件传输的 Internet 协议，如超文本传输协议（hyper text transfer protocol，HTTP）、文件传送协议（FTP）、超文本传输安全协议（HTTP over secure socket layer，HTTPS）等。

Internet 上的每个页面都有自己的地址，在浏览器的地址栏中输入某已知页面地址，然后按 Enter 键，浏览器窗口就可以显示出该地址所对应的页面。例如，在地址栏中输入 http://www.imnu.edu.cn，也即通常说的网址，然后按 Enter 键即可打开如图 3-9 所示的内蒙古师范大学首页，该站点使用的协议是 HTTP。

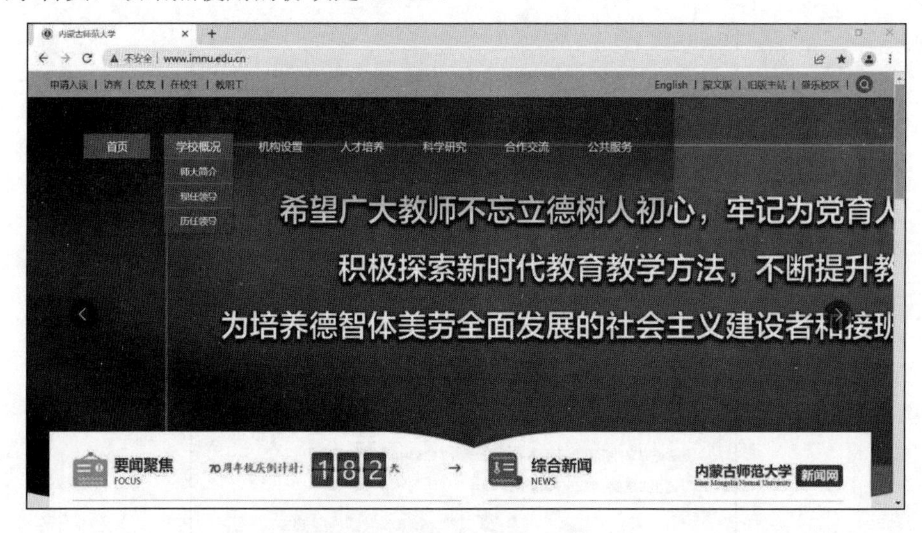

图 3-9　内蒙古师范大学首页

HTTPS 是由 HTTP 加上 TLS/SSL 协议构建的可进行加密传输、身份认证的网络协议，主要通过数字证书、加密算法、非对称密钥等技术完成互联网数据的传输加密，实现互联网传输安全保护。目前越来越多的网站开始使用 HTTPS。

4. 超链接

WWW 是拥有千万台计算机的大计算机网。WWW 的信息以 Web 页面的形式提供给用户。在 Web 页面中都包含链接到相关页的超链接，单击超链接，可以迅速从服务器的某一页连接到另一页或另一个站点。

超链接本质上属于一个网页的一部分，是一种允许人们同其他网页或站点之间进行连接的元素。各个网页连接在一起后，才能真正构成一个网站。所谓的超链接是指从一个网页指向一个目标的连接关系。这个目标可以是另一个网页，也可以是相同网页上的不同位置，还可以是一个图片、一个电子邮件地址、一个文件甚至一个应用程序。在网页中作为超链接的对象，可以是一段文本或一个图片。当浏览者单击超链接文字或图片后，超链接目标将显示在浏览器上，并且根据目标的类型来打开或运行。

3.3.2 电子邮件

1. 电子邮件概述

电子邮件是 Internet 提供的常用服务之一，特点是传送速度快、使用方便、功能多、价格低廉，不仅可以传送文本邮件，还可以传送多媒体邮件。

电子邮件的传送过程比较复杂，其中有多个协议。先要有一个邮件服务器，由这个服务器给网上用户分发账号（邮箱地址）。邮件服务器具有存储功能，保存了用户发送和接收到的邮件。用户在任意位置任意一个联网的计算机上打开邮箱，连接到该邮件服务器时，就可以接收电子邮件了。

1）邮局协议：客户机从远程邮件服务器邮箱中读取电子邮件所采取的协议称为邮局协议（post office protocol，POP）。它提供用户登录、退出、读取消息、删除消息等命令。POP3 的关键之处在于从远程邮箱中读取电子邮件，并将它存储在用户的本地机器上以方便以后读取。

2）简单邮件传输协议：邮件服务器的消息传输系统在发件人和收件人之间传递消息，它在源机器和目的机器之间建立传输连接，然后发送消息。在 Internet 中，通过在源机器和目的机器之间建立 TCP 连接来传递电子邮件。监听并完成这种连接操作的是一个在邮件服务器上运行的、使用简单邮件传输协议（simple mail transfer protocol，SMTP）的电子邮件程序，它一般处于后台运行方式。这个程序接收到 TCP 连接后将消息传递到合适的邮箱中，如果消息无法递交，包含未传递消息第一部分的错误报告将返回给发送者。

3）邮箱地址：该地址由两部分组成，即用户名＋邮件服务器域名，中间用“@”符号隔开。例如，某人的信箱地址为 hhht2009@imnu.edu.cn，其中“@”符号含义为“at”。这表示此人在内蒙古师范大学的邮箱服务器上有一个名为 hhht2009 的邮箱账号。

4）工作方式：电子邮件服务的工作方式是遵循客户-服务器模式。邮件服务器管理着众多客户的邮箱，在后台运行着服务器方的消息传输系统程序，这个程序接收客户机发来的邮件，负责将邮件传送到目的地。同时，当接收到邮件时，它将邮件放入客户的邮箱；在客户查询邮件的时候通知客户，并将邮件传送到客户机上。客户机运行客户端邮件阅读程序，该程序完成邮件撰写、阅读、向邮件服务器发送和接收邮件等功能。电子邮件的这种工作方式与传统的邮政系统工作方式非常相似。

2. 免费电子邮件的申请与使用

目前网络上有许多免费邮箱可供大家选择，只要在浏览器窗口的地址栏中输入相应的网址，即可打开相应的免费邮箱主页。如果已申请邮箱，输入自己的账号、密码即可进入邮箱。如还未申请，可根据提示信息完成邮箱申请操作。

（1）申请免费邮箱

申请免费邮箱的主要操作步骤如下。

1）选择提供邮箱服务的网站，如新浪、网易等。

2）打开所选择的提供邮箱服务的网站。以网易为例，在浏览器地址栏中输入 https://www.163.com，按 Enter 键即可打开网易首页，如图 3-10 所示。

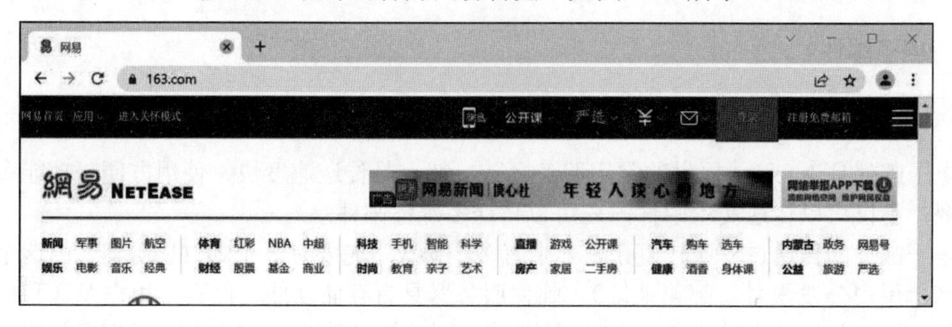

图 3-10　网易首页

单击页面中右上角的“注册免费邮箱”按钮就可进入“注册网易免费邮箱”页面，如图 3-11 所示。在该页面中，填写邮箱地址、密码和手机号码等信息，输入手机号后可能需要发送验证码，确认手机号真实可用，然后选中“同意《服务条款》、《隐私政策》和《儿童隐私政策》”复选框，最后单击“立即注册”按钮，进入“网易电子邮箱”页面，此时电子邮箱注册成功。

图 3-11　注册网易免费邮箱

注意：申请邮箱时一定要记住自己的用户名与密码。也可以直接注册以手机号码为用户名的邮箱地址，以方便记忆。

（2）查看电子邮件

查看电子邮件的主要操作步骤如下。

1）在如图 3-10 所示的网易首页中先将鼠标指针移动到右上方的“登录”图标上，在弹出的文本框中输入自己的邮箱名和密码，然后单击“登录”按钮，在弹出的下拉列表中选择“我的邮箱”选项。

2）打开邮箱后，单击左侧列表中的“收件箱”图标，展开收件箱中的邮件列表，如图 3-12 所示。直接单击邮件列表中的某个邮件即可打开该邮件查看其详细内容。

图 3-12　收件箱

（3）发送电子邮件

发送电子邮件的主要操作步骤如下。

1）登录电子邮箱后，单击“写信”按钮即可进入“写信”页面，如图 3-13 所示。

2）在“收件人”文本框中输入收件人的邮箱地址，在“主题”文本框中输入邮件的主题，即邮件题目，在“内容”编辑框中输入邮件内容。

3）如需发送附件，单击“添加附件”按钮，在弹出的“打开”对话框中选择需要发送的文件，单击“打开”按钮，回到“写信”页面，“内容”编辑框上方将显示要发送的附件的相关信息。

4）单击“发送”按钮。片刻后，系统显示“发送成功”提示信息。

免费邮箱的大小一般在 10GB 左右，要求附件一般不超过 100MB，个别免费邮箱允许发送不超过 3GB 的超大附件。当需要移动少量数据，又没有带 U 盘等存储设备时，可用邮箱暂时存放数据，先把数据压缩打包成单个文件，再以附件的形式自己给自己发一份邮件就可以了，也就是说收件人和发件人都写成自己的邮件地址。当需要下载数据时，登录邮箱查看收件箱，打开自己给自己发送的那封邮件，下载附件即可。在公共场所使用计算机，计算机上有可能带有病毒，一般不建议使用移动存储设备备份文件，这样容易感染病毒。建议使用邮箱或者云盘存放文件。

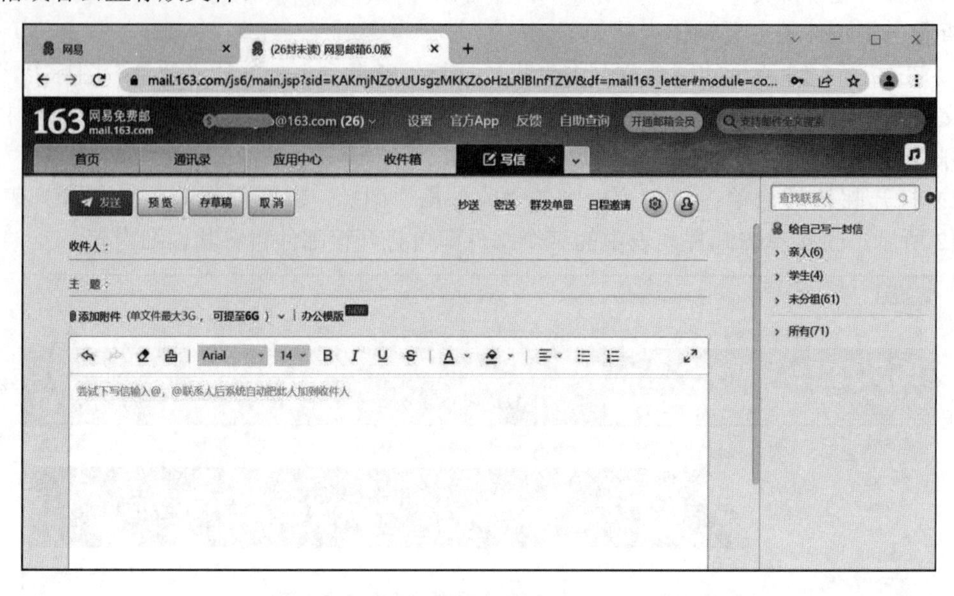

图 3-13 写邮件

有些同学把作业存放在手机上，上课的时候用数据线将手机连到计算机上当作存储设备，进行文件的复制和移动，这样做需要携带数据线比较麻烦，而且有安全隐患，有可能造成数据的泄露。建议通过网络传输文件，可以在计算机上安装微信程序，使用微信中的文件传输功能实现在手机和计算机之间传输文件，也可以在手机上安装百度网盘，在计算机上使用浏览器打开百度网盘并下载数据，实现数据的传输。百度网盘的使用将在后文进行介绍。

活动 3： 给小组内的每个同学都发一封电子邮件，如果没有电子邮箱可先申请，学会使用电子邮件的各种功能（包括多人同时发送、发送附件等）。

3.3.3 FTP 上传和下载

文件传输协议（file transfer protocol，FTP）是 Internet 上的重要资源服务，是实现文件传输和资源共享的重要手段之一。可以利用浏览器进行下载和上传文件，也可以利用专门的工具下载和上传文件（如 CuteFTP、FlashFXP）。下面以浏览器为例来说明如何利用浏览器进行 FTP 服务器的登录、FTP 文件的下载和上传。

1. FTP 服务器的登录

FTP 服务器根据使用权限可以分为两类：一类免费向所有人开放，使用匿名登录，直接打开 FTP 服务器就可以访问资源；另一类只向有访问权限的人开放，使用用户名和密码登录 FTP 服务器后，才可以访问相应的资源。登录 FTP 服务器的主要操作步骤如下。

1）在 IE 浏览器地址栏输入“ftp://<FTP 服务器的域名>或<FTP 服务器的 IP 地址>”，按 Enter 键，打开如图 3-14 所示的窗口，匿名登录成功，这时就可以访问资源了。如果访问第二类服务器，继续步骤 2）、3）。

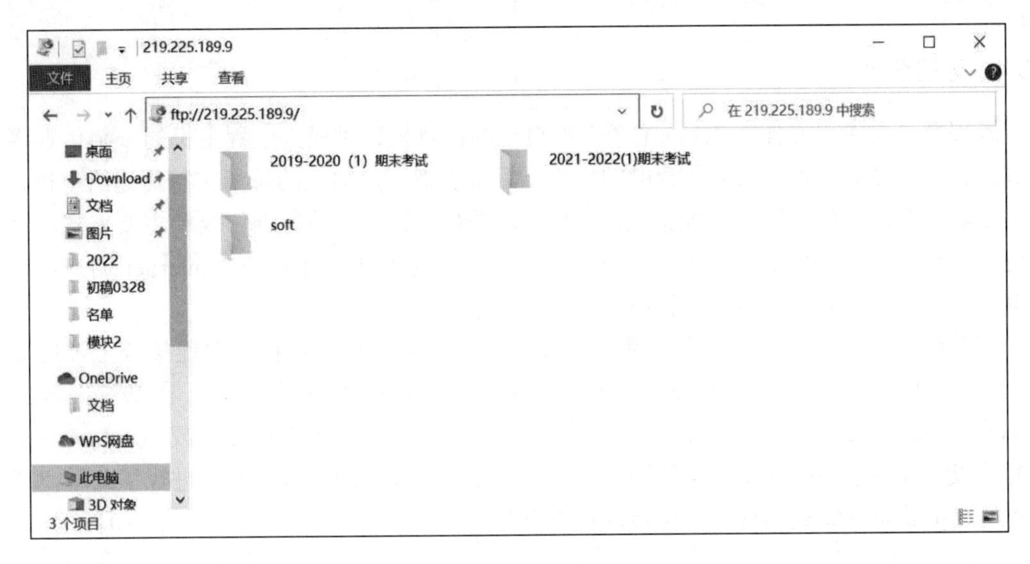

图 3-14 FTP 窗口

2）在文件资源管理器中查看 FTP 站点。选择“查看”→“在文件资源管理器中打开 FTP 站点”选项。在打开的窗口空白处右击，在弹出的快捷菜单中选择“登录”命令，或选择“文件”→“登录”选项。

3）在弹出的“登录身份”对话框中输入用户名和密码后，单击“登录”按钮。

2. FTP 文件的下载

FTP 文件下载的主要操作步骤如下。

1）登录 FTP 服务器，操作同上。

2）选择 FTP 服务器上的某个文件或文件夹，右击该文件或文件夹图标，在弹出的快捷菜单中选择“复制到文件夹”命令，弹出“浏览文件夹”对话框。

3）在“浏览文件夹”对话框中选择文件夹后，单击“确定”按钮。

注意：只有下载完文件以后才可关闭 FTP 服务器窗口。切记不要在 FTP 服务器窗口打开和编辑文件，有可能会导致编辑后的数据丢失。

3. FTP 文件的上传

FTP 文件上传的主要操作步骤如下。

1）登录 FTP 服务器，操作同上。

2）选择本地磁盘的某个文件或文件夹，右击该文件或文件夹图标，在弹出的快捷菜单中选择“复制”命令。

3）在 FTP 服务器窗口空白处右击，在弹出的快捷菜单中选择“粘贴”命令。

注意：只有上传完文件以后才可关闭 FTP 服务器窗口。如果需要上传的文件数量较多，建议先打包压缩后再上传，这样可以缩短上传时间。

3.3.4 远程登录

远程登录是指用户使用 Telnet 命令，使自己的计算机暂时成为远程主机的一个仿真终端的过程。仿真终端等效于一个非智能的机器，只负责把用户输入的每个字符传递给主机，再将主机输出的每个信息回显到屏幕上。Telnet 是进行远程登录的标准协议和主要方式，为用户提供了在本地计算机上完成远程主机工作的能力。使用 Telnet 命令，Internet 用户可以与全世界许多信息中心图书馆及其他信息资源库互联。

随着计算机硬件性能的提升和网络速度的提高，图形化的远程桌面连接登上了历史舞台。远程桌面连接组件是从 Windows 2000 Server 开始由微软公司提供的，在 Windows 2000 Server 中不是默认安装的。该组件一经推出广受欢迎，因此在 Windows XP 或 Windows Server 2003 及更高版本的 Windows 操作系统中，微软公司将该组件的启用方法进行了改革，通过简单的选中就可以完成远程桌面连接功能的开启。

1. 远程桌面概述

使用远程桌面可在其他计算机上访问自己计算机上运行的 Windows 会话。这意味着用户可以在家连接工作计算机，并访问所有程序、文件和网络资源，就像真实地坐在工作计算机前面一样。用户可以让程序在工作计算机上运行，回家后在家庭计算机上就可以看到正在运行该程序的工作计算机的桌面。

连接到工作计算机时，远程桌面将自动锁定该计算机，这样其他任何人都无法在用户不在场时访问用户的程序和文件。返回工作计算机后，可以按 Ctrl＋Alt＋Delete 组合键解除锁定远程桌面。

当其他用户登录时，也可以保持当前用户的程序继续运行，以及保留 Windows 会话的状态。该用户注销后，可以重新连接到正在进行的会话中。

使用“快速用户切换”命令可以在相同计算机上切换不同用户。例如，假设用户在家工作，并且已经登录办公室的计算机，以更新工作报告。在用户工作的同时，家庭成员需要使用家庭计算机检查重要的电子邮件。用户可以断开远程桌面，允许其他用户登录并查收邮件，然后重新连接到办公室计算机，这时用户看见的工作报告将与刚才完全一样。“快速用户切换”命令可用于独立计算机和工作组中的成员计算机。

2. 使用远程桌面的条件

要使用远程桌面，需要满足以下条件。

1）能够运行 Windows XP 或 Windows Server 2003 及更高版本 Windows 操作系统的计算机（主机或远程计算机）。Windows 10 高级家庭版不支持。

2）能够通过网络、虚拟专用网（virtual private network，VPN）连接访问 LAN 的另一台计算机（客户端计算机）。此计算机必须安装有远程桌面连接组件。

3）适当的用户账户和权限。

3. 启动远程桌面连接

下面介绍在 Windows 操作系统下如何启用远程桌面连接。

1）右击“此电脑”图标，在弹出的快捷菜单中选择“属性”命令。

2）在打开的“系统”窗口中单击“远程设置”超链接，弹出“系统属性”对话框。

3）在“系统属性”对话框“远程”选项卡中的“远程桌面”组中，选中“允许远程连接到此计算机”单选按钮，然后单击“确定”按钮即可完成远程桌面连接功能的启用。为了提高远程桌面的安全性，建议同时选中“仅允许运行使用网络级别身份验证的远程桌面的计算机连接（建议）”复选框。

4. 使用远程桌面连接

使用远程桌面连接的方法很简单，因为一旦连接到服务器上就和操作本地计算机一样了。连接到开启了远程桌面功能的计算机需要用到远程桌面连接登录器。

Windows 操作系统将远程桌面连接程序内置到“附件”中，无须安装任何程序就可以使用远程桌面连接。

1）选择“开始”→“Windows 附件”→“远程桌面连接”选项，启动远程桌面连接登录器。也可以在“开始”菜单中的“搜索程序和文件”文本框中输入“mstsc”启动远程桌面连接登录器。弹出如图 3-15 所示对话框。

图 3-15 远程桌面连接

2）在“计算机”文本框输入想要远程访问计算机（已开启远程桌面功能）的 IP 地址。

3）单击“连接”按钮，在弹出的“Windows 安全”对话框中输入用户名和密码，注意这时输入的是远程计算机上的用户名及密码（如果用户没有密码，则不能访问，需要先创建一个密码），单击“确定”按钮就可以成功登录该计算机了，当前窗口会全屏显示该计算机的桌面，接下来就和操作自己的计算机一样了。

退出远程桌面连接时只需单击屏幕上方的“关闭”按钮。

3.3.5 云盘

云盘也称为云存储或网盘，是一种专业的网络储存工具。云盘是互联网云技术的产物，通过互联网为企业和个人提供信息的储存、读取、下载等服务。云盘相对于传统的实体硬盘来说更方便，用户无须把存储重要资料的实体硬盘带在身上，可以通过互联网，轻松地从云端读取自己所存储的信息。

使用云盘存放各类数据资料，可避免在公共场所使用 U 盘，也可以避免病毒对文件的破坏，甚至可以利用云盘在不同的设备（如手机、计算机）之间传输和共享数据。

由于云盘投资大、收益低，很多提供免费云盘服务的服务商都已关闭服务。目前免费云盘主要有百度网盘、阿里云盘等。下面将介绍百度网盘的使用。

1. 注册登录百度网盘

先在浏览器窗口地址栏中输入“https://pan.baidu.com”，按 Enter 键进入百度网盘登录界面。如果已有百度账号，直接输入用户名、密码登录即可。如果没有百度账号，需要先注册。注册方法可参照免费电子邮箱的注册方法。输入账号和密码登录后的百度网盘界面如图 3-16 所示。

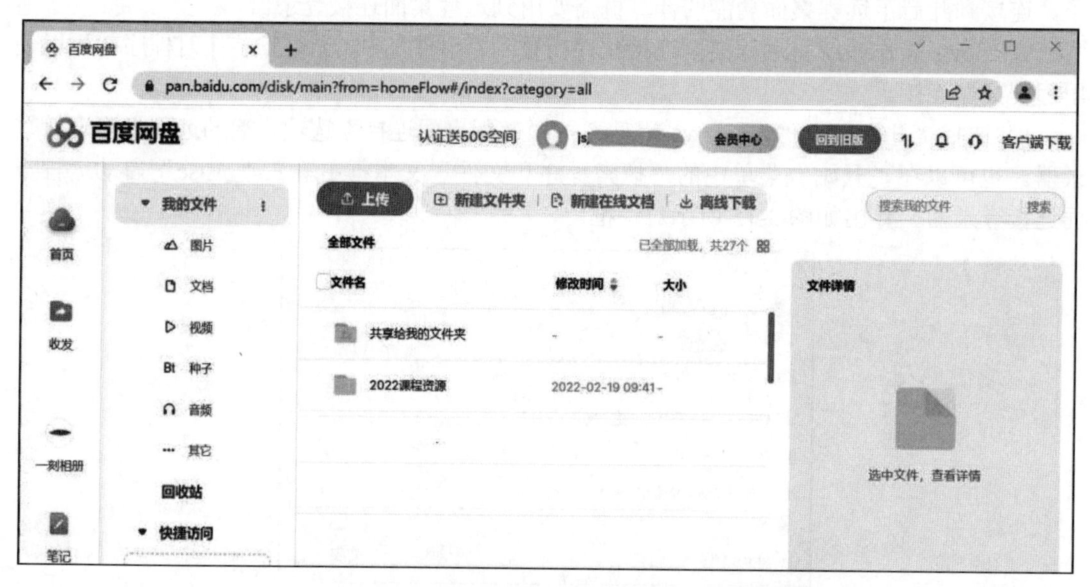

图 3-16　百度网盘

2. 文件的上传与下载

上传文件时先选择存放文件的目录，将鼠标指针移动到图 3-16 中的“上传”按钮上，在弹出的菜单中选择“上传文件”或者“上传文件夹”，然后在弹出如图 3-17 所示的“打开”对话框中选择要上传的文件，单击“打开”按钮，文件便开始上传。上传文件体积较大时，上传过程中不能关闭网页，中途关闭网页会导致上传失败。

下载文件操作更简单，选中想要下载的文件后直接单击“下载”按钮即可。

批量上传、下载文件或者文件体积较大，或者在不同设备（手机、计算机等）之间同步数据，建议在计算机上安装百度网盘程序，其操作简单，如同 Windows 本地操作。手机上也可以安装百度网盘 App，备份手机各类数据等。

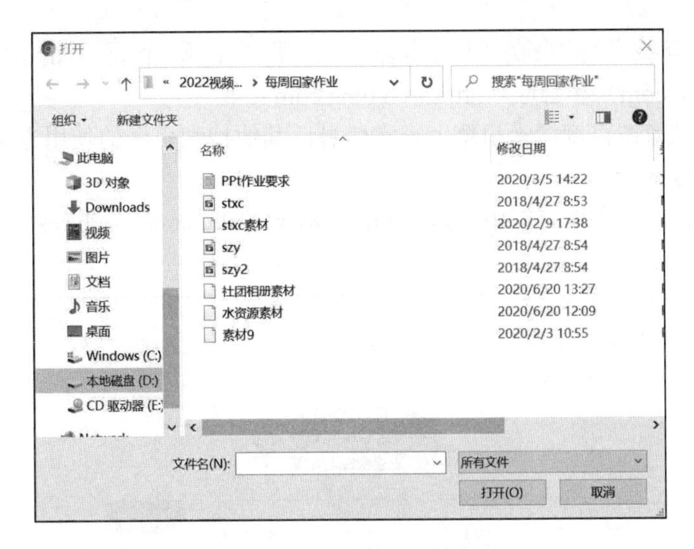

图 3-17 “打开”对话框

随着网络的不断提速，特别是移动网络的应用，云盘将成为越来越多人的移动存储首选，以提高数据的移动性和安全性。

3.4 信息检索

3.4.1 信息的查找

网络最重要的作用就是资源共享，上网的主要目的不仅包括联系、娱乐，对人们来说更重要的一个目的是查找资料。在信息的海洋中找到所需要的资源需要技术和经验。下面将介绍几种常用的资源查找方法。

1. 利用网络导航查找信息

对于初学者来说，使用导航站点（也称网址大全）是个不错的选择。可以先打开类似 360 导航、hao123 网址之家等专业导航站点，再根据自己的需要单击相应的站点超链接，转到相应的网站。

2. 利用收藏夹和历史记录查找信息

对于经常访问的网站，可以将其收藏到收藏夹，这样无须输入地址就可以快速打开该网站。也可以通过历史记录查找其他用户喜欢登录的网站转到相应的网站。

3. 利用搜索引擎查找信息

搜索引擎是指根据一定的策略、运用特定的计算机程序搜集互联网上的信息，在对信息进行组织和处理后，为用户提供检索服务的系统。人们也把专门提供信息检索功能的服务器称为搜索引擎，它们大都有庞大的数据库，通过访问它们可以利用菜单或关键字查找信息。

这是目前网上查找资料最方便的方法。这里推荐两个常用的搜索引擎：百度（https://www.baidu.com）和必应（https://cn.bing.com）。

接下来介绍如何在百度搜索引擎上查找信息，其他搜索引擎的使用方法大致相同。

（1）关键字检索

打开浏览器窗口，在地址栏中输入“https://www.baidu.com”，进入百度首页，如图 3-18 所示。

图 3-18　百度首页

如果想查找有关大学计算机基础介绍的相关站点，可以在搜索引擎中输入关键字“计算机基础”，单击“百度一下”按钮，就会出现检索到的结果，如图 3-19 所示，可发现找到大量相关网页。结果太多，其中包含大量的无关信息。为了避免这种问题的出现，应使用更为具体的关键字，如“大学计算机基础介绍”。在这里，所提供的关键字越具体，搜索引擎返回无关 Web 站点的可能性也就越低。

图 3-19　搜索结果

（2）多关键字检索

可以使用多个关键字来缩小搜索范围。例如，如果想要搜索有关计算机等级考试的培训信息，则输入两个关键字：“计算机等级考试”和“培训”。如果只输入其中一个关键字，搜索引擎就会返回诸如计算机等级考试报名或网页制作培训等类似的无关信息。一般而言，所提供的关键字越多，搜索引擎返回的结果越精确。

（3）按类别搜索

可以根据要检索的资源类型进行查找，如要找的是图片，可以单击“图片”类别，再使用搜索引擎，这样搜索到的都是符合关键字的图片。显然，在一个特定类别下进行搜索所耗费的时间较少，而且能够排除大量无关的 Web 站点，更快地找到自己所需要的资源。

搜索引擎返回的 Web 站点顺序可能会影响人们的访问，因此为了增加 Web 站点的点击率，一些 Web 站点会付费给搜索引擎，以在相关 Web 站点列表中显示在靠前的位置。优秀的搜索引擎会鉴别 Web 站点的内容，并据此安排它们的顺序。

此外，因为搜索引擎经常对最常用的关键字进行搜索，所以许多 Web 站点在自己的网页中隐藏了同一关键字的多个副本。这使搜索引擎不再去查找 Internet，就可以返回与关键字有关的更多信息。正如读报纸、听收音机或看电视新闻一样，建议留意所获得的信息的来源。搜索引擎能够帮用户找到信息，但无法验证信息的可靠性。因为任何人都可以在网上发布信息，所以要对检索到的信息进行判断，去伪存真。

4. 资源数据库检索

写论文和做科研都需要查阅大量文献，用以上方法查到的资源比较零散甚至不完整，因此需要整理。可以通过在专门的资源数据库进行检索，快速地找到期刊论文原文及相关参考文献。国内经常用到的是中国知网。其他一些数据库还包括中国优秀硕士学位论文全文数据库、中国博士学位论文全文数据库、SpringerLink 全文电子期刊数据库、CALIS 西文期刊目次数据库、超星数字图书馆、中国报纸资源全文数据库等，一般高校电子图书馆都会提供相应的检索服务。下面以中国知网为例介绍资源数据库的检索方法。中国知网（https://www.cnki.net/）首页，如图 3-20 所示。

图 3-20　中国知网首页

中国知网提供文献检索、知识元检索和引文检索等服务。文献检索可以根据检索内容选择合适的资源类型，如学术期刊、学位论文、会议等。也可以选择高级检索和出版社检索等检索方式。下面介绍常用的文献检索，检索项可以根据检索的关键词类型选择主题、作者、篇名、关键字、摘要等，在“检索词”文本框中输入相应的关键字，单击“检索”按钮（文本框右侧的放大镜图标）即可。例如，检索篇名含有“计算机”的文献，结果如图 3-21 所示。

图 3-21 检索结果

如果结果太多，可以通过设置期刊时间、期刊范围、增加关键词等进一步缩小检索范围。单击篇名即可打开相应的文献，如图 3-22 所示。可以单击“CAJ 下载”或“PDF 下载”超链接，将论文的全文下载到本地，但是需要安装相应的阅读器才可以阅读下载的文件；也可以通过单击相似文献打开新的文献。

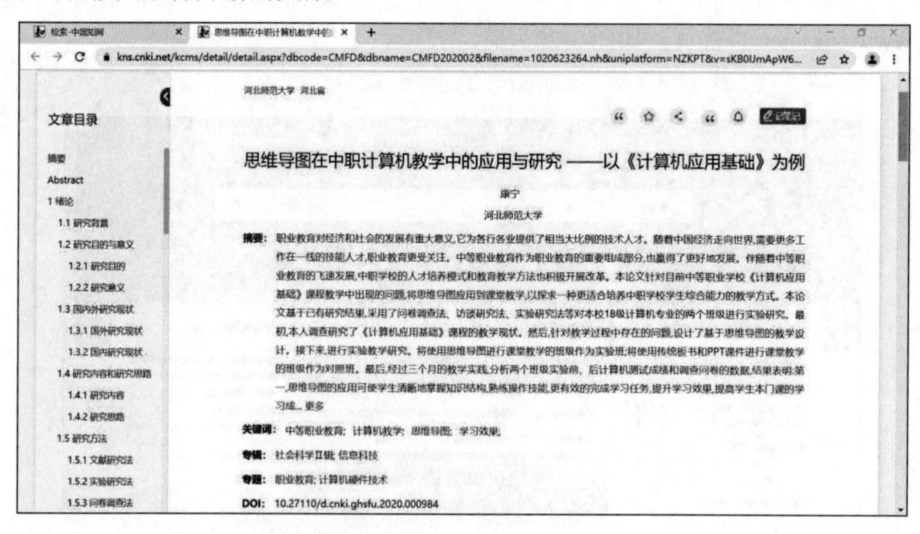

图 3-22 文献简介页面

3.4.2 信息的保存

1. 保存网页

下面介绍 IE 浏览器保存网页的方法。选择“工具”（齿轮状图标）→“文件”→“另存为”选项，在弹出的“保存网页”对话框中选择文件存放的位置和名称后，单击“保存”按钮。网页保存类型有以下 4 种，如图 3-23 所示。

图 3-23 网页保存类型

1）网页，全部（*.htm;*.html）：在指定位置创建一个网页文件和一个名为“网页文件名.files”的文件夹，文件夹内有该网页用到的全部的图片、动画等资源。选择这种类型，打开保存后的网页，和原来的页面一模一样。

2）Web 档案，单个文件（*.mht）：创建单个网页文件。选择这种类型，打开保存后的网页，和原来的页面一模一样。

3）网页，仅 HTML（*.htm;*.html）：创建单个网页文件。选择这种类型，打开保存后的网页，仅能显示文字部分，图片等资源的位置为空。

4）文本文件（*.txt）：创建单个文本文件。选择这种类型，打开保存后的文本文件，仅保留文字且没有格式。

Chrome 浏览器也支持保存网页，单击浏览器地址栏右侧的图标（竖向的 3 个小圆点），选择“更多工具”→“网页另存为”选项，在弹出的“另存为”对话框中选择文件存放的位置和名称，单击“保存”按钮。Chrome 浏览器保存类型有 3 种，较 IE 浏览器少了“Web 档案，单个文件（*.mht）”类型，其他 3 种类型与其相同。

2. 保存部分文本

拖动鼠标选择要复制的文本，右击，在弹出的快捷菜单中选择“复制”命令，就将内容保存到 Windows 的剪贴板中了，打开记事本或 Word 程序，选择“粘贴”命令即可将选中的文体复制到本地计算机。

有些网页进行了操作限制，不允许保存网页和复制文字，可以截屏保存资源。将网页窗口最大化，调整文字显示位置，按键盘上的Print Screen键，然后打开“画图”工具，选择“粘贴”命令，然后另存为图片格式的文件。也可以使用Windows 10操作系统自带的“截图和草图”工具，这样截图更方便。这种方法只适合较少的文字内容，而且不能进行编辑。如果想编辑，可以使用手机中的文本识别软件，拍照后识别成文字。

3. 保存内嵌图片和背景

右击想要保存的图片，在弹出的快捷菜单中选择“图片另存为”命令，即可将保存图片。

在网页空白处右击，在弹出的快捷菜单中选择“背景另存为”命令，即可保存背景（假设有背景图片）。如果想保存网页中的Flash动画，可以使用专门的工具软件来保存，如Flash Capture。

4. 利用收藏夹保存网页

1）把网页保存到收藏夹。查看网页时右击，在弹出的快捷菜单中选择“收藏”→“添加到收藏夹”命令，并进行相应的设置即可将当前网页添加到收藏夹。如果选择“允许脱机使用”命令，则可以自定义脱机链接层数（自学相关内容）。

2）整理收藏夹。选择“收藏夹”→“整理收藏夹”命令可以对收藏的网页进行分门别类的整理，放到各自的文件夹下。

3）显示收藏夹中的网页。单击“查看收藏夹、源和历史记录”按钮，可以打开个人收藏夹列表，选择要查看的网页。或选择“收藏夹”菜单命令，单击要查看的网页。

作业：根据自己的项目问题上网查找相关资源，并在MOOC平台上本单元中以回帖的方式填写项目资源引用记录（注意资源引用记录书写格式）。

3.5 信息安全与防范

随着Internet应用的日趋丰富，人们可以足不出户，只要轻按鼠标就可以完成网络购物、网上银行业务、电子政务、股票实时交易等操作。网络给人们带来便捷的同时，也给人们带来了烦恼，如银行卡上的钱不翼而飞、个人资料被贴到各大网站论坛等。因此，保护个人的信息安全显得尤为重要。

计算机网络是目前信息处理的主要环境和信息传输的主要载体，特别是互联网的普及，给信息处理方式带来了根本性的变化。互联网的“无界、无序、匿名”三大基本特征决定了网络信息的不安全。“无界”是由网络的开放性决定的，它突破了国家和地域的限制，也突破了意识形态的限制，网络充满了各种各样的有用信息，同时也有一些虚假的信息。“无界”决定了“无序”。互联网没有统一的管理机构、没有统一的法律，具备一定的设备和技术条件，都可以连入互联网，成为互联网的一部分。网络世界是一个虚拟的世界，用户在网络中的身份不像现实世界中那样真实，网络中身份不方便也不可能与现实世界中的身份对应起来，只能是“匿名”的。如何使网络“有界、有序、真实”是每个国家、每个单位或集体、每个技术人员的责任和理想。

综合来说，信息安全的风险主要包括物理风险、系统风险、网络风险、应用风险和管理风险。

3.5.1 常见的威胁与攻击

1. 安全威胁的类型

安全威胁是指对安全的一种潜在的侵害，威胁的实施称为攻击。通信信息安全面临的威胁主要有 4 种：信息泄露、拒绝服务、非法使用（非授权使用）和完整性破坏。

1）信息泄露：信息被泄露或透漏给某个未授权的实体。这种威胁主要来自窃听、搭线等错综复杂的信息探测攻击。

2）拒绝服务：对信息或其他资源的合法访问受到阻止。

3）非法使用（非授权使用）：某一资源被某个未授权的人或团体以一种授权的方式使用。

4）完整性破坏：数据的一致性通过未授权的创建、修改或破坏而受到损害。

2. 几种典型的攻击

1）冒充。某个实体（人或系统）假装成另外一个不同的实体。具有很少特权的实体为了得到额外的特权可能冒充成具有这些额外特权的实体。这是渗入某个安全防线的通用的方法之一。

2）篡改。当数据传送的内容被改变而未发觉，并导致一种非授权后果时便出现消息篡改。例如，消息“允许甲读机密文卷‘账目’”被篡改为“允许乙读机密文卷‘账目’”。

3）拒绝服务。信息系统服务被大量的无用的访问阻塞，合法用户的访问却因资源耗尽被拒绝。

4）内部攻击。当系统的合法用户以非故意或非授权方式进行动作时便出现内部攻击。多数已知的计算机犯罪都与使系统安全遭受泄露的内部攻击有密切的关系。

用来防止内部攻击的保护方法如下。

① 对工作人员进行仔细审查。

② 仔细检查硬件、软件、安全策略和系统配置，以便在一定程度上保证它们运行的正确性（称为可信功能度）。

③ 审计跟踪以提高检测出这种攻击的可能性。

5）外部攻击。外部攻击可以使用的方法如下：搭线（主动的与被动的）；截获辐射；冒充为系统的授权用户，或冒充为系统的组成部分；为鉴别或访问控制机制设置旁路。

6）后门。在某个系统或某个文件中设置“机关”，使当提供特定的输入数据时，允许违反安全策略。例如，一个登录处理子系统允许处理一个特定的用户识别号，以绕过通常的口令检查。又如，可在操作系统或 CPU 中留下后门来进行某些危害性极大的活动，或在 CPU 中安装发射器，使其发出暗语信息。

7）网络钓鱼。网络钓鱼是一种通过大量发送声称来自银行或其他知名机构的欺骗性垃圾邮件，意图引诱收信人给出敏感信息（如用户名、口令、账号 ID、ATM 的 PIN 码或信用卡详细信息）的攻击方式。典型的网络钓鱼攻击将收信人引诱到一个通过精心设计与目标组织的网站非常相似的钓鱼网站上，并获取收信人在此网站上输入的个人敏感信息，通常这个攻击过程不会让受害者发觉。

8）特洛伊木马。特洛伊木马简称木马，这个名称来源于希腊神话《木马屠城记》。特洛伊木马伪装成一个实用工具或者一个游戏，诱使用户将其安装在 PC 或者服务器上。完整的木马程序一般由两部分组成：一部分是服务器端程序，另一部分是控制器端程序。“中了木马”是指安装了木马的客户端程序。若用户计算机被安装了客户端程序，则拥有相应服务器端程序的人就可以通过网络控制用户计算机，这时用户计算机上的各种文件、程序，以及在用户计算机上使用的账号、密码毫无安全可言。木马程序不能算一种病毒，但可以和最新病毒、漏洞利用工具一起使用，几乎可以躲过所有杀毒软件，建议在计算机中安装防木马专业软件。

3.5.2 个人信息安全防范

1. 杀毒软件必不可少

病毒的发作给全球计算机系统造成过巨大损失，令人们谈“毒”色变。使用网络的用户中，很少有没被病毒侵害过的。对于一般用户而言，首先要做的就是为计算机安装一套杀毒软件。

现在不少人对防病毒有一个误区，就是对待计算机病毒的关键是“杀”，其实对待计算机病毒应当以“防”为主。目前绝大多数的杀毒软件都在扮演“事后诸葛亮”的角色，即计算机被病毒感染后杀毒软件才发现、分析和治疗。这种被动防御的消极模式远不能彻底解决计算机安全问题。杀毒软件应主动拒病毒于计算机外。因此，应当安装杀毒软件的实时监控程序，并定期升级所安装的杀毒软件。由于新病毒层出不穷，现在各杀毒软件厂商的病毒库更新十分频繁，应当设置每天定时自动更新病毒库，以保证其能够抵御最新出现的病毒的攻击。

每隔一段时间要对计算机进行一次全面的扫描杀毒，以便发现并清除隐藏在系统中的病毒。当用户的计算机不慎感染病毒时，应该立即将杀毒软件升级到最新版本，然后对整个硬盘进行扫描，清除一切可以查杀的病毒。

2. 个人版防火墙

防火墙是指一种将内部网和公众访问网分开的方法，实际上是一种隔离技术。防火墙是在两个网络通信时执行的一种访问控制尺度，允许用户“同意”的人和数据进入用户的网络，同时将用户“不同意”的人和数据拒之门外，最大限度地阻止网络中的黑客访问用户的网络，防止他们更改、复制、毁坏用户的重要信息。学校信息中心一般会使用专业的硬件防火墙设备，提高校园网内部的计算机设备的安全性，性能好价格高。对于个人用户来说，使用 Windows 操作系统内置的防火墙软件，通过合理设置防火墙后就能防范大部分的病毒入侵。

3. 安装操作系统补丁

众所周知，Windows 操作系统存在着很多漏洞，极易被他人利用，导致数据泄露或系统崩溃。尽管使用了防火墙软件，可以最大限度地进行保护，但很多病毒程序可以绕过防火墙的监控，攻击系统程序和破坏重要文件。此时，为了修补这些漏洞，就需要安装系统“补丁”。最简单的方法是开启自动更新，快速修补漏洞；也可以使用杀毒软件或安全工具提供的漏洞扫描功能修补漏洞；还可以手动安装补丁程序。

4. 保管好自己的密码

在不同的场景使用不同的密码。网络上需要设置密码的场景很多，如网上银行、网络账户、电子邮箱、聊天室及一些网站的会员等，应尽可能使用不同的密码，以免因一个密码泄露导致所有资料外泄。对于重要的密码（如网上银行的密码）一定要单独设置，并且不要与其他密码相同，同时要把各个对应的密码记录下来，以备日后查用。

在设定密码时，尽量避免使用字典中可以查到的单词，也不要使用个人的生日、电话号码等容易泄露的字符作为密码，最好字母、符号和数字混用，多用特殊字符，如%、&、#和$等，并且在允许的范围内越长越好，以保证自己的密码不易被人猜中。

不要贪图方便在拨号连接时选择“保存密码”选项。如果使用电子邮件客户端软件（Outlook Express、Foxmail 等）来收发重要的电子邮箱，如 ISP 邮箱中的电子邮件，在设置账户属性时应尽量不使用“记忆密码”功能。这是因为虽然密码在机器中是以加密方式存储的，但是这样的加密往往并不保险，一些初级的黑客即可轻易地破译大家的密码。

定期修改个人上网密码，至少一月应更改一次，这样可以确保即使原密码泄露，也能将损失减小到最少。

5. 不轻易运行来历不明的程序

选择信誉较好的专业下载网站下载软件，将下载的软件及程序集中放在非引导分区的某个目录，在使用前最好用杀毒软件查杀病毒。也可以安装一个实时监控病毒的软件，随时监控网上传递的信息。

不要打开来历不明的电子邮件及其附件，以免遭受病毒邮件的侵害。在互联网上有多种病毒流行，有些病毒就是通过电子邮件来传播的，这些病毒邮件通常都会以带有噱头的标题来吸引用户打开其附件，如果用户抵挡不住它的诱惑，下载或运行了它的附件，就会受到感染，所以对于来历不明的邮件应当将其拒之门外。

6. 定期清除垃圾文件

在上网浏览信息时，浏览器会把用户在上网过程中浏览的信息保存在浏览器的相关设置中，这样在下次再访问同样信息时可以很快打开，从而提高浏览效率。但是浏览器的缓存、历史记录及临时文件夹中的内容保留了用户的上网记录，这些记录一旦被他人得到，就可能从这些记录中寻找到有关个人信息的蛛丝马迹。为了确保个人信息资料的绝对安全，应该定期清理缓存、历史记录及临时文件夹中的内容。

清理浏览器缓存并不麻烦，具体的操作方法如下：打开 IE 浏览器，选择“工具”→“Internet 选项”选项，在弹出的“Internet 选项”对话框中单击“常规”选项卡中的“删除”按钮，在弹出的“删除浏览历史记录”对话框中选择要删除的内容，单击“删除”按钮，最后关闭“Internet 选项”对话框。

7. 警惕“网络钓鱼”

目前，网上一些黑客利用“网络钓鱼”手法进行诈骗，如建立假冒网站或发送含有欺诈信息的电子邮件，盗取网上银行、网上证券或其他电子商务用户的账户密码，从而窃取用户资金。公安机关和银行、证券等有关部门提醒网上银行、网上证券和电子商务用户对此提高警惕，防止上当受骗。

目前“网络钓鱼”的主要手法如下。

1）发送电子邮件，以虚假信息引诱用户中圈套。不法分子以垃圾邮件的形式大量发送欺诈性邮件。这些邮件多以中奖、顾问、对账等内容引诱用户在邮件中输入金融账号和密码，或以各种紧迫的理由要求收件人登录某网页提交用户名、密码、身份证号、信用卡号等信息，继而盗窃用户资金。

2）建立假冒的网上银行、网上证券网站，骗取用户账号、密码实施盗窃。不法分子建立一个域名和网页内容都与真正网上银行系统、网上证券交易平台极为相似的网站，引诱用户输入账号、密码等信息，进而通过真正的网上银行、网上证券系统或者伪造银行储蓄卡、证券交易卡盗窃资金。还有的利用跨站脚本，即利用合法网站服务器程序上的漏洞，在站点的某些网页中插入恶意 HTML 代码，屏蔽一些可以用来辨别网站真假的重要信息，利用 Cookies 窃取用户信息。

3）利用虚假的电子商务进行诈骗。此类犯罪活动往往是建立一个电子商务网站，或在比较知名的、大型的电子商务网站上发布虚假的商品销售信息，不法分子在收到受害人的购物款后就销声匿迹。

4）利用木马和黑客技术等手段窃取用户信息后实施盗窃活动。木马制作者通过发送邮件或在网站中隐藏木马等方式大肆传播木马程序，当感染木马的用户进行网上交易时，木马程序即以键盘记录的方式获取用户账号和密码，并发送给指定邮箱，盗窃用户资金。

5）利用用户弱口令等漏洞破解、猜测用户账号和密码。不法分子利用部分用户贪图方便设置弱口令的漏洞，对银行卡密码进行破解。

实际上，不法分子在实施网络诈骗犯罪活动过程中，经常采取以上几种手法交织、配合进行，还有的通过手机短信、QQ、微信进行各种各样的“网络钓鱼”不法活动。反网络钓鱼工作组（Anti-Phishing Working Group，APWG）统计指出，约有 70.8%的网络欺诈针对金融机构。从国内前几年的情况看，多数“网络钓鱼”只是被用来骗取 QQ 密码、游戏点卡与装备，但最近国内的众多银行已经多次被“网络钓鱼”攻击过。用户可以下载一些工具来防范“网络钓鱼”活动。

8. 防间谍软件

一份家用计算机调查结果显示，大约 80%的用户对间谍软件入侵他们的计算机毫无所觉。间谍软件（spyware）是一种能够在用户不知情的情况下偷偷进行安装（安装后很难找到其踪影），并悄悄把截获的信息发送给第三者的软件。间谍软件的历史不长，但到目前为止，已有数万种。间谍软件的一个共同特点是，能够附着在共享文件、可执行图像及各种免费软件当中，并趁机潜入用户的系统，而用户对此毫不知情。间谍软件的主要用途是跟踪用户的上网习惯，有些间谍软件还可以记录用户的键盘操作，捕捉并传送屏幕图像。间谍程序总是与其他程序捆绑在一起，用户很难发现它们是什么时候被安装的。一旦间谍软件进入计算机系统，要想彻底清除它们会十分困难，间谍软件往往成为不法分子手中的危险工具。

避免间谍软件的侵入，可以从下面 3 个途径入手。

1）把浏览器调到较高的安全等级。IE 浏览器预设为提供基本的安全防护，但用户可以自行调整其等级设定。将 IE 浏览器的安全等级调到“高”或“中”有助于防止下载间谍软件。

2）在计算机上安装防止间谍软件的应用程序，时常检查及清除计算机中的间谍软件，以阻止软件对外进行未经许可的通信。

3）对将要在计算机上安装的共享软件进行甄别选择，尤其是用户并不熟悉的，可以登录其官方网站了解详情；在安装共享软件时，不要总是不假思索地单击“OK”按钮，而应仔细阅读各个步骤出现的协议条款，特别留意那些有关间谍软件行为的语句。

9. 不要浏览非法网站

时下许多病毒、木马和间谍软件都来自非法网站，如果用户登录了这些网站，而用户的个人计算机恰巧又没有缜密的防范措施，很容易被病毒、木马攻击。

10. 定期备份重要数据

数据备份的重要性毋庸置疑，无论用户的防范措施做得多么严密，也无法完全防止“道高一尺，魔高一丈”的情况出现。如果遭到致命的攻击，操作系统和应用软件可以重装，而重要的数据只能靠用户日常的备份。

活动 4: 如果自己有计算机，对自己的计算机做一个安全方面的检查，为自己的计算机建立一个安全的环境，同时培养自己的安全意识和良好操作习惯。

3.6 实　验

1. 实验目的

1）学会网络资源的检索。

2）学会各种资源的保存。

3）掌握搜索引擎的使用。

2．实验环境

1）硬件：带 Internet 连接的计算机。

2）软件：Windows 10 操作系统。

3．实验内容

1）使用搜索引擎检索问题设计卡中所需的资源。

2）将检索到的各类资源分类保存到 FTP 服务器上相应的资源文件夹中，保存资源时要注意保存类型。

3）给班级中的其他同学发送一封电子邮件，并将查到的资源以附件的形式发出。发送附件时，要将资源文件夹打包成一个文件。

习　题

一、选择题

1．WWW 是（　　）的简称。

A．广域网　　B．城域网

C．万维网　　D．局域网

2．一个用户若想使用电子邮件功能，应当（　　）。

A．把自己的计算机通过网络与附近的一个邮局连起来

B．向附近的一个邮局申请，办理一个自己专用的邮箱

C．使自己的计算机通过网络得到网上一个电子邮件服务器的服务支持

D．通过电话得到一个电子邮局的服务支持

3．以下域名中，属于教育网的是（　　）。

A．cs.imnu.edu.cn　　B．www.edu.com

C．www.jiaoyu.com　　D．www.imnu.com.cn

4．LAN 在计算机网络中表示（　　）。

A．以太网　　B．广播网

C．广域网　　D．局域网

5．小明打开电子邮箱，发现一封来自陌生人的主题为“生日快乐”的邮件，小明最恰当的做法是（　　）。

A．直接打开

B．直接删除

C．启用邮件病毒监控程序，在确认安全情况下，打开邮件

D．不予理睬

6．局域网的网络硬件主要包括网络服务器、工作站、（　　）和通信介质。

A．网卡　　B．网络拓扑结构

C．网络协议　　　　D．计算机

7．当前使用的 IP 地址是由（　　）位的二进制组成。

A．32　　B．64　　C．8　　D．4

8．计算机通信就是将一台计算机产生的数字信息通过（　　）传送给另一台计算机。

A．数字信道　　　　B．通信信道

C．模拟信道　　　　D．传送信道

9．利用电话线拨号上网的 IP 地址一般（　　）。

A．动态分配 IP 地址　　　　B．无须分配 IP 地址

C．静态或动态分配 IP 地址均可　　　　D．静态分配 IP 地址

10．为网络提供共享资源管理的计算机称为（　　）。

A．服务器　　　　B．网卡

C．工作站　　　　D．网桥

11．在 IE 浏览器中，要限制某些不可靠的站点，保护本地计算机系统，应在“Internet 选项”对话框的（　　）选项卡中进行设置。

A．常规　　　　B．内容

C．安全　　　　D．高级

12．在 IE 浏览器中选择“文件”→“另存为”选项，可在弹出的“保存网页”对话框中选择文件存放的位置和名称、保存类型，保存类型有（　　）种。

A．4　　B．2　　C．3　　D．1

13．统一资源定位符的英文缩写为（　　）。

A．HTTP　　　　B．FTP

C．URL　　　　D．Telnet

14．在 Internet 上浏览需要用到下列软件中的（　　）。

A．PDF　　　　B．Word

C．Internet Explorer　　　　D．Excel

15．子网掩码的作用是划分子网，子网掩码是（　　）位的。

A．64　　B．32　　C．16　　D．8

16．下面属于合法 IP 地址的是（　　）。

A．192.168.0.110　　　　B．221.368.230.45

C．201/112/10/35　　　　D．202,102,0,1

17．以下叙述中，不正确的是（　　）。

A．目前我国广域网的通信手段大多采用电信部门的公共数字信道信令网，普遍使用的传输速率为 10～100Mbit/s

B．互联网的主要硬件设备有中继器、网桥、网关和路由器

C．个人计算机一旦申请了账号并采用 PPP 拨号方式接入 Internet 后，该机就拥有固定的 IP 地址

D．Netware 是一种客户机-服务器类型的网络操作系统

18．调制解调器的功能是实现（　　）。

A．数字信号的编码
B．模拟信号的放大
C．数字信号与模拟信号的转换
D．数字信号的整形

19．局域网常用的网络拓扑结构是（　　）。
A．总线和树状　　B．总线、星形和环形
C．星形和环形　　D．总线、星形和树状

20．（　　）多用于同类局域网之间的互联。
A．中继器　　B．网桥
C．网关　　D．路由器

21．电子邮件的特点之一是（　　）。
A．比邮政信函、电报、电话、传真都快
B．只要在通信双方的计算机之间建立起直接的通信线路后，便可快速传递数字信息
C．采用存储-转发方式在网络上逐步传递信息，不像电话那样直接、即时，但费用较低
D．在通信双方的计算机都开机工作的情况下才可快速传递数字信息

22．信息高速公路的基本特征是（　　）、交互和广域。
A．直观　　B．方便
C．灵活　　D．高速

23．局域网的网络软件主要包括（　　）。
A．工作站软件和网络应用软件
B．网络传输协议和网络数据库管理系统
C．服务器操作系统、网络数据库管理系统和网络应用软件
D．网络操作系统、网络数据库管理系统和网络应用软件

24．网络互联设备在不同的网络间存储并转发分组，必要时可以通过（　　）进行网络层下的协议转换。
A．网关　　B．桥接器
C．协议转换器　　D．重发器

25．以下叙述中，不正确的是（　　）。
A．WWW是利用超文本和超媒体技术组织和管理信息浏览或信息检索的系统
B．电子邮件是用户或者用户组之间通过计算机网络收发信息的服务
C．当拥有一台个人计算机和一部电话机时，只要再安装一个调制解调器，便可以接到Internet上
D．FTP提供了Internet上任意两台计算机之间相互传输文件的机制，因此它是用户获得大量Internet资源的重要方法之一

26．Novell网采用的网络操作系统是（　　）。
A．Netware　　B．Windows
C．Windows NT　　D．DOS

27．多数笔记本计算机上配备的无线网卡一般属于（　　）。

A．无线局域网　　B．无线广域网

C．4G 网络　　D．3G 网络

28．校园用户主要通过（　　）方式接入 Internet。

A．ADSL　　B．DDN

C．LAN　　D．调制解调器

29．以下传输介质中，传输距离最长的，一般用作骨干网建设的是（　　）。

A．光纤　　B．双绞线

C．红外线　　D．同轴电缆

二、填空题

1．如果忘记将 Web 页面添加到收藏夹和链接栏，可以单击________按钮，显示曾经访问过的网页。

2．Internet 利用________技术，为用户提供了一个集文本、图形、图像、声音和视频等多媒体的信息海洋。

3．在 Internet 最基本的通信协议中，传输控制协议是________。

4．从系统功能的角度看，计算机网络系统是由通信子网和________子网两部分组成的。

5．在 Internet 中最基本的通信协议中，网际协议是________。

6．保存网页为“Web 档案，单个文件（*.mht）”，文件的扩展名为________。

7．计算机网络是现代通信技术与________技术相结合的产物。

8．按照网络的物理形状或拓扑结构进行分类，可分为网状网络、________、总线网络和环形网络。

9．________是指根据一定的策略，运用特定的计算机程序搜集互联网上的信息，在对信息进行组织和处理后，为用户提供检索服务的系统。

10．许多 FTP 站点允许用户________登录（无须用户名、密码），并查看和下载文件。

第4章 Word 文字处理软件

【问题与情景】

以往大家都是在纸上设计板报内容，这样不仅修改起来很不方便，还会有许多重复劳动。本章将对关于“我的家乡”的文本、图片等资料进行加工、整理，形成图文混排的中文板报，从而宣传家乡概况、风景名胜、特色美食等信息。

【学习目标】

通过学习制作“我的家乡”板报，了解 Word 2016 的特点和功能，掌握启动与退出 Word 2016 的方法，了解 Word 2016 的窗口组成及其视图方式，掌握新建、打开、保存和删除 Word 文档的基本步骤，掌握 Word 2016 的文本编辑和排版方法，掌握各种对象的插入、图文混排及表格的建立与编辑等操作方法。通过对 Word 2016 的实际操作，提高利用信息技术解决实际问题的意识和能力，通过作品创作活动培养审美情趣和创新能力，在探究的过程中体验学习的成就感。

【实施过程】

活动 1：作品欣赏，讨论“我的家乡”板报作品涉及的相关技术。
活动 2：创建“我的家乡”板报 Word 文档，输入内容，进行基本的编辑。
活动 3：丰富“我的家乡”板报内容。
活动 4：完成“我的家乡”板报。

4.1 Word 2016 概述

4.1.1 Word 2016 的基本功能

1. 文字编辑

一直以来，Word 都是流行的文字处理程序之一。Word 2016 在文字编辑方面有选择、移动、复制、粘贴、删除、自动更正等功能。

2. 格式编辑

在 Word 2016 中，格式编辑涉及字符、段落及页面的格式设置。用户可根据自身需求对文档中的字符、段落或页面等进行设置，以活跃整个版面。图 4-1 所示为“我的家乡”板报作品样例。

图 4-1 “我的家乡”板报作品样例

3. 图文混排

Word 重要的功能之一是图文混排。它不仅具有绘制简单图形的功能，还可以在文档中插入一些精美的图片、剪贴画等，通过文字与图形的混合编排，制作出赏心悦目的文档。

4. 表格处理

在 Word 2016 中，可以轻松创建、修改一个表格或把文本与表格相互转换。

5. 传真、电子邮件及 Web

在 Word 2016 中，网络功能得到了加强，其中包括传真、电子邮件和 Web 及其主页制作等。

活动 1：作品欣赏。通过观看图 4-1 所示作品，讨论“我的家乡”板报作品的形成过程及涉及的相关技术。欣赏完毕后，在 E 盘创建一个名为“学号+姓名”的文件夹。

4.1.2 Word 2016 的启动

启动 Word 2016 文字处理软件的方式有以下 3 种。

1. 以“开始”菜单方式启动

在任务栏中选择“开始”→“所有程序”→“Microsoft Office”→“Microsoft Word 2016”选项，打开 Word 2016 窗口。此时，系统会自动创建一个基于 Normal 模板的空白文档，用户可以直接在该文档中输入并编辑内容。

2. 以快捷方式启动

单击 Windows 桌面上的 Word 2016 快捷方式图标，即可启动 Word 2016。

3. 以直接方式启动

在资源管理器中，直接双击要编辑的 Word 文档，即可启动 Word 2016。

4.1.3 Word 2016 主窗口组成及其功能

Word 2016 充分利用了 Windows 图形界面的优点，操作十分方便。因此，熟悉 Word 2016 的标题栏、选项卡与功能区、标尺、文档编辑区，状态栏等，对于使用 Word 2016 进行文字处理、图表处理等非常重要。

1. 标题栏

如图 4-2 所示，在 Word 2016 窗口中，最上面一行是标题栏。标题栏右侧有 4 个按钮，从左到右分别为“功能区显示选项”按钮、“最小化”按钮、“最大化/向下还原”按钮、“关闭”按钮。

1）“功能区显示选项”按钮：用于隐藏或显示功能区和命令。
2）“最小化”按钮：用于将当前文档窗口缩小为任务栏上的一个图标。
3）“最大化/向下还原”按钮：用于在满屏幕和非满屏幕之间切换。
4）“关闭”按钮：用于关闭 Word 2016 窗口。

2. 选项卡与功能区

在 Word 2016 中常用的选项卡有“文件”“开始”“插入”“设计”“布局”“引用”“邮件”

“审阅”“视图”等。

图 4-2　Word 2016 窗口

每个选项卡都有其相应的功能区，如“开始”功能区中有“剪贴板”“字体”“段落”“样式”“编辑”等选项组。用户还可根据需求，通过自定义功能区来新建选项组或功能区。

3. 标尺

在工具栏下方有数字的一行或一列是标尺，这些数字是标尺的刻度。默认情况下，其刻度以字符个数为单位。标尺的作用是显示当前页面的尺寸，同时它在段落设置、页面设置、制表、分栏等方面也发挥着作用。标尺分为水平标尺和垂直标尺。Word 2016 标尺的度量单位是一个中文字。水平标尺有首行缩进、悬挂缩进、左缩进、右缩进标志，如图 4-3 所示。

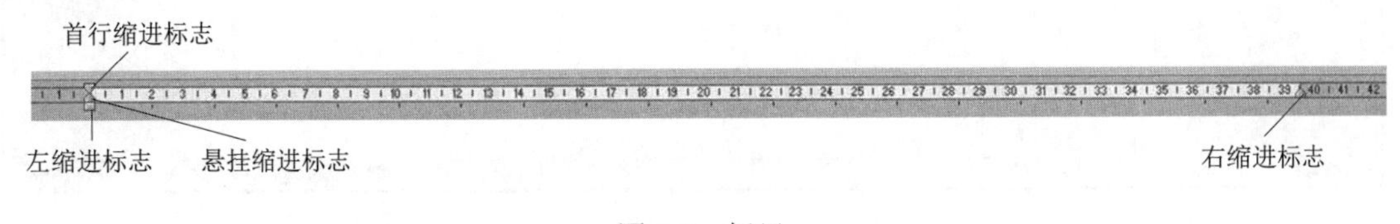

图 4-3　标尺

（1）标尺的隐藏与显示

在 Word 2016 窗口中选择“视图”选项卡，在“显示”选项组中选中“标尺”复选框则显示标尺，否则隐藏标尺。

（2）说明

如果已经设定了标尺，在“Web 版式视图”和“草稿”方式下只显示水平标尺，在“页面视图”方式下同时显示水平标尺和垂直标尺，在“大纲视图”和“阅读版式视图”方式下不显示标尺。

标尺上的刻度可以帮助用户确定屏幕上的参考位置。

水平标尺上有“首行缩进”“悬挂缩进”“左缩进”“右缩进”的滑块，将鼠标指针移动到滑块上，按住鼠标左键，拖动鼠标可左右移动滑块的位置，从而设定位置。

1）“首行缩进”用来设定被选择段落的首行开始位置。

2）“悬挂缩进”用来设定被选择段落除首行以外的各行左端位置。

3）“左缩进”用来设定被选择的段落各行的左端位置。

4）“右缩进”用来设定被选择的段落各行的右端位置。

在“页面视图”方式下，可以用鼠标拖动水平标尺上的“页面左边距”和“页面右边距”来调整页面大小。

当插入点在表格内时，每条表格竖线在水平标尺上都有相应的滑块，用鼠标拖动滑块可以改变相应的表格竖线间的宽度；每条表格横线在垂直标尺上也都有相应的滑块，用鼠标拖动滑块可以改变相应的表格横线间的宽度，如图 4-4 所示。

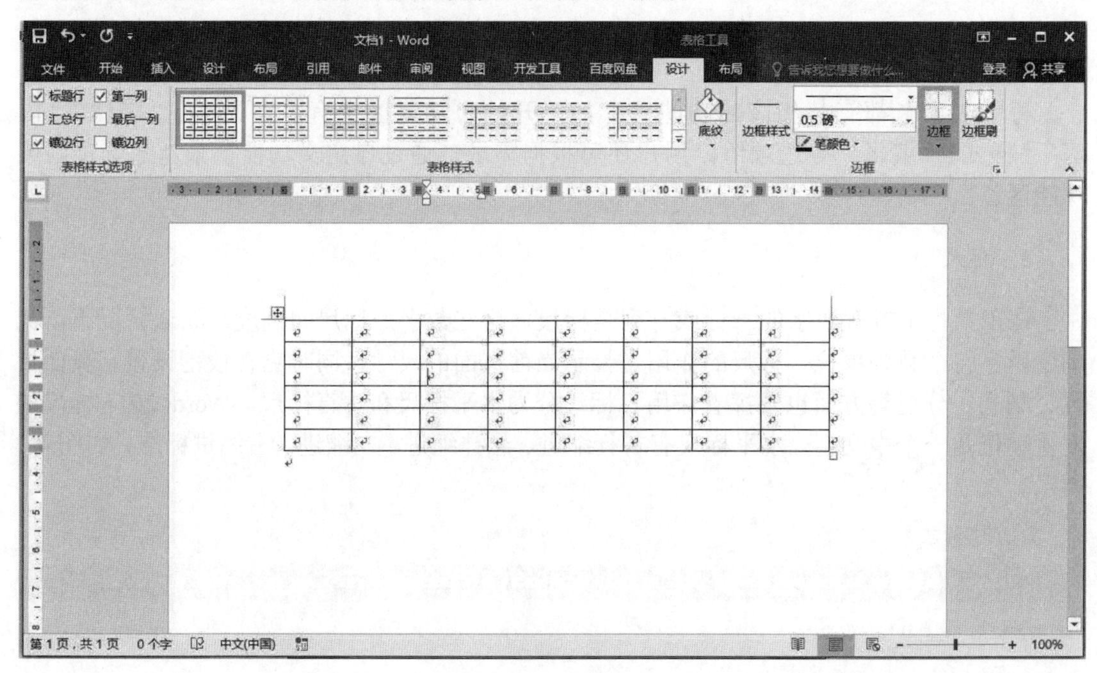

图 4-4　表格中的标尺

在“页面视图”方式下，利用垂直标尺可以调整页面的上、下边距和表格的上、下宽度。标尺刻度上的刻度单位是字符。

4. 文档编辑区

标尺下方的空白处就是文档编辑区，用于显示文档内容。由于屏幕是有限的，在文栏编辑区内只能显示文档中的部分内容，即某几行或者某一页中的内容。

5. 状态栏

窗口的最下面一栏是状态栏，显示文档的页码、字数，以及在工作时的一些操作提示信息。

4.1.4 选择不同的视图方式

不同的视图方式之间可以切换，下面将介绍视图方式的切换方法与各个视图方式的功能和特点。

1. 视图方式的切换

（1）通过选项卡与功能区切换

单击“视图”→“视图”选项组中的“页面视图”“阅读版式视图”“Web 版式视图”“大纲视图”“草稿”任一按钮即可切换到相应的视图方式。

（2）通过工具按钮方式切换

Word 2016 的状态栏的右下方有 3 个工具按钮，通过这 3 个按钮就可以进行视图的切换。它们分别是“阅读版式视图”“页面视图”“Web 版式视图”按钮。

2. 视图方式的功能和特点

视图方式使用户编辑和排版更方便。不同的视图方式有其特定的功能和特点。

（1）页面视图

在“页面视图”方式下，用户所看到的文档内容和最后打印出来的结果几乎是一样的，这是一种“所见即所得”的方式。

（2）阅读版式视图

在“阅读版式视图”方式下查看文档，可以利用最大的空间来阅读文档。

（3）Web 版式视图

在“Web 版式视图”方式下可以查看网页形式的文档外观。这种视图最大的优点是在屏幕上阅读和显示文档时效果极佳，使联机阅读变得更容易。在此方式下，文本编辑区显示得更大，并且环绕文字以适应窗口，而不是显示为实际打印的形式。

（4）大纲视图

在“大纲视图”方式下可以查看大纲形式的文档，并显示大纲工具。在此视图中，文档可以按照当前文档的标题级分级进行显示，可以方便地修改标题内容，复制或移动大段文本内容。

（5）草稿

在“草稿”方式下可以查看草稿形式的文档，以便快速编辑文本。在此视图下，不会显示某些文档元素（如页眉、页脚等）。

4.1.5 Word 2016 版本新增实用功能

作为 Office 组件之一的 Word 2016，不仅配合 Windows 10 做出了一些改变，且本身也新增了一些特色功能。

1. 配合 Windows 10 的改变

微软在 Windows 10 上针对触控操作做了很多改进，因此 Office 2016 也随之进行了适配，包括界面、功能及相应的应用等。

同时，人们还可通过云端同步功能随时随地查阅文档。

2. 便利的组件进入界面

启动 Word 2016 后，可以看到主界面充满了浓厚的 Windows 风格（图 4-5），左侧区域是最近使用的文件列表，右侧区域则罗列了各种类型文件的模板供用户直接选择，这种设计更符合普通用户的使用习惯。

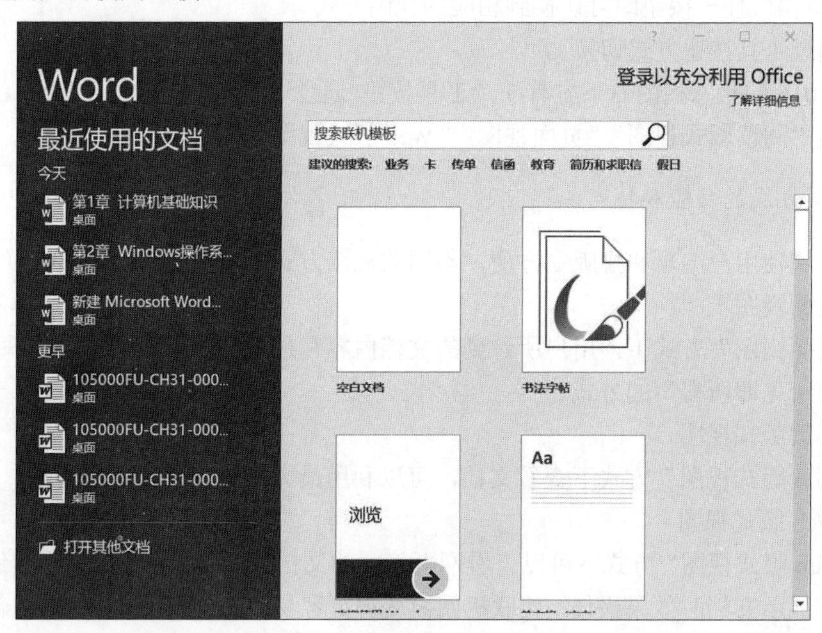

图 4-5　Word 2016 主界面

3. 主题色彩新增彩色和黑色

Word 2016 的主题色彩包括 4 种主题（图 4-6），分别是彩色、深灰色、黑色、白色，其中彩色和黑色是新增加的主题色彩，而彩色是默认的主题颜色。

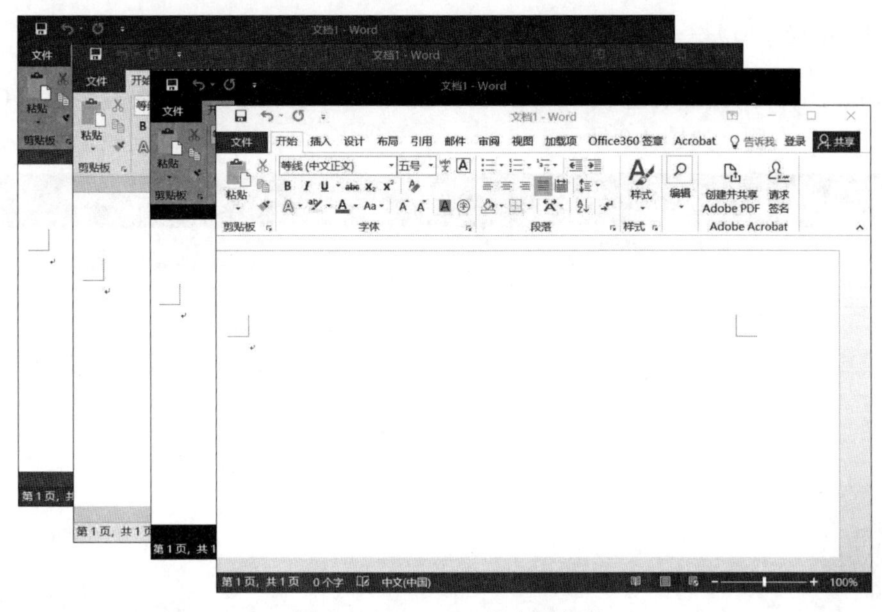

图 4-6　Word 2016 的主题色彩

4. 界面扁平化新增触摸模式

Word 2016 的主编辑界面与之前的变化并不大，对于用户来说都非常熟悉，而功能区上的图标和文字与整体界面风格更加协调，同时将扁平化的设计进一步加重，按钮、复选框都彻底扁平化。

为了更好地与 Windows 10 相适配，Word 2016 快速访问工具栏中增加了一个手指标志按钮，如图 4-7 所示，用于开启触摸模式。

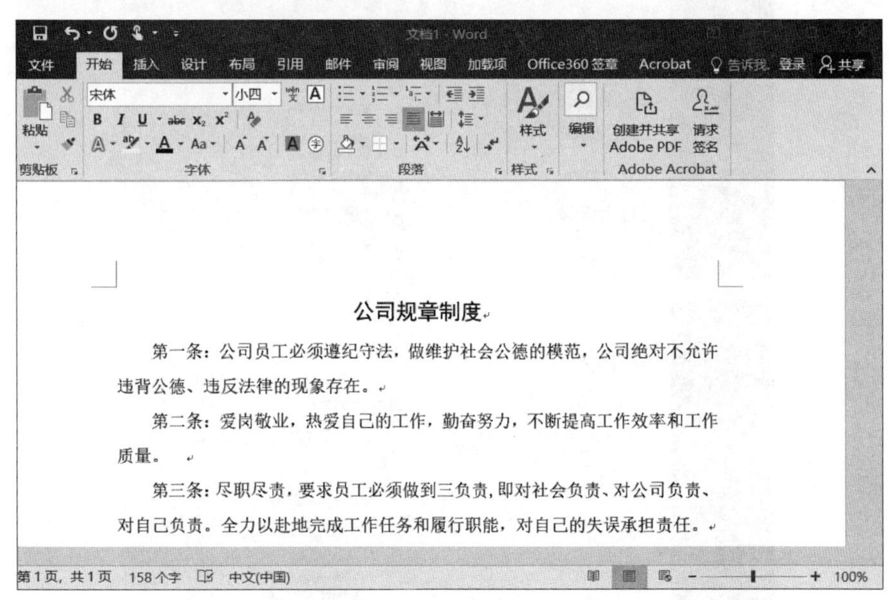

图 4-7　Word 2016 新增触摸模式

5. Clippy 助手回归——“Tell Me”搜索栏

在 Word 2016 中，微软提供了 Clippy 的升级版——Tell Me。Tell Me 是全新的 Office 助手，位于选项卡右侧，如图 4-8 所示。

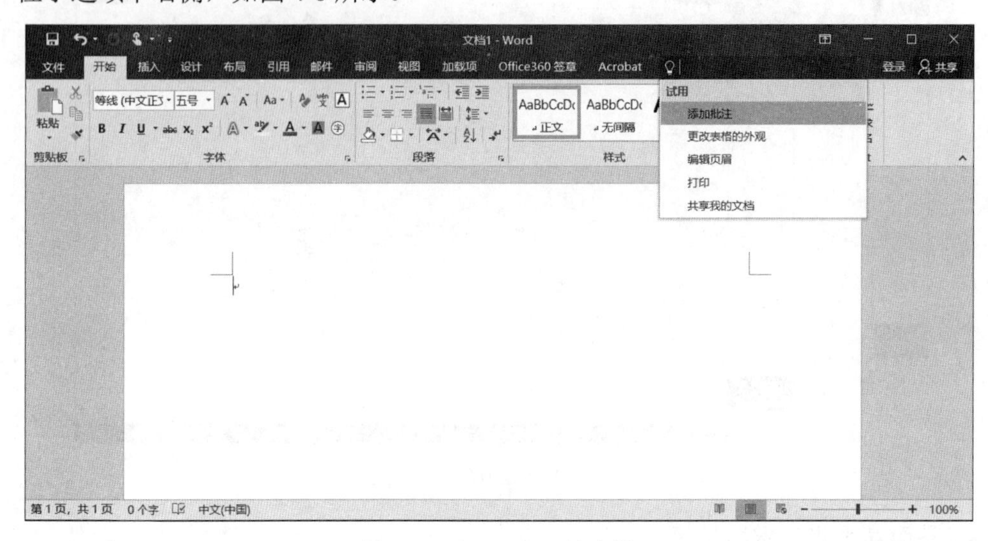

图 4-8 “Tell Me”搜索栏

6. 改良的“文件”菜单

Word 2016 对“文件”菜单也做了改良，如对“打开”和“另存为”界面进行了改良，让存储位置、浏览功能、当前位置和最近使用的排列都变得更加清晰明了，如图 4-9 所示。

图 4-9 “文件”菜单

7. 手写公式

Word 2016 中增加了一个强大而又实用的功能——墨迹公式，使用该功能可以快速在编辑区域手写数学公式，并能够将这些公式转换成为系统可识别的文本格式，如图 4-10 所示。

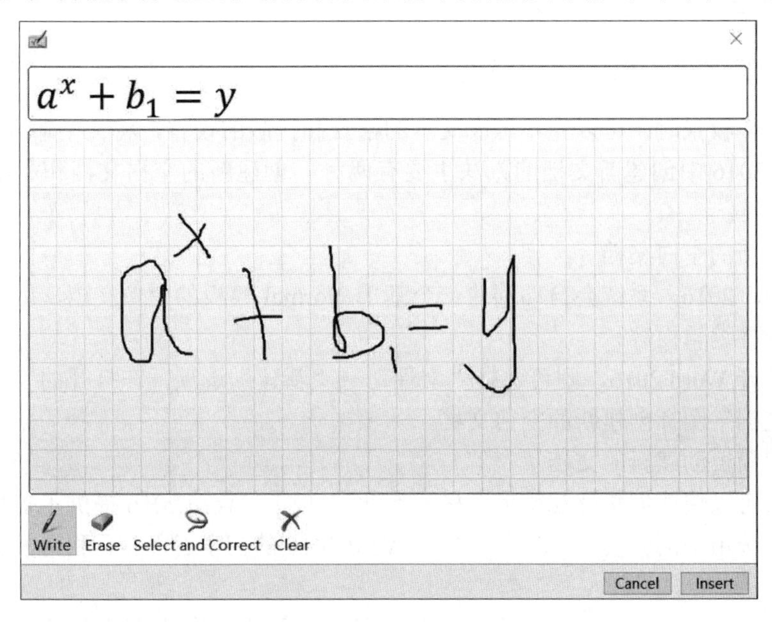

图 4-10 手写公式

8. 简化文件分享操作

Word 2016 将共享功能和 OneDrive 进行了整合，在“文件”菜单的“共享”窗口中，可以直接将文件保存到 OneDrive 中，然后邀请其他用户一起查看、编辑文档，如图 4-11 所示。

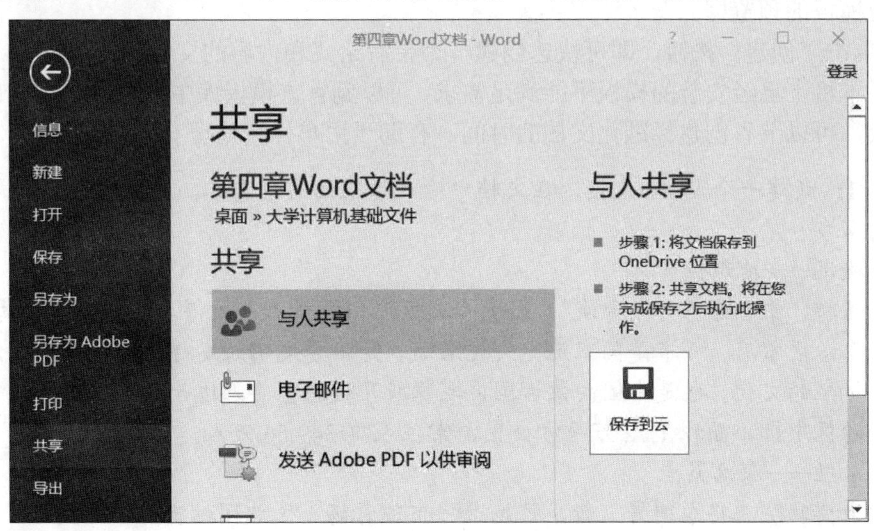

图 4-11 “共享”窗口

4.2 利用 Word 2016 制作一份板报

4.2.1 编辑文档

1. 创建空白的新文档

在开始制作板报时，可以先不考虑文本的格式和排版的设置，将文字输入完后再进行。

在 Word 2016 中创建新文档的方法主要有两种：创建新的空白文档和利用模板创建新的文档。

（1）创建新的空白文档

启动 Word 2016，系统会自动创建一个基于 Normal 模板的空白文档，用户可以直接在该文档中输入并编辑内容。

若已经打开 Word 2016，则可选择“文件”→“新建”选项，在打开的“新建”窗口中单击“空白文档”图标创建新的空白文档。

（2）利用模板创建新的文档

利用模板可以快速创建外观精美、格式专业的文档。Word 2016 提供了多种模板，可根据具体的需要选用不同的模板。对于不熟悉 Word 2016 的初学者而言，利用模板能够有效减轻工作负担。

Office 2016 将 Office Online 上的模板嵌入应用程序中，这样就可在创建新文档时快速浏览并选择合适的模板。

利用模板创建新文档的操作步骤如下。

1）选择“文件”→“新建”选项。

2）“新建”窗口右侧显示在计算机中已经安装的 Word 模板类型，选择需要的模板后，弹出相应模板的预览框。

3）单击“创建”按钮，即可快速创建一个带有格式和内容的文档。

如果本机上已经安装的模板不能满足需求，可以到官方模板库中挑选。使用 Office Oline 上的模板，可以节省创建标准化文档的时间，有助于用户提高处理 Office 文档的水平。

任务 1: 新建一个 Word 文档，在文档中输入板报的文本内容，具体内容如下文所示。

我的家乡

家乡概况——地理位置

呼和浩特，蒙古语意为“青城”，因中心城区北依大青山，故得名。呼和浩特简称呼市，是内蒙古自治区首府。呼市是国家历史文化名城，是华夏文明的发祥地之一，有着悠久的历史和光辉灿烂的文化。也是中国向蒙古国、俄罗斯开放的重要沿边开放中心城市。呼市位于内蒙古自治区中部，面积 1.72 万平方公里，常住人口 349.56 万人。

风景名胜——著名景点

内蒙古博物院　将军衙署　新华广场　呼市体育场　民族团结宝鼎

特色美食——美食介绍

稍麦起源于明末清初，是在茶馆中售卖的面点，又称“烧美”，是呼市至今不衰的传统风味小吃。一两稍麦一壶茶，呼市人的一天开始了！

羊杂碎又名羊下水，是内蒙古地区常见的传统风味汤类小吃。呼市的羊杂碎制作考究，将羊杂碎洗净，下锅煮好，连汤带水一起品尝，味道鲜美清淡。

手把肉是呼市的招牌，手把肉历史悠久，以手抓食用而得名，是招待客人的必备之菜。

奶茶是蒙古族的传统热饮，也是蒙古族饮食文化的重要组成部分，可终日饮用，有暖胃、解渴的作用，其味芳香、咸爽可口。

2. 在文档中输入文本

文档编辑区中有条不停闪烁的小竖线，这个小竖线就是光标，光标所在的位置称为插入点，输入的文字将从那里出现。

（1）输入文字

用户可以按 Ctrl+Shift 组合键在不同的输入法之间切换。当输入完成一段文字，要结束当前段落时，可以按 Enter 键。

如果有输错的文字，可用鼠标在错字前面单击，将光标定位到这个字的前面，按 Delete 键，错字就被删掉了。或者用鼠标在错字后面单击，将光标定位到这个字的后面，按 Backspace 键，错字也可被删除。

可以选择在插入状态或者改写状态（状态栏）下输入文本。在插入状态下，字符在插入点处写入，其后的字符顺序后移；在改写状态下，输入的字符将替换鼠标指针所到处的字符。

（2）输入特殊符号及特殊字符

Word 2016 提供了丰富的符号，如各种标点符号、数字符号、希腊字母等。把特殊符号插入文档的操作步骤如下。

1）确定插入点，将鼠标指针移动到要插入符号的位置后单击。

2）单击“插入”→“符号”→“符号”下拉按钮，在弹出的下拉列表中选择“其他符号”选项，弹出“符号”对话框。

3）在“符号”对话框中选择“符号”选项卡，在“字体”下拉列表框中选择字体，则“符号”列表框内将显示相应的符号。

4）选择所需的符号后单击“插入”按钮或双击所需的符号，所选的符号即被插入插入点处。若再双击所需的符号或单击“插入”按钮，则新选的符号又被插入插入点处。利用这种方法可以连续输入多个常用符号或特殊符号。

3. 输入当前日期和时间

在文档中插入当前日期和时间的操作方法如下。

1）将插入点移动到要插入日期和时间的位置，单击“插入”→“文本”→“日期和时间”按钮，弹出“日期和时间”对话框。

2）若需要插入日期，可在“日期和时间”对话框中选择所需要的日期形式。

3）若需要插入时间，可在“日期和时间”对话框中选择所需要的时间形式。

4）单击“确定”按钮，当前的日期或时间即以所选的形式插入文档的插入点处。

4.2.2　保存文档

1．手动保存

（1）保存新文档

保存新文档的操作步骤如下。

1）选择“文件”→“保存”选项，或者在快速访问工具栏中单击“保存”按钮，或按Ctrl＋S组合键，弹出“另存为”对话框，如图4-12所示。

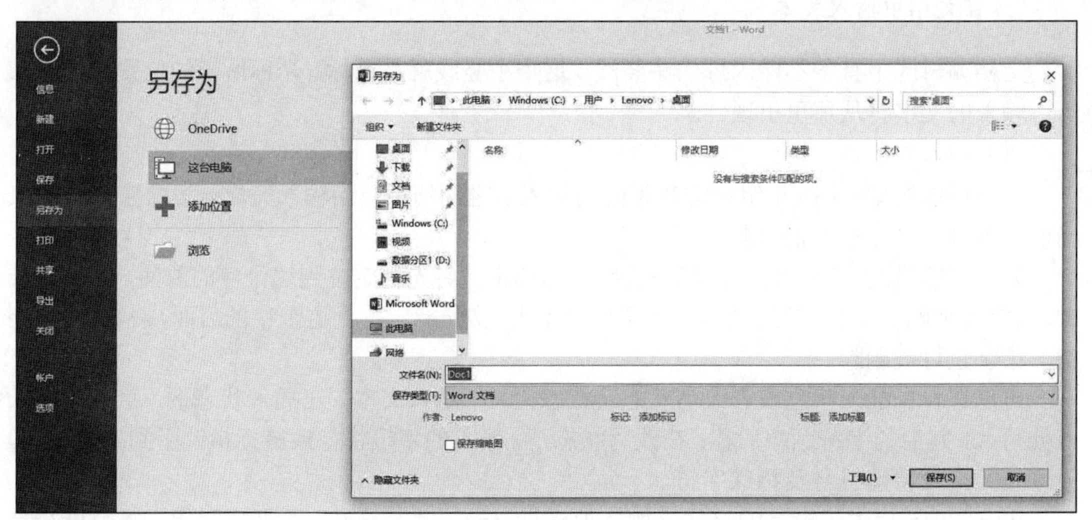

图4-12　手动保存文档

2）在“另存为”对话框中，先确定保存的位置，然后对文件进行命名，并选择所要保存的类型。

3）单击“保存”按钮，即可成功保存新文档。

（2）改名保存文档

有时候，需要将一个已有的文件另外保存一份，这个操作称作“另存为”。

改名保存文档的操作步骤如下。

1）选择“文件”→“另存为”选项。

2）在弹出的“另存为”对话框中，先确定保存的位置，然后对文件进行命名，并选择所要保存的类型。

3）单击“保存”按钮，即可成功保存文档。

2．自动保存

自动保存是指Word会在一定时间内自动保存一次文档。这样的设计可以有效地防止用户在进行了大量动作之后，因没有保存而发生意外（停电、死机等）所导致的文档内容大量丢失。虽然仍有可能因为一些意外状况而引起文档内容丢失，但损失可以降低到最小。

设置文档自动保存的操作步骤如下。

1）选择“文件”→“选项”选项，在弹出的“Word选项”对话框中选择“保存”选项卡，如图 4-13 所示。

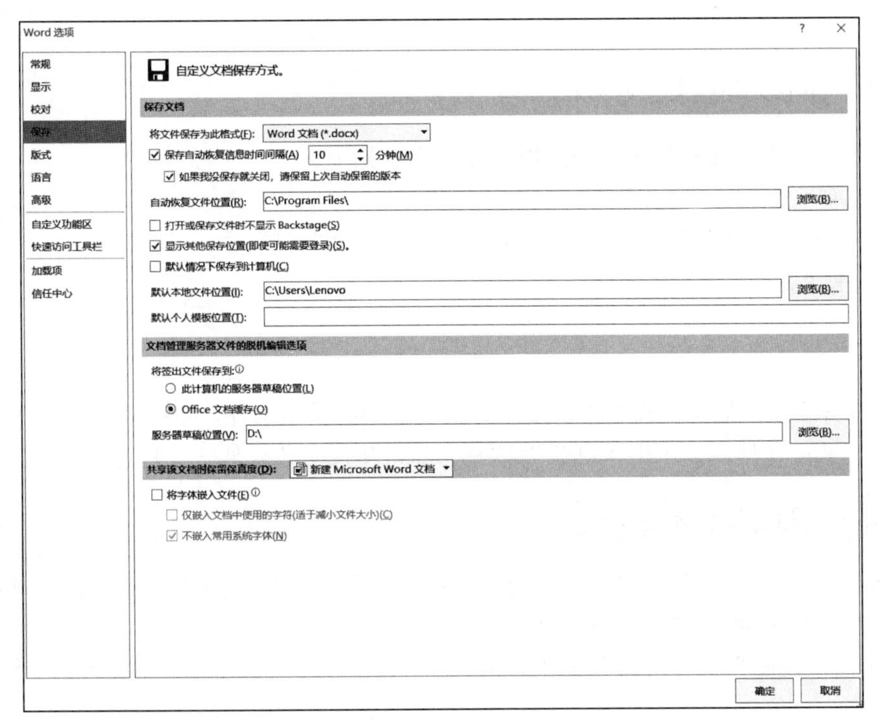

图 4-13　自动保存文档设置

2）在“保存文档”组中选中“保存自动恢复信息时间间隔”复选框，并指定具体分钟数（可输入 1～120 的整数）。默认自动保存的时间间隔是 10 分钟。

3）单击“确定”按钮，自动保存文档设置完毕。

活动 2: 将任务 1 中创建的 Word 2016 文档以“我的家乡.docx”为名保存在 E 盘“学号＋姓名”文件夹中。

4.2.3　关闭文档

在 Word 2016 中，用户可同时打开多个文档，在完成文档的编辑操作后，需要将文档关闭。关闭文档的方法主要有以下两种。

1）当只打开一个文档时，可以选择“文件”→“关闭”选项，或者单击标题栏右侧的“关闭”按钮，或者按 Ctrl＋W 组合键进行关闭。

2）当打开多个文档时，则可以按住 Shift 键，选择“文件”→“关闭/全部关闭”选项（此命令需要在其他命令中添加）即可关闭所有已打开的文档。

4.2.4　打开现有文档

1. 打开最近编辑过的文档

打开最近编辑过的文档的操作步骤如下。

选择“文件”→“打开”→“最近”选项，从“最近使用的文档”列表中选择要打开的文档。

2. 打开不在文档列表中的文档

要打开一个不在文档列表中的文档，操作步骤如下。

1）选择“文件”→“打开”→“浏览”选项。

2）在打开的“打开”窗口中，找到并选中要打开的文档。

3）单击“打开”按钮。

3. 同时打开多个文档

在“打开”窗口的文件列表中，按住Ctrl键的同时单击文件，即可选择多个连续或不连续的文件。选中文件后，单击“打开”按钮，即可将选中的文件一一打开。

4. 多个文档的操作方法

初学Word 2016的用户在打开多个文档后，常常不知如何把所需的那个文件调到屏幕前台来。下面介绍3种常用的多文档操作方法。

1）单击“视图”→“窗口”→“全部重排”按钮，使所有已打开的文件都平铺到Word窗口中。

2）单击“视图”→“窗口”→“切换窗口”按钮，弹出的下拉列表框中列出了当前打开的所有文件的文件名，单击相应的文件名即可切换到相应的操作文件上。

3）单击标题栏右侧的“最小化”按钮，当前文件就变成一个图标出现在Windows任务栏上。

4.2.5　设置文档属性

选择“文件”→“信息”选项，可以看到Word 2016的后台视图，后台视图右侧则是Word 2016的属性，如图4-14所示。

设置文档属性的具体操作步骤如下。

1）单击“显示所有属性”超链接显示所有属性并进行设置。

2）“属性”下拉列表中有“高级属性”选项。选择“高级属性”选项则弹出当前文档的属性对话框，其有“常规”“摘要”“统计”等选项卡。

图4-14　Word 2016文档属性

4.2.6　退出 Word 2016

退出Word 2016的方法主要有以下3种。

1）选择“文件”→“退出”选项。

2）单击标题栏右侧的“关闭”按钮。

3）按Alt+F4组合键。

4.3 修改板报

4.3.1 文本的选择

Word 2016 的编辑和排版有一个特点，即在对某一内容进行编排之前，必须先指定并选择相应的工作对象，使其反白显示（灰底白字）。

1. 用鼠标选择文本

1）将鼠标指针定位到要选择的文本之前或之后，然后按住鼠标左键拖动到要选择的文本处（使需选择的对象反白显示），释放鼠标左键，可以选择任意数量的文本。

2）在段落中，双击可选中一个单词或词组。

3）在段落中三击可选中整个段落。

4）将鼠标指针移动到某一行左侧的空白栏中，当鼠标指针变成右倾斜的形状时，单击可选中当前行；按住鼠标左键向上或向下拖动能选中多行；双击则可快速选中整段文本；如果三击或按住 Ctrl 键的同时单击，可轻松地选中整个文档。

2. 用键盘选择文本

首先将光标定位到所选文本块的首字符前或后，按住 Shift 键并用方向键使光标移动到所选文本块末字符处，释放鼠标左键，此时反白显示的文本块为所选信息块。

任务 2: 打开自己文件夹下的“我的家乡.docx”文件，选择文本练习。

选择板报中“我的家乡”4 个字；选择板报的第一行；选择板报的最后一段；选择整个板报。

4.3.2 文本的编辑

编写文档时会经常在文档中插入、删除一些文字，调整一些文字、段落的位置。为了加快文章的编写速度，一些重复的内容可以通过复制来完成。

1. 插入文本

在 Word 2016 文档中插入文本很简单，将鼠标指针移动到要插入文字的位置并单击，插入点即可移动到该位置。此时在该处有一条闪动的竖线，可以在该位置输入文本。随着文本的插入，插入点将向后移动。

在改写状态下输入文字时会将文档中原来的文字替换掉，如果不希望替换原来的文字，可将改写状态改为插入状态。

2. 删除文本

要想删除文本，可用鼠标选中要删除的文本（按住鼠标左键拖动，选中的文本会反白显示），然后按 Delete 键或 Backspace 键。

若要删除插入点前的一个字符，可以按 Backspace 键；若要删除插入点后的一个字符，可以按 Delete 键。

3. 改写文本

要对文档中的某段文本进行改写，应先将要改写的文本选中，再输入新文本，这样新输入的文本就替换了原来的文本。要使用这一功能，应选择“文件”→“选项”选项，在弹出的“Word 选项”对话框中选择“高级”选项卡，在“编辑选项”组中选中“键入内容替换所选文字”复选框。

4. 移动文本

当需要给文档中的文本移动位置时，可以按以下方法进行操作。

（1）剪切粘贴法

1）选中要移动的文本。

2）单击“开始”→“剪贴板”→“剪切”按钮，即可将文本放入“剪贴板”中。

3）将插入点移动到要放置文本的位置。

4）单击“开始”→“剪贴板”→“粘贴”按钮。

（2）拖动法

要快速移动文本，可以先选中要移动的文本，然后将鼠标指针移动到所选文本上，待指针由“丨”形变为向左上方倾斜的形状时，按住鼠标左键，然后向目标位置拖动。注意观察，在拖动所选文本时，鼠标指针左侧有一条竖的短虚线，这条短虚线的位置表示释放鼠标左键时被拖动内容的“落脚点”。

（3）键盘鼠标法

先选中要移动的文本，然后将屏幕滚动到要放置该文本段的位置，在要插入文本的位置处，按住 Ctrl 键的同时右击，所选中的文本即移动到新的位置。

5. 复制文本

当文档中有需要重复的文字时，可以通过复制的方法来加快操作速度。复制文本的方法主要有以下两种。

（1）使用命令

1）选中要进行复制的文本，然后单击“开始”→“剪贴板”→“复制”按钮将其复制到剪贴板中，或按 Ctrl＋C 组合键进行复制。

2）将插入点移动到要插入文本的位置，选中要进行复制的文本，然后单击“开始”→“剪贴板”→“复制”按钮将其复制到剪贴板中。

3）单击“开始”→“剪贴板”→“粘贴”按钮，或按 Ctrl＋V 组合键，要复制的文本就会出现在插入点处。

（2）拖动法

要进行快速复制，可以先选中要复制的文本，将鼠标指针移动到所选文本上，待光标变为向左上方倾斜的形状时，按住 Ctrl 键，然后按住鼠标左键（这时鼠标指针将变成复制光标和一条虚线），将虚线移动到要插入文本的位置，释放鼠标左键。

任务3: 继续任务2，复制文本。

将“我的家乡”一行字复制到板报的最后一行，然后删除。

任务4: 继续任务3，移动文本。

将板报中的最后一段移到第一行的前面，然后移回。

4.3.3 撤销、恢复操作

1. 撤销操作

在工作中，用户会经常碰到无意中做错了某个编排动作的情况，如输错一个字、删除了不该删除的内容、粘贴错了地方、刚做的排版效果不好或者不知错碰了哪个键而使屏幕上出现不该有的内容或效果等。在 Word 2016 版中，可以非常方便地撤销上面所述的操作。

（1）撤销操作的方法

1）按 Ctrl＋Z 组合键。

2）单击快速访问工具栏中的“撤销”按钮。

（2）撤销操作的作用

撤销操作的作用可以形象地称为“后悔”，每当做错一个动作，Word 2016 都允许用户使用这个命令进行“后悔”。不仅如此，Word 2016 还允许逐步撤销操作。

2. 恢复操作

与撤销操作相对应，Word 2016 也支持恢复操作，“恢复”功能可以将用户刚刚撤销的操作恢复。其操作方法有以下两种。

1）按 Ctrl＋Y 组合键。

2）单击快速访问工具栏中的“恢复”按钮。

4.3.4 文本的查找和替换

1. 文本的查找

当文档较长时要查找文档中的某些文字很困难，Word 2016 的“查找”功能可以解决这个问题。查找指定文字的操作方法如下。

1）单击“开始”→“编辑”→“查找”下拉按钮，在弹出的下拉列表中选择“高级查找”选项。

2）在弹出的“查找和替换”对话框的“查找内容”文本框中输入要查找的文字。

3）单击“查找下一处”按钮即可开始查找。

2. 文本的替换

若要将文档中的某些文字修改成另外一些文字，使用“替换”功能可以提高修改速度。替换文本的操作方法与查找文本基本相同。所不同的是，替换时不仅有“查找内容”文本框，还有“替换为”文本框，“查找内容”文本框中输入要替换的文字，“替换为”文本框中输入替换后的文字，如图 4-15 所示。

1）单击“开始”→“编辑”→“替换”按钮。

2）在弹出的“查找和替换”对话框的“查找内容”文本框中输入要被替换的文字。

3）在“替换为”文本框中输入替换后的文字。

4）可逐一替换，也可单击“全部替换”按钮完成全部的替换。

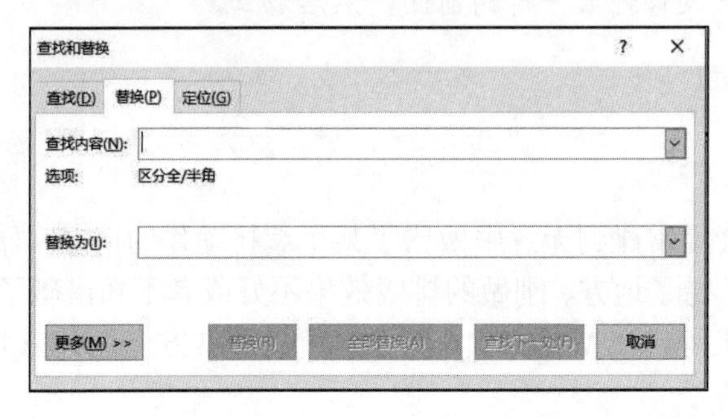

图 4-15　“查找和替换”对话框

4.3.5　Word 2016 自动更正功能

Word 2016 提供了自动更正功能，如输入文字时将“鼎鼎大名”输入为“顶顶大名”，Word 2016 会将其自动更正为“鼎鼎大名”。

那么该如何设置自动更正功能呢？

选择“文件”→“选项”选项，在弹出的“Word 选项”对话框中选择“校对”选项卡，在“自动更正选项”组中单击“自动更正选项”按钮，在弹出的“自动更正”对话框中进行设置，如图 4-16 所示。

图 4-16　自动更正选项的设置

4.3.6 Word 2016 拼写和语法检查功能

在编辑文档时，用户常常会因为疏忽而造成一些错误，很难保证文本的拼写和语法完全正确。Word 2016 的拼写和语法检查功能开启后，将自动在它认为有错误的字句下面加上波浪线，从而提醒用户。如果出现拼写错误，则用红色波浪线进行标记；如果出现语法错误，则用绿色波浪线进行标记。

开启拼写和语法检查功能的操作步骤如下：选择“文件”→“选项”选项，在弹出的“Word 选项”对话框中选择“校对”选项卡，在“在 Word 中更正拼写和语法时”组中选中“键入时检查拼写”和“键入时标记语法错误”复选框，如图 4-17 所示。

图 4-17 设置拼写和语法检查功能

4.4 设置板报的格式

本节主要介绍 Word 2016 简单排版的基础知识，如设定排版环境、字符格式排版、段落格式排版和字数统计等。

4.4.1 编排环境的设置

默认标尺的刻度是以字符为单位的，即标尺中的 2 代表两个 5 号字的宽度。如果要将此设定改为以厘米为单位来显示，可参考以下操作步骤。

1）选择“文件”→“选项”选项，弹出“Word 选项”对话框。

2）选择“高级”选项卡，在“显示”组中取消选中“以字符宽度为度量单位”复选框，并且在“度量单位”下拉列表框中选择“厘米”选项，如图 4-18 所示。可以看到在“显示”组中还包含水平滚动条和垂直滚动条等的设置选项。

3）单击“确定”按钮，就可以将以字符为单位的标尺变成以厘米为单位的标尺。

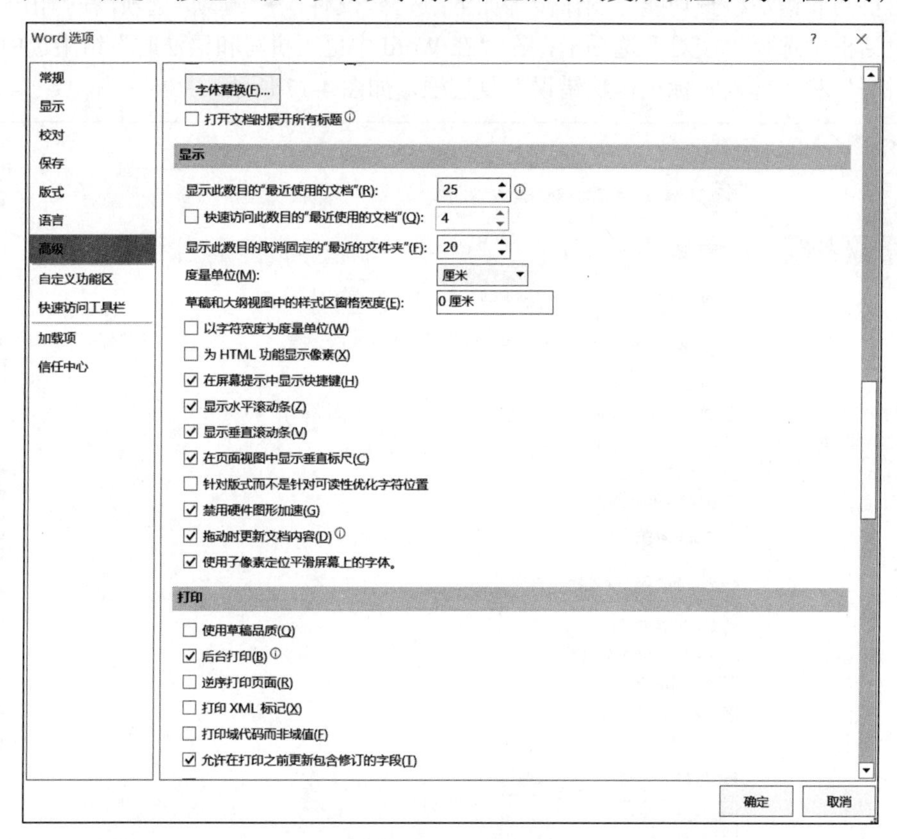

图 4-18 标尺的设置

4.4.2 字体的排版

1. 利用“字体”选项组设定字体、字号和字形等

字体的排版主要包括修改字体、字号和字形等。字体的一般排版功能可以通过“开始”选项卡中的“字体”选项组来实现，如图 4-19 所示。

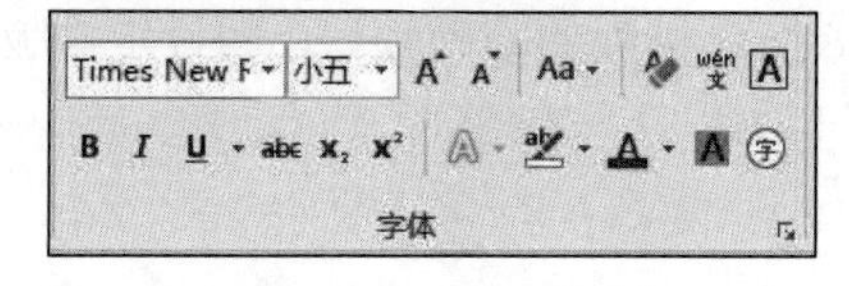

图 4-19 “字体”选项组

2. 利用“字体”对话框设定文字的字体、字符间距和文字效果

“字体”选项组中的功能基本够用，但有些字符排版的功能不能在该组中实现，如隐藏文字等，所以需要利用“字体”对话框进行排版。在“字体”对话框中有“字体”和“高级”两个选项卡，分别如图 4-20 和图 4-21 所示。

图 4-20 “字体”对话框的“字体”选项卡

图 4-21 “字体”对话框的“高级”选项卡

（1）“字体”选项卡

在“字体”选项卡中可以对字符的字体、字形、字号、效果等进行设置，如图 4-20 所示。

设置字体格式的步骤如下。

1）选中要设置的字符。

2）单击“开始”→“字体”选项组右下角的对话框启动器按钮，弹出“字体”对话框，在“字体”选项卡中进行相应的设置。

（2）“高级”选项卡

在“高级”选项卡中可以对字符间距、OpenType 功能等进行设置，如图 4-21 所示。

（3）调整字符间距

选中要进行调整字符间距的文本，单击“开始”→“字体”选项组右下角的对话框启动器按钮，弹出“字体”对话框，选择“高级”选项卡。在“间距”下拉列表框中选择“标准”、“加宽”或“紧缩”选项，在“磅值”输入框中给出需要的值，在预览框中可以看到设定后的情况，满意后单击“确定”按钮。

（4）设置字符缩放

选中要进行字符缩放的文本，单击“开始”→“字体”选项组右下角的对话框启动器按钮，弹出“字体”对话框，选择“高级”选项卡。在“缩放”下拉列表框中选择缩放比例或者直接输入缩放比例，在预览框中可以看到设定后的情况，满意后单击“确定”按钮。

（5）设置字符位置

选中要设置字符位置的文本，单击“开始”→“字体”选项组右下角的对话框启动器按钮，弹出“字体”对话框，选择“高级”选项卡。在“位置”下拉列表框中选择“标准”、“上升”或“下降”选项，在“磅值”输入框中给出需要的值，在预览框中可以看到设定后的情况，满意后单击“确定”按钮。

3. 为汉字注音

Word 2016 提供了“拼音指南”功能，通过这一功能可对汉字进行注音，操作步骤如下。

1）选中要进行注音的汉字（可以是一个字，也可以是多个字）。

2）单击“开始”→“字体”→“拼音指南”按钮。

3）在弹出的“拼音指南”对话框中进行相应设置，如图 4-22 所示。

4）单击“确定”按钮。

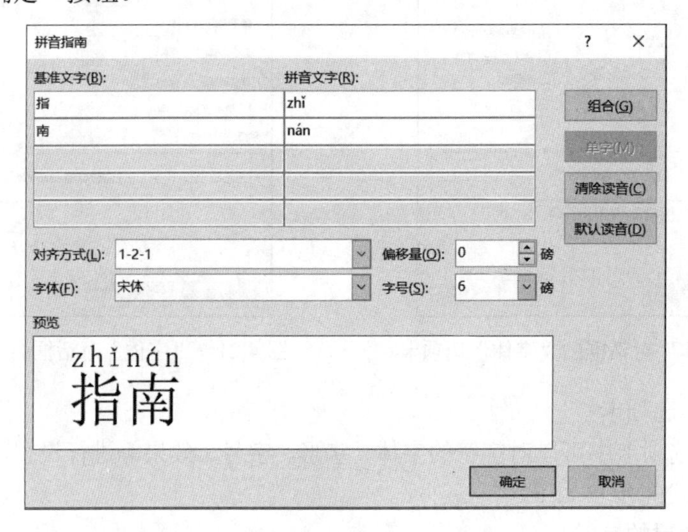

图 4-22　“拼音指南”对话框

4. 简繁转换

在 Word 2016 中，可将简体中文和繁体中文进行转换，操作步骤如下。

1）选中要进行转换的文字。

2）单击“审阅”→“中文简繁转换”选项组中的按钮（“繁转简”、“简转繁”或“简繁转换”按钮）即可进行相应转换。

任务 5: 继续任务 4，设置板报的字体格式。

板报内容标题“家乡概况”“风景名胜”“特色美食”的字体为“华文楷体”，字号为“小二”，字形为“粗体”；板报正文的字体为“宋体”，字号为“五号”。

4.4.3　段落的排版

在 Word 中，段落是指相邻两个回车符之间的内容。所以，对两个回车符之间的内容进行排版也可以看作段落的排版。段落的排版主要包括段落缩进量、行间距、段间距和对齐方式等的设置。

在选定工作对象后，可利用“开始”选项卡“段落”选项组中的命令按钮或“段落”对话框的“缩进和间距”选项卡对段落进行排版。

1. 段落对齐

1）利用“段落”选项组：在“开始”选项卡“段落”选项组中可以看到与之相对应的按钮，即“文本左对齐”按钮、“居中”按钮、“文本右对齐”按钮、“两端对齐”按钮和“分散对齐”按钮，如图 4-23 所示。单击相应的按钮可将段落设为对应的格式。

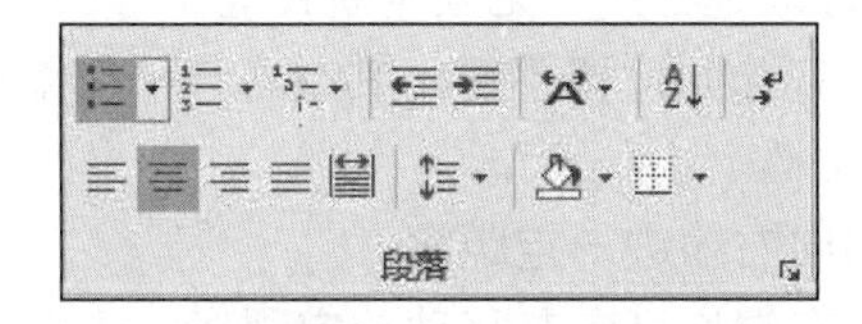

图 4-23　“段落”选项组中的对齐方式

2）利用“段落”对话框：单击“开始”→“段落”选项组右下角的对话框启动器按钮，弹出“段落”对话框，选择“缩进和间距”选项卡，可在“常规”组“对齐方式”下拉列表框中选择一种对齐方式，在预览框中可以看到其效果，满意后单击“确定”按钮，如图 4-24 所示。

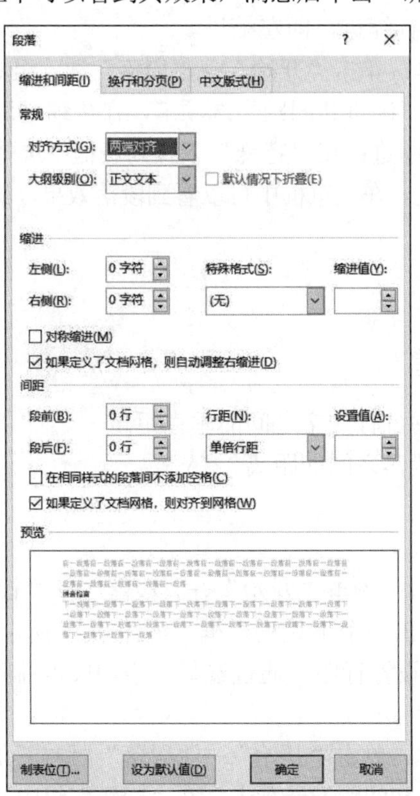

图 4-24　“段落”对话框

2. 段落缩进

（1）段落缩进的类型

文本的输入范围是整个页面除去页边距以外的部分。但有时为了美观，文本要再向内缩进一段距离，这就是段落缩进。增加或减少缩进量时，改变的是文本与页边距之间的距离。默认状态下，段落左、右缩进量都是零。段落缩进包括首行缩进、悬挂缩进、左缩进和右缩进。

1）首行缩进：每个段落中第一行第一个字符的缩进空格位。中文段落普遍采用首行缩进两个字符。

提示：设置首行缩进之后，当用户按 Enter 键以输入后续段落时，系统会自动为后续段落设置与前面段落相同的首行缩进格式，无须重新设置。

2）悬挂缩进：段落的首行起始位置不变，其余各行一律缩进一定距离。这种缩进方式常用于词汇表、项目列表等文档。

3）左缩进：整个段落都向右缩进一定距离。

4）右缩进：整个段落的右端均可向左移动一定距离。

（2）设置段落缩进的方法

设置段落缩进主要有两种方法，具体操作方法及步骤如下。

1）利用“段落”选项组：在“开始”选项卡“段落”选项组中可以看到“增加缩进量”按钮和“减少缩进量”按钮，利用这两个按钮可以快速地增加或减少缩进量。需要注意的是，这时的缩进是对段落整体进行缩进，即左缩进。

2）利用“段落”对话框：单击“开始”→“段落”选项组右下角的对话框启动器按钮，弹出“段落”对话框，选择“缩进和间距”选项卡，在“缩进”组的“左侧”和“右侧”输入框中输入相应的磅值进行缩进；在“特殊”下拉列表框中选择是“首行缩进”还是“悬挂缩进”，设置缩进值进行缩进。在预览框中可以看到段落效果，满意后单击“确定”按钮，如图 4-24 所示。

4.4.4 设置行距和段落间距

1. 行距和段落间距功能

1）行距：决定了段落中各行文字之间的垂直距离。

2）段落间距：段落与段落之间的距离。

2. 行距和段距的设置

1）利用“段落”选项组：单击“开始”→“段落”→“行和段落间距”按钮便可设置行距和段落间距。这时会弹出一个下拉列表框，如图 4-25 所示。可以通过选择其中的数字或选择“行距选项”命令来设置行距；通过选择“增加段落前间距”和“增加段落后间距”命令来设置段落间距。

2）利用“段落”对话框：单击“开始”→“段落”组右下角的对话框启动器按钮，弹出“段落”对话框，选择“缩进和间距”选项卡，在“间距”组中通过调整“段前”和“段后”的行数来设置段落间距；在“行距”下拉列表框中，有“单倍行距”“1.5 倍行距”“2 倍行距”

“最小值”“固定值”“多倍行距”6 个选项，可为“最小值”“固定值”“多倍行距”设置磅值。在预览框中可以看到段落效果，满意后单击“确定”按钮，如图 4-26 所示。

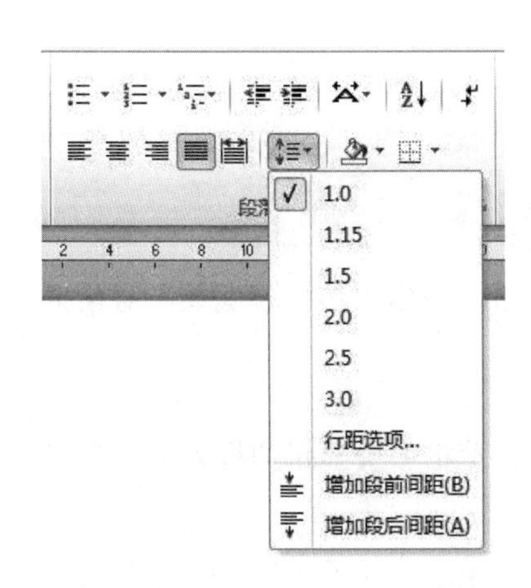

图 4-25 “行和段落间距”下拉列表

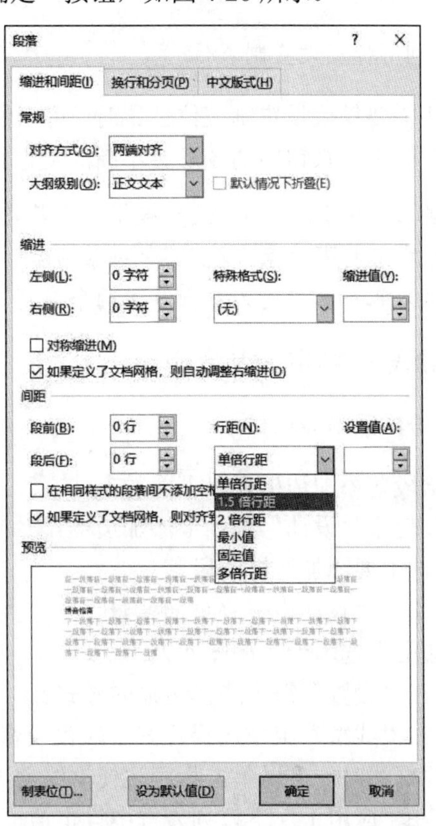

图 4-26 在“段落”对话框中设置行距

4.4.5 设置制表位

1. 利用“制表位”对话框进行设置

Word 默认的制表位间隔是 0.74 厘米，当默认的制表位位置不能满足需求时，可以重新设置制表位。设置制表位的操作步骤如下。

1）单击“开始”→“段落”选项组的对话框启动器按钮，弹出“段落”对话框，如图 4-26 所示，单击“制表位”按钮，弹出“制表位”对话框，如图 4-27 所示。

2）在“制表位位置”文本框中输入要设置制表位的默认位置。

3）在“对齐方式”组中选择文字的默认对齐方式。

4）如果需要设置前导字符，可以在“前导符”组中选择一种默认的前导字符。

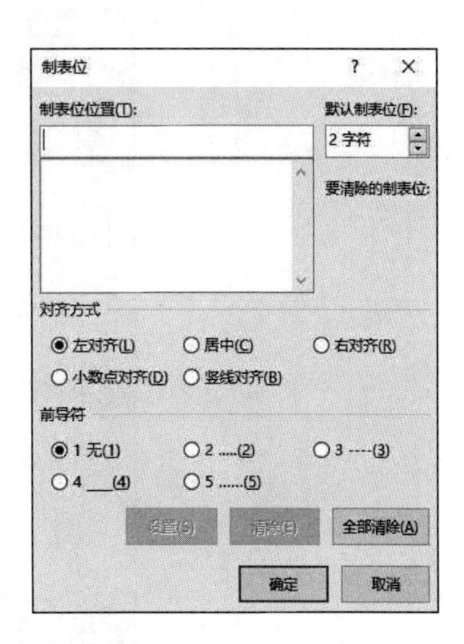

图 4-27 “制表位”对话框

5）单击“设置”按钮，这时在“制表位位置”下方的列表框中会出现所设定的制表位。

6）完成所有制表位的设置后，单击“确定”按钮，关闭“制表位”对话框。

2. 利用标尺设置制表位

当不需要精确设置制表位位置时，可以使用标尺来快速设定，单击标尺前面的制表位按钮，这时制表位按钮中的图形会不断改变，直到需要的制表位出现为止。

任务 6: 继续任务 5，设置板报的段落格式。

板报内容标题“家乡概况”“风景名胜”“特色美食”为居中，段前、段后间距为 4 磅；板报正文内容段落缩进为首行缩进两个字符，行距为“单倍行距”。

4.4.6 给段落添加边框和底纹

1. 给段落添加边框

要给段落添加边框有以下两种方法。

（1）使用“设计”选项卡添加边框

1）选中要添加边框的段落。

2）单击“设计”→“页面背景”→“页面边框”按钮，弹出“边框和底纹”对话框，选择“边框”选项卡，如图 4-28 所示。

3）在“设置”组中选择边框的样式。

4）在“线型”组中选择样式、颜色及宽度，这时在预览框中会显示边框效果。当某条边不需要框线时，可以单击相应边使框线消失。

5）在“应用于”下拉列表框中设定边框的应用范围。

6）单击“确定”按钮，所选段落就加上了边框。

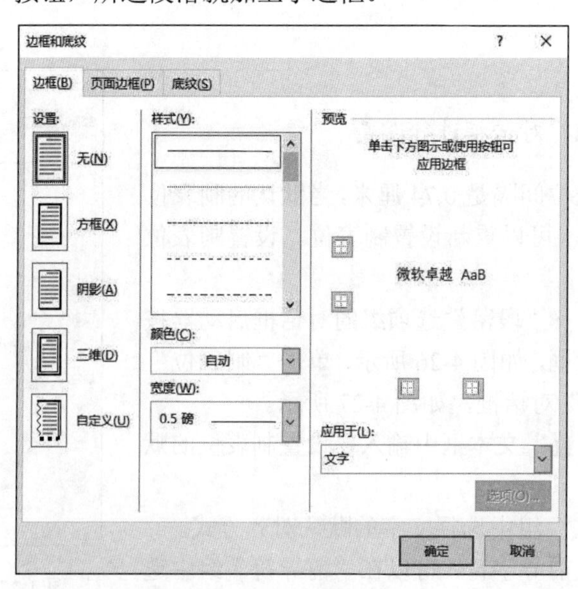

图 4-28 “边框和底纹”对话框的“边框”选项卡

（2）使用“开始”选项卡添加边框

1）选中要添加边框的段落。

2）单击“开始”→“段落”→“边框和底纹”按钮，弹出“边框和底纹”对话框，如图 4-28 所示。或者单击“边框和底纹”右侧的下拉按钮，在弹出的下拉列表中选择想要的边框，如图 4-29 所示。

2. 给段落添加底纹

给段落添加底纹的操作步骤如下。

1）在“边框和底纹”对话框，选择“底纹”选项卡，如图 4-30 所示。

2）在“填充”和“图案”组中选择需要的颜色和底纹，预览框中将显示所设置的底纹效果。

3）单击“确定”按钮，即为所选段落添加了底纹。

图 4-29 边框的选取

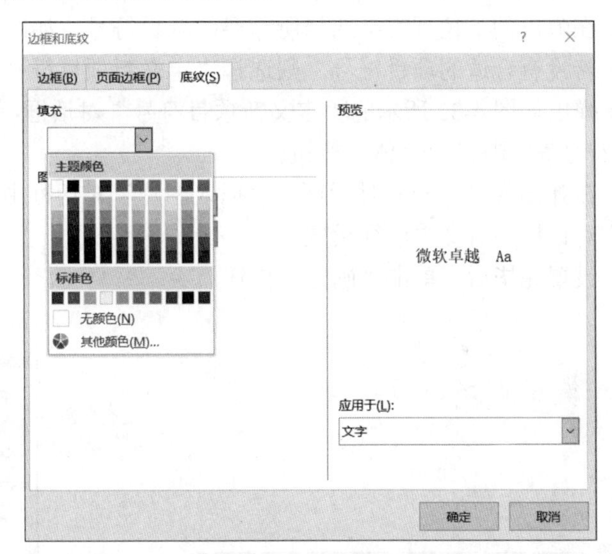

图 4-30 “边框和底纹”对话框的“底纹”选项卡

任务 7: 继续任务 6，设置板报正文最后一段的底纹，图案样式为 10%。选中板报作品正文最后一段。在“边框和底纹”对话框中，选择“底纹”选项卡，在“样式”下拉列表框中选择“10%”选项，在“应用于”下拉列表框中选择“段落”选项，单击“确定”按钮。

4.4.7 设置项目符号和编号

1. 设置项目符号

项目符号是指放在文本前以强调效果的点或其他符号。用户可以在输入文本时自动创建项目符号列表，也可以快速给现有文本添加项目符号。

（1）自动创建项目符号列表

在文档中输入文本的同时自动创建项目符号列表的方法十分简单，其操作步骤如下。

1）在文档中需要应用项目符号列表的位置输入“*”，然后按 Space 键或 Tab 键，即可开始应用项目符号列表。

2）输入所需文本后，按 Enter 键，开始添加下一个列表项，Word 会自动插入下一个项目符号。

3）要结束列表，可按两次 Enter 键或者按一次 Backspace 键删除列表中最后一个项目符号。

提示：如果不想将文本转换为列表，可以单击出现的“自动更正选项”功能标记按钮，在弹出的下拉列表框中选择“撤销自动编排项目符号”命令。

（2）为现有文本添加项目符号

用户也可以快速为现有文本添加项目符号，操作步骤如下。

1）在文档中选中要添加指定项目符号的文本。

2）单击“开始”→“段落”→“项目符号”按钮。

3）在弹出的下拉列表中选择所需要的项目符号，如图 4-31 所示。

4）若没有合适的项目符号，则选择“定义新项目符号”选项。

5）弹出如图 4-32 所示的“定义新项目符号”对话框，在“项目符号字符”组中，分别单击“符号”“图片”“字体”按钮。

6）在弹出的“符号”对话框或“插入图片”对话框中选择合适的项目符号，在弹出的“字体”对话框中对文本进行设置。

7）设置完毕后，单击“确定”按钮。

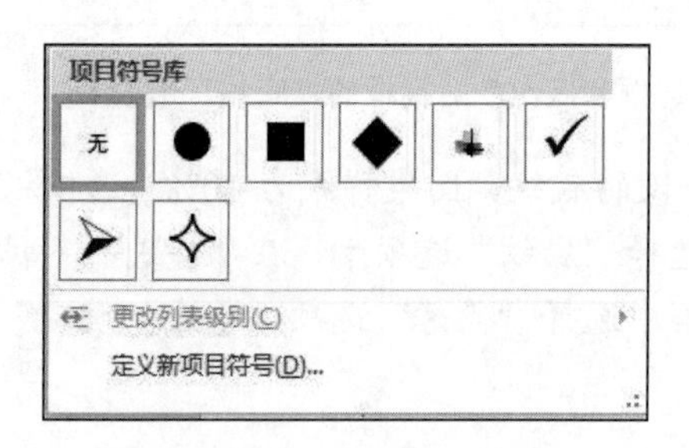

图 4-31　项目符号下拉列表

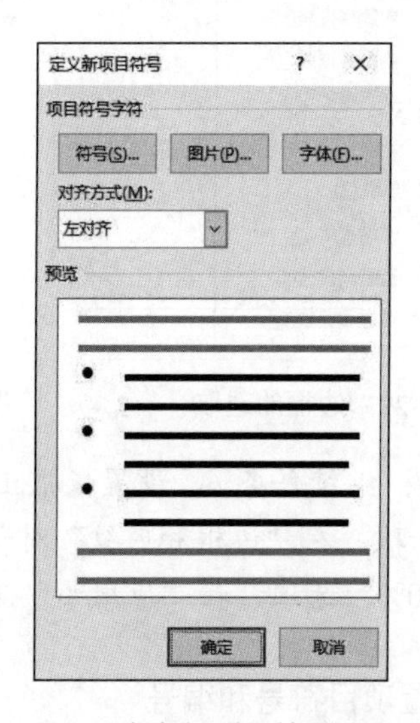

图 4-32　“定义新项目符号”对话框

2. 设置编号

在文本前添加编号有助于增强文本的层次感和逻辑性。创建项目编号与创建项目符号的过程类似，用户同样可以在输入文本时自动创建自动编号列表，或者快速给现有文本添加编号。

快速给现有文本添加编号的操作步骤如下。

1）选中要添加编号的文本。

2）单击“开始”→“段落”→“编号”按钮。

3）弹出的下拉列表中提供了包含多种不同编号样式的编号库，如图 4-33 所示。用户可从中选择一种编号样式。

4）此时文档中被选中的文本便会立即添加指定样式的编号。

此外，为了使文档内容更具有层次感和条理性，经常需要使用多级编号列表。用户可以从编号库中选择一种多级列表样式应用到文档中。

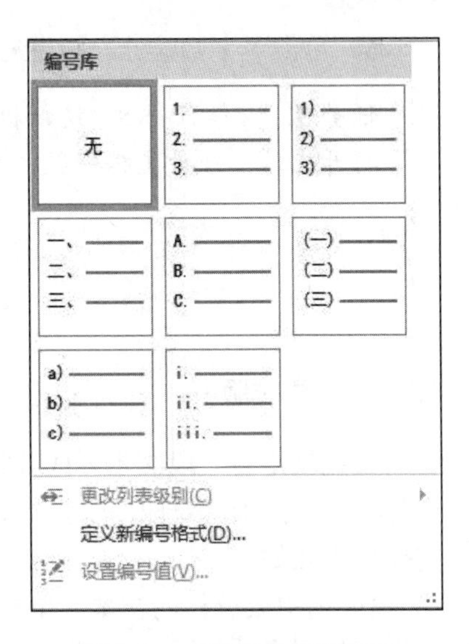

图 4-33 “编号”下拉列表

3. 删除项目符号及编号

如果文档中的项目符号和编号是自动添加的，则必须按下列操作删除。

1）选中需要删除项目符号或编号的段落。

2）执行下列操作之一。

① 单击“开始”→“段落”→“项目符号”或“编号”按钮，项目符号或编号即被删除。

② 单击“开始”→“段落”→“项目符号”或“编号”下拉按钮，在弹出的下拉列表中选择样式“无”，项目符号或编号即被删除。

任务 8: 继续任务 7，为板报中各标题文本加上项目符号。

4.4.8 文档字数统计

在工作中可能会遇到对文章篇幅、字数有要求的情况，Word 2016 的“字数统计”功能可以轻松解决上述问题。

Word 2016 计算字数的方法：汉字每个字或标点算一个字，英文每个单词算一个字。

统计文档字数，打开文档后可以直接看左下角的状态栏信息，或者单击“审阅”→“校对”→“字数统计”按钮。

如果只想统计文章中某部分的字数，那么可以先选中要统计的那部分内容，再单击“审阅”→“校对”→“字数统计”按钮，统计结果如图 4-34 所示。

字数统计 ? ×

统计信息:

页数	88
字数	33,025
字符数(不计空格)	35,365
字符数(计空格)	36,445
段落数	996
行数	1,613
非中文单词	2,032
中文字符和朝鲜语单词	30,993

☐ 包括文本框、脚注和尾注(F)

关闭

图 4-34 “字数统计”对话框

关闭“字数统计”对话框主要有以下 5 种方法。

1）单击“关闭”按钮。

2）按 Alt＋F4 组合键。

3）按 Esc 键。

4）按 Enter 键。

5）单击“字数统计”标题栏右上方的“关闭”按钮。

任务 9: 继续任务 8，统计板报字数。

打开文档，统计文档字数，单击“关闭”按钮关闭“字数统计”对话框。

4.5 美化板报

4.5.1 分栏排版

分栏就是将一段文本分成并排的几栏，只有当填满第一栏后才移到下一栏。一般文本为一栏。分栏排版广泛应用于报纸、杂志等的内容编排中。利用“分栏”对话框进行分栏设置的操作步骤如下。

1）选中要分栏的文本，单击“布局”→“页面设置”→“分栏”下拉按钮，弹出“分栏”下拉列表，如图 4-35 所示。可选择“更多分栏”选项，此时弹出“分栏”对话框，如图 4-36 所示。

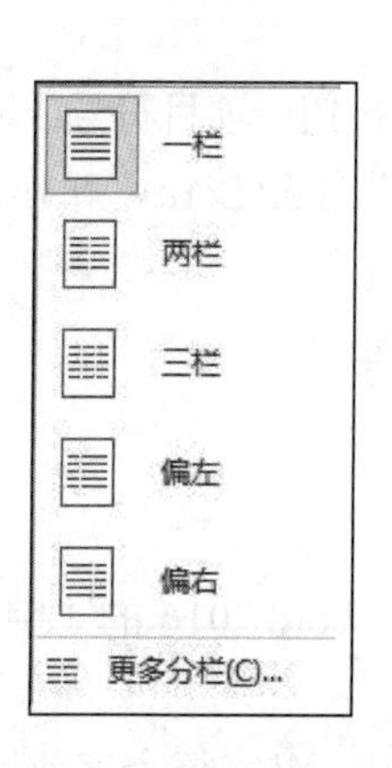

图 4-35　“分栏”下拉列表

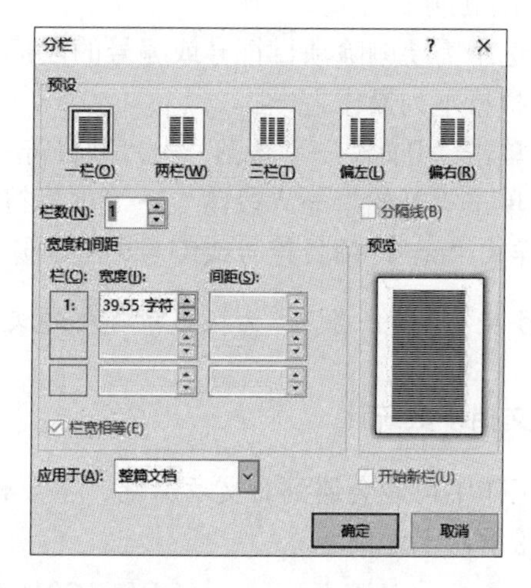

图 4-36　“分栏”对话框

2）在“分栏”对话框中，可在“预设”组中选择分栏格式，在“栏数”输入框中选择分栏的数目或直接输入栏数。

3）在“宽度和间距”组中可以设置栏宽、两栏之间的间距，如果所设置的栏是不等宽的，可以取消选中“栏宽相等”复选框。

4）在“应用于”下拉列表框中，可以选择“整篇文档”或“所选文字”等选项。

提示： 分栏完成后，只有在页面视图方式下才能真实地显示分栏效果。因此，在进行分栏排版时，最好先将视图切换到页面视图方式。

4.5.2 文档的分页与分节

文档的不同部分通常会另起一页开始，很多用户习惯用加入多个空行的方法使新的部分另起一页，这种做法会导致修改文档时需要重复排版，从而增加工作量，降低学习和工作效率。借助 Word 2016 中的分页与分节操作，可以有效划分文档内容的布局，使文档排版工作简洁高效。

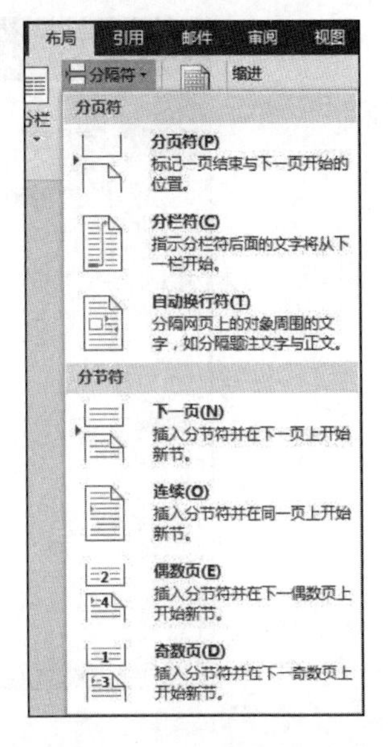

图 4-37　“分隔符”下拉列表

1. 文档的分页

如果只是为了排版布局需要，单纯地将文档中的内容划分为上下两页，则只需在文档中插入分页符，操作步骤如下。

1）将光标定位到需要分页的位置。

2）单击“布局”→“页面设置”→“分隔符”按钮，弹出“分隔符”下拉列表，如图 4-37 所示。

3）选择“分页符”选项，即可将光标后的内容布局到新的页面中，且分页符前后的页面的设置属性及参数均保持一致。

2. 文档的分节

分节符的类型共有 4 种，分别是“下一页”“连续”“偶数页”“奇数页”。在文档中插入分节符，不仅可以将文档内容划分为不同的页面，还可以分别针对不同的节进行页面设置。

1）下一页：分节符后的文本从新的一页开始。

2）连续：新节与前面一节同处于当前页中。

3）偶数页：分节符后面的内容转入下一个偶数页。

4）奇数页：分节符后面的内容转入下一个奇数页。

插入分节符的操作步骤如下。

1）将光标定位到需要分页的位置。

2）单击“布局”→“页面设置”→“分隔符”按钮，弹出“分隔符”下拉列表，如图 4-37 所示。

3）选择一种分节符后，在当前光标位置处即插入了一个不可见的分节符。插入的分节符不仅将光标位置后面的内容分为新的一节，还会使该节从新的一页开始，实现了既分节又分页的目的。

因为“节”是一种不可视的页面元素，所以很容易被用户忽略。然而，如果少了“节”的参与，许多排版效果将无法实现。默认情况下，Word 2016 会将整个文档视为一节，所有对文档的设置都将应用于整篇文档。当插入分节符后，文档将分为几节，可以根据需要设置每节的格式。

3. 利用分栏和分节符设置跨栏标题与均衡各栏文字长度

先来看两张图片，如图 4-38 和图 4-39 所示，对比两图有何不同。

可以明显看到两张图中标题的位置有很大区别。图 4-39 中的样式称为跨栏标题。那么该如何利用分栏与分节符来设置跨栏标题呢？操作步骤如下。

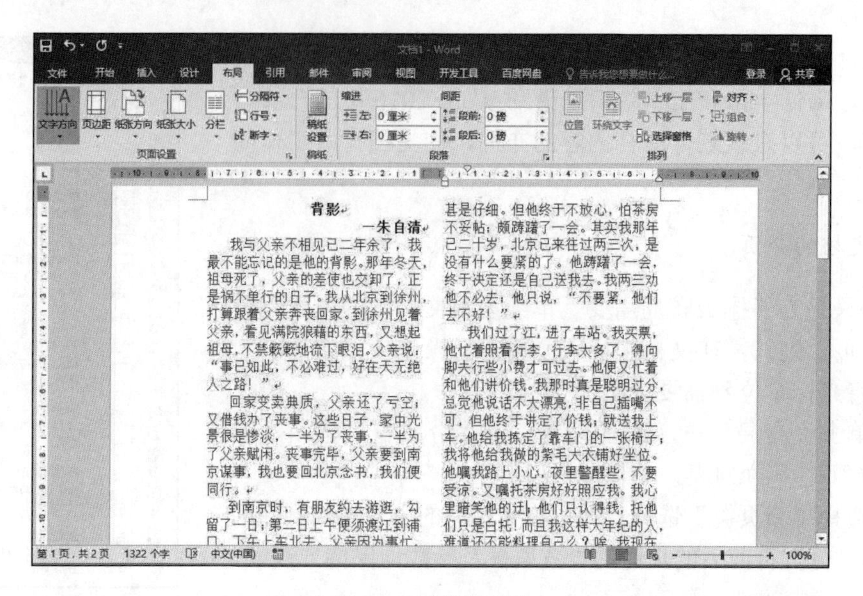

图 4-38　普通标题

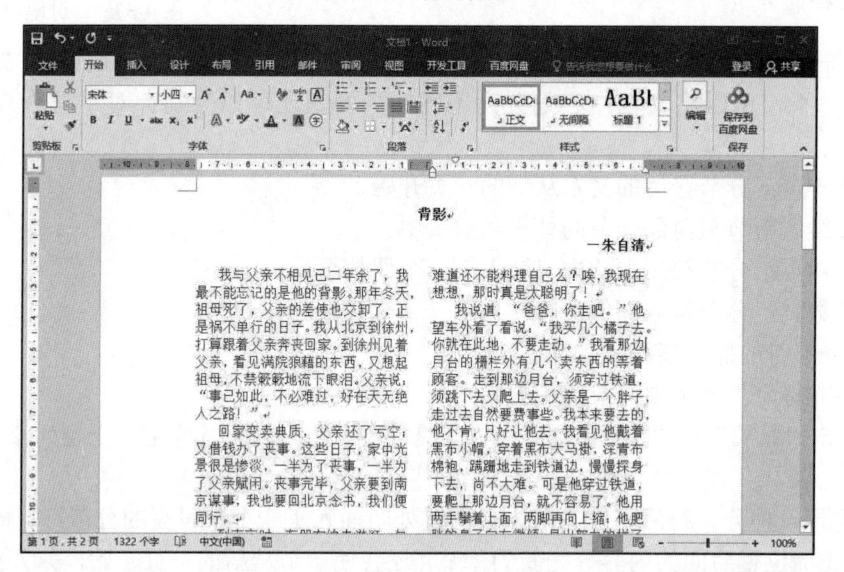

图 4-39　跨栏标题

1）将标题的对齐方式设置为“居中”。

2）将光标移动到标题结尾处，单击“布局”→“页面设置”→“分隔符”按钮，在弹出的下拉列表中选择“分节符”组中的“连续”选项。

3）将光标移动到正文处，单击“布局”→“页面设置”→“分栏”按钮，选择合适的栏数，如两栏。

这样跨栏标题就设置完毕，但是有时各栏文字长度不均衡，那么该如何均衡各栏文字的长度呢？操作步骤如下。

将光标定位到需要均衡的栏的结尾处，单击“布局”→“页面设置”→“分隔符”按钮，在弹出的下拉列表中选择“分节符”组中的“连续”选项。

任务 10: 继续任务 9，将板报中内容标题为“家乡概况——地理位置”的文本设置为三栏格式。

打开“我的家乡.docx”文档，选中“家乡概况——地理位置”下的文本，单击“布局”→“页面设置”→“分栏”按钮，在弹出的下拉列表中选择“更多分栏”选项，弹出“分栏”对话框，在“预设”组中选择“三栏”选项；在“应用于”下拉列表框中选择“所选文字”选项，单击“确定”按钮完成分栏操作。

4.5.3 艺术字的插入与编辑

1. 艺术字的插入

在 Word 2016 中插入艺术字就像插入符号一样简单，操作步骤如下。

1）单击“插入”→“文本”→“艺术字”按钮，弹出“艺术字”下拉列表，如图 4-40 所示。

2）在艺术字下拉列表中可以看到大量的艺术字造型，其效果可以直接从图示上形象地看到，选择其中一种艺术字造型。

3）按 Delete 键删除当前已经被选中的“请在此放置您的文字”这行文字，然后就可输入自己的内容（如“生日快乐”），可以像正常文字一样设置其排版效果，直至自己满意为止。

4）单击“确定”按钮，艺术字就被插入文档中指定的位置。

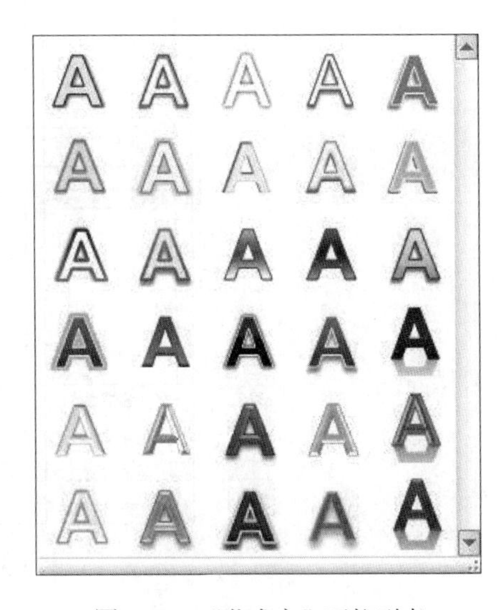

图 4-40 “艺术字”下拉列表

2. 艺术字的编辑

插入艺术字后，选中艺术字，则会出现“绘图工具-格式”选项卡，在该选项卡中可对艺术字样式等进行调整，如图 4-41 所示。

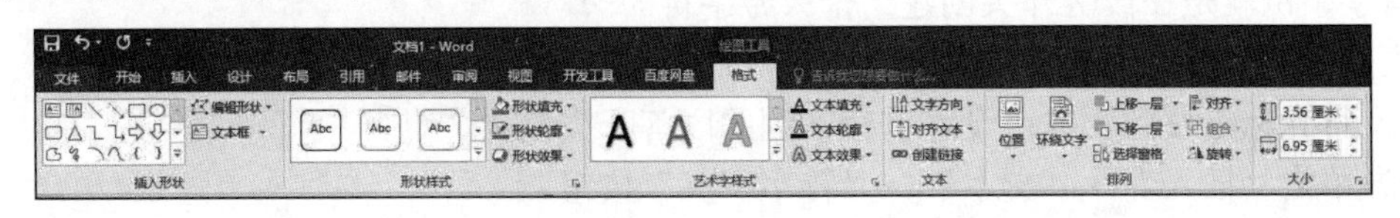

图 4-41 艺术字的“绘图工具-格式”选项卡

任务 11: 继续任务 10，将板报的标题设置为艺术字，艺术字式样为第 3 行第 1 列，字体为“华文行楷”，艺术字的文本效果为转换中的“波形 1”，适当调整艺术字的大小和位置。

4.5.4 插入文本框

Word 2016 中提供了特别的文本框编辑功能，文本框是一种可移动位置、可调整大小的文字或图形仪器。使用文本框，可以在一页上放置多个文字块内容，或使文字按照与文档中其他文字不同的方式排布。

在文档中插入文本框的操作步骤如下。

1）将光标定位到要插入文本框的位置。

2）单击“插入”→“文本”→“文本框”按钮。

3）在弹出的下拉列表中，用户可以在预设的文本框样式中选择合适的文本框类型，如图 4-42 所示。

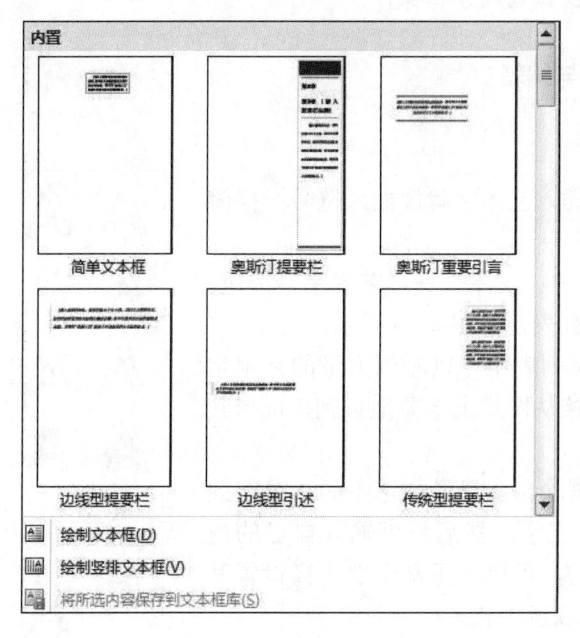

图 4-42　“文本框”下拉列表

4）选择文本框类型后，就可以在文档中插入一个该类型的文本框，并使其处于编辑状态，用户可直接在其中输入内容。

4.5.5　设置首字下沉

首字下沉就是在段落开头创建一个大号字符。

设置首字下沉的操作步骤如下。

1）将光标定位到要进行设置首字下沉的段落开头位置。

2）单击“插入”→“文本”→“首字下沉”按钮。

3）在弹出的“首字下沉”下拉列表（图 4-43）中可选择下沉样式，有“无”“下沉”“悬挂”3 种样式可供选择。

4）或者选择“首字下沉选项”选项，在弹出的“首字下沉”对话框中对首字下沉的“位置”“选项”进行设置，如图 4-44 所示。

5）单击“确定”按钮。

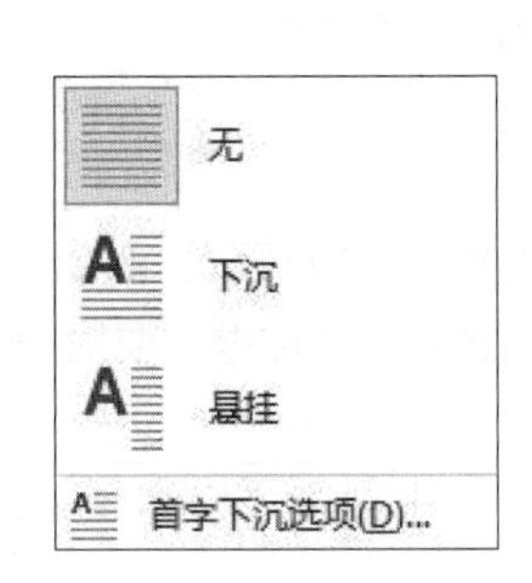

图 4-43 “首字下沉”下拉列表

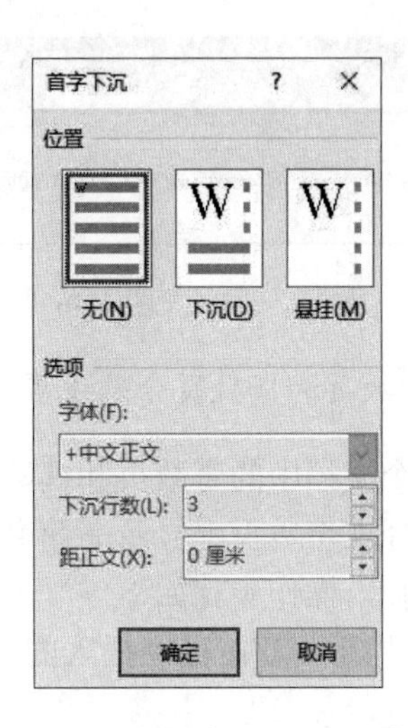

图 4-44 “首字下沉”对话框

4.5.6 插入页眉和页脚

页眉和页脚是文档中每个页面顶部、底部和两侧页边距中的区域，用户可以在页面和页脚中插入文本或图形，如页码、时间和日期、学校校徽、文档标题、文件名等。页眉和页脚的内容不是随文档输入的，而是专门设置的。

使用 Word 2016，不仅可以在文档中轻松地插入、修改预设的页眉或页脚的样式，还可以创建自定义外观的页眉或页脚，并将新的页眉或页脚保存到样式库中。

1. 在文档中插入预设的页眉和页脚

页眉和页脚的插入方法基本一致。以插入页眉为例，操作步骤如下。

1）单击“插入”→“页眉和页脚”→“页眉”按钮。

2）在弹出的“页眉”下拉列表中以图示的方式罗列了许多预设的页眉样式，如图 4-45 所示。从中选择一种合适的页眉样式。

3）此时所选的页眉样式就被应用到文档中的每一页了。

插入页眉和页脚后，会出现“页眉和页脚工具-设计”选项卡，如图 4-46 所示，在该选项卡中可对页眉和页脚进行编辑。

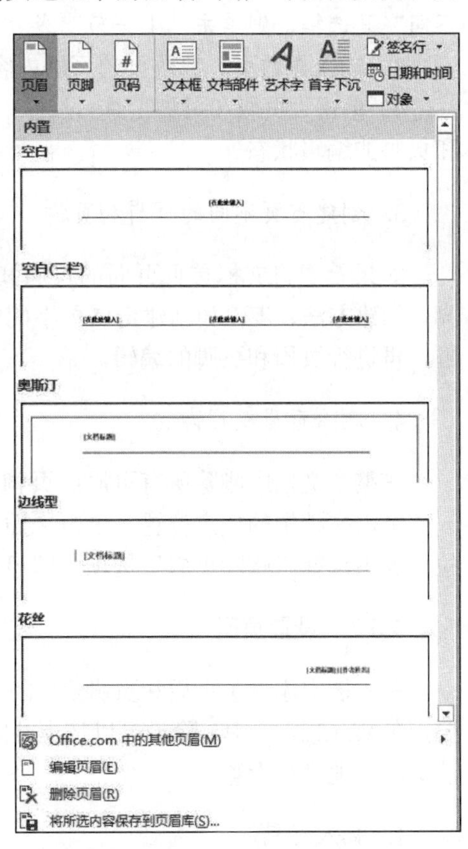

图 4-45 “页眉”下拉列表

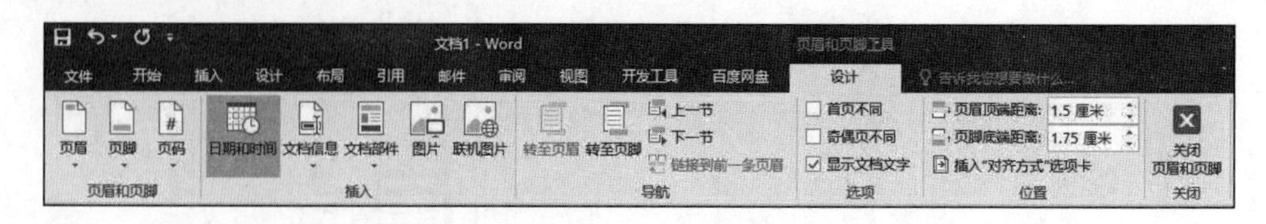

图 4-46　“页眉和页脚工具-设计”选项卡

2. 在奇数页和偶数页分别设置不同的页眉和页脚

有时一个文档中的奇数页和偶数页上需要使用不同的页眉或页脚。例如，在制作书籍资料时用户选择在奇数页上显示书籍名称，而在偶数页上显示章节标题。要对奇偶页使用不同的页眉或页脚，操作步骤如下。

1）在文档中，双击已经插入的页眉或页脚，此时自动出现“页眉和页脚工具-设计”选项卡。

2）在“选项”选项组选中“奇偶页不同”复选框，即可分别创建奇数页和偶数页的页眉或页脚了，如图 4-46 所示。

提示： 在“页眉和页脚工具-设计”选项卡中，提供了“导航”选项组，单击“转至页眉”或“转至页脚”按钮可以在页眉区域和页脚区域之间切换。另外，如果选中了“奇偶页不同”复选框，则单击“上一节”或“下一节”按钮可以在奇数页和偶数页之间进行切换。

3）输入奇数页、偶数页的页眉内容或页脚内容。

4）单击“页眉和页脚工具-设计”→“关闭”→“关闭页眉和页脚”按钮即可退出页眉和页脚的编辑状态。

3. 创建首页不同的页眉和页脚

如果希望将文档首页页面的页眉和页脚设置得与众不同，可创建首页不同的页眉和页脚。创建方法、步骤和创建奇偶页不同的页眉和页脚基本一致，只需选中“首页不同”复选框，再进行页眉和页脚的编辑。

4. 删除页眉或页脚

在整个文档中删除所有页眉或页脚的方法很简单。以删除页眉为例，操作步骤如下。

单击文档中的任意位置，单击“插入”→“页眉和页脚”→“页眉”按钮，在弹出的下拉列表中选择“删除页眉”选项，即可将文档中的所有页眉删除。

4.5.7 设置页码

在文档中添加了页眉和页脚后，随之要做的工作是为文档添加页码。页码的设置比较重要，在 Word 2016 中，除了可以按上述方法在页眉或页脚中设置页码外，还可以用另一种方法更灵活地进行设置。

1. 插入页码

单击“插入”→“页眉和页脚”→“页码”按钮，在弹出的“页码”下拉列表中选择页码的显示位置，如图 4-47 所示。

2. 设置页码格式

在“页码”下拉列表中选择“设置页码格式”选项，弹出“页码格式”对话框，如图 4-48 所示，在此可设置页码编号格式、章节起始样式等。设置完毕后，单击“确定”按钮即可。

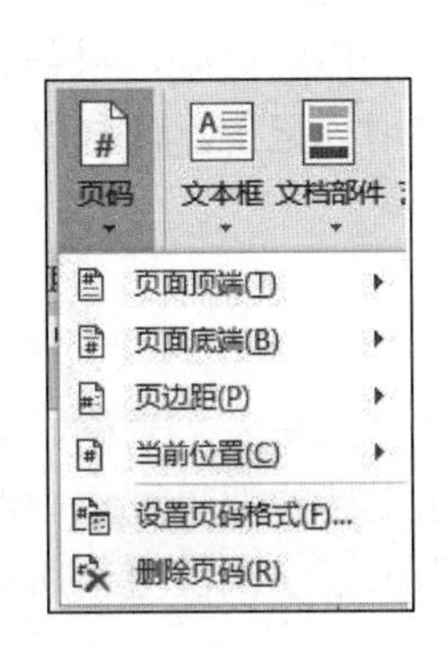

图 4-47 “页码”下拉列表

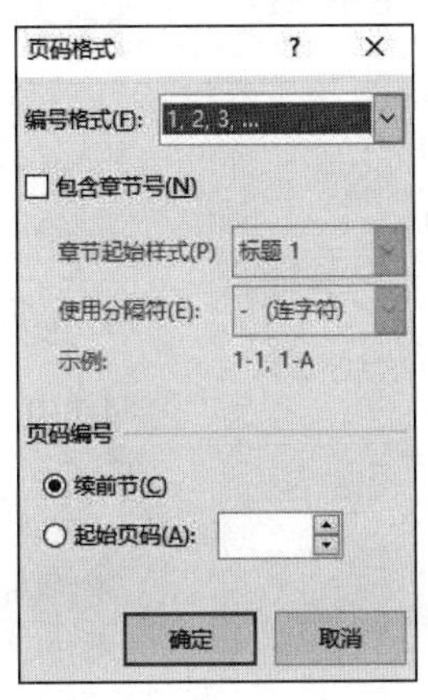

图 4-48 “页码格式”对话框

3. 删除页码

在整个文档中删除页码的方法很简单，与删除页眉、页脚很相似，操作步骤如下。

单击文档中的任意位置，单击“插入”→“页眉和页脚”→“页码”按钮，在弹出的下拉列表中选择“删除页码”选项，如图 4-47 所示，即可将文档中的页码删除。

任务 12: 继续任务 11，为板报添加页眉和页码。页眉的内容为作者姓名、学号和制作日期; 页码的位置为页面底端并居中。

4.5.8 设置脚注和尾注

1. 插入脚注和尾注

在 Word 文档中插入脚注和尾注的操作步骤如下。

1）把光标定位到要插入脚注和尾注的位置。

2）单击“引用”→“脚注”→“插入脚注”或“插入尾注”按钮，即可插入脚注或尾注。

2. 编辑脚注和尾注

编辑脚注或尾注的操作步骤如下。

1）单击“引用”→“脚注”选项组右下角的对话框启动器按钮。

2）弹出“脚注和尾注”对话框，如图 4-49 所示，在此可对脚注和尾注的位置、格式等进行编辑。

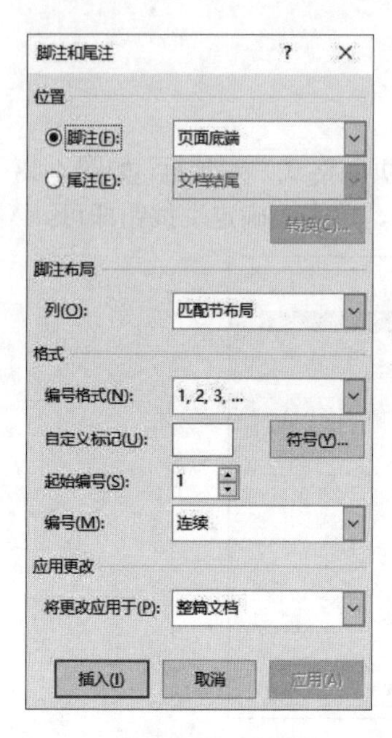

图 4-49 “脚注和尾注”对话框

3）在“位置”组中，单击“转换”按钮可对脚注和尾注进行快速转换。将光标定位到文档中的脚注区，可以直接编辑和修改脚注。如果不想要其中某一个脚注，可以在文档中选中脚注符，按 Delete 键删除。这时所有的脚注序号及脚注区中的注释都会自动进行调整。在脚注区删除脚注，往往不能同时删除文档中的脚注符。

上述操作是在页面视图中进行的。当插入脚注、尾注后，不必向下滚动到页面底端或文档结尾处，只需将鼠标指针悬停在文档中脚注或尾注的引用标记上，注释文本就会出现在屏幕提示中。

4.5.9 插入题注

题注是一种可以为文档中的图表、表格、公式或其他对象添加的编号标签，如果在文档的编辑过程中对题注执行了添加、删除或移动操作，则可以一次性更新所有题注编号，而不必进行单独调整。

在文档中定义并插入题注的操作步骤如下。

1）将光标定位到要添加题注的位置。

2）单击“引用”→“题注”→“插入题注”按钮。

3）在弹出的“题注”对话框中，可以根据添加题注的不同对象，在“选项”组的“标签”下拉列表框中选择不同的标签类型，如图 4-50 所示。

4）如果期望在文档中使用自定义的标签显示方式，可以单击“新建标签”按钮，在弹出的“新建标签”对话框中输入新的标签命名，如图 4-51 所示。单击“确定”按钮，新的标签样式将出现在“标签”下拉列表框中，同时还可以为该标签设置位置与编号。

5）设置完成后，单击“确定”按钮，即可将题注插入相应的文档位置。

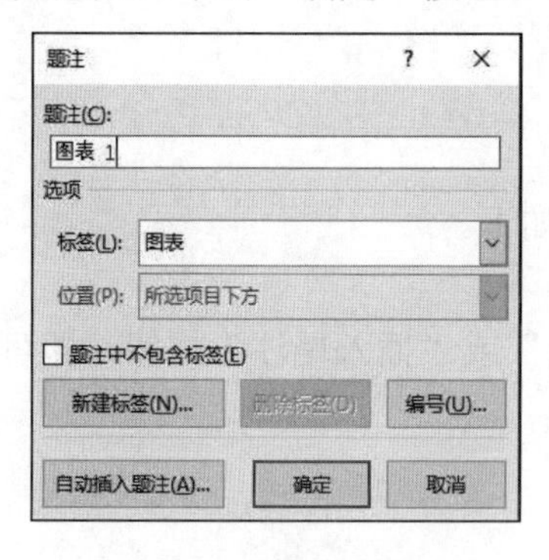

图 4-50 “题注”对话框

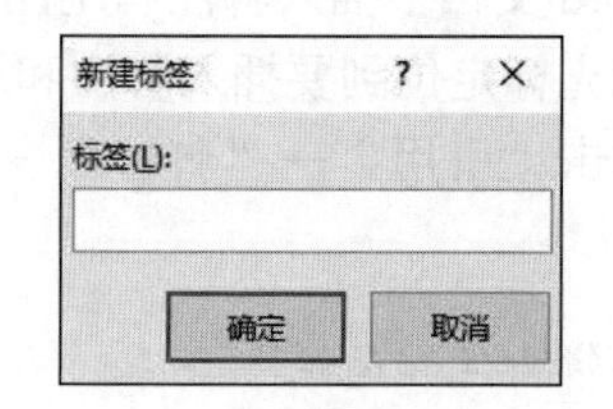

图 4-51 “新建标签”对话框

4.5.10 插入书签

插入书签可以为文档中的某个特定点指定一个名称。插入书签的实质是创建能够直接跳转到书签位置的超链接。

插入书签的操作步骤如下。

1）将光标定位到要插入书签的位置。

2）单击“插入”→“链接”→“书签”按钮。

3）在弹出的“书签”对话框中对书签进行命名，如图 4-52 所示，命名成功后，单击“添加”按钮，书签即插入成功。

注意：书签名必须以文字或字母开头，可包含数字但不能有空格，可以用下划线来分隔文字，如“abc”或“书签_123”等。

4）打开“书签”对话框，选择要进行跳转的书签名，单击“定位”按钮即可链接到指定位置。若要删除书签，可选中要删除的书签名后单击“删除”按钮。

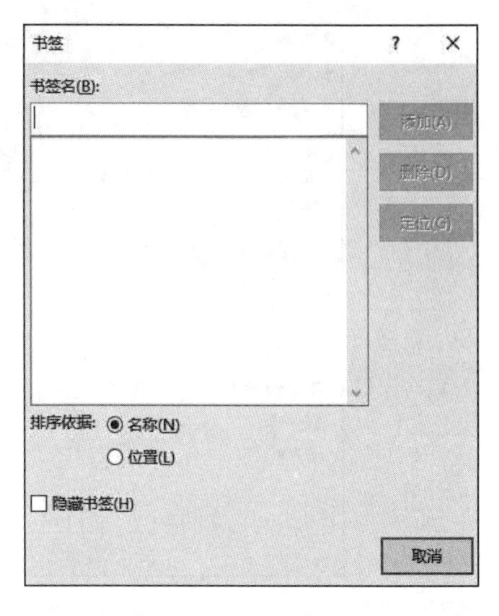

图 4-52 “书签”对话框

4.5.11 中文版式的使用

Word 2016 中文版式主要包括“纵横混排”“合并字符”“双行合一”“调整宽度”“字符缩放”5 种功能。

使用中文版式的操作步骤如下。

1）选中要使用中文版式的文本。

2）单击“开始”→“段落”→“中文版式”按钮。

3）在弹出的“中文版式”下拉列表（图 4-53）中选择想要的版式功能并进行设置即可。

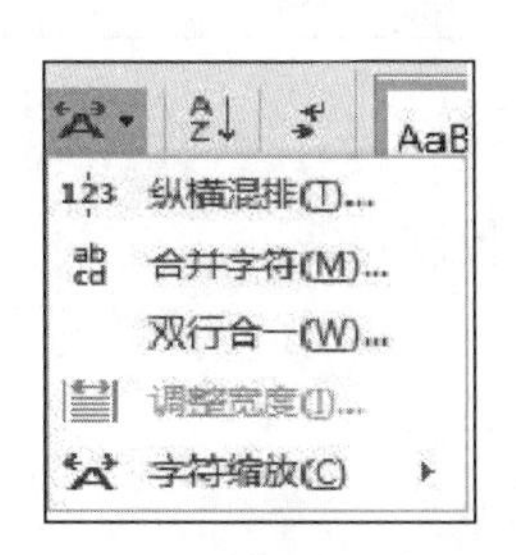

图 4-53 “中文版式”下拉列表

活动 3：根据图 4-1 丰富“我的家乡”板报的内容。

4.5.12 图片的操作

1. 插入图片

通常图片文件由专业绘图软件制作，用户可以将图库中的图片插入 Word 文档中，使文档的形式更加活泼生动。插入图片操作步骤如下。

1）将插入点定位到要插入图片的位置。

2）单击“插入”→“插图”→“图片”按钮。

3）在弹出的“插入图片”对话框中选择要插入文档中的图片文件，在“预览”状态下，图片的缩略图将显示在右侧，如图 4-54 所示。

4）单击“插入”按钮，图片即插入成功。

2. 编辑图片

插入图片后，Word 2016 会出现“图片工具-格式”选项卡，如图 4-55 所示。

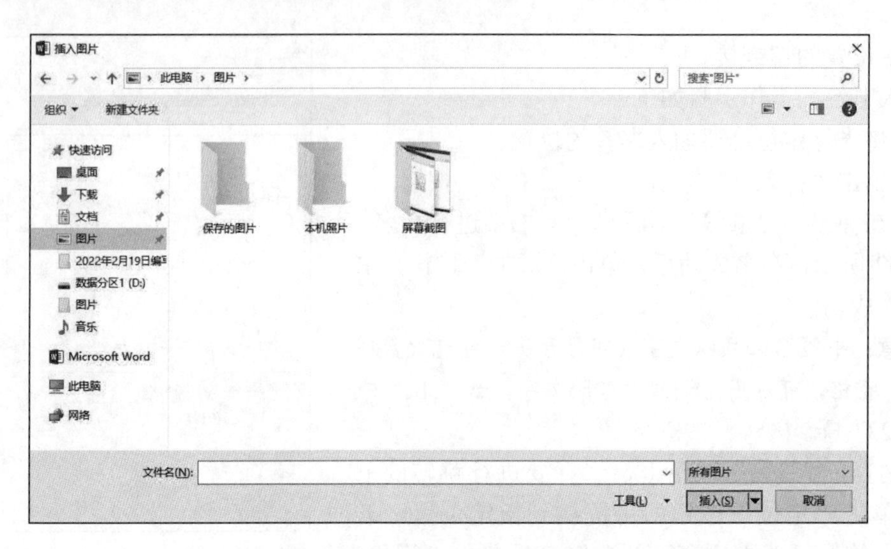

图 4-54 “插入图片”对话框

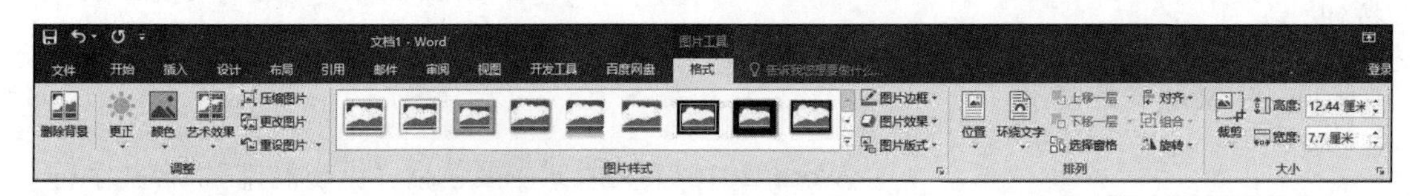

图 4-55 “图片工具-格式”选项卡

在编辑图片前，先要选中图片。被选中的图片周围会出现 8 个控制点。

（1）“调整”选项组

删除背景：自动删除不需要的背景图片。

更正：更改图片的亮度、对比度、清晰度。

颜色：更改图片颜色，以提高质量或匹配文档的内容。

艺术效果：将艺术效果添加到图片，以使其更像草图或油画。

压缩图片：压缩选中的图片。

更改图片：更改为其他图片，但保留当前图片的格式和大小。

重设图片：取消对图片的所有编辑修改，还原到初始状态。

（2）“图片样式”选项组

图片边框：指定选定形状轮廓的颜色、宽度和线形。

图片效果：对图片应用某种视觉效果，如阴影、发光等。

图片版式：将所选图形转换为 SmartArt 图形，如图 4-56 所示。

（3）“排列”选项组

位置：将所选对象放到页面什么位置。

环绕文字：更改所选对象周围文字的环绕方式。

对齐：将所选多个对象的边缘对齐。可以将这些对象居中对齐、左对齐或右对齐等。

旋转：旋转或翻转所选对象。

上移一层：将所选对象上移，或将其移至所有对象前面。

下移一层：将所选对象下移，或将其移至所有对象后面。

选择窗格：显示“选择”窗格，帮助选择单个对象，并更改其顺序和可见性。

组合：将对象组合到一起，以便将其作为单个对象进行处理。

（4）“大小”选项组

在“大小”选项组可调整图片的高度、宽度和剪裁图片。

用户可以通过鼠标拖动图片边框以调整大小。或单击“大小”选项组右下角的对话框启动器按钮，弹出“布局”对话框，如图 4-57 所示，选择“大小”选项卡，在“缩放”组中选中“锁定纵横比”复选框，然后设置“高度”和“宽度”的百分比即可更改图片的大小，设置完成后单击“关闭”按钮关闭对话框。

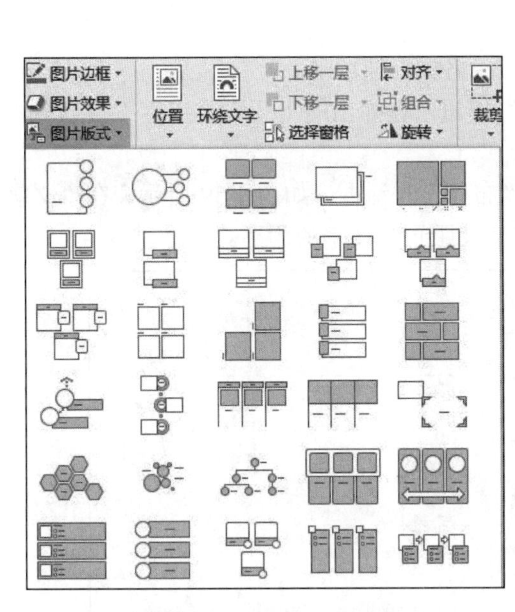

图 4-56　SmartArt 图形

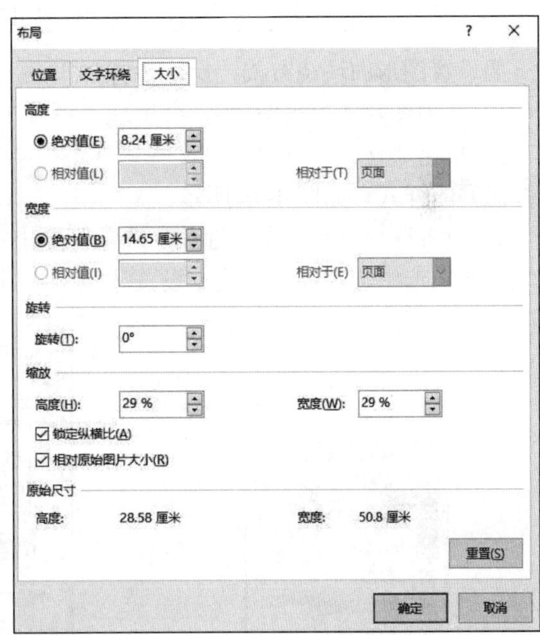

图 4-57　“布局”对话框

3. 设置文字与图片环绕方式

环绕决定了图形之间、图形与文字之间的交互方式。环绕有两种基本形式：嵌入型（在文字层中）和浮动型（在图形层中）。浮动意味着可以将图片拖动到文档中的任意位置，而不像嵌入文档文字层中的图片那样受到一些限制。表 4-1 中列出了不同环绕方式在文档中的布局效果。

表 4-1　环绕方式

环绕设置	在文档中的效果
嵌入型	插入文字层。可以拖动图形，但只能从一个段落标记移动到另一个段落标记中。通常用在简单文档和正式报告中
四周型环绕	文本中放置图形的位置会出现一个方形的“洞”，文字会环绕在图形周围，可将图形拖动到文档中的任意位置。通常用在带有大片空白的新闻稿和传单中

续表

环绕设置	在文档中的效果
紧密型环绕	实质是在文本中放置图形的地方创建一个形状与图形轮廓相同的“洞”，使文字环绕在图形周围。可以通过环绕顶点改变文字环绕的“洞”的形状，可将图形拖动到文档中的任意位置。通常用在纸张空间很宝贵且可接受不规则形状的出版物中
穿越型环绕	文字围绕着图形的环绕顶点（环绕顶点可调整），该样式产生的效果和表现的行为与“紧密型环绕”相同
上下型环绕	创建了一个与页边距等宽的矩形，文字位于图形的上方或下方，但不会在图形两侧，可将图形拖动到文档的任意位置。当图形是文档中最重要的部分时通常会使用这种环绕样式
衬于文字下方	嵌入在文档底部或下方的绘制层，可将图形拖动到文档任意位置
浮于文字上方	嵌入在文档上方的绘制层，可将图形拖动到文档任意位置，文字位于图形下方

要设置图形的环绕方式，操作步骤如下。

1）选中图片（单击图片），会出现“图片工具-格式”选项卡。

2）单击“格式”→“排列”→“环绕文字”按钮，在弹出的“环绕文字”下拉列表中选择想要的样式，如图 4-58 所示。

3）或者选择“其他布局选项”选项，弹出“布局”对话框，如图 4-59 所示，在“文字环绕”选项卡中选择环绕方式，设置环绕文字方式及距正文文字的距离。

图 4-58 “环绕文字”下拉列表

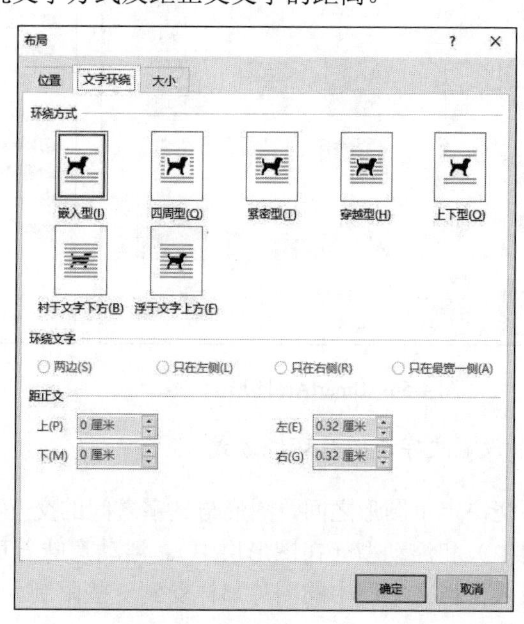

图 4-59 文字环绕方式设置

4. 设置图片在页面上的位置

Word 2016 提供了可以便捷控制图片位置的工具，使用户可以合理地根据文档类型布局图片。设置图片在页面位置的操作步骤如下。

1）选中要进行设置的图片，此时会出现“图片工具-格式”选项卡。

2）单击“格式”→“排列”→“位置”按钮，在弹出的“位置”下拉列表中选择想要采用的布局方式，如图 4-60 所示。

3）或者选择“其他布局选项”选项，在弹出的“布局”对话框中选择“位置”选项卡，根据需要设置“水平”“垂直”位置及相关参数，如图 4-61 所示。

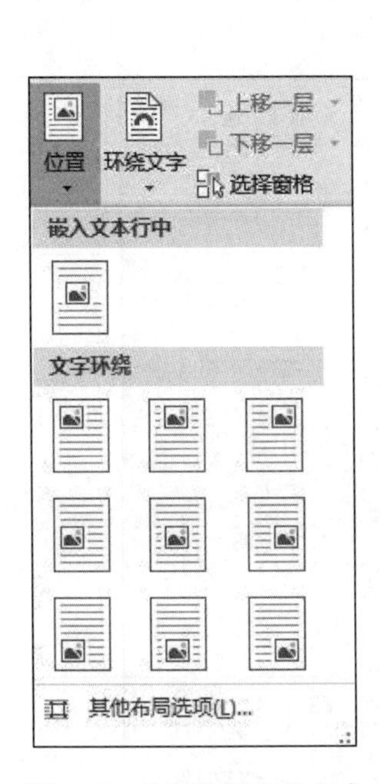

图 4-60 选择位置布局方式

图 4-61 “布局”对话框中的“位置”选项卡

其中“选项”组中的各选项作用介绍如下。

① 对象随文字移动：将图片与特定的段落关联起来，使段落始终保持与图片显示在同一页面上。该设置只影响页面上的垂直位置。

② 锁定标记：锁定图片在页面上的当前位置。

③ 允许重叠：允许图形与图像相互覆盖。

④ 表格单元格中的版式：允许使用表格在页面上安排图片的位置。

4.5.13 插入剪贴画、形状、SmartArt 图形

在“插图”选项组中，还有“联机图片”“形状”“SmartArt”“屏幕截图”等命令，如图 4-62 所示。其中，插入剪贴画、形状与 SmartArt 图形与插入图片的方式和步骤基本一致。

图 4-62 “插图”选项组

1）剪贴画：将剪贴画（包括绘图、影片、声音或库存图片等）插入文档中，以展示特定的概念，如图 4-63 所示。

2）形状：插入现有的形状，如线条、矩形、基本形状、箭头、公式形状、流程图、标注等，如图 4-64 所示。

3）SmartArt：包括列表、流程及更为复杂的图形，以直观的方式交流信息，如图 4-65 所示。

图 4-63　插入剪贴画

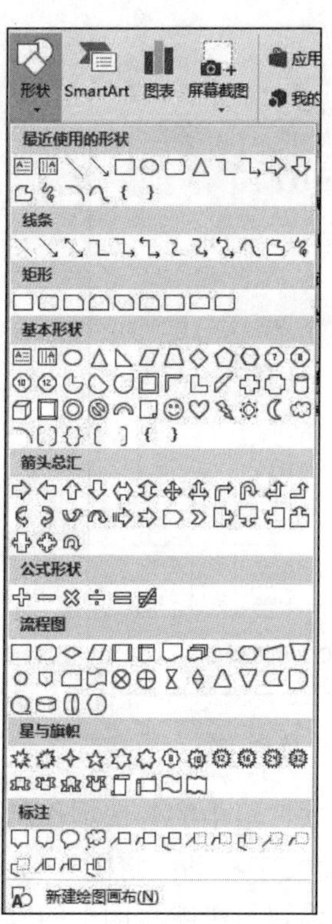

图 4-64　插入形状

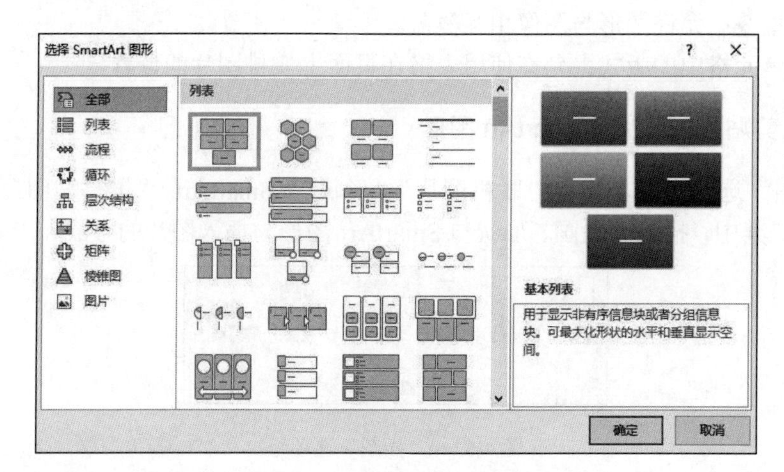

图 4-65　插入 SmartArt 图形

4.5.14 设置页面背景和颜色

1. 为文档设置页面背景和颜色

具体操作步骤如下。

1）单击“设计”→“页面背景”→“页面颜色”按钮。

2）在弹出的“页面颜色”下拉列表中的“主题颜色”或“标准色”组中选择所需颜色。如果没有所需的颜色，可选择“其他颜色”选项，在弹出的“颜色”对话框中进行选择。

3）如果希望添加其他效果，则选择“填充效果”选项。可在弹出的“填充效果”对话框中的“渐变”“纹理”“图案”“图片”4 个选项卡中分别设置页面的特殊填充效果，如图 4-66 所示。

2. 为文档设置水印

水印是指在页面内容后面所插入的阴影文字。这通常用于表示要将文档特殊对待，如“机密”“紧急”，也可自行定义。为文档设置水印的操作步骤如下。

1）单击“设计”→“页面背景”→“水印”按钮。

2）在弹出的“水印”下拉列表中的“机密”组中选取合适的水印即可，若没有合适的水印，可选择下方的“自定义水印”选项，在弹出的“水印”对话框中自定义水印，如图 4-67 所示。

3）选择“水印”下拉列表中的“删除水印”选项，可将水印删除。

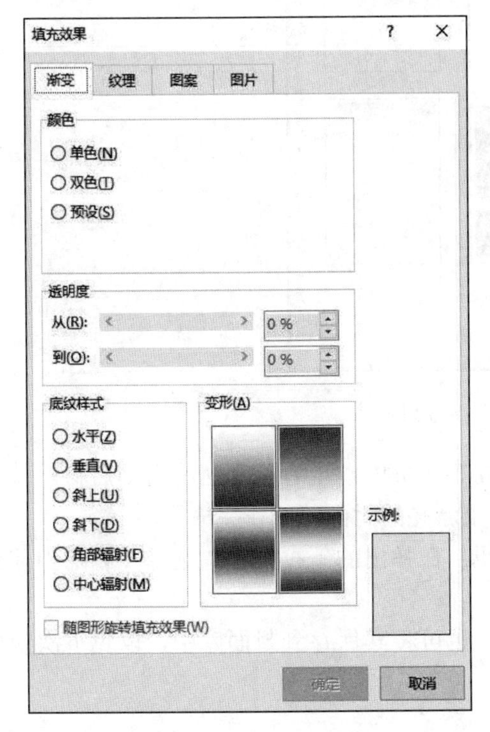

图 4-66 设置页面填充效果

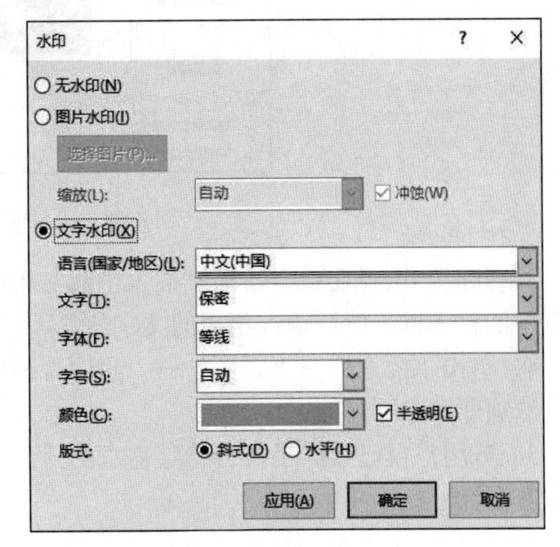

图 4-67 “水印”对话框

任务 13: 继续任务 12，在板报作品中插入相关的图片，并调整图片的大小和位置。

4.5.15 插入文档封面

优秀的文档配以漂亮的封面会更加完美。在 Word 2016 中，用户将不必再为设计漂亮的封面而大费周章，预设的封面库为用户提供了充足的选择空间。

插入封面的操作步骤如下。

1）单击“插入”→“页面”→“封面”按钮。

2）弹出的“封面”下拉列表以图示的方式列出了许多文档封面，这些图示的大小足以看清封面的全貌，如图 4-68 所示，根据需要选择一个满意的封面。

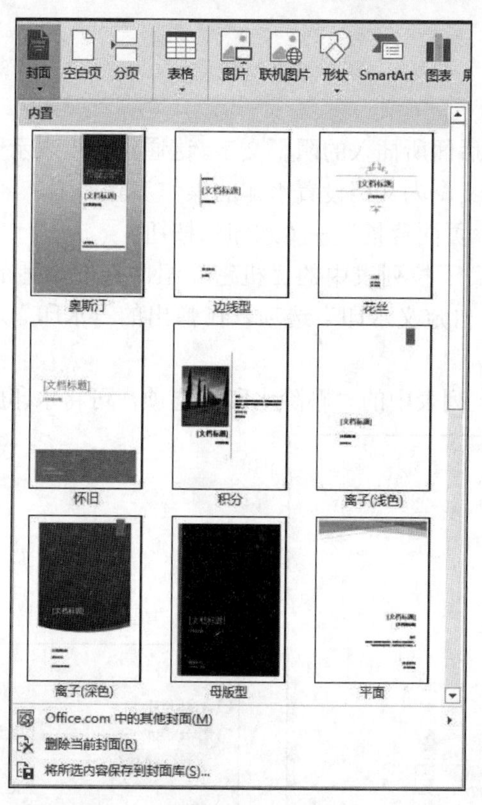

图 4-68 “封面”下拉列表

3）此时，该封面就会自动被插入当前文档的第一页中，现有的文档将自动后移。单击封面中的输入框，然后输入相应的文字信息，一个漂亮的封面就制作完成了。

4）单击“插入”→“页面”→“封面”按钮，在弹出的下拉列表中选择“删除当前封面”选项即可删除封面。

5）若用户自己设计了符合特定需求的封面，也可将其保存到封面库中，以免下次使用时重新设计。

4.6 保护文档

板报创建成功后，可根据需要对文档进行相应的保护以免文档随意被他人打开或修改。保护文档主要是将文档标记为最终状态、为文档加密、限制编辑等，操作步骤如下。

1）选择“文件”→“信息”→“保护文档”选项，弹出“保护文档”下拉列表，如图 4-69 所示。

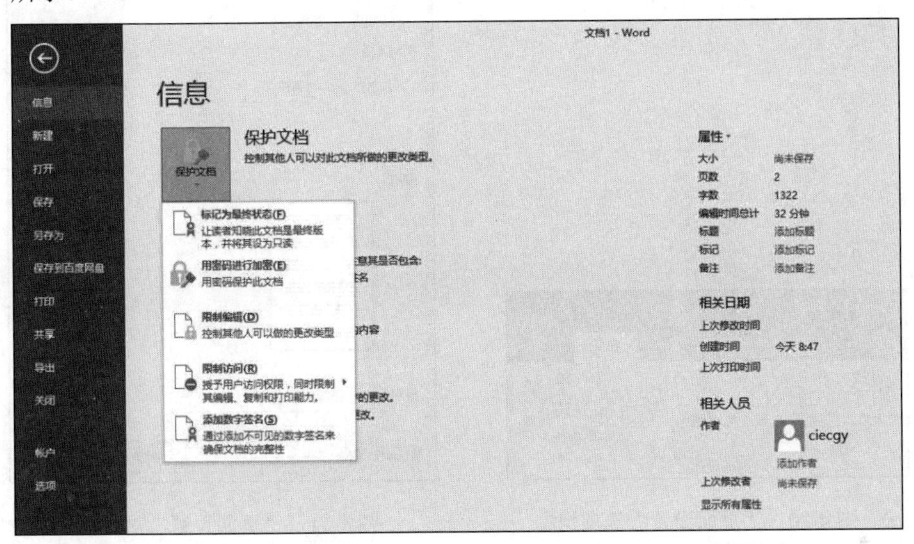

图 4-69　“保护文档”下拉列表

2）选择要保护文档的方式。

注意：对文档进行加密的密码是区分大小写的。密码一旦丢失或遗忘将不可恢复，所以要将密码和文档放置在安全的位置。

4.7 打印板报

4.7.1 页面设置

1. 利用“页面设置”选项组进行设置

在“布局”选项卡“页面设置”选项组中可对页边距、纸张方向、纸张大小等进行快速设置，如图 4-70 所示。

2. 利用“页面设置”对话框进行设置

单击“布局”→“页面设置”选项组右下角的对话框启动器按钮，在弹出的“页面设置”对话框中进行页面设置，如图 4-71 所示。

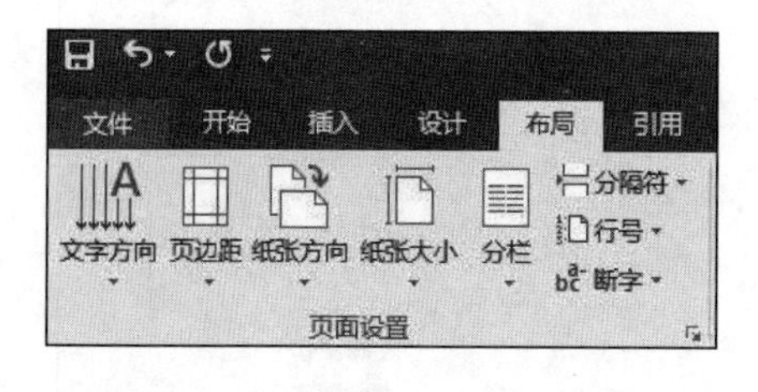

图 4-70　“页面设置”选项组

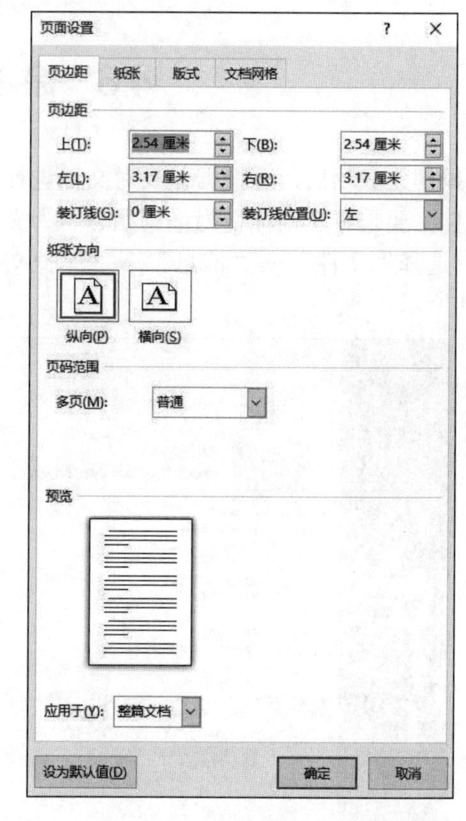

图 4-71　“页面设置”对话框

1）选择“纸张”选项卡，在“纸张大小”下拉列表框中选择 B5 纸；选择“文档网络”选项卡，在“方向”组中选中“垂直”单选按钮；选择“页边距”选项卡，输入上、下、左、右 4 个方向的页边距，单击“确定”按钮。

2）双击标尺上的灰色区域，也可以弹出“页面设置”对话框。如果文稿需要装订，还要设置装订线的位置：在“页面设置”对话框的“页边距”选项卡中选择装订线的位置，“装订线”输入框中的数值表示装订线到页边的距离，而现在的页边距表示的是装订线到正文边框的距离。

3）在“页面设置”对话框中选择“版式”选项卡，在“垂直对齐方式”下拉列表框中选择对齐方式，单击“确定”按钮。单击“开始”→“段落”→“居中”按钮，把文档放到整个页面的中间。

Word 是环绕文字的，所以不用进行段落的设置，只是图形对象要使用对齐方式。

4.7.2　打印预览与打印

一般在打印之前要先预览打印的内容：选择“文件”→“打印”选项，打开“打印”窗口，如图 4-72 所示，即可看到“打印”（左窗格）和“打印预览”（右窗格）两部分。在“打印预览”窗格中看到的文档的效果就是打印出来的效果。如果对预览的效果感到满意，直接单击“打印”按钮，就可以把文档打印出来。

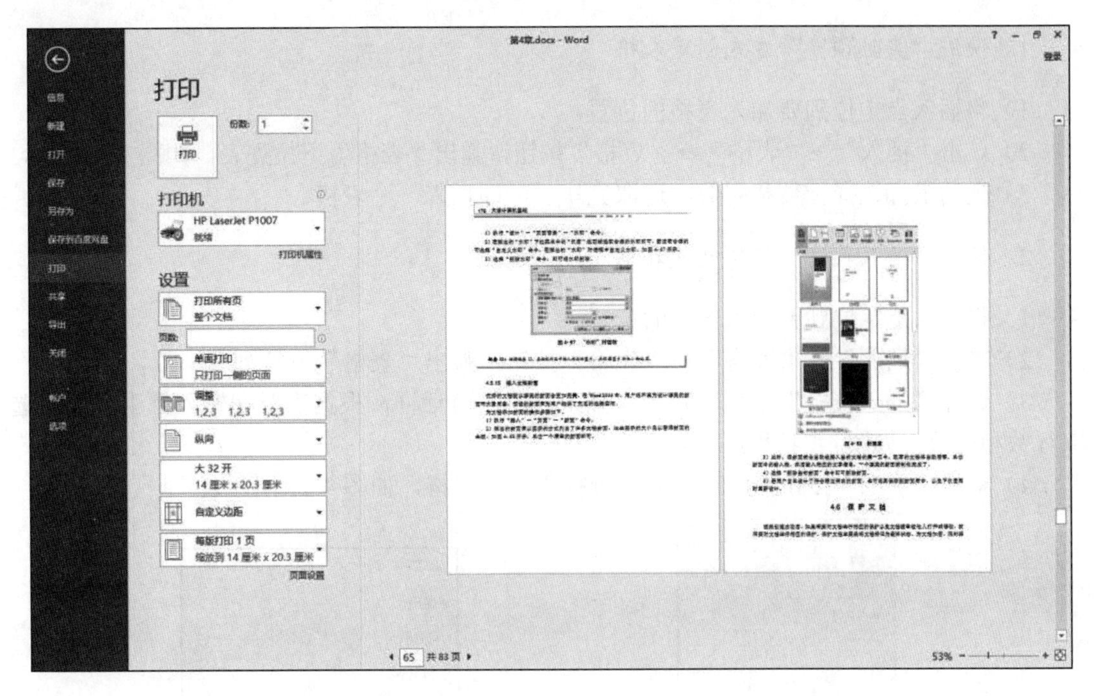

图 4-72 文档的打印

1）输入要打印的份数，可以先打印一份，如果满意再打印需要的份数。

2）在“打印机”组中选择所要使用的打印机。

3）在“设置”组中对页数、单双面打印、纸张方向、页边距等进行设置。

4）单击“打印”按钮即可开始打印，要放弃打印可以单击“取消”按钮。

按 Ctrl＋P 组合键也可以弹出“打印”窗口。

活动 4: 完成“我的家乡”板报。

任务 14: 继续任务 13，打印板报。要求“纸张大小”为“自定义大小”，宽度为 20 厘米，高度为 29 厘米；页边距：上为 2.6 厘米，下为 3.6 厘米，左、右都为 3.5 厘米。

4.8 表格的建立与编辑

4.8.1 表格的建立

作为文字处理软件，表格功能是必不可少的，Word 2016 在这方面的功能十分强大。与早期的版本相比，Word 2016 中的表格有了很大的变化，增添了表格样式、实时预览等全新的功能与特性，最大限度地简化了表格格式化操作，使用户可以更加轻松地创建专业、美观的表格。

注意： 不管以何种方式创建表格，表格创建成功后，都会出现“表格工具-设计”和“表格工具-布局”选项卡，通过该选项卡及其功能区可对表格进行进一步的调整编辑。

1. 使用“实时预览”方式创建表格

1）将插入点定位到要加入表格的位置。
2）单击“插入”→“表格”→“表格”按钮，弹出“表格”下拉列表，如图 4-73 所示。
3）拖动鼠标选择行数和列数，选取完毕后，即插入一个表格。

2. 使用“插入表格”命令创建表格

1）将插入点定位到要加入表格的位置。
2）单击“插入”→“表格”→“表格”按钮，弹出“表格”下拉列表。
3）选择“插入表格”选项，弹出“插入表格”对话框，根据需要在输入框中输入或选取行数和列数，如图 4-74 所示。
4）单击“确定”按钮，即在插入点处插入一个表格，如图 4-75 所示。

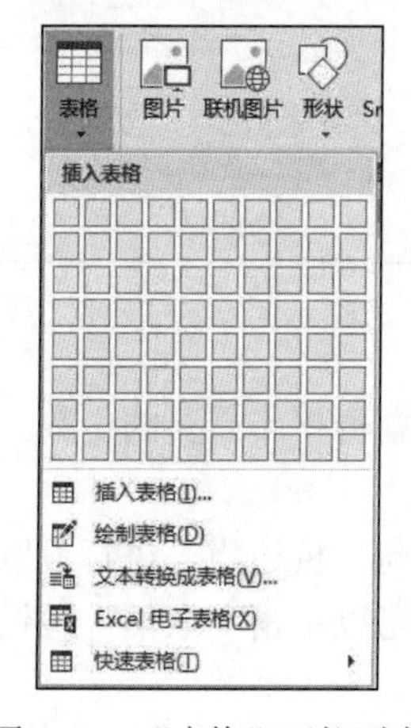

图 4-73 “表格”下拉列表

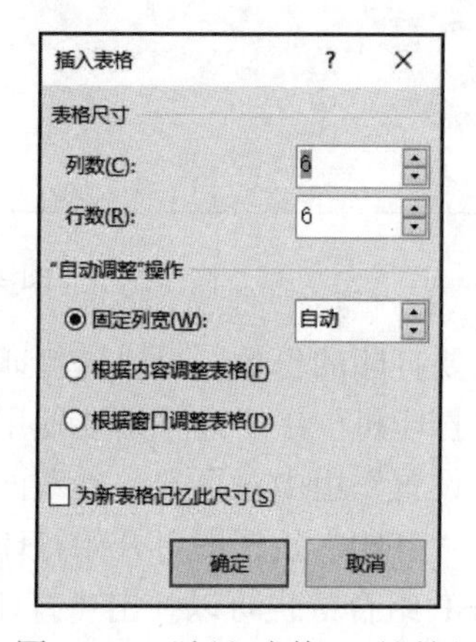

图 4-74 “插入表格”对话框

↵	↵	↵	↵	↵	↵
↵	↵	↵	↵	↵	↵
↵	↵	↵	↵	↵	↵
↵	↵	↵	↵	↵	↵
↵	↵	↵	↵	↵	↵
↵	↵	↵	↵	↵	↵

图 4-75 插入的表格示例

在“插入表格”对话框的“‘自动调整’操作”组中，若选中“固定列宽”单选按钮，则生成列宽一致的表格，且宽度为右侧输入框中的值。也可选中“根据内容调整表格”或“根据窗口调整表格”单选按钮。

3. 使用“绘制表格”命令绘制表格

如果要创建不规则的复杂表格，可以采用手动绘制表格的方法。这种方式更加灵活，操作步骤如下。

1）将插入点定位到要加入表格的位置。

2）单击“插入”→“表格”→“表格”按钮，弹出“表格”下拉列表。

3）选择“绘制表格”选项，这时鼠标指针会变为铅笔状。用户可以先绘制一个大矩形以定义表格的外边界，然后在该矩形内根据实际需要绘制行线和列线。

注意：此时，会出现“表格工具-设计”和“表格工具-布局”选项卡，并且“边框”选项组中的“边框”按钮处于选中状态，如图 4-76 所示。

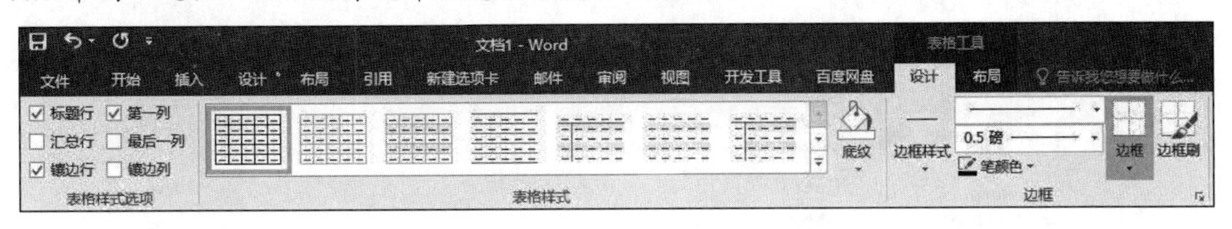

图 4-76 “表格工具-设计”选项卡

4. 使用“Excel 电子表格”命令创建表格

1）将插入点定位到要加入表格的位置。

2）单击“插入”→“表格”→“表格”按钮，弹出“表格”下拉列表。

3）选择“Excel 电子表格”选项，即可快速插入一个 Excel 表格，如图 4-77 所示。

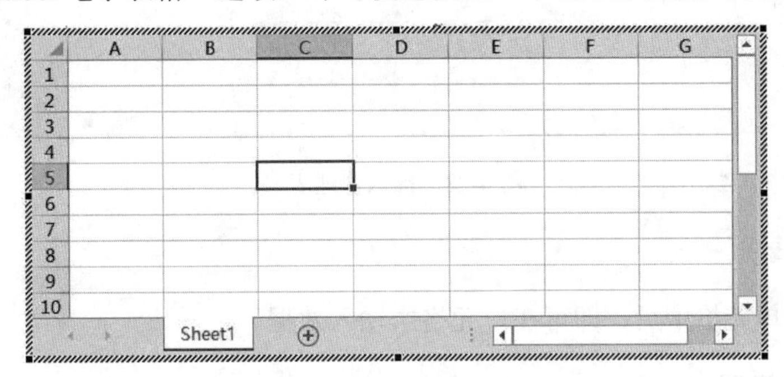

图 4-77 Excel 电子表格

5. 使用“快速表格”命令创建表格

1）将插入点定位到要加入表格的位置。

2）单击“插入”→“表格”→“表格”按钮，弹出“表格”下拉列表。

3）在“快速表格”子菜单中选择一种表格样式，即可快速插入一个该样式的表格，如图 4-78 所示。

4.8.2 表格中数据的输入

空白表格建立之后，就可以在表格中输入内容了。

1. 选择要输入数据的单元格

选择要输入数据的单元格有以下两种方法。

1）单击选中要输入数据的单元格。

2）按键盘上的方向键（或 Tab 键）将插入点移动到要输入数据的单元格中。

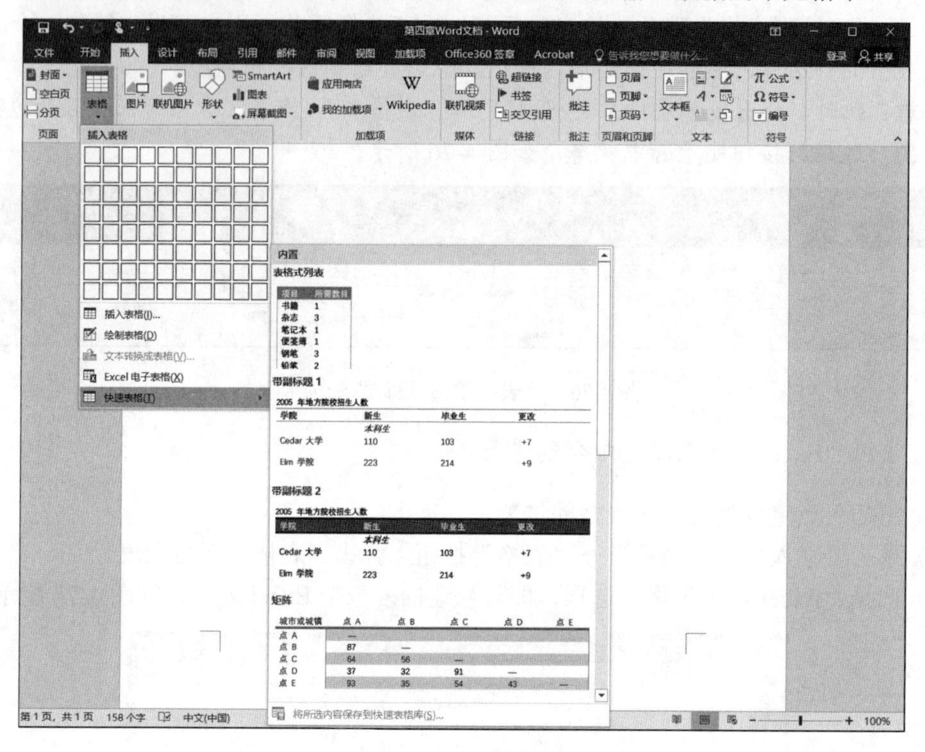

图 4-78　插入快速表格

2. 输入数据

光标移动到单元格中后，即可在单元格中输入数据。

4.8.3　表格线的设置

在 Word 默认状态下，表格线显示为细实线，用户可以将细的表格线转化为指定粗细的实线，操作步骤如下。

1）选中表格后，会出现“表格工具-设计”和“表格工具-布局”选项卡，单击“表格工具-设计”→“表格样式”→“边框”按钮，在弹出的“边框”下拉列表中选择“边框和底纹”选项，如图 4-79 所示。

2）这时弹出“边框和底纹”对话框，如图 4-80 所示，在“边框”选项卡的“设置”组中有“无”“方框”“全部”“虚框”“自定义”5 个预选对象。

3）在“边框和底纹”对话框的“样式”列表框中选择需要的线型。

4）如果不显示表格的某些边框，则应单击“预览”组中的相应按钮或单击“预览”组中相应的边框线。

5）单击“确定”按钮，表格线将为选定的实线或虚线。

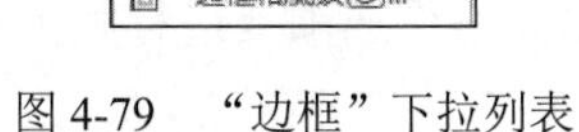
图 4-79 “边框”下拉列表

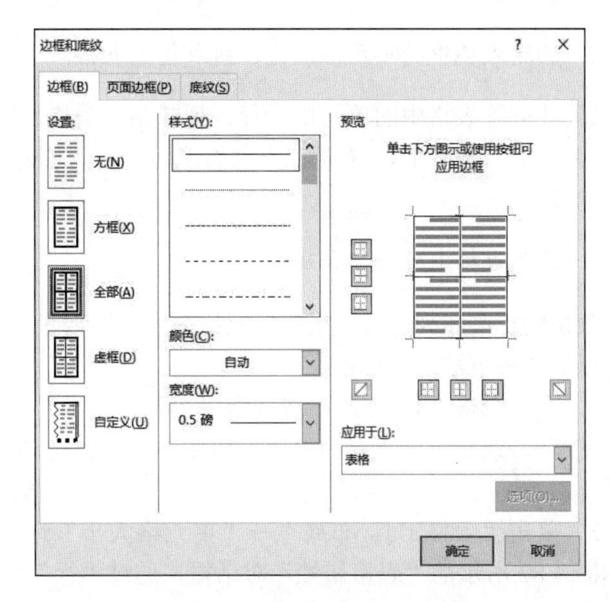

图 4-80 “边框和底纹”对话框

4.8.4 表格的编辑

建立表格后，还可以对其进行局部修改，如加宽表格的列、增加表格的行高、分割单元格及合并单元格等。修改表格前必须先选中表格中要修改的部分，再进行修改。

1. 单元格、行、列及整个表格的选择

表格的修改对象是被选择的部分，用户可以用拖动鼠标的方式选择单元格的行、列及整个表格，也可以使用以下方式选择。

1）用鼠标单击的方式选择单元格。

2）用键盘选择单元格。

3）用表格命令菜单选择表格。

2. 在表格中插入行

1）如果要插入的行在表格中某行的上方或下方，则先将插入点定位到该行中。

2）单击“表格工具-布局”→“行和列”→“在上方插入”或“在下方插入”按钮，即可成功插入行。

3. 在表格中插入列

1）如果要插入的列在表格中某列的左侧或右侧，则先将插入点定位到该列中。

2）单击“表格工具-布局”→“行和列”→“在左侧插入”或“在右侧插入”按钮，即可成功插入列。

4. 删除表格中的单元格、行、列或整个表格

1）要删除表格中的单元格、行、列或整个表格，要先选中对象。

2）单击“表格工具-布局”→“行和列”→“删除”按钮，在弹出的下拉列表中选择要执行的操作。

5. 修改表格中的行高和列宽

表格的行高和列宽可以根据单元格内容的需要进行调整。先选中需要调整的行或列，然后按以下两种方法之一设置。

1）在“表格工具-布局”选项卡“单元格大小”选项组中，直接调整单元格的“高度”和“宽度”，或者单击“自动调整”按钮，在“自动调整”下拉列表中选择一种调整方式，如图 4-81 所示。

2）单击“表格工具-布局”→“单元格大小”选项组右下角的对话框启动器按钮，弹出如图 4-82 所示的“表格属性”对话框，通过“行”“列”“单元格”选项卡进行相关调整。

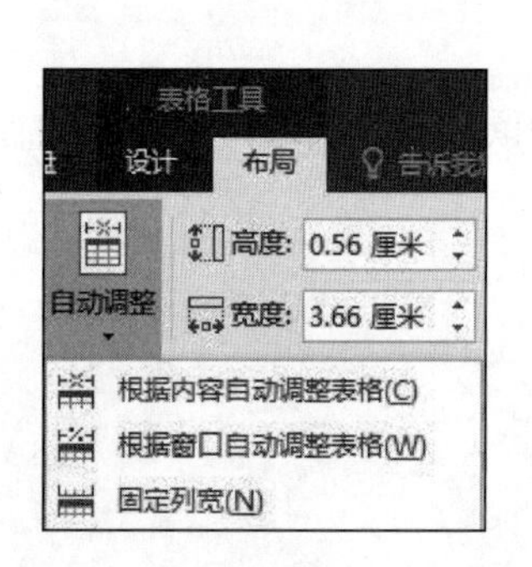

图 4-81 “自动调整”下拉列表

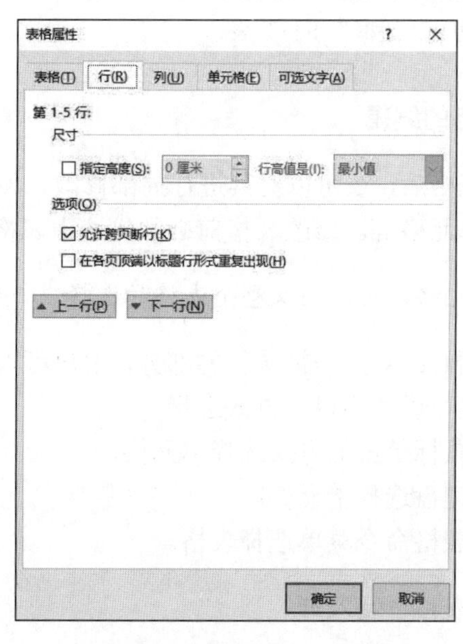

图 4-82 “表格属性”对话框

① 根据需要在“行高值是”下拉列表框中选择“最小值”或“固定值”选项，并在“指定高度”输入框中输入或调整行高。

② 单击“上一行”或“下一行”按钮可在各行间切换。

③ 调整完毕后，单击“确定”按钮。

在“列”选项卡中可对列宽进行类似的调整。

6. 设定表格对齐方式

在默认状态下，表格位于文档页面的左对齐位置，用户可以重新设置居左、居中、居右

的位置。

先选中表格，然后按照以下两种方法之一进行设置。

1）在“表格工具-布局”选项卡的“对齐方式”选项组中选择合适的对齐方式，如图 4-83 所示。

2）选中整个表格后，单击“表格工具-布局”→“单元格大小”选项组右下角的对话框启动器按钮，弹出“表格属性”对话框，选择“表格”选项卡，在“对齐方式”组中进行相应设置即可，如图 4-84 所示。

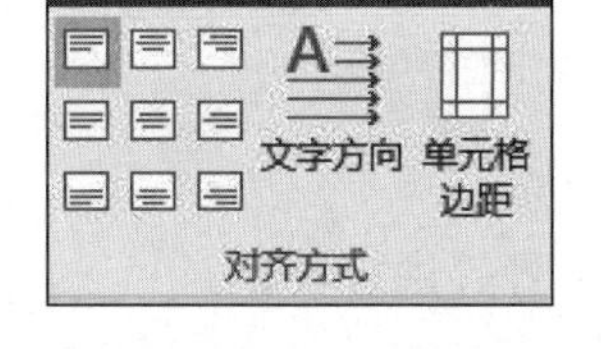

图 4-83 “对齐方式”选项组

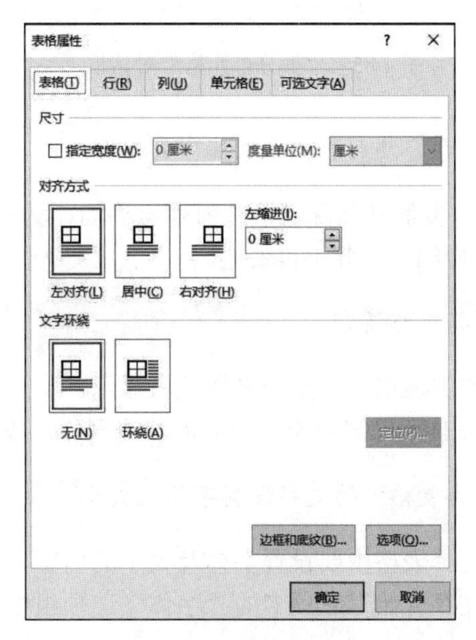

图 4-84 设置对齐方式

7. 合并或拆分单元格

（1）合并单元格

选中要进行合并的单元格，单击“表格工具-布局”→“合并”→“合并单元格”按钮，即可将单元格合并。

（2）拆分单元格

1）选中要进行拆分的单元格，单击“表格工具-布局”→“合并”→“拆分单元格”按钮。

2）在弹出的“拆分单元格”对话框中，输入要拆分的行数、列数，如图 4-85 所示。

3）单击“确定”按钮，即可将单元格拆分。

8. 设置重复标题

当表格很长而需要分几页打印时，原表格被分成几个各自封闭的表格，每个表格应重复表头内容，操作步骤如下。

1）选择表格的表头。

2）单击“表格工具-布局”→“数据”→“重复标题行”按钮，即可重复表格的表头，如图 4-86 所示。

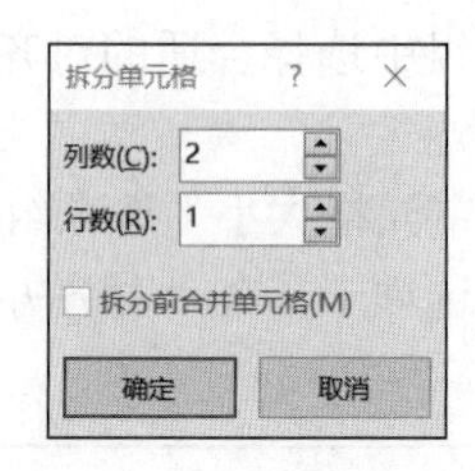

图 4-85 “拆分单元格”对话框

图 4-86 “数据”选项组

9. 移动、复制和删除表格中的内容

移动、复制和删除表格中内容与移动、复制和删除 Word 2016 文档中的文本内容的操作方法是一样的，在此不再赘述。

10. 将表格清空

1）选中表格，使整个表格反白显示。
2）按 Delete 键则表格中的内容被删除，成为一个空表。

11. 为表格中的文字设置字体及大小

1）选择表格中要设置字体及大小的内容，使之反白显示。
2）在“开始”选项卡的“字体”选项组中对字体、字号等进行设定。

12. 绘制斜线表头

在制作表格时经常需要在表格的最左上格中书写两个标题，这时需要用斜线来分割该单元格。

绘制斜线表头的操作步骤如下。

1）单击“表格工具-设计”→“边框”→“边框”按钮，在弹出的下拉列表中选择“绘制表格”选项。

2）待鼠标指针变为铅笔形状，将鼠标指针移动到要绘制斜线的位置并拖动进行绘制。

请自己动手绘制如图 4-87 所示的表格。

日期 课时		星期一	星期二	星期三	星期四	星期五	星期六
上午	第 1 节						
	第 2 节						
	第 3 节						
	第 4 节						
下午	第 5 节						
	第 6 节						

图 4-87 表格绘制效果

4.8.5 表格内数据的排序与计算

1. 表格内数据的排序

Word 2016 可以将表格中的各行依据某一列的数据（可以是数字或文字）排序，并按排序的顺序重新组织各行在表格中的顺序。对表格内的数据进行排序的操作步骤如下。

1）将插入点移动到表格内的某一列。

2）单击“表格工具-布局”→“数据”→“排序”按钮。

3）弹出“排序”对话框，选择关键字、类型及排序方式，如图 4-88 所示。例如，在“主要关键字”下拉列表框中选择排序所依据的列号；在“类型”下拉列表框中指定该列数据是按数字、笔画、拼音还是日期“升序”或“降序”排序。

4）单击“确定”按钮，即可完成表格内数据的排序。

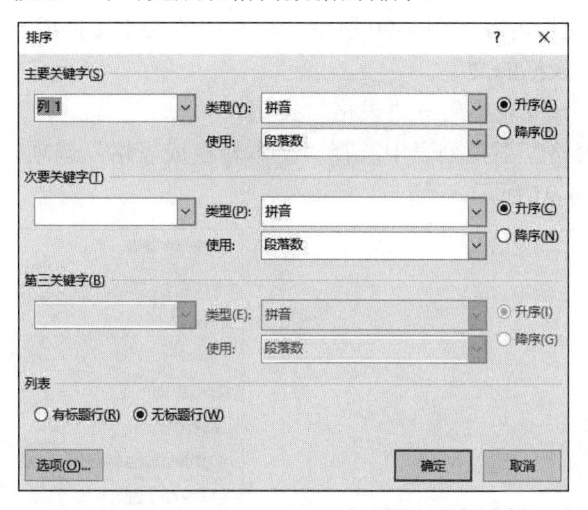

图 4-88 “排序”对话框

2. 表格内数据的计算

Word 2016 可以对表内数据进行基本统计运算，如加、减、乘、除、求平均数、求百分比、求最大值和求最小值等。在计算公式中用 A、B、C 等代表表格的列；用 1、2、3 等代表表格的行。

1）将插入点移动到要显示计算结果的单元格内。

2）单击“表格工具-布局”→“数据”→“公式”按钮。

3）弹出“公式”对话框，如图 4-89 所示。在“公式”文本框中会显示建议公式，如果使用其他公式则可以重新输入计算公式。

4）“公式”对话框的“粘贴函数”下拉列表框中显示了 Word 2016 提供的表格计算的公式名称。选择其中一个，则该公式被显示在“公式”文本框中。

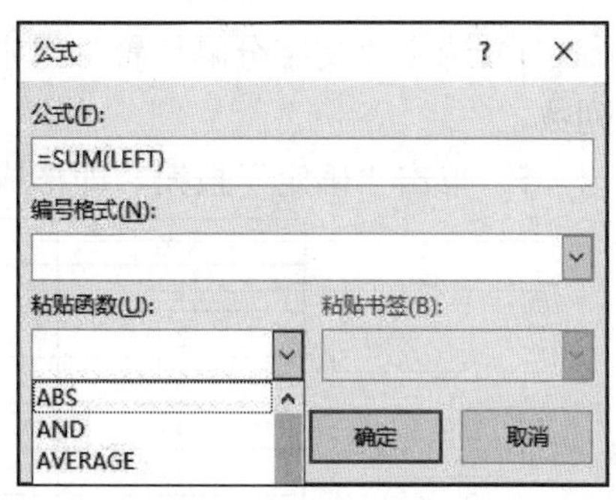

图 4-89 “公式”对话框

5）在“公式”对话框的“编号格式”下拉列表框中选择计算结果的显示格式。

6）单击“确定”按钮，则按公式计算，并将结果显示在插入点所在的单元格内。

4.8.6 文字与表格的相互转换

许多用户喜欢将表格中的文字先输入文档中，并且用 Space 键或者制表符将这些文字排得整整齐齐。Word 能够将已输入的文字转换成表格，也可以将表格转换成文字。

1. 将文字转换成表格

在将文字转变成表格时，Word 会将段落标记所在的位置作为行的起点，将制表符、逗号或其他所选标记所在的位置作为列的起点。如果希望新表格中只包括一列，请选择段落标记作为分隔符。

新建一个文档，文档内容如图 4-90 所示，将其中的文本转换成表格，操作步骤如下。

1）选中要转换成表格的文字。

2）单击“插入”→“表格”→“表格”按钮。

3）在弹出的“表格”下拉列表中选择“文本转换成表格”选项，弹出“将文字转换成表格”对话框，如图 4-91 所示。

```
排名 品牌     数量/量    比例/%
1    捷达     512        22.85
2    桑塔纳   425        18.52
3    夏利     179         7.99
4    奥迪     115         5.13
5    神龙富康 104         4.64
```

图 4-90 新建文档内容

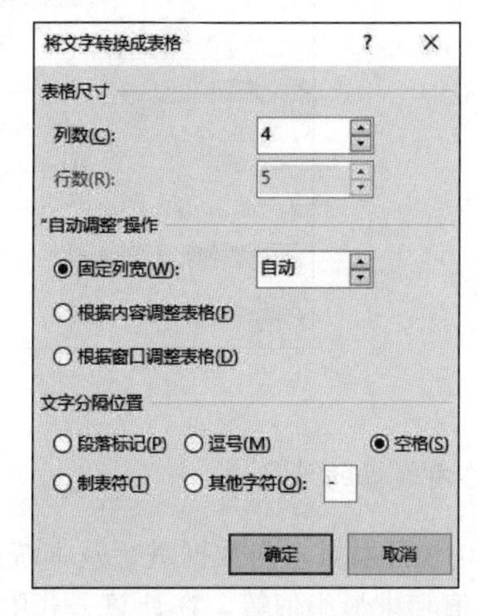

图 4-91 “将文字转换成表格”对话框

4）选中“文字分隔位置”组中的“空格”单选按钮，在“列数”输入框中输入需要的列数。

5）单击“确定”按钮，即形成一个表格，如图 4-92 所示。

排名	品牌	数量/量	比例/%
1	捷达	512	22.85
2	桑塔纳	425	18.52
3	夏利	179	7.99
4	奥迪	115	5.13
5	神龙富康	104	4.64

图 4-92 文字转换成表格效果图

2. 将表格转换为文字

将行或表格转换成文字的操作步骤如下。

1）选中要转换成文字的行或表格。

2）单击“表格工具-布局”→“数据”→“转换为文本”按钮，弹出如图 4-93 所示的“表格转换成文本”对话框。

3）在对话框的“文字分隔符”组中选中所需的字符，作为替代列边框的分隔符。表格各行用段落标记分隔。

4）单击“确定”按钮。

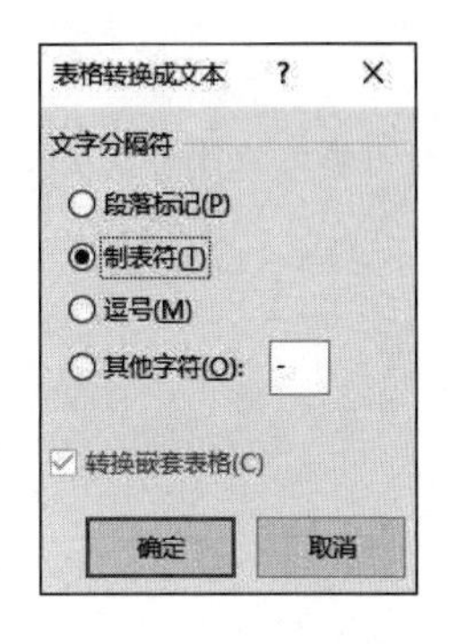

图 4-93 “表格转换成文本”对话框

在“文字分隔符”组选中“段落标记”单选按钮时，单击“确定”按钮后，每一单元格的内容将自成一段。选中“制表符”单选按钮时，单击“确定”按钮后，原表格处只去掉了表格线，而原各单元格的内容不发生任何变化。选中“逗号”单选按钮时，单击“确定”按钮后，原表格处的每行内容不发生变化，但同行相邻单元格内容之间将用小写逗号区分，且间距变小。

“转换为文本”命令只适用于某行或几行及整个表格，对列或其中的某部分表格不适用。

4.9 编 辑 公 式

在进行科研、写科技论文时，经常需要编辑一些复杂的公式符号，用一般的方法编辑有一定难度。如果采用设置下划线、行间距、字符上升和下降、字符上标和下标等方法编辑排版，不仅操作过程十分烦琐，而且排出的公式也不标准。采用 Word 2016 文字处理软件中的公式，能方便地编辑出标准的、美观的公式。

4.9.1 插入自定义公式

启动 Word 2016 后，单击“插入”→“符号”→“公式”下拉按钮，在弹出的下拉列表（图 4-94）中选择“插入新公式”选项，这时屏幕会出现公式编辑框，并自动打开“公式工具-设计”选项卡，选项卡中提供了各种公式的模板，单击相应的图标，会弹出相关的多个样式，选择需要的公式样式，然后在对应的虚线框中输入具体内容。

4.9.2 插入 Word 内置公式

Word 2016 提供了很多常用的标准公式。单击“插入”→“符号”→“公式”下拉按钮，在弹出的下拉列表中选择“office.com 中的其他公式”选项，弹出更多的内置公式，单击要插入的公式即可。插入的内置公式也可以根据需要进行编辑。

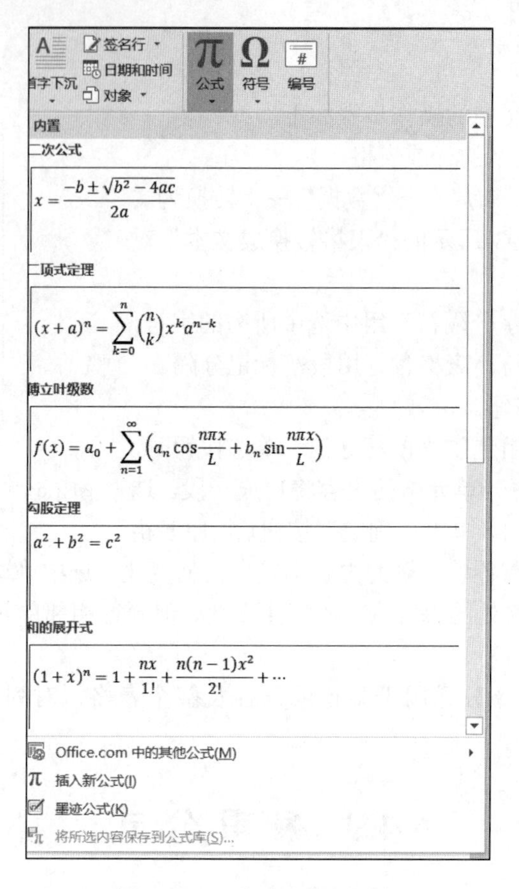

图 4-94　“公式”下拉列表

4.9.3　插入墨迹公式

单击“插入”→“符号”→“公式”下拉按钮，在弹出的下拉列表中选择“墨迹公式”选项，弹出“数学输入控件”对话框，如图 4-95 所示。对话框中包含预览窗口、公式输入窗口和写入、擦除等工具。

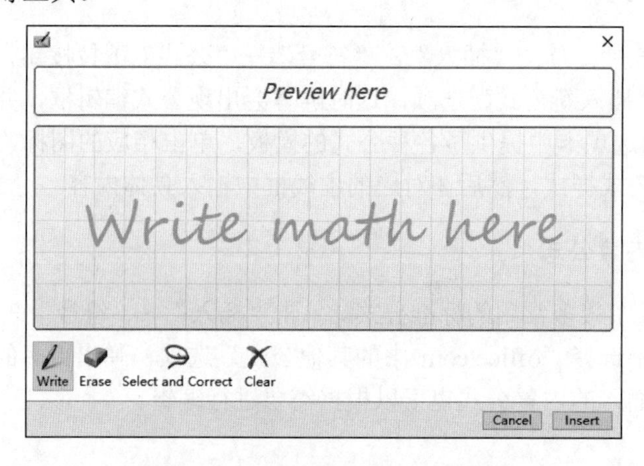

图 4-95　“数学输入控件”对话框

单击“写入”按钮，鼠标放置于黄色区域，就可以手写公式了。公式编辑完成后，单击“插入”按钮，公式即插入成功，如图 4-96 所示。

Write
Erase
Select and Correct
Clear
Cancel
Insert

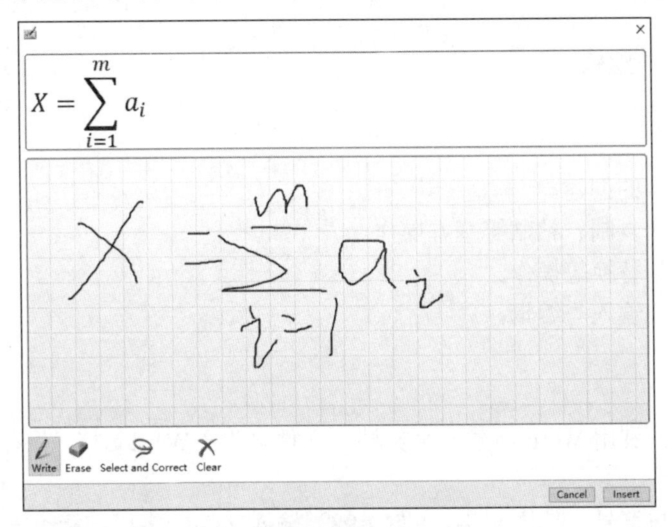

图 4-96　书写公式

4.9.4　保存公式

如果需要多次写入一个一样或类似的公式，那么可以将公式保存到公式库，选中公式，单击“插入”→“符号”→“公式”下拉按钮，在弹出的下拉列表中选择“将所选内容保存到公式库”。弹出“新建构建基块”对话框，设置对话框中的各项参数，如保存到“常规”公式中，单击“确定”按钮，如图 4-97 所示。再次单击“插入”→“符号”→“公式”下拉按钮，在弹出的下拉列表的常规公式中就出现了我们保存的公式，单击该公式就可直接插入，无须重新编辑。

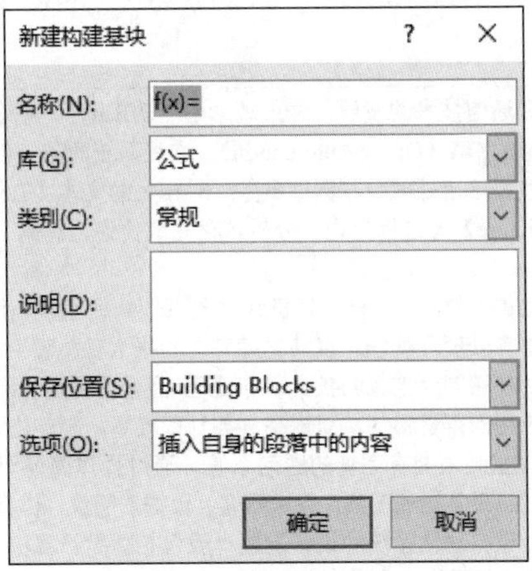

新建构建基块
名称(N):
f(x)=
库(G):
公式
类别(C):
常规
说明(D):
保存位置(S):
Building Blocks
选项(O):
插入自身的段落中的内容
确定
取消

图 4-97　“新建构建基块”对话框

4.10 实　验

4.10.1 文字录入与编辑

1. 实验目的

1）掌握新文档的创建。
2）掌握文本的复制、粘贴等基本操作。
3）掌握查找与替换等操作。
4）掌握公式的输入与编辑。

2. 实验内容

1）新建文件。利用 Word 新建一个文档，文件名为“W1.docx”，保存到“学号+姓名”文件夹下。

2）输入文本与符号。按样文 4-1（图 4-98）输入文字、字母、标点符号、特殊符号等。

随着计算机技术和通信技术的发展，传统观念中“Office”的概念已日渐变为全新的办公自动化系统，即所谓的 OA（Office Automation）。这些系统同若干部件集成为一个有机的整体，各部分协调一致，迅速处理一些例行事务，对相关的文本【Text】、数据【Data】、表格【Table】、图形【Picture】等进行处理、分析、存储或传递，提高了办公人员的事务处理能力和效率。

图 4-98　样文 4-1

3）复制粘贴。从本课程的 MOOC 平台上下载文件“WJ1.docx”，将文件中的蓝色文字部分复制到“W1.docx”文档之后。

4）查找替换。按样文 4-2（图 4-99）将“W1.docx”文档中所有“办公”替换为“事务处理”。

随着计算机技术和通信技术的发展，传统观念中“Office”的概念已日渐变为全新的办公自动化系统，即所谓的 OA（Office Automation）。这些系统同若干部件集成为一个有机的整体，各部分协调一致，迅速处理一些例行事务，对相关的文本【Text】、数据【Data】、表格【Table】、图形【Picture】等进行处理、分析、存储或传递，提高了办公人员的事务处理能力和效率。

纵观事务处理活动的发展过程，以计算机为主要事务处理工具、由现代化的通信设施为主要事务处理手段的事务处理环境，正以其日趋完善的强大功能吸引着众多的用户。现在，服务性机构大都能同时使用同一来源的数据事务处理，而企业求胜之道正在于他们能否充分吸收、分析、整理及应用所得资料，从而提高事务处理效率，制定出适当的策略。

现代化的事务处理室必须拥有完善的通信系统，通过操作简便而又符合经济效益的高速网络，利用各种先进的事务处理工具，促进语音、数据、图像、传真及电子邮件等不同媒介的通信。现有事务处理自动化系统的设备配置一般包括微型计算机、排版软件、打印机、传真机和复印机等，这些都已为大多数事务处理用户所熟悉。多媒体技术的发展，将使人们的事务处理环境更加舒适。在保证高效完成工作任务的同时，可以充分享受多媒体产品带来的声像一体化的全方位服务，这也是事务处理自动化发展的一个不可忽视的趋势。

图 4-99　样文 4-2

5）输入公式。按样文 4-3（图 4-100）在“W1.docx”文档之后建立公式。

$$\frac{|A|-\sqrt[n]{a}}{\sum_{i}^{m}\frac{1}{a^{-p}}x_n}$$

$$\lim_{x\to\infty} f(x)=\begin{vmatrix}1&2&3\\ \alpha&\beta&\gamma\\ 4&5&6\end{vmatrix}$$

$$\therefore=\pm\ {\xi}\Big/{\sqrt{1+\int_a^b \sin^2 x\mathrm{d}x}}$$

图 4-100　样文 4-3

4.10.2　格式设置

1. 实验目的

1）掌握文本的字体、字号、字形和对齐方式等的设置方法。
2）掌握行（段）间距、段落缩进等的设置方法。

2. 实验内容

从本课程的 MOOC 平台上下载文件“WJ2.docx”，按照样文 4-4（图 4-101）设置文档格式。

亦真亦幻·太虚灵境

虚拟现实技术是在计算机技术基础上发展起来的。确切地说，它是将计算机、传感器、图文声像等多种设置结合在一起创造出的一个虚拟的“真实世界”。在这个世界里，人们看到、听到和触摸到的，都是一个并不存在的虚幻，是现代高超的模拟技术使我们产生了“身临其境”的感觉。

随着计算机技术的进步，特别是多媒体技术的应用，虚拟现实技术近年来也得到了长足的发展。美国国家航空航天局将探索火星的数据进行处理后，得到了火星的虚拟现实图像。研究人员可以看到全方位的火星表面景象：高山、平川、河流，以及纵横的沟壑里被风化的斑斑驳驳的巨石等，都显得十分清晰逼真，而且无论从哪个方向看这些图像，视野中的景象都会随着你的头部转动而改变，就好像真的置身于火星上漫游、探险一样。

虚拟现实技术为人们提供了一种理想的教学手段，目前已被广泛应用在军事教学、体育训练和医学实习中。当然要使虚拟现实图像达到以假乱真的效果也不容易，需要大量的图像、数字信息和先进的信息传输技术。

摘自《现代科技创造梦幻世界》

图 4-101　样文 4-4

1）设置字体：第一行为黑体，正文第一段为楷体，最后一行为隶书。
2）设置字号：第一行为四号，最后一行为小四。

3）设置字形：第一行为粗体。

4）设置对齐方式：第一行居中，最后一行右对齐。

5）设置段落缩进：正文第一段首行缩进 0.75 厘米，左右各缩进 1.6 厘米；正文第二段和第三段首行缩进 0.75 厘米。

6）设置行（段）间距：第一行“段后”为 12 磅；正文第一段“行距”为“最小值”，14 磅；正文第二段和第三段的“段前”“段后”均为 3 磅。

将文件以 W2.docx 为名另存到“学号+姓名”文件夹中。

4.10.3　版面设置与编排

1. 实验目的

1）掌握文本的字体、字号、字形、段落和分栏等的设置方法。

2）掌握文本与艺术字、图形的排版。

3）掌握文档的页眉、页脚、页码、脚注等的设置方法。

4）掌握页面设置。

2. 实验内容

从本课程的 MOOC 平台上下载文件“WJ3.docx”，按样文 4-5（图 4-102）设置文档格式。

想象力与音乐

想象力是人类所特有的一种天赋。其他动物缺乏想象力，所以不会有创造力。在人类的一切创造性活动中，尤其是科学、艺术和哲学创作，想象力都占有重要的地位。因为所谓人类的创造并不是别的，而是由想象力产生的美妙作品。

如果音乐作品能像一阵秋风，在你的心底激起一些诗意的幻想，不仅说明这部作品是成功的、感人肺腑的，而且说明你真的听懂了它，说明你与作曲家、演奏家在感情上产生了共鸣。

音乐这门抽象的艺术，本是一个充满着诗情画意、浮想联翩的幻想王国。这个王国的大门，对于一切具有音乐想象力或与作曲家有着相应生活经历和心路历程的听众都是敞开着的，就像秋光千里、白云蓝天对每个人都是敞开的一样。

贝多芬[1]的田园交响乐，只对那些内心向往着大自然的景色（风雨、蜿蜒的小溪、鸟鸣、树林和在微风中摇曳的野草闲花……）的灵魂才是倍感亲切的。或者说，只有那些多少懂得自然界具有内在精神价值的人，才能在田园交响乐的旋律中获得慰藉和精神力量，才能用自己的想象力建造自己的精神家园。

音乐的本质，实际是人的心灵借助于想象力，用曲调、节奏和歌词表达自己怀乡、思归和寻找精神家园的一种文化活动。

[1] 贝多芬（1700－1827）德国作曲家，维也纳古典乐派代表人物之一

图 4-102　样文 4-5

1）设置页面：“纸张大小”为“自定义大小”，“宽度”为 20 厘米，“高度”为 29 厘米；页边距的“上”为 2.6 厘米，“下”为 3.6 厘米，“左”“右”都为 3.5 厘米。

2）设置艺术字：标题“想象力与音乐”设置为艺术字，艺术字样式为第 3 行第 4 列，

字体为楷体，艺术字形状为“弯曲”类型中的第 2 行第 2 个，阴影为阴影样式 5，按样文适当调整艺术字的大小和位置。

3）设置栏格式：将正文第 2～4 段设置为两栏格式，加分隔线。

4）设置边框（底纹）：设置正文最后一段加底纹，图案样式为 10%。

5）插入文本框：在样文所示位置插入一个“宽度”为 6.1 厘米、“高度”为 1.4 厘米的文本框。

6）插入图片：在文本框中插入图片，图片为实验素材文件夹下的 notes.wmf。

7）设置脚注（尾注/批注）：为正文第 4 段第 1 行“贝多芬”3 个字添加下划线，并添加尾注“贝多芬（1770—1827）德国作曲家，维也纳古典乐派代表人物之一”。

8）设置页眉/页码：添加页眉文字“大学计算机”。

将文件以 W3.docx 为名另存到“学号+姓名”文件夹中。

习 题

一、选择题

1．按（　　）组合键，可快速复制文本；若要选中整篇文档，可按（　　）组合键；按（　　）组合键，可快速剪切文本。

A．Ctrl＋Z　　B．Ctrl＋A　　C．Ctrl＋C　　D．Ctrl＋X

2．在 Word 2016 中，若字句下面出现红色波浪线，则说明 Word 2016 认为其有（　　）错误。

A．语法　　B．格式　　C．拼写　　D．设置

3．（　　）是指 Word 2016 会在一定时间内自动保存一次文档，有效防止文档内容丢失。

A．恢复　　B．撤销　　C．帮助　　D．自动保存

4．进入 Office 后台设置文档属性时，（　　）是文档属性的必填项。

A．关键字　　B．标题　　C．作者　　D．位置

5．在 Word 2016 的视图中，（　　）视图可查看网页形式的文档外观。

A．页面　　B．大纲　　C．Web 版式　　D．普通

6．在 Word 2016 中，若要获得帮助，可按（　　）键。

A．F1　　B．F2　　C．F3　　D．F4

7．单击“开始”→“编辑”→（　　）按钮，可快速找到特定文本或格式的位置。

A．查找　　B．定位　　C．文本　　D．设置

8．在制作书籍资料时，需要在奇数页页眉显示书籍名称，在偶数页页眉显示章节标题，则应选择（　　）；若将文档的第一页的页眉和页脚设置得与众不同，则可选择（　　）。

A．首页不同　　B．奇偶页不同　　C．各节不同　　D．默认

9．简体中文和繁体中文可进行相互转换，需选择（　　）选项卡；若要设置首字下沉，则需要单击（　　）→“文本”→“首字下沉”按钮。

A．开始　　B．插入　　C．审阅　　D．数据

10．每个段落的第一行第一个字符缩进空格位是（　　）。
A．左缩进　　B．右缩进　　C．首行缩进　　D．悬挂缩进

11．以下命令不属于中文版式的是（　　）。
A．双行合一　　B．简繁转换　　C．合并字符　　D．纵横混排

12．以下书签名，命名正确的是（　　）。
A．1－2　　B．书签_1　　C．sq-word　　D．Sq word

13．若只打印某文档的第 2 页、第 5 页、第 7 页，设置打印范围（　　）即可打印。
A．257　　B．2、5、7　　C．2,5,7　　D．2-7

14．将文本设置为最终状态，并将文档设置为只读的命令是（　　）。
A．限制编辑　　B．数字签名
C．按人员限制权限　　D．标记为最终状态

15．以下不属于文字环绕方式的是（　　）。
A．嵌入型　　B．四周环绕型
C．跟随环绕型　　D．浮于文字上方

16．插入图片后，选择（　　）文字环绕方式，距正文上下左右的距离均可设置。
A．嵌入型　　B．四周环绕型
C．跟随环绕型　　D．浮于文字上方

17．单击“表格工具-布局”→“绘图”→（　　）按钮，可清除表格边框。
A．清除　　B．删除　　C．橡皮擦　　D．绘制边框

18．单击（　　）→“打印”按钮，则可看到打印预览，设置相关内容并打印。
A．开始　　B．文件　　C．视图　　D．布局

19．以下关于 Word 2016 中用密码进行加密的说法，正确的是（　　）。
A．密码必须是数字
B．若密码丢失或遗忘，可通过特定方法恢复
C．密码可以是数字、字母，并且不区分大小
D．可将密码列表及其相应的文档名放置在安全位置

20．在 Word 2016 中，以下关于表格的描述正确的是（　　）。
A．表格中可以添加斜线　　B．表格中的数据不能排序
C．表格中不可以插入图形　　D．表格中可以插入公式

二、填空题

1．选中一段文本后，按住________键，可再选中另外一处或者多处文本；用户还可按住________键，选择垂直文本。

2．按________键可删除光标所在位置右侧的内容，按________键可删除光标所在位置左侧的内容。

3．快速保存文档可按________组合键，按________组合键可恢复最近操作。

4．开启拼写和语法检查功能后，若文本下方有________色的波浪线，则有语法错误。

5．Word 2016 的视图主要有________、________、________、________、草稿 5 种视图。

6．使用组合键________可快速关闭文档。

7．脚注和尾注一般用来输入说明性或补充性的信息，可选择________选项卡插入脚注和尾注。

8．若对文档进行分栏，则需要选择________选项卡。若要进行分节则选择该选项卡后，单击________按钮。

9．Word 2016 文档默认扩展名为________。

10．段落对齐方式主要有________、________、________和________4 种。

11．在 Word 2016 中，双击标题栏可以使窗口在________之间切换。

12．单击________→“文本”→“艺术字”按钮，可插入艺术字。

13．衬于文字下方、浮于文字上方及________环绕方式不能更改图片距正文的距离。

14．使用剪贴画和自选图形，需要选择________选项卡。

15．“打印”按钮位于________选项卡。

三、判断题

1．功能区是一种全新的设计，它以选项卡的方式对命令进行分组和显示，所以功能区显示的内容是不变的、统一的。（ ）

2．上下文选项卡只有在编辑、处理某些特定对象的时候才会在功能区显示出来，以供用户使用。（ ）

3．在 Word 2016 中，选择“文件”→“选项”选项，可打开“Word 选项”窗口；选择“高级”选项，可开启“拼写和语法检查”功能。（ ）

4．Word 2016 中把表格转化为文本，只能逐步地删除表格线。（ ）

5．用户可以在页眉和页脚中插入文本或图形，如页码、时间和日期等。（ ）

6．用户可以为文档各节创建不同的页眉和页脚。（ ）

7．文本边框和页面边框是一样的。（ ）

8．题注是一种可以为文档中的图片、表格、公式或其他对象添加的编号标签。（ ）

9．脚注和尾注不可以相互转换。（ ）

10．在 Word 2016 中，默认是插入状态，可以通过 Inset 键转化为改写状态。（ ）

11．打开一个.docx 文档，可以将其保存为 PDF 格式。（ ）

12．开启“拼写和语法检查”功能后，Word 会自动在它认为有误的地方加上直线。（ ）

13．Word 中文档的分栏操作，最多只能分三栏。（ ）

14．若文档网格指定为无网格，依然可以设定每页的行数及每行的字数。（ ）

15．在 Word 2016 中，打印时在右侧只能预览一页，不能同时预览多页。（ ）

第 5 章

PowerPoint 演示文稿软件

【问题与情景】

本章我们首先在网络上收集关于“我的家乡”的资料，然后对收集到的资料进行更深层次的加工、创作，以 PowerPoint 演示文稿的形式将家乡概况、风景名胜、特色美食等信息声情并茂地进行展示和宣传。

【学习目标】

通过学习制作“我的家乡”演示文稿，了解 PowerPoint 2016 的特点和功能，掌握启动与退出 PowerPoint 2016 的方法，了解 PowerPoint 2016 的窗口组成及其视图模式，掌握演示文稿的基础操作，掌握丰富演示文稿内容的各种方法，掌握演示文稿的外观、动画、超链接和放映等设置方法，使演示文稿更加生动形象。通过对 PowerPoint 2016 的实际操作，提高学生对演示文稿的制作和鉴赏能力，培养学生的办公自动化技能，全面提高学生的综合能力。

【实施过程】

活动 1：欣赏“我的家乡”演示文稿范例作品。

活动 2：创建“我的家乡”演示文稿。

活动 3：丰富“我的家乡”演示文稿的内容，添加图形、图片、音频、视频、表格、图表等各类幻灯片页面元素。

活动 4：修饰“我的家乡”演示文稿，使用模板或母版等操作设置演示文稿的外观。

活动 5：设置“我的家乡”演示文稿幻灯片上各种对象的动画效果。

活动 6：设置“我的家乡”演示文稿的幻灯片切换效果。

活动 7：设置“我的家乡”演示文稿的超链接。

活动 8：对“我的家乡”演示文稿进行放映设置和放映控制。

5.1 PowerPoint 2016 概述

PowerPoint 2016 是 Office 2016 系列软件的重要组成部分之一，用于制作和播放多媒体演示文稿，也称为 PPT。PowerPoint 演示文稿文件的扩展名为.pptx。在 PowerPoint 中，可以通过不同的方式播放幻灯片，实现生动活泼的信息展示效果。PowerPoint 演示文稿软件广泛应用于广告宣传、产品展示、学术交流、演讲汇报、辅助教学等领域。本章将介绍演示文稿的一些基本操作，以及如何编辑幻灯片的内容等知识。

5.1.1 PowerPoint 2016 的基本功能

PowerPoint 作为演示文稿制作软件，提供了方便、快速建立演示文稿的功能，包括幻灯片的移动、插入、删除等基本功能，以及幻灯片版式的选用、幻灯片中信息的编辑及最基本的放映方式等。对于已建立的演示文稿，为了方便用户从不同角度阅读幻灯片，PowerPoint 提供了多种幻灯片浏览模式，包括普通视图、大纲视图、幻灯片浏览视图、备注页视图、阅读视图和母版视图等。为了更好地展示演示文稿的内容，利用 PowerPoint 可以对幻灯片的页面、主题、背景及母版进行外观设计；对于演示文稿中的每张幻灯片，可利用 PowerPoint 提供的丰富的对象编辑功能，根据用户的需求设置具有多媒体效果的幻灯片。PowerPoint 提供了具有动态性和交互性的演示文稿放映方式，通过设置幻灯片中对象的动画效果、幻灯片切换方式和放映控制方式，可以更加充分地展现演示文稿的内容以达到预期的目的。演示文稿还可以打包输出和进行格式转换，以便在未安装 PowerPoint 2016 的计算机上放映演示文稿。

5.1.2 PowerPoint 2016 的启动和退出

1. PowerPoint 2016 的启动

启动 PowerPoint 2016 的方法主要有以下两种。

1）在 Windows 10 的“开始”菜单中，选择“PowerPoint 2016”选项，即可打开 PowerPoint 2016 应用程序窗口。

2）双击 PowerPoint 演示文稿的快捷方式图标或某个演示文稿文件。

在第一次使用时，用户创建的第一个演示文稿以“演示文稿 1”命名，每创建一个演示文稿便打开一个独立的窗口。

2. PowerPoint 2016 的退出

退出 PowerPoint 2016 的方法主要有以下 4 种。

1）单击标题栏右侧的“关闭”按钮。

2）按 Alt＋F4 组合键。

3）在软件的最上方空白处右击，在弹出的快捷菜单中选择“关闭”命令。

4）打开软件时屏幕下方的任务栏会显示该文档的图标，右击该图标，在弹出的快捷菜单中选择“关闭窗口”命令。

5.1.3 PowerPoint 2016 窗口

相对于以前版本的 PowerPoint，PowerPoint 2016 具有新颖而优美的窗口布局。其方便、快捷且优化的窗口布局，可以为用户节省许多操作时间。PowerPoint 具有与 Word 相同的标题栏、选项卡与功能区，与 Word 的主要区别在于文稿编辑区、视图切换按钮有所不同，文稿编辑区放置了若干占位符供用户输入信息。PowerPoint 2016 窗口如图 5-1 所示。

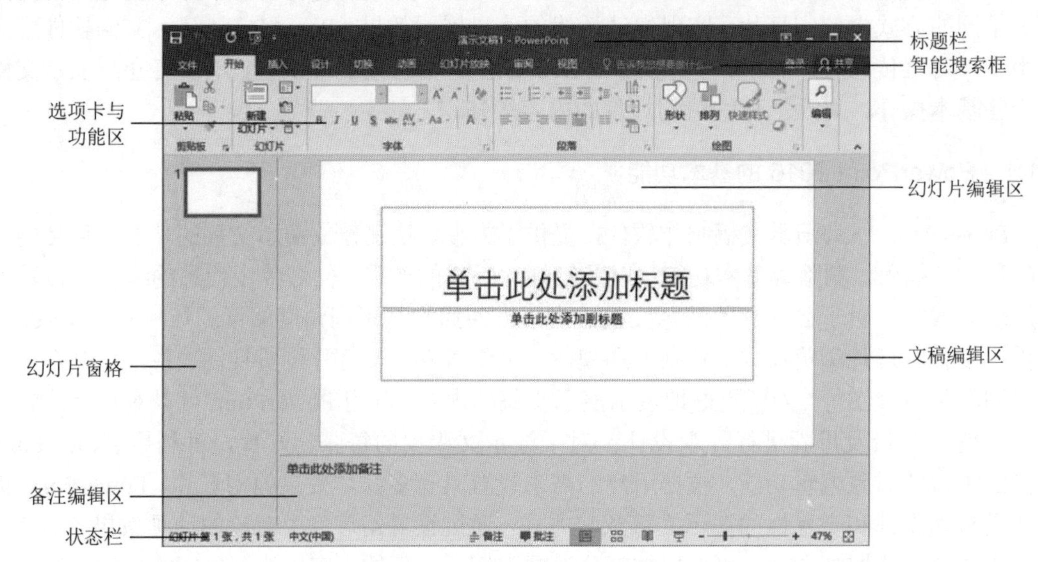

图 5-1　PowerPoint 2016 窗口

1. 标题栏

标题栏位于窗口顶端，其中有保存、撤销、恢复等常用工具按钮，演示文稿名称，“功能区显示选项”按钮、“最小化”按钮、“最大化/向下还原”按钮、“关闭”按钮。

2. 选项卡与功能区

选项卡与功能区包含选项卡、智能搜索框和命令按钮，旨在帮助用户快速找到完成某任务所需的命令。

（1）选项卡

选项卡即传统的菜单栏。PowerPoint 2016 有“文件”“开始”“插入”“设计”“切换”“动画”“幻灯片放映”“审阅”“视图”等选项卡。其中，“文件”“开始”“插入”“审阅”“视图”等选项卡在使用时的功能与 Word 相似，“设计”“切换”“动画”“幻灯片放映”选项卡为 PowerPoint 特有的菜单项目。

（2）智能搜索框

在 PowerPoint 2016 功能区最右侧有一个搜索框“告诉我您想要做什么...”，称为智能搜索框，这是一个文本框，可以在其中输入想要执行的功能或操作。

（3）选项组

用户选择某选项卡，则在选项卡下就会显示出该选项卡相对应的全部命令。命令按照功能的不同划分为多个选项组。例如，在“幻灯片放映”选项卡下有“开始放映幻灯片”选项组、“设置”选项组等。

（4）命令

命令组织在组中且集中在选项卡下。各组中的命令以形象的图形按钮表示，为用户提供了一种直观、快捷的操作方式。例如，在“视图”选项卡“演示文稿视图”选项组中有“大纲视图”按钮。

3. 文稿编辑区

文稿编辑区包括三部分，即幻灯片编辑区、幻灯片窗格和备注编辑区，是对文稿进行创作和编排的区域。

1）幻灯片编辑区：用于输入幻灯片内容、插入图片和表格、设置格式。

2）幻灯片窗格：显示幻灯片缩略图，单击某幻灯片缩略图，将立即在幻灯片编辑区显示该幻灯片。

3）备注编辑区：可以为演示文稿创建备注页，用于添加或者编辑描述幻灯片的注释文本，供用户参考。

4. 状态栏

状态栏位于 PowerPoint 2016 窗口的最下方。状态栏从左到右依次显示当前幻灯片的编号及幻灯片总数、“备注”按钮、“批注”按钮、视图切换按钮框、“显示比例”按钮等。

“显示比例”按钮位于视图切换按钮框右侧，单击该按钮，可以在弹出的“缩放”对话框中选择幻灯片的显示比例；拖动其滑块，也可以调节显示比例；单击右下角的按钮可使幻灯片适应当前窗口。

5.1.4 PowerPoint 2016 的视图

PowerPoint 2016 为用户提供了普通视图、大纲视图、幻灯片浏览视图、备注页视图、阅读视图 5 种视图模式。视图之间的切换可以通过以下两种方式实现。

1）选择“视图”→“演示文稿视图”选项组中的某个视图模式即可切换到对应的视图模式，如图 5-2（❶）所示。

2）PowerPoint 窗口的状态栏中提供了 4 个视图切换按钮，分别是“普通视图”“幻灯片浏览”“阅读视图”“幻灯片放映”按钮，单击相应的按钮即可切换到对应的视图模式，如图 5-2（❷）所示。

1. 普通视图

普通视图是 PowerPoint 2016 的默认视图模式，共包含幻灯片窗格、幻灯片编辑窗格和备注窗格 3 种窗格。这些窗格让用户可以在同一位置使用演示文稿的各种特征。拖动窗格边框可调整窗格大小。普通视图是 PowerPoint 主要的编辑视图，可用于编辑和设计演示文稿。使用幻灯片窗格中的缩略图能方便地遍历演示文稿，并观看任何设计更改效果，还可以轻松地重新排列、添加或删除幻灯片；在幻灯片编辑窗格中，可以查看每张幻灯片中的文本外观，还可以在单张幻灯片中添加图形、视频、声音、动画及创建超链接；在备注窗格中可以添加与观众共享的演说者备注或信息。PowerPoint 2016 普通视图如图 5-3 所示。

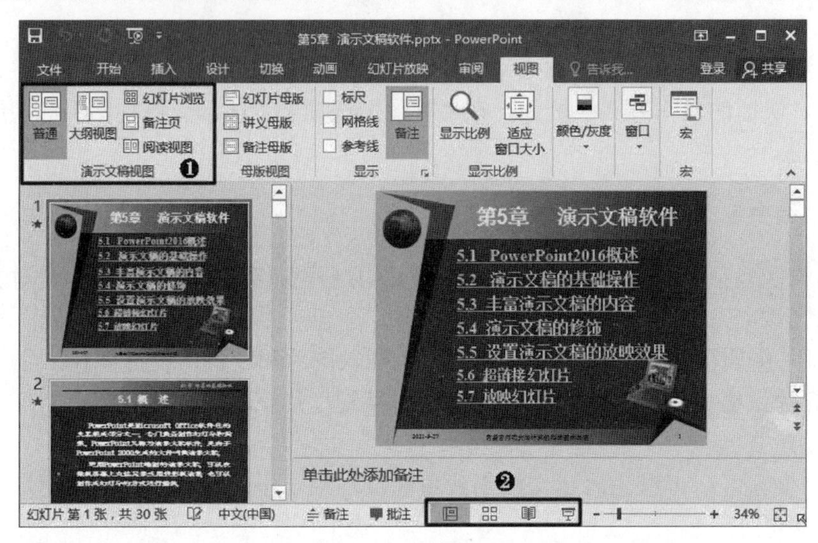

图 5-2 切换视图模式

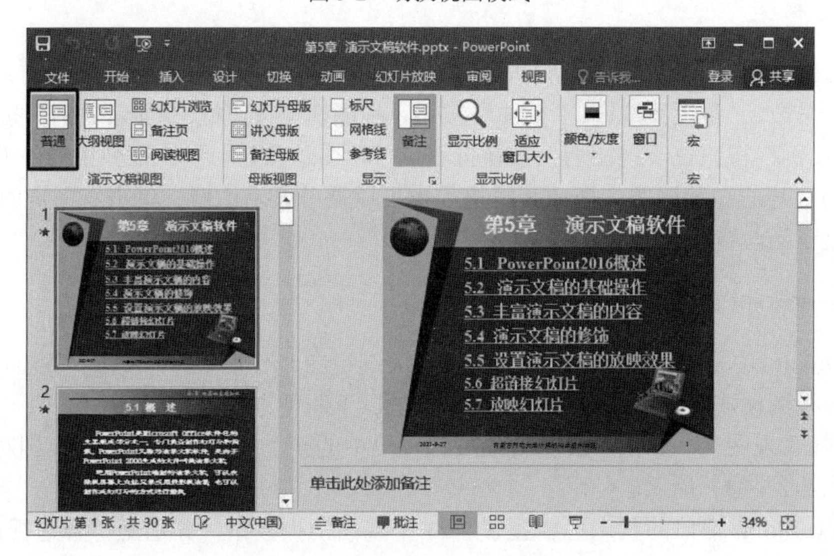

图 5-3 PowerPoint 2016 普通视图

2. 大纲视图

单击“视图”→“演示文稿视图”→“大纲视图”按钮，即可切换到大纲视图。大纲视图主要用于在大纲窗格中编辑文本。在大纲视图模式下可以快速统一编辑文本的字体、字号及颜色等，但是自行插入的文本框不会在大纲窗格中显示内容。PowerPoint 2016 大纲视图如图 5-4 所示。

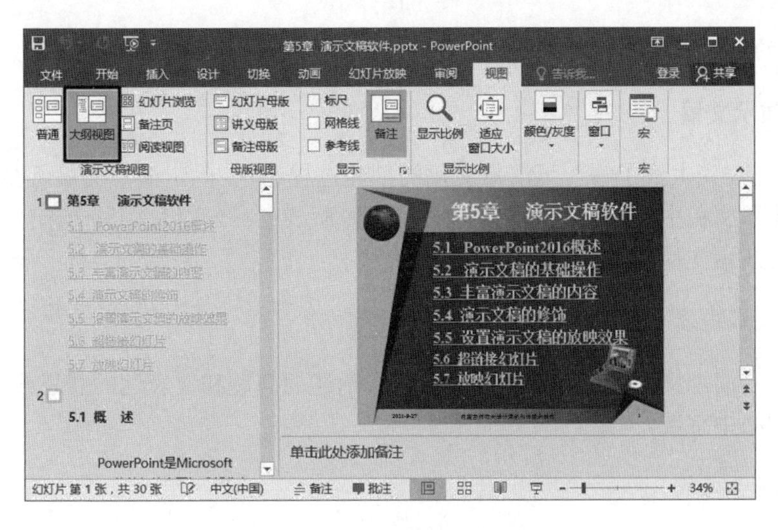

图 5-4 PowerPoint 2016 大纲视图

3. 幻灯片浏览视图

单击“视图”→“演示文稿视图”→“幻灯片浏览”按钮，或单击状态栏中的“幻灯片浏览”按钮，即可切换到幻灯片浏览视图。该视图模式下可在屏幕上同时看到演示文稿中的所有幻灯片，适用于插入幻灯片、删除幻灯片、移动幻灯片位置等操作，但不能编辑幻灯片中的具体内容。

4. 备注页视图

单击“视图”→“演示文稿视图”→“备注页”按钮，即可切换到备注页视图。在该视图模式下，可以输入插入幻灯片的日期或者需要注意的内容，以便在演示过程中使用，也可以打印一份备注页作为参考。

5. 阅读视图

单击“视图”→“演示文稿视图”→“阅读视图”按钮，或单击状态栏中的“阅读视图”按钮，即可切换到阅读视图。该视图模式以窗口的形式来播放演示文稿，在播放过程中，同样可以查看演示文稿的动画、切换等效果。

阅读视图适合用户自己在大窗口中观看幻灯片，可随时切换到普通视图进行编辑。

活动 1: 欣赏本课程的 MOOC 平台中的演示文稿范例作品“我的家乡”，通过观看作品，直观了解演示文稿软件的效果和作用。

5.2 演示文稿的基础操作

本节主要介绍演示文稿的基本创建过程。

活动 2: 在 E 盘上创建一个名为“PPT 演示文稿”的文件夹，然后在其中创建一个名为

“我的家乡”的演示文稿。

5.2.1 创建演示文稿

在开始之前，先大致了解一下演示文稿的创建过程：首先确定演示文稿所要表现的内容；然后创建新演示文稿中的每张幻灯片，选择幻灯片版式并在幻灯片中写入阐述的内容；最后保存所创建的演示文稿文件。

1. 确定文稿内容

在制作一个演示文稿之前，必须明确文稿所阐述的问题和要表达的意思或主题，对包含的内容要做到心中有数。

2. 新建演示文稿

PowerPoint 2016 新建演示文稿有多种方法，如新建空白演示文稿、使用模板创建演示文稿，或者使用搜索到的联机模板和主题来创建演示文稿。

选择“文件”→“新建”选项，打开“新建”窗口，如图 5-5 所示。

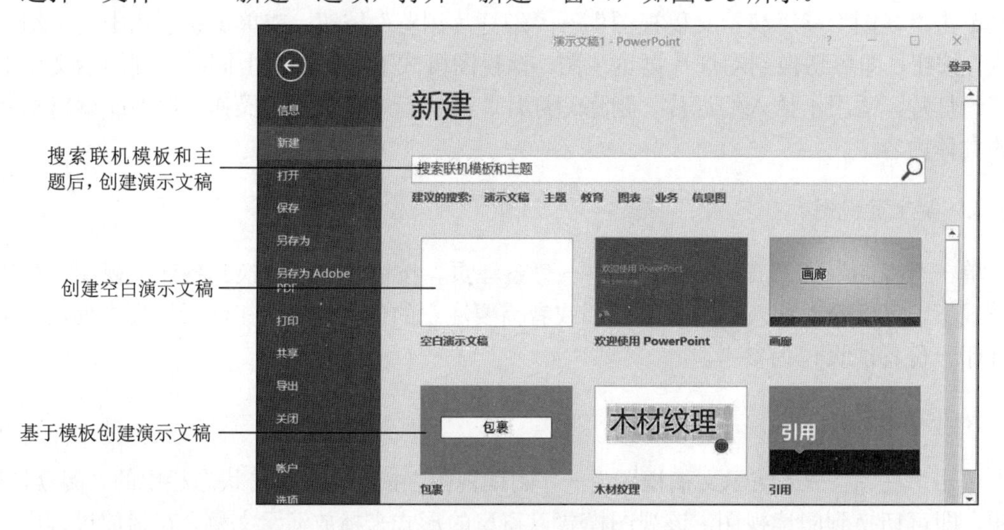

图 5-5 新建演示文稿窗口

1）创建空白演示文稿时，新建的演示文稿不含任何文本格式图案和色彩，适用于自定义设计图案、配色方案和文本格式的情况。

2）PowerPoint 2016 提供了丰富的模板，利用其提供的基本演示文稿模板，输入相应的文字即可自动快速形成演示文稿。

3）PowerPoint 2016 还提供在网络上搜索模板的功能，可以在网络上搜索模板，然后基于该模板创建演示文稿。

用户可以根据自己的需要选择创建演示文稿的方法，通常建议初学者选择基于空白演示文稿创建演示文稿，这样可以按用户的思路进行演示文稿的创建，否则，用户必须按系统的建议和设计方案进行，容易限制个人的思维和想象力。

PowerPoint 演示文稿的保存、打开和关闭的操作方法与 Word 文档相同。

3. 选择幻灯片版式

幻灯片版式是指幻灯片的页面布局。PowerPoint 为用户提供了“标题和内容”“两栏内容”“比较”等 11 种版式，具体版式及其说明如表 5-1 所示。

表 5-1 幻灯片版式

版式类别	说明
标题幻灯片	主要包括标题与副标题
标题和内容	主要包括标题与正文
节标题	主要包括标题与文本
两栏内容	主要包括标题与两个正文
比较	主要包括标题、两个文本与两个正文
仅标题	只包含标题
空白	不包含占位符的空白幻灯片
内容与标题	主要包括标题、文本与正文
图片与标题	主要包括图片、标题与文本
标题和竖排文字	主要包括标题与竖排正文
竖排标题与文本	主要包括垂直排列标题与正文

创建演示文稿之后，新创建的幻灯片版式是默认的“标题幻灯片”版式。如果要对现有的幻灯片版式进行更改，可按下列步骤操作。

1）选中要更改版式的幻灯片。

2）单击“开始”→“幻灯片”→“版式”按钮，此时会弹出其下拉列表，如图 5-6 所示。

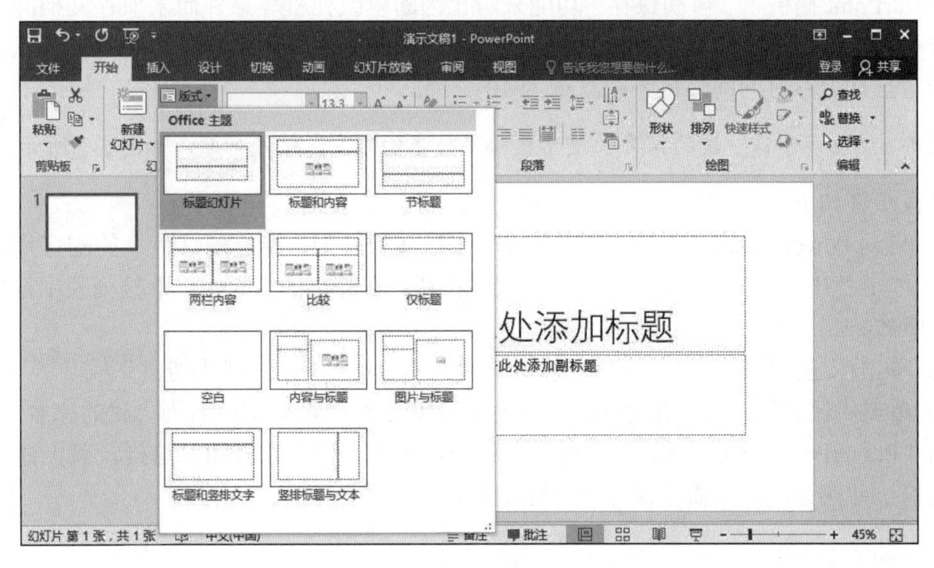

图 5-6 “幻灯片版式”命令及其下拉列表

3）在Office主题中选择一种版式，然后对标题、文本和图片的位置及大小进行适当调整。

确定幻灯片的版式后，即可在相应的栏目和对象框内添加或插入文本、图片、表格、图形、图表、媒体剪辑等内容。

4. 内容写入

普通视图模式下，在幻灯片中看到的虚线框就是占位符框。虚线框内有“单击此处添加标题”或“单击此处添加文本”等提示文字。单击占位符，提示文字将会自动消失，此时便可在虚线框内输入要编辑的内容。

如果没有占位符还想输入文字，则需要提前插入文本框充当占位符。

5. 保存演示文稿

保存演示文稿的操作与Word文档类似，选择“文件”→“保存”选项或单击快速访问工具栏上的“保存”按钮，打开“另存为”窗口，单击“浏览”按钮，在弹出的“另存为”对话框中设置保存位置、文件名及文件类型即可。

演示文稿默认的保存类型是“PowerPoint 演示文稿”，其扩展名为.pptx。除此之外，PowerPoint 2016还为用户提供了多种其他保存类型，在“保存类型”下拉列表框中可以选择要保存的类型。例如，选择“大纲/RTF文件”、“PDF”或“JPEG文件交换格式”类型，就可以将演示文稿保存为相应类型的文档了。

在Office 2016中，可以将文件保存为早期版本的Microsoft Office文件格式，方法是在“另存为”对话框的“保存类型”下拉列表框中选择相应的版本。例如，另存为“PowerPoint 97-2003 演示文稿”。高版本的应用软件可以打开早期版本的文档，反之则不能。例如，在PowerPoint 2016中，可以打开PowerPoint 97-2003版本的文档，而使用PowerPoint 2016制作的文档则无法通过早期版本的演示文稿软件打开。

PowerPoint提供了“自动保存”功能来防止因断电或死机等意外而未保存文档的情况发生。选择“文件”→“选项”选项，在弹出的“PowerPoint选项”对话框中选择“保存”选项来指定自动保存时间间隔，系统默认为10分钟。

任务1: 初步制作“我的家乡”演示文稿第一张幻灯片，输入标题，如图5-7所示。

操作步骤如下。

1）启动PowerPoint 2016，则自动生成一张默认版式为“标题幻灯片”的幻灯片。

2）单击“开始”→“幻灯片”→“版式”按钮，在弹出的“版式”下拉列表中选择“仅标题”版式。

3）单击标题占位符，输入文字“我的家乡”，此时第一张幻灯片创建完成。

4）单击“保存”按钮，在弹出的“另存为”对话框中设置文件名为“我的家乡”，保存类型为“PowerPoint 演示文稿”，选择保存路径，单击“保存”按钮。这样，就创建了一个演示文稿，并在该演示文稿中保存了一张幻灯片。

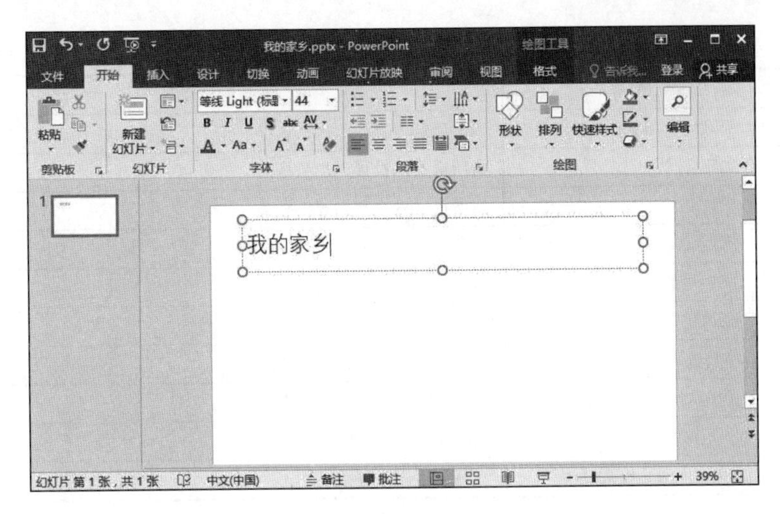

图 5-7 “我的家乡”演示文稿第一张幻灯片

5.2.2 编排文本

我们在 5.2.1 节创建了一个演示文稿。但是创建的演示文稿的内容比较粗糙，缺乏美感。本小节将介绍如何使用编辑和排版功能对演示文稿进行修饰和润色。

1. 编辑文本

在编辑过程中，可以对文本进行插入、修改、删除、复制、移动、查找、替换、撤销、恢复等操作，操作方法和 Word 2016 类似，这里不再赘述。

2. 设置文本格式

设置文本格式包括设置字体格式和段落格式，主要通过“开始”选项卡“字体”选项组和“段落”选项组中的相关命令按钮实现，如图 5-8 所示。

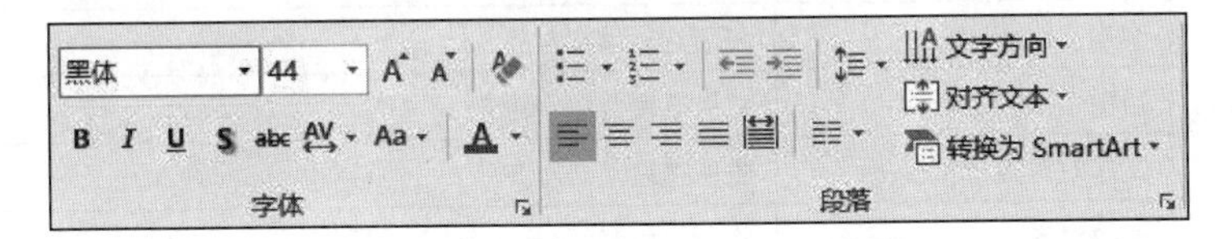

图 5-8 设置字体格式和段落格式

设置字体格式即设置字体的字形、字体或字号等字体效果。选中需要设置字体格式的文字，也可以选中包含文字的占位符或文本框，单击“开始”→“字体”选项组中的命令按钮即可进行相应设置。“字体”选项组中的命令按钮及其功能如表 5-2 所示，具体操作同 Word 2016。

表 5-2 “字体”选项组中的命令按钮及其功能

命令按钮	名称	功能
A	增大字号	增大所选内容的字号
A	减小字号	减小所选内容的字号

续表

命令按钮	名称	功能
A	清除所有格式	清除所选内容的所有格式
B	加粗	将所选文本设置为加粗格式
I	倾斜	将所选文本设置为倾斜格式
U	下划线	给所选文本加下划线
S	文字阴影	给所选文本的后边添加阴影
abc	删除线	给所选文本的中间添加一条线
AV	字符间距	调整字符之间的距离
Aa	更改大小写	更改所选文本大小写形式
A	字体颜色	更改所选文本颜色
	“字体”对话框启动器	打开“字体”对话框

更多的字体设置如上标、下标、双删除线等可通过单击“字体”对话框启动器按钮，在弹出的“字体”对话框中进行设置。

设置段落格式主要设置段落的对齐方式、缩进、行距、项目符号和编号等。选中需要设置格式的段落，单击“开始”→“段落”选项组中的命令按钮即可进行相应设置。“段落”选项组中的命令按钮及其功能如表5-3所示，具体操作同Word 2016。

表5-3 “段落”选项组中的命令按钮及其功能

命令按钮	名称	功能
	项目符号	为所选段落添加项目符号
	编号	为所选段落添加编号
	降低列表级别	将所选段落向左缩进
	提高列表级别	将所选段落向右缩进
	行距	设置段落行与行之间的距离
	文本左对齐	将所选段落左对齐
	居中	将所选段落居中对齐
	文本右对齐	将所选段落右对齐
	两端对齐	将所选段落两端同时对齐
	分散对齐	将所选段落左右两端同时对齐
	分栏	将所选段落设置成两栏或多栏
文字方向	文字方向	设置段落文本横排、竖排、旋转、堆积等
对齐文本	对齐文本	设置文本框中文本顶端对齐、中部对齐、底端对齐等
转换为 SmartArt	转换为 SmartArt 图形	将所选段落文本转换为各种 SmartArt 图形
	“段落”对话框启动器	打开“段落”对话框

更多的段落设置如段前、段后、首行缩进等可通过单击“段落”对话框启动器按钮，在弹出的“段落”对话框中进行设置。

5.2.3 操作幻灯片

幻灯片是演示文稿的组成元素。5.2.2 节创建的演示文稿只包含一张幻灯片，还需要通过操作幻灯片来完善演示文稿。操作幻灯片主要包括幻灯片的插入、删除、移动和复制等。

1. 选择幻灯片

编辑幻灯片之前，先要选中幻灯片。在普通视图的幻灯片窗格中单击所要操作的幻灯片缩略图，即选中该幻灯片。选择多张幻灯片时，可以选择多张连续的幻灯片，也可以选择多张不连续的幻灯片，下面分别进行介绍。

1）选择多张连续的幻灯片：在幻灯片窗格中，选中第一张幻灯片后按住 Shift 键，再单击要选择的最后一张幻灯片，即可选中第一张和最后一张之间的所有幻灯片。

2）选择多张不连续的幻灯片：在幻灯片窗格中，选中第一张幻灯片后按住 Ctrl 键，然后依次单击其他需要选择的幻灯片，即可选中这几张不连续的幻灯片。

2. 插入幻灯片

插入幻灯片即在用户选定的幻灯片之后插入新的幻灯片，在各种幻灯片视图中都可以方便地插入幻灯片。插入幻灯片的方法主要有以下 3 种。

1）通过“幻灯片”选项组插入。单击“开始”→“幻灯片”→“新建幻灯片”按钮，在弹出的下拉列表中将出现各类幻灯片版式，选择“Office 主题”选项组的某个幻灯片版式，就可以按照所选的版式插入幻灯片。

2）通过右键菜单插入。在幻灯片窗格中的幻灯片上右击，在弹出的快捷菜单中选择“新建幻灯片”命令，即可在选择的幻灯片之后插入新幻灯片，并且新幻灯片版式与选择的幻灯片相同。

3）通过键盘插入。选择幻灯片后按 Enter 键，或者按 Ctrl＋M 组合键，即可在选择的幻灯片后插入新幻灯片，并且新幻灯片版式与选择的幻灯片相同。

在“幻灯片浏览”视图模式下选中某张幻灯片，然后执行上面任意一种操作，也可以在当前幻灯片的后面添加一张新幻灯片。

3. 删除幻灯片

在制作演示文稿的过程中，有时某些幻灯片会因编辑错误或其他原因需要删除。删除幻灯片的方法主要有以下两种。

1）通过右键菜单删除。在选择的幻灯片上右击，在弹出的快捷菜单中选择“删除幻灯片”命令即可。

2）通过键盘删除。选择需要删除的幻灯片，按 Delete 键即可删除。

4. 移动幻灯片

在幻灯片制作过程中，有时需要调整幻灯片内容的先后次序，这就需要将幻灯片从一个位置移动到另外一个位置。移动幻灯片可以在普通视图下或幻灯片浏览视图下操作，在幻灯片浏览视图中移动和复制幻灯片较为方便。移动幻灯片的方法主要有以下 4 种。

1）拖动法：选中需要移动的幻灯片，将其拖动到合适的位置即可。

2）通过“剪贴板”选项组移动：选中要移动的幻灯片，单击“开始”→“剪贴板”→“剪切”按钮，确定目标位置后，再单击“开始”→“剪贴板”→“粘贴”按钮，即可将幻灯片移动到新位置。

3）通过右键菜单移动。在幻灯片上右击，在弹出的快捷菜单中选择“剪切”命令，确定目标位置后，在幻灯片上右击，在弹出的快捷菜单中选择“粘贴选项”命令中的某一格式，即可将幻灯片移动到新位置。

4）通过键盘移动。选择幻灯片后按 Ctrl＋X 组合键，确定目标位置后，按 Ctrl＋V 组合键即可将幻灯片移动到新位置。

5. 复制幻灯片

用户可以通过复制幻灯片的方法，保持新建幻灯片与已建幻灯片版式与设计风格的一致性。复制幻灯片的方法主要有以下 4 种。

1）拖动法：选中需要复制的幻灯片，按住 Ctrl 键将其拖动到合适的位置即可。

2）通过“剪贴板”选项组复制：选中要复制的幻灯片，单击“开始”→“剪贴板”→“复制”按钮，确定目标位置后，再单击“开始”→“剪贴板”→“粘贴”按钮，即可将幻灯片复制到新位置。

3）通过右键菜单复制。在幻灯片上右击，在弹出的快捷菜单中选择“复制”命令，确定目标位置后，在幻灯片上右击，在弹出的快捷菜单中选择“粘贴选项”命令中的某一格式，即可将幻灯片复制到新位置。

4）通过键盘复制。选择幻灯片后按 Ctrl＋C 组合键，确定目标位置后，按 Ctrl＋V 组合键即可将幻灯片复制到新位置。

任务 2: 打开 5.2.1 节制作的“我的家乡”，生成第二张幻灯片，并修饰标题和文本内容，效果如图 5-9 所示。

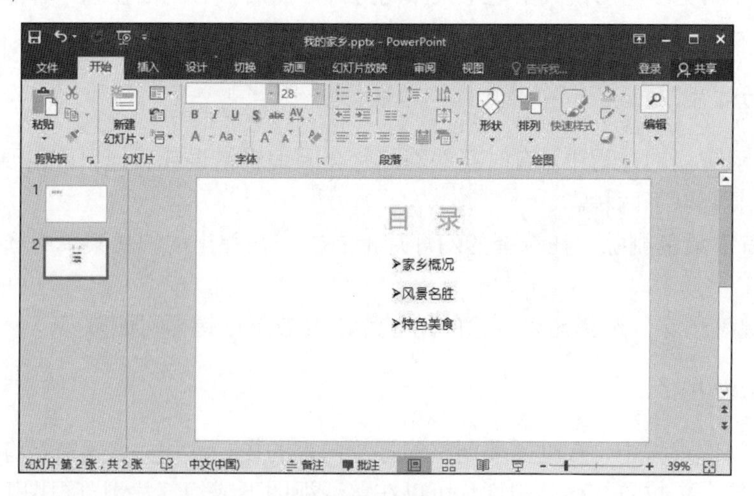

图 5-9 修饰标题和文本内容

操作步骤如下。

1）选择“文件”→“打开”选项，打开“打开”窗口，在右侧的文件列表中单击保存过的文档“我的家乡”。

2）选择“开始”→“幻灯片”→“新建幻灯片”按钮，在弹出的“版式”下拉列表中选择“标题和内容”版式。

3）单击标题占位符，输入文字“目录”，单击文本占位符，输入所需的文本内容。

4）修饰标题：选中标题文本，在“开始”选项卡的“字体”选项组中设置“字体”为黑体，“字号”为 54，“颜色”为橙色，水平对齐方式为“居中”。

5）修饰文本：选中所要修饰的文本，在“开始”选项卡的“字体”选项组中设置“字体”为幼圆，“字号”为 28；水平对齐方式为“居中”；单击“开始”→“段落”→“行距”按钮，在弹出的“行距”下拉列表中选择 1.5 倍行距；单击“开始”→“段落”→“项目符号”按钮，在弹出的“项目符号”下拉列表中选择“箭头项目符号”。生成的幻灯片如图 5-9 所示。

5.3 丰富演示文稿的内容

为了突出不同类型的演示需求、丰富演示文稿的内容，用户可以在幻灯片中插入各种对象。PowerPoint 为用户提供了文本、图像、图形、音频、视频、表格、图表等多种对象，通过插入对象可以增加幻灯片的美观性与特效性，增强演示文稿表现效果。通常情况下，可用于丰富幻灯片页面效果的对象主要包括 6 类：特殊文本、图像、图形、表格、图表和媒体。其作用和类型如表 5-4 所示。

表 5-4 页面对象的作用和类型

页面对象	作用	类型
特殊文本	弥补普通文本的不足	艺术字、文本框等
图像	增强演示文稿的表现力	图片、屏幕截图、相册
图形	处理需要手工绘制的内容	形状、SmartArt
表格	通过分割作用显示一组相关信息	文本类、数据类
图表	用图形特性表达数据关系	二维图表、三维图表
媒体	丰富演示文稿的视听效果	音频、视频

下面介绍这 6 类页面对象的作用，并掌握其添加、编辑、修饰和排版的方法，尤其是如何准确、有效地运用这些页面对象来丰富演示文稿的内容。

活动 3： 进一步丰富已经生成的幻灯片内容，添加文本、图像、图形、音频、视频、表格、图表等各类幻灯片页面对象。

5.3.1 添加特殊文本

1. 插入艺术字

艺术字是一种装饰性文字，可以用来增加字体的可视性及美观性。单击“插入”→“文本”→“艺术字”按钮，可以打开艺术字样式列表，在其中选择所需的艺术字样式。在 PowerPoint 2016 中，插入艺术字后，可以通过“绘图工具-格式”选项卡中的各项命令对其进行设置，具体操作方法与 Word 2016 相同。

2. 插入文本框

在幻灯片中，占位符框其实是一个特殊的文本框，它出现在幻灯片中的固定位置，包含预设的文本格式。

在编辑幻灯片时，用户除了可以通过鼠标拖动调整占位符框的位置和大小，还可以在幻灯片中绘制文本框，然后在其中输入与编辑文字，以满足不同的幻灯片设计需求。

在幻灯片中插入文本框的操作步骤如下：单击“插入”→“文本”→“文本框”按钮，在弹出的下拉列表中根据需要选择“横排文本框”或“竖排文本框”，此时光标呈“↓”形状，在幻灯片中按住鼠标左键并拖动，到适当位置释放鼠标左键，即可绘制一个文本框。可以使用“绘图工具-格式”选项卡中的命令对文本框进行设置。此外，PowerPoint 2016 中的文本框上有一个灰色旋转按钮，拖动它可以将文本框自由旋转。

5.3.2 添加图形图像

在一份演示文稿中，如果内容全部用文本表现，会给人一种单调乏味的感觉。为了使演示文稿更具吸引力和说服力，适当插入图片是有效的解决方案之一。

1. 插入图片

在 PowerPoint 2016 中，允许在幻灯片中插入外部图片。单击“插入”→“图像”→“图片”命令，弹出“插入图片”对话框，从中选择需要插入的图片，双击图片或单击“插入”按钮即可将图片插入文件。图片插入幻灯片后可以对其进行编辑，如利用鼠标调整图片的大小和位置、使用“图片工具-格式”选项卡中的命令进行图片设置等，具体操作方法与 Word 2016 相同。

2. 插入形状

PowerPoint 2016 提供了非常强大的绘图工具，包括线条、几何形状、箭头、公式形状、流程图、星、旗帜、标注及动作按钮等。用户可以使用绘图工具绘制各种线条、箭头和流程图等。下面介绍 PowerPoint 2016 中绘制和编辑图形的方法。

（1）绘制图形

在 PowerPoint 2016 中绘制图形的操作步骤如下：单击“插入”→“插图”→“形状”按钮，在弹出的“形状”下拉列表中选择一种形状，如图 5-10 所示，此时光标呈十字形状，按住鼠标左键并拖动，到适当位置释放鼠标左键，即可绘制出一个图形，如图 5-11 所示。多个图形组合即可形成一些有代表意义的图示。

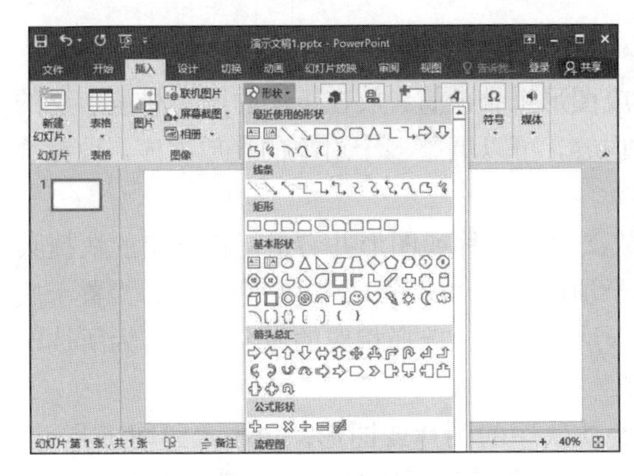

图 5-10　选择形状

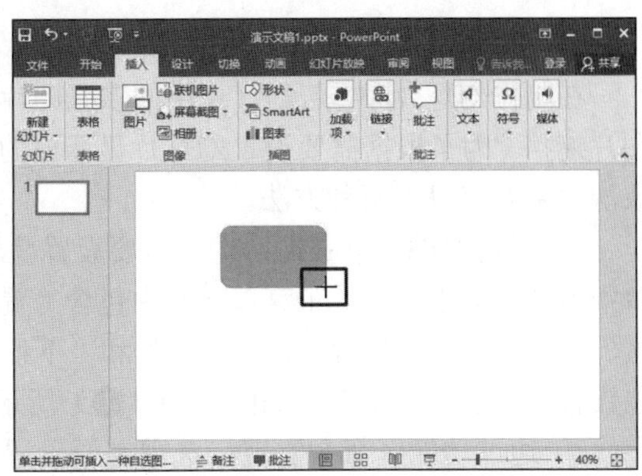

图 5-11　绘制图形

（2）设置图形样式和效果

在幻灯片中绘制图形之后，选中图形，选择“绘图工具-格式”选项卡，在“形状样式”选项组中可以根据需要设置图形的形状样式和效果等。具体设置方法与 Word 相同。

（3）图形的组合和叠放

当幻灯片中图形较多时，容易造成选择和拖动的不便，或者图形之间互相重叠，形成错误的显示效果。此时可以通过组合形状、设置叠放次序来解决这些问题。

1）组合多个图形。

在幻灯片中绘制多个图形后，可以将属于一个整体的多个对象进行组合，使之成为一个独立的对象。组合多个图形主要有以下两种方法。

① 通过右键菜单组合。选中要组合的多个形状图形并右击，在弹出的快捷菜单中选择“组合”→“组合”命令，如图 5-12 所示，组合后的多个图形将成为一个整体，可以同时被选择和拖动。

② 通过功能区命令组合。选中要组合的多个形状图形，单击“绘图工具-格式”→“排列”→“组合”按钮，在弹出的下拉列表中选择“组合”选项，如图 5-13 所示。

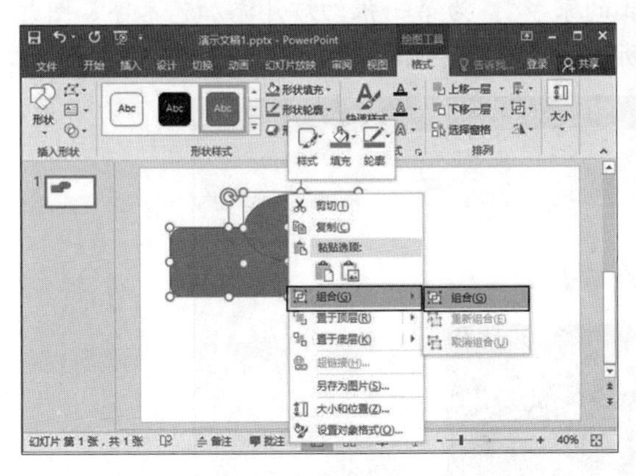

图 5-12　通过右键菜单组合多个图形

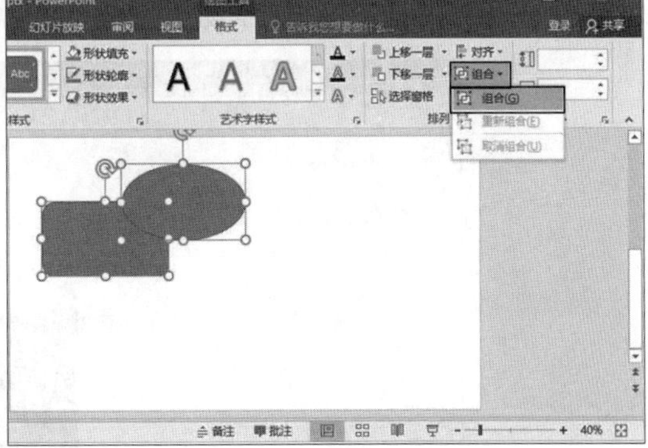

图 5-13　通过功能区命令组合多个图形

要取消图形的组合状态，只需选中被组合的图形，然后在右键菜单或“绘图工具-格式”选项卡中单击“组合”→“取消组合”按钮即可。

2）设置叠放次序。

在制作幻灯片时，若幻灯片中的多张图片或图形重叠放置，放在下层的图片将被上层的图片遮挡。为了根据需要设置幻灯片显示出的内容，可以调整多个对象的叠放次序。设置叠放次序主要有以下两种方法。

① 通过右键菜单实现：选中需要设置叠放次序的图片或图形并右击，在弹出的快捷菜单中展开“置于顶层”子菜单，其中包含“置于顶层”和“上移一层”命令；展开“置于底层”子菜单，其中包含“置于底层”和“下移一层”命令；选择相应的命令，即可为所选对象设置相应的叠放次序，如图 5-14（❶）所示。

② 通过功能区命令实现：选中需要设置叠放次序的图片或图形，单击“绘图工具-格式”→“排列”→“上移一层”或“下移一层”命令，即可为所选对象设置相应的叠放次序，如图 5-14（❷）所示。

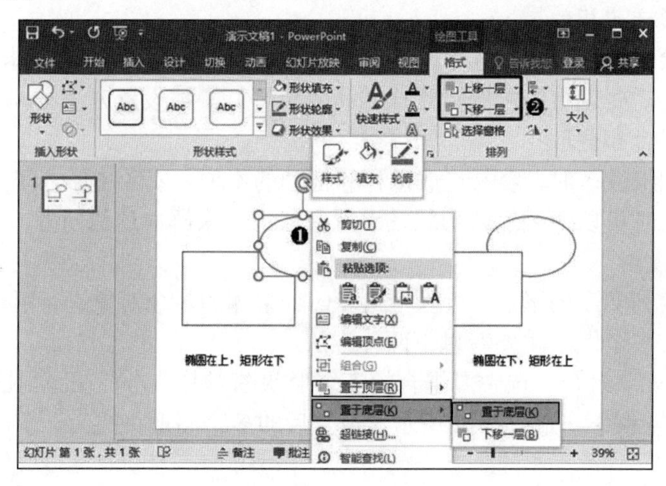

图 5-14　设置图形的叠放次序

任务 3： 打开 5.2 节制作好的演示文稿“我的家乡”，为第一张幻灯片添加艺术字、图片和图形等效果，生成的幻灯片效果如图 5-15 所示。

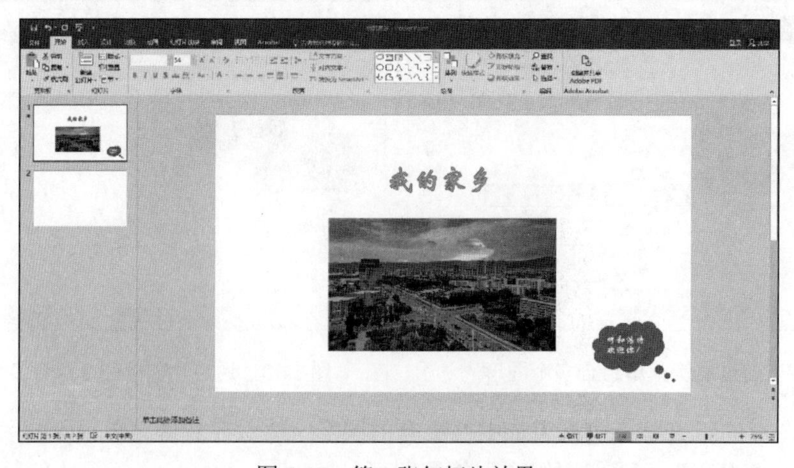

图 5-15　第一张幻灯片效果

操作步骤如下。

1）打开“我的家乡”演示文稿，选择第一张幻灯片。

2）插入艺术字。

① 选择标题占位符，单击“绘图工具-格式”→“艺术字样式”→“其他”下拉按钮，弹出如图 5-16 所示的“艺术字”下拉列表，选择一种艺术字样式，本例选择第 1 行第 3 列艺术字样式。

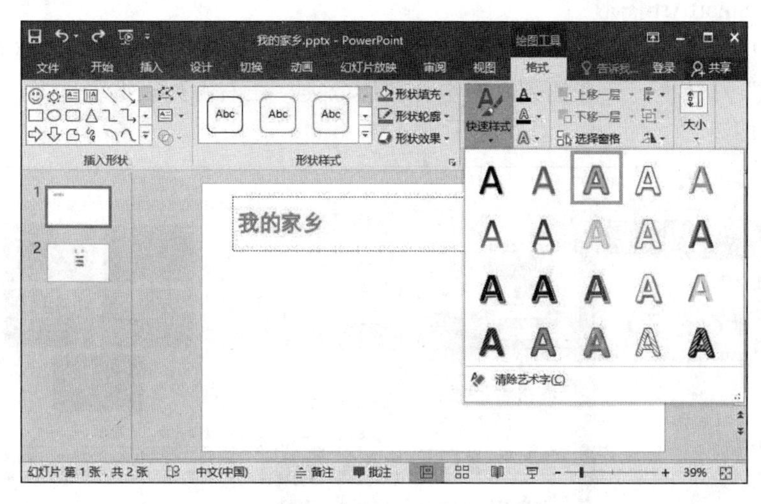

图 5-16 添加艺术字

② 设置艺术字“字体”为华文新魏，“字号”为 54，水平对齐方式为“居中”。

③ 单击“绘图工具-格式”→“艺术字样式”→“文本填充”“文本轮廓”“文本效果”等按钮对艺术字进行进一步的修饰。本例设置“文本填充”为橙色。

3）插入图片。

① 在当前幻灯片中单击“插入”→“图像”→“图片”按钮，弹出“插入图片”对话框。选择要插入的图片，单击“插入”按钮即可。本例插入素材文件夹下的“呼和浩特.jpg”文件。

② 单击“图片工具-格式”→“大小”→“宽度”文本框，输入图片宽度 12 厘米。

4）插入图形。

在当前幻灯片中单击“插入”→“插图”→“形状”按钮，在弹出的“形状”下拉列表中选择“云形”，在幻灯片右下角拖动鼠标绘制一个“云形”。在刚绘制的“云形”上右击，在弹出的快捷菜单中选择“编辑文字”命令，如图 5-17 所示，输入文本“呼和浩特欢迎你！”，设置自己喜欢的图形填充颜色及文本颜色，设置“字体”为华文行楷，“字号”为 20。

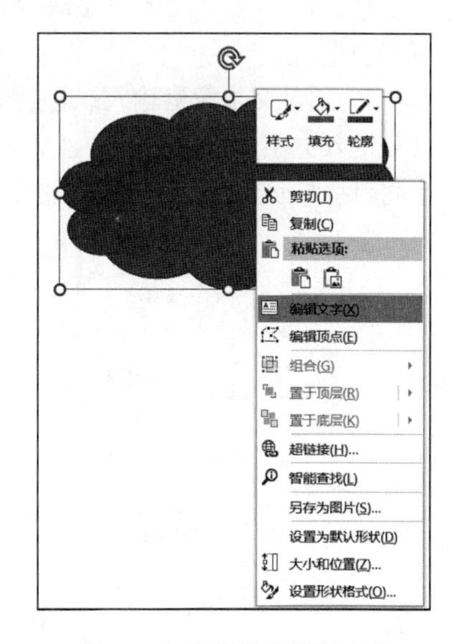

图 5-17 在形状内编辑文字

3. 插入 SmartArt 图形

在制作演示文稿中，往往需要利用流程图、层次结构及列表来显示幻灯片的内容。PowerPoint 为用户提供了列表、流程、循环等 8 类 SmartArt 图形。SmartArt 图形是信息和观点的视觉表示形式，通过采用不同形式和布局的图形代替枯燥的文字，从而快速、轻松、有效地传达信息。

（1）创建 SmartArt 图形

在幻灯片中单击“插入”→“插图”→“SmartArt”按钮，弹出如图 5-18 所示的“选择 SmartArt 图形”对话框，在左侧列表中选择图形分类，在右侧列表框中选择一种图形样式，单击“确定”按钮。

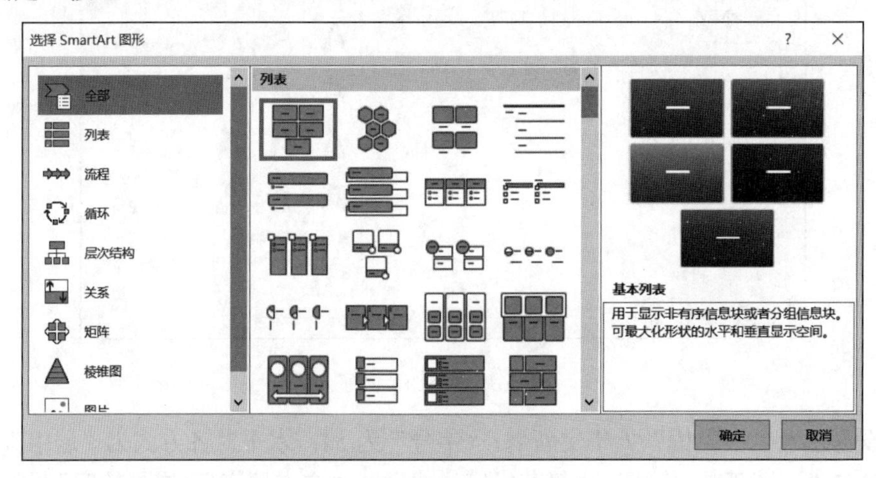

图 5-18　“选择 SmartArt 图形”对话框

插入图形后，图形中还缺少必要的文字内容。在 SmartArt 图形中输入文字的方法主要有以下两种。

1）通过文本窗格输入：选中插入的 SmartArt 图形，这时出现图形外框，在外框左侧的“在此处键入文字”窗格中单击“文本”字样后，用户可以直接在此处输入需要的文字，输入的文字将自动显示到 SmartArt 图形中，完成后单击“关闭”按钮关闭该窗格，如图 5-19 所示。

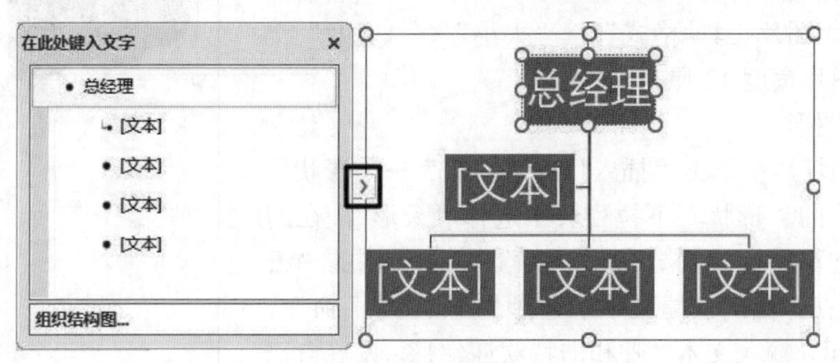

图 5-19　在 SmartArt 图形中输入文字

2）在图形中直接输入：在插入的 SmartArt 图形中单击需要输入文字的图形部分，该部分变为可编辑状态，直接输入需要的文字，完成后单击幻灯片任意空白处即输入完毕。

选中 SmartArt 图形，单击外框左侧的“〉”按钮，可以隐藏“在此处键入文字”窗格；隐藏窗格后，单击图形外框左侧的“〈”按钮，可以再次显示“在此处键入文字”窗格。

（2）设计 SmartArt 图形的布局

在幻灯片中插入 SmartArt 图形时，如果默认的形状个数或图形布局不能满足使用需求，用户可以在其中添加或删除形状，并编辑图形的布局。

1）添加形状：选中 SmartArt 图形中的形状并右击，在弹出的快捷菜单中展开“添加形状”子菜单，根据形状的添加位置，选择相应的命令，即可在所选位置添加形状，如图 5-20 所示。选中 SmartArt 图形中的形状，单击“SmartArt 工具-设计”→“创建图形”→“添加形状”按钮，在弹出的下拉列表中根据形状的添加位置，选择相应的命令，也可以在所选位置添加形状，如图 5-21 所示。

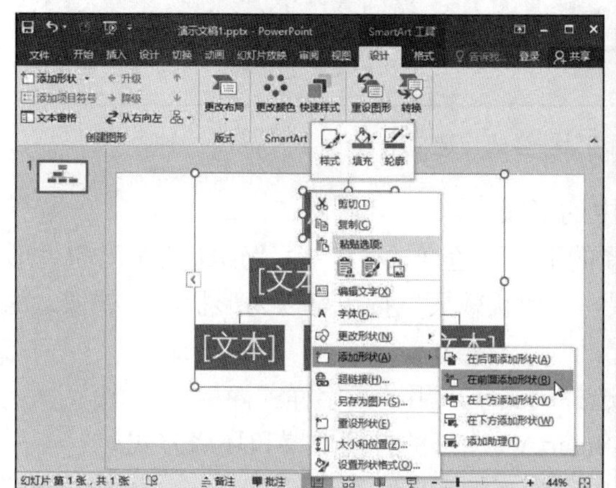

图 5-20　通过右键菜单添加形状

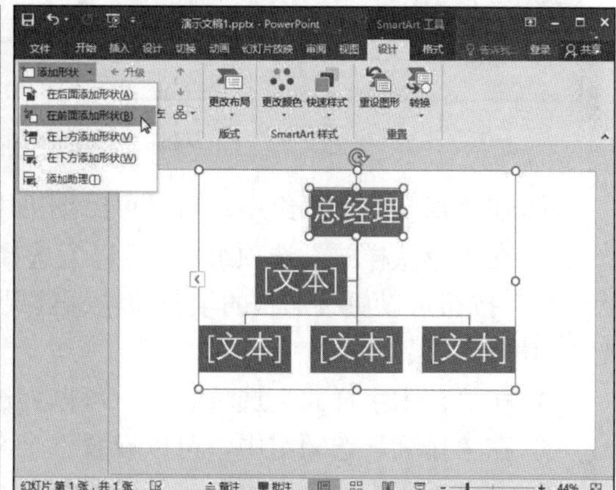

图 5-21　通过“创建图形”选项组添加形状

2）删除形状：在 SmartArt 图形中，选中要删除的形状，按 Backspace 键或 Delete 键即可将其删除。

3）调整图形布局：除了通过添加或删除形状来改变 SmartArt 图形的布局，还可以选中要设置的图形，单击“SmartArt 工具-设计”→“创建图形”选项组中的“升级”“降级”“从右向左”等按钮，在不改变形状数量的情况下，调整图形布局。

单击“SmartArt 工具-设计”→“版式”→“更改布局”按钮，在弹出的下拉列表中可以快速将 SmartArt 图形更改为同类型的另一种布局样式。

（3）设计 SmartArt 的样式

插入 SmartArt 图形后，将出现“SmartArt 工具-设计”和“SmartArt 工具-格式”选项卡，使用其中的命令及列表框，可对 SmartArt 图形的布局、颜色及样式等进行编辑。

1）使用“SmartArt 工具-设计”选项卡进行编辑。

“SmartArt 工具-设计”选项卡如图 5-22 所示，其中各组的功能介绍如下。

① 在“创建图形”选项组中，可选择为 SmartArt 图形添加形状、调整图形布局。

② 在“版式”选项组中，可以为 SmartArt 图形重新设置布局样式。

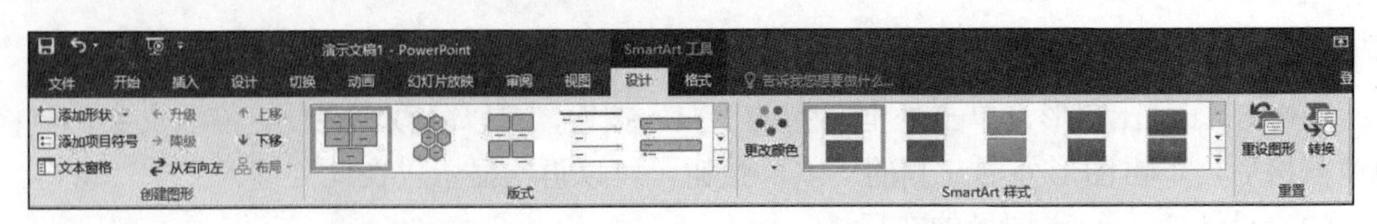

图 5-22 “SmartArt 工具-设计”选项卡

③ 在“SmartArt 样式”选项组中，可以为 SmartArt 图形设置颜色、套用内置样式。

④ 在“重置”选项组中，可以取消对 SmartArt 图形所做的任何修改，恢复插入时的状态，或将 SmartArt 图形转换为形状。

2）使用“SmartArt 工具-格式”选项卡进行编辑

“SmartArt 工具-格式”选项卡如图 5-23 所示，其中各组的功能介绍如下。

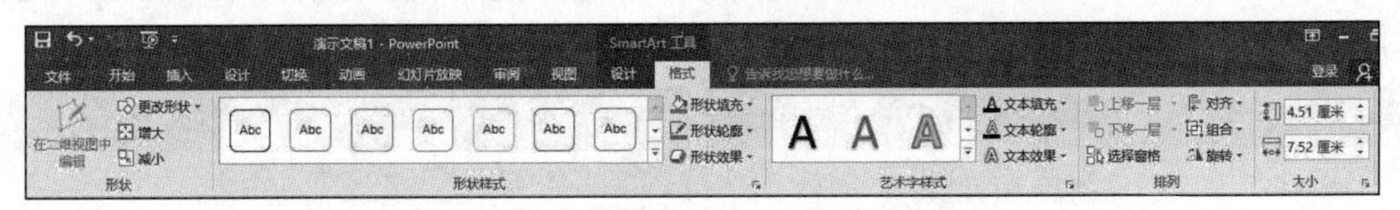

图 5-23 “SmartArt 工具-格式”选项卡

① 在“形状”选项组中，可以更改图形中的形状。

② 在“形状样式”选项组中，可以为选择的形状设置样式，其中，“形状填充”和“形状轮廓”按钮可以更改形状的填充和轮廓效果，“形状效果”按钮可以为形状添加映像、发光、阴影等效果。

③ 在“艺术字样式”选项组中，可以为选择的文字应用艺术字样式。

④ 在“排列”选项组中，可以设置整个 SmartArt 图形的排列位置和环绕方式。

⑤ 在“大小”选项组中，可以设置整个 SmartArt 图形的大小。

任务 4: 打开“我的家乡”演示文稿，将已经生成的第 2 张幻灯片的文本内容转换为 SmartArt 图形，增强幻灯片的表现力，生成的幻灯片效果如图 5-24 所示。

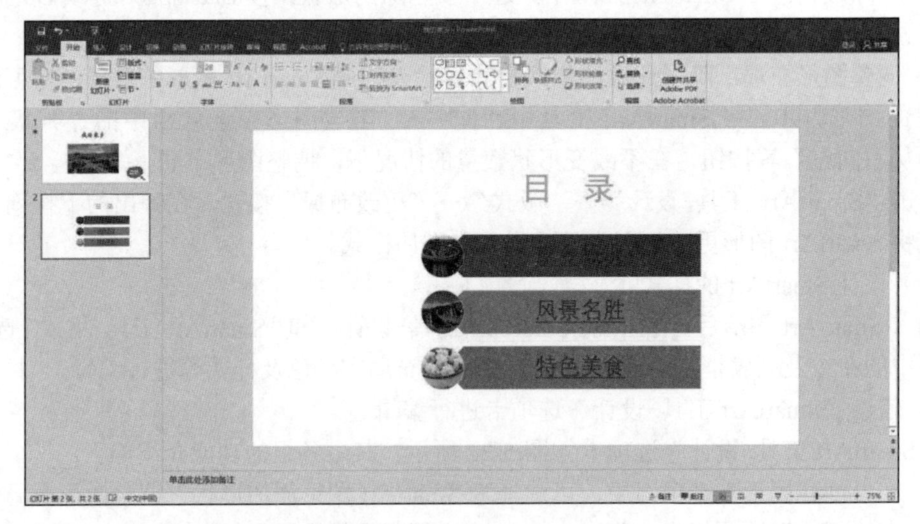

图 5-24 转换为 SmartArt 图形的第 2 张幻灯片效果

1）选择“文件”→“打开”选项，打开“我的家乡”演示文稿。在第 2 张幻灯片上单击文本占位符，单击“开始”→“段落”→“转换为 SmartArt”按钮。

2）在弹出的列表中选择一种图形样式，则文本自动转换为所选的 SmartArt 图形样式，本例选择“垂直图片重点列表”样式。

3）单击“SmartArt 工具-设计”→“SmartArt 样式”→“更改颜色”按钮，在弹出的下拉列表中选择“彩色”组中的“彩色范围-个性色 5 至 6”选项，如图 5-25 所示。

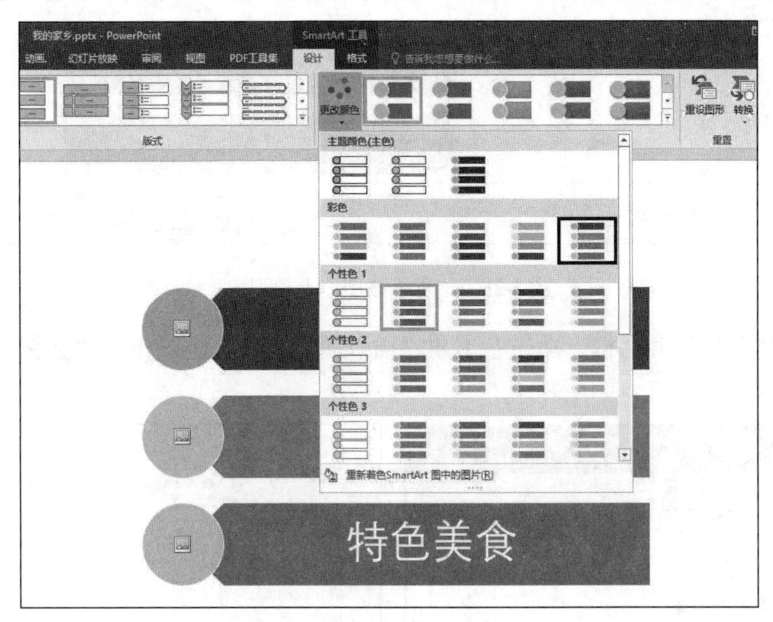

图 5-25　设置 SmartArt 样式

4）单击生成的 SmartArt 图形前面的“添加图片”图标，在弹出的“插入图片”对话框中选择一个图片文件插入即可。本例中参考范例作品“我的家乡”插入相应图片即可。

5）拖动 SmartArt 图形控点调整大小，并调整 SmartArt 图形位置。

4. 屏幕截图

PowerPoint 2016 新增了一个非常有用的功能——屏幕截图。单击“插入”→“图像”→“屏幕截图”按钮，弹出如图 5-26 所示的“屏幕截图”下拉列表，“可用的视窗”组中列出了当前打开的一些窗口，单击其中一个窗口，则其屏幕将快速显示到当前幻灯片中。选择“屏幕剪辑”选项，则可以任意剪辑某个所选窗口的部分内容，拖动鼠标选择要截图的内容，释放鼠标则截取的图形即显示到当前幻灯片中。

5. 插入相册

在 PowerPoint 2016 中，除了可以像在 Word 中那样插入图片、屏幕截图等，还可以通过相册功能，将大量图片创建为一个“相册”演示文稿，以方便展示图片。具体操作步骤如下。

1）单击“插入”→“图像”→“相册”按钮，如图 5-27 所示。

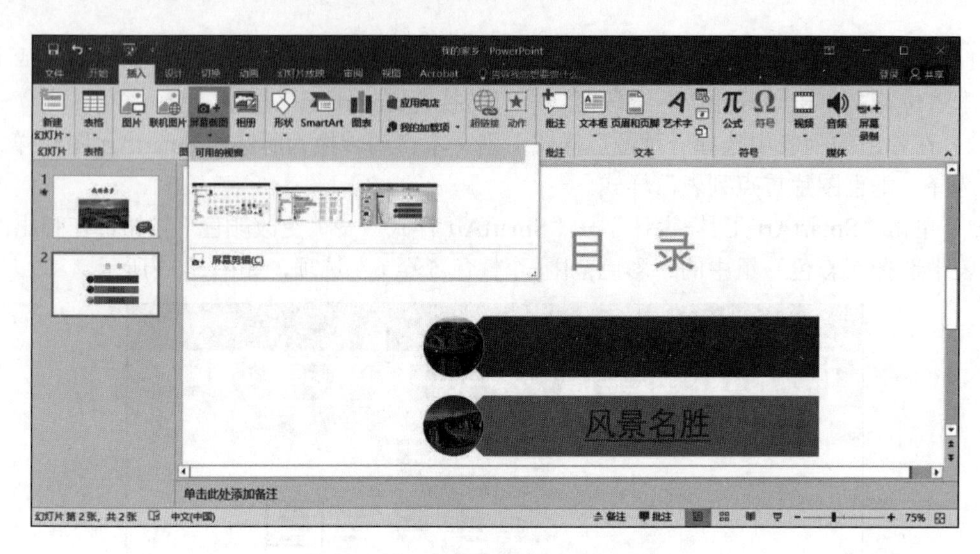

图 5-26　“屏幕截图”下拉列表

2）弹出“相册”对话框，单击左上角“插入图片来自”选项下的“文件/磁盘”按钮，如图 5-28 所示。

图 5-27　插入相册

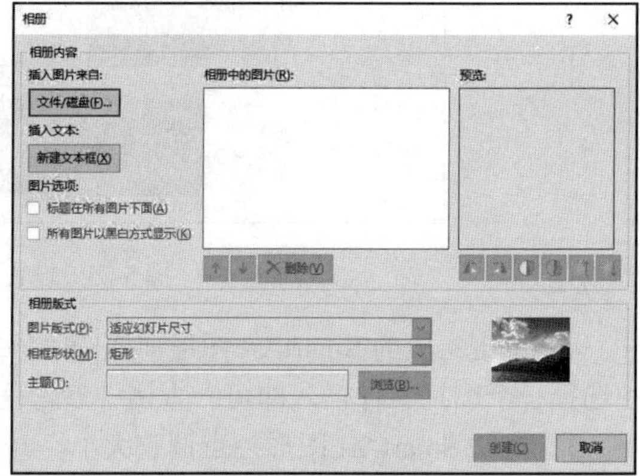

图 5-28　“相册”对话框

3）弹出“插入新图片”对话框，根据图片文件的保存位置，找到并选中要插入的多张图片，单击“插入”按钮，如图 5-29 所示。

4）回到“相册”对话框，可以看到所选的图片已经出现在“相册中的图片”列表框中，如图 5-30 所示。接下来可以进一步设置，如调整图片顺序或对图片的明暗度等进行调节。在“相册版式”组中，可以对“图片版式”和“主题”等进行设置。设置完毕后，单击“创建”按钮。

任务 5：根据所确定的主题依次生成“家乡概况”“风景名胜”“特色美食”等幻灯片。

任务分析：这 6 张幻灯片综合运用了文字、图片、SmartArt 图形、艺术字等多种页面对象，利用已学的技术细心加以修饰即可做出，制作过程略。制作效果如图 5-31 所示。

图 5-29　插入新图片

图 5-30　创建“相册”

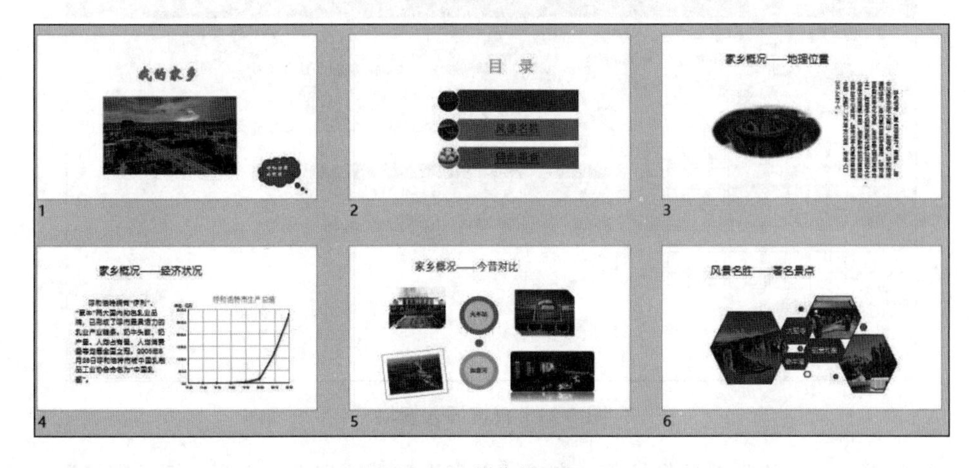

图 5-31　制作效果展示

5.3.3 添加表格

用户在使用 PowerPoint 2016 制作演示文稿时，往往需要运用一些数据来增加演示文稿的说服力。此时，用户可以运用 PowerPoint 2016 中的表格功能来组织并显示幻灯片中的数据，从而使杂乱无章、单调枯燥的数据更易于理解。

1. 插入表格

在幻灯片中插入表格的常用方法与 Word 相同。单击“插入”→“表格”→“表格”按钮，弹出“插入表格”下拉列表，如图 5-32 所示，可以有多种方法插入表格。

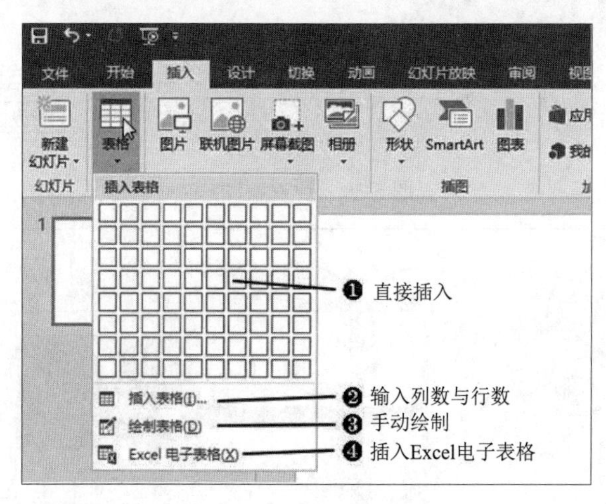

图 5-32 “表格”下拉列表

1）直接插入：在“插入表格”下拉列表中的“绘制表格”区域中拖动鼠标选择行数和列数，此时该区域顶部将显示出选择的行数与列数，在幻灯片中则会显示出表格的预览图像，如图 5-33 所示，单击即可在幻灯片中快速插入指定行列的表格。

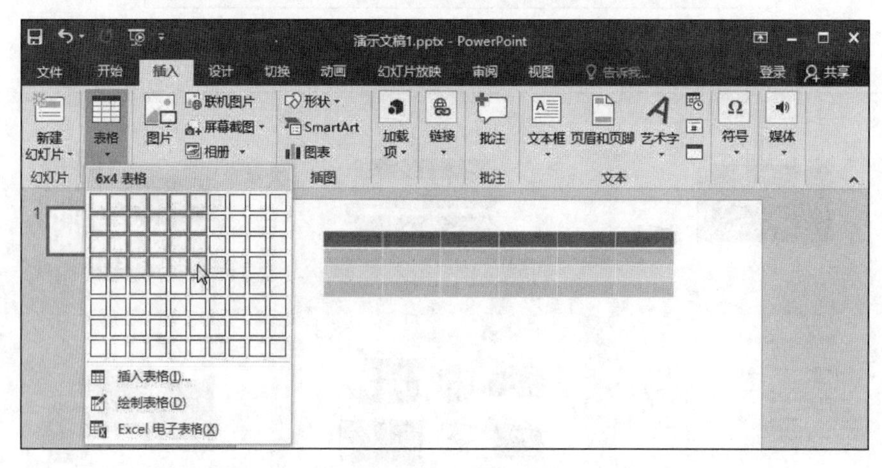

图 5-33 直接插入表格

2）通过“插入表格”对话框插入：在“插入表格”下拉列表中选择“插入表格”选项，打开如图 5-34 所示的“插入表格”对话框，在其中输入列数与行数后单击“确定”按钮，即可在幻灯片中插入指定列数与行数的表格。

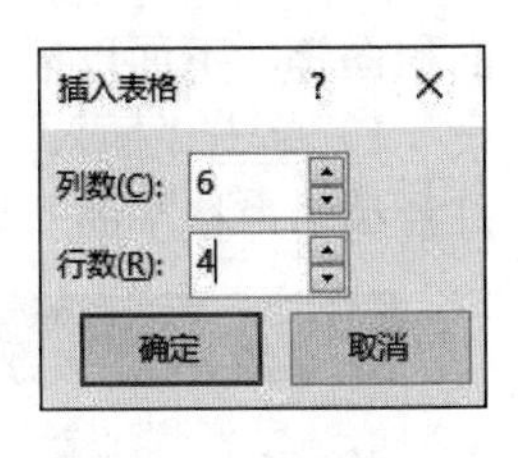

图 5-34 直接插入表格

3）直接绘制表格：在“插入表格”下拉列表中选择“绘制表格”选项，将鼠标指针移动到幻灯片编辑区，当鼠标指针变为铅笔状时，拖动鼠标就可以在幻灯片中根据数据的具体要求，手动绘制表格的边框与内线。

4）通过 Excel 编辑窗口插入：在“插入表格”下拉列表中选择“Excel 电子表格”选项，则打开 Excel 编辑窗口，在其中可以输入数据，并利用公式功能计算表格数据，然后在幻灯片中单击，就可以将 Excel 电子表格插入幻灯片中。

2. 编辑表格

在幻灯片中插入表格以后系统自动出现“表格工具-设计”和“表格工具-布局”选项卡。“表格工具-设计”选项卡包含“表格样式选项”“表格样式”“艺术字样式”“绘图边框”选项组，通过选项组中的命令按钮可以快速为表格套用样式，设置表格底纹、边框、效果等，如图 5-35 所示。

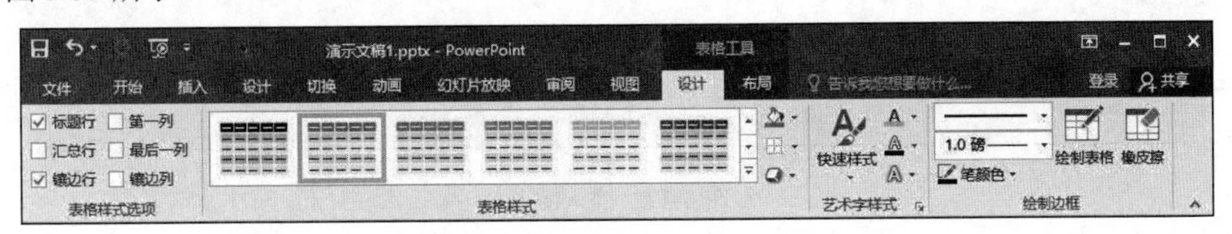

图 5-35 “表格工具-设计”选项卡

“表格工具-布局”选项卡包含“表”“行和列”“合并”“单元格大小”“对齐方式”“表格尺寸”“排列”选项组，如图 5-36 所示。通过其中的命令按钮可以选择表格、删除表格、插入行或列、合并单元格、拆分单元格、设置表格大小、设置单元格大小、设置单元格文本对齐方式等。PowerPoint 2016 表格的具体操作与 Word 2016 相似，所以此处不再赘述。

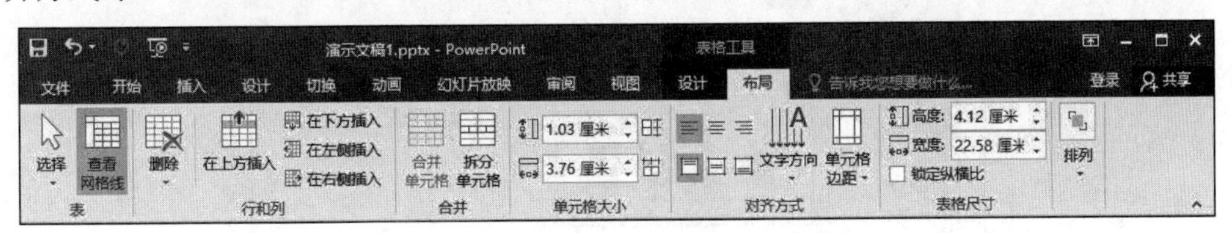

图 5-36 “表格工具-布局”选项卡

5.3.4 添加图表

所谓图表，是指根据表格数据绘制的图形。图表具有较好的视觉效果，可方便用户查看数据的差异，预测数据趋势。演示文稿常常会用图表来更直观地表达信息。

1. 创建图表

在 PowerPoint 2016 中可插入多种类型的图表，包括柱形图、折线图、饼图、条形图、面积图等。下面以插入柱形图为例，介绍插入图表的操作步骤。

1）单击“插入”→“插图”→“图表”按钮，如图 5-37（❶）所示，或者直接单击幻灯片编辑窗格中的“插入图表”按钮，如图 5-37（❷）所示。

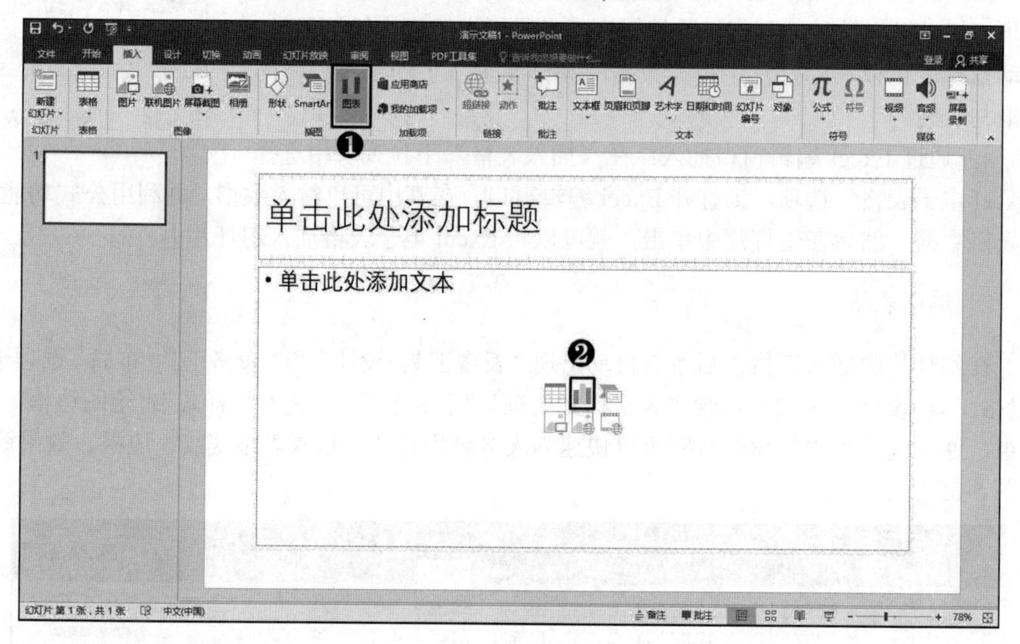

图 5-37　插入图表

2）在弹出的“插入图表”对话框中选择需要的图表类型，然后单击“确定”按钮，如图 5-38 所示。

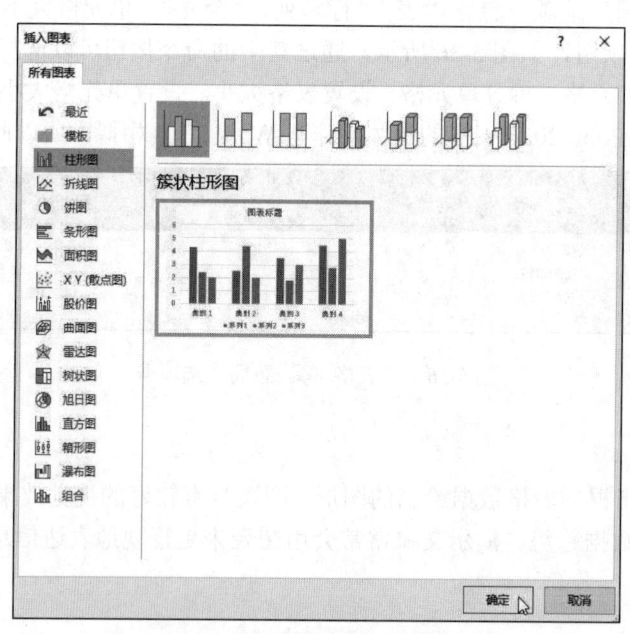

图 5-38　“插入图表”对话框

3）此时出现 Excel 2016 编辑窗口，并在其中列出了一些示例数据，如图 5-39 所示。

4）在 Excel 2016 编辑窗口中重新输入用来构建图表的数据，然后单击右上角的“关闭”按钮，关闭 Excel 电子表格，如图 5-40 所示。

Microsoft PowerPoint 中的图表

	A	B	C	D	E
1		系列 1	系列 2	系列 3	
2	类别 1	4.3	2.4	2	
3	类别 2	2.5	4.4	2	
4	类别 3	3.5	1.8	3	
5	类别 4	4.5	2.8	5	
6					
7					

图 5-39　Excel 2016 编辑窗口

Microsoft PowerPoint 中的图表

	A	B	C	D	E
1		上半年	下半年		
2	部门1	1988	4813		
3	部门2	3652	2575		
4	部门3	4511	1258		
5	部门4	3124	2987		
6					
7					

图 5-40　在 Excel 2016 编辑窗口中重新输入数据

5）自动返回到 PowerPoint 2016 窗口，成功插入一个图表，如图 5-41 所示。

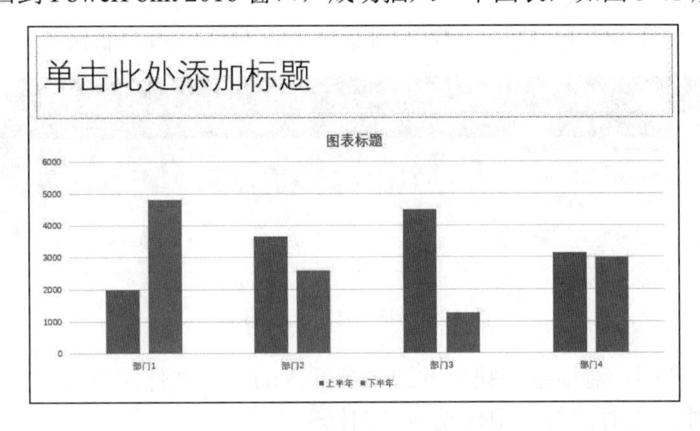

图 5-41　成功插入一个图表

2. 更改图表类型

更改图表类型是将图表由当前的类型更改为另外一种类型，通常用于多方位分析数据。具体方法为单击“图表工具-设计”→“类型”→“更改图表类型”按钮，如图 5-42 所示，在弹出的“更改图表类型”对话框中选择所需要的图表类型即可。例如，选择“折线图”中的“带数据标记的折线图”类型，则已经生成的柱形图变成如图 5-43 所示的折线图。

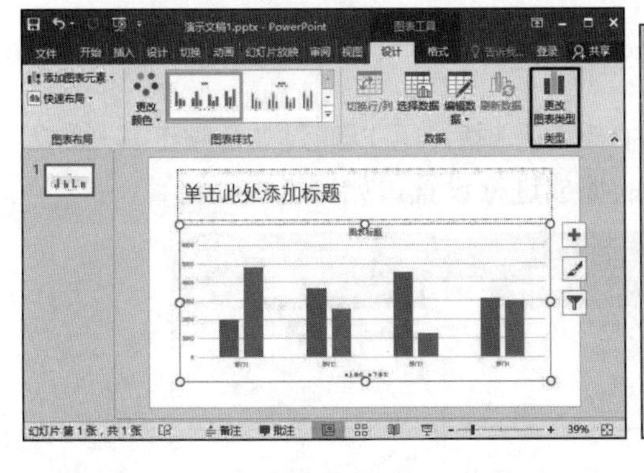

图 5-42　单击“更改图表类型”按钮

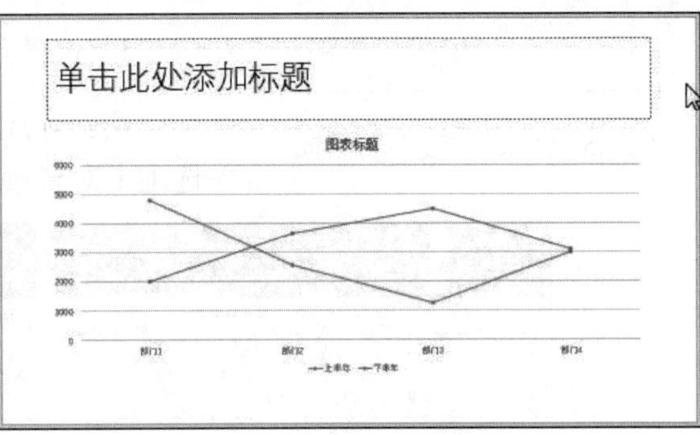

图 5-43　更改图表类型效果

选择图表后并右击，在弹出的快捷菜单中选择“更改图表类型”命令，也可完成更改图表类型的操作。

5.3.5 插入音频

在 PowerPoint 2016 中，用户还可以通过为幻灯片添加音频文件的方法，来增加幻灯片生动活泼的效果。添加音频的方法有插入 PC 上的音频和插入录制音频两种。

1. 插入 PC 上的音频

在幻灯片中插入声音文件的操作步骤如下。

1）在“普通视图”方式下，选择要插入声音的幻灯片。

2）单击“插入”→“媒体”→“音频”按钮，在弹出的下拉列表中选择“PC 上的音频”选项，如图 5-44 所示。弹出“插入音频”对话框。该对话框和“插入图片”对话框类似。

图 5-44 插入 PC 上的音频

3）在“插入音频”对话框中找到并选中要插入的声音文件，单击“插入”按钮，将音频文件插入文档中，这时幻灯片中出现声音图标🔊。

2. 录制音频

单击“插入”→“媒体”→“音频”按钮，在弹出的下拉列表中选择“录制音频”选项，在弹出的如图 5-45 所示的“录制声音”对话框中输入名称，单击“录制”按钮，开始录制声音，录制完毕后单击“停止”按钮。单击“确定”按钮，则在当前幻灯片中出现一个声音图标，单击“播放”按钮，刚才录制的声音即可被播放。

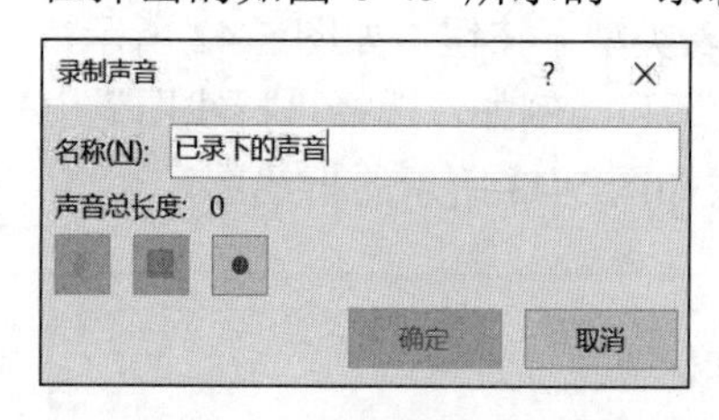

图 5-45 “录制声音”对话框

3. 设置声音播放选项

在幻灯片中插入音频后，可以通过“音频工具-播放”选项卡对音频的播放进行设置，如图 5-46 所示。

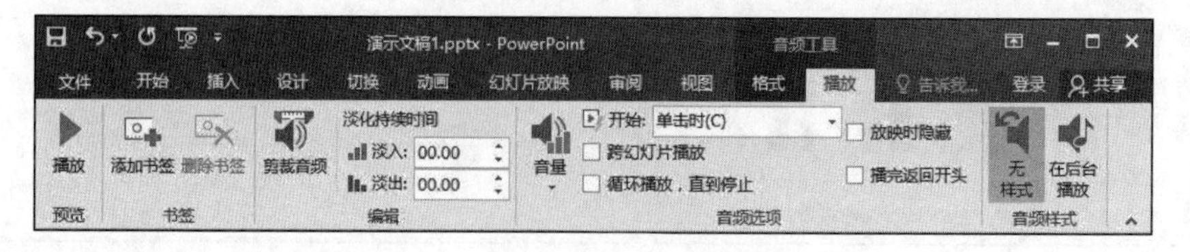

图 5-46 “音频工具-播放”选项卡

1）设置音量：单击“音频工具-播放”→“音频选项”→“音量”按钮，在弹出的下拉列表中可以设置播放时声音的大小。

2）设置播放方式：单击“音频工具-播放”→“音频选项”→“开始”按钮，在弹出的下拉列表中可以选择音频的播放方式。选择“单击时”选项，则放映幻灯片时，需要单击声音图标，才能播放该音频文件；选择“自动”选项，则放映幻灯片时声音将自动播放。

3）隐藏声音控制面板：选中“放映时隐藏”复选框，可以在放映幻灯片时不显示声音控制面板。

4）跨幻灯片播放：选中“跨幻灯片播放”复选框，则切换到下一张幻灯片时，声音能够继续播放。

5）设置循环播放：选中“循环播放，直到停止”复选框，可以设置放映时循环播放该音频，直到切换到下一张幻灯片或有停止命令时。

6）播放完返回开头：选中“播放完返回开头”复选框，则播放完该音频文件后，音乐后会立即停止，不论幻灯片有没有播放完。

5.3.6 插入视频

在幻灯片中，用户可以像插入音频那样，在幻灯片上插入联机视频或 PC 上的视频，用来增强幻灯片的表现力。PowerPoint 2016 支持插入多种类型的视频文件，主要包括 AVI、ASF、MPEG、MOV、MP4、WMV、SWF 等格式的文件。插入的视频文件可以像图片一样随意调整其大小和位置。

1. 插入 PC 上的视频

在幻灯片中插入视频文件的操作步骤如下。

1）在“普通视图”方式下，选择要插入视频的幻灯片。

2）单击“插入”→“媒体”→“视频”按钮，在弹出的下拉列表中选择“PC 上的视频”选项，弹出“插入视频文件”对话框。

3）在“插入视频文件”对话框中选择要插入的视频文件，单击“确定”按钮，用户选择的视频文件就插入幻灯片中。

4）在“视频工具-播放”选项卡中，可以编辑视频或设置视频的播放方式，用户可根据需要选择自动播放或单击时播放视频。

单击幻灯片中的预览图像，可以拖动预览图像控点调整视频的大小。

2. 视频属性设置

插入视频后，选中插入的视频，则出现“视频工具-格式”和“视频工具-播放”选项卡，如图 5-47 所示，用户可以选择各种命令对添加的视频文件设置属性，如设置音量、设置放映方式等。其设置方法与音频基本相同，这里不再赘述。

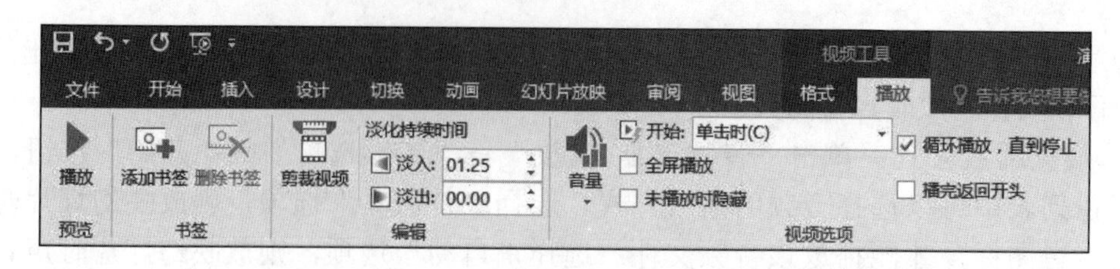

图 5-47　“视频工具-播放”选项卡

任务 6: 为“我的家乡”演示文稿生成一张介绍呼和浩特的视频的幻灯片。

操作步骤如下。

1）打开“我的家乡”演示文稿，选择最后一张幻灯片，按 Enter 键快速生成一张新幻灯片，将其设为“空白”版式，则在当前演示文稿最后插入了一张幻灯片。

2）选择幻灯片，单击“插入”→“媒体”→“视频”按钮，在弹出的下拉列表中选择“PC 上的视频”选项，在弹出的“插入视频文件”对话框中插入“呼和浩特宣传片.mp4”视频文件。调节视频的大小使其占满整个幻灯片，插入后的效果如图 5-48 所示。

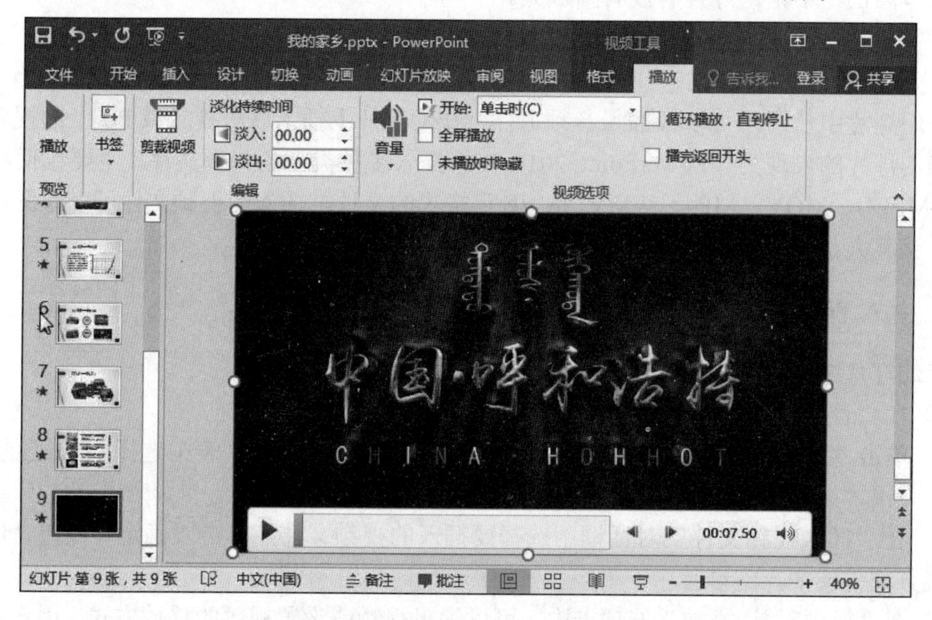

图 5-48　插入后的视频幻灯片效果

5.4　设计演示文稿外观

要制作一个精美的演示文稿，除了要有丰富的内容和页面对象外，还要具有独特的外观设计风格，以吸引观众的注意力。PowerPoint 2016 的外观设计主要通过主题、背景和母版的设置来实现。

活动 4: 修饰“我的家乡”演示文稿，使用主题或母版来设计演示文稿的外观。

5.4.1 主题

PowerPoint 2016 为用户提供了丰富的主题。主题包含预定义的背景、格式和配色方案等。在 PowerPoint 2016 中，用户可以将系统提供的主题应用于所有幻灯片，使演示文稿具有统一的外观，也可以应用于所选幻灯片，使演示文稿具有不同的显示风格。此外，用户还可以根据需要自定义主题。

1. 应用主题

（1）使用内置主题

打开演示文稿，选择“设计”选项卡，可以发现在“主题”选项组内显示了部分主题列表，单击主题列表右下角的“其他”下拉按钮，可以显示全部内置主题。要将主题应用到演示文稿中，可在“设计”选项卡“主题”选项组中选择一种主题，默认情况下会将主题应用到所有幻灯片。在其中一种主题上右击，弹出其右键菜单，如图 5-49 所示，有“应用于所有幻灯片”“应用于选定幻灯片”“设置为默认主题”“添加到快速访问工具栏”4 种应用类型，用户可以根据需要选择相应命令。

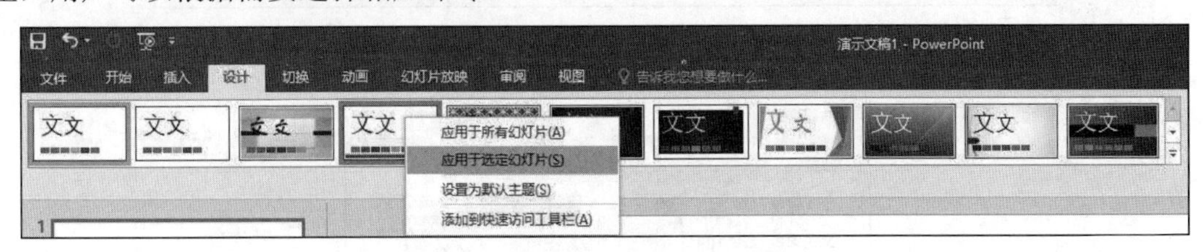

图 5-49 “主题”选项组及主题右键菜单

（2）使用外部主题

如果可选的内置主题不能满足需求，可选择外部主题。单击“设计”→“主题”→“其他”按钮，在弹出的下拉列表中选择“浏览主题”选项，即可使用外部主题。

2. 自定义主题颜色

在 PowerPoint 2016 中，主题颜色是针对幻灯片背景、标题文字、正文文字、强调文字及超链接等内容的一整套配色方案。除了使用内置的主题颜色，还可以根据需要自定义主题颜色。自定义主题颜色的方法主要有以下两种。

1）使用预设变体方案：应用主题后，单击“设计”→“变体”→“其他”按钮，在弹出的“变体”下拉列表中展开“颜色”子菜单，根据需要选择一种变体颜色方案即可，如图 5-50 所示。

2）新建主题颜色方案：单击“设计”→“变体”→“其他”按钮，在弹出的“变体”下拉列表中选择“颜色”子菜单中的“自定义颜色”选项，弹出“新建主题颜色”对话框，如图 5-51 所示，设置新建主题颜色方案的名称；然后根据需要单击要设置项目右侧的下拉按钮，在弹出的下拉列表中设置该项目的颜色，设置完成后单击“保存”按钮，即可将其添加到“变体”下拉列表“颜色”子菜单的“自定义”栏中，单击即可应用。

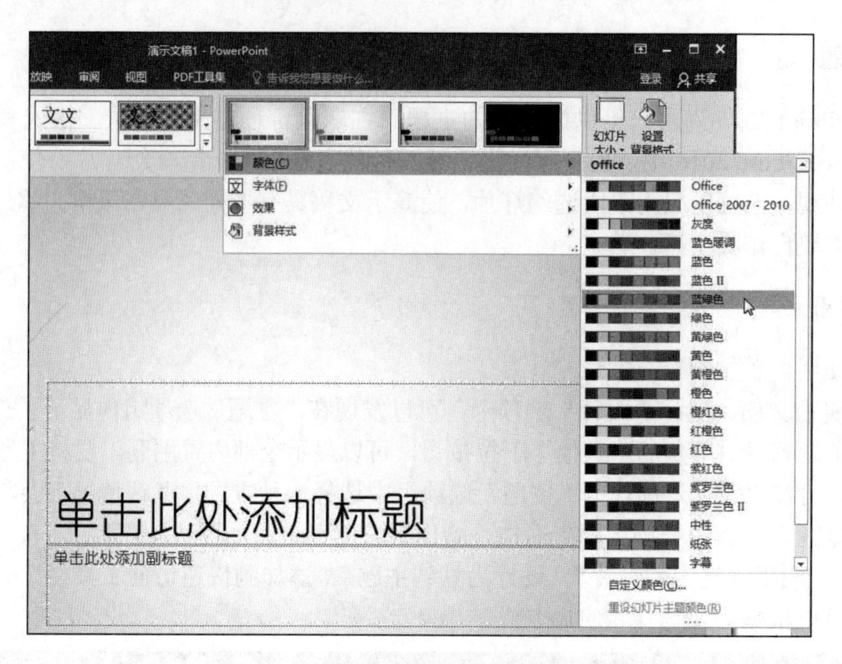

图 5-50　将主题颜色更改为预设变体方案

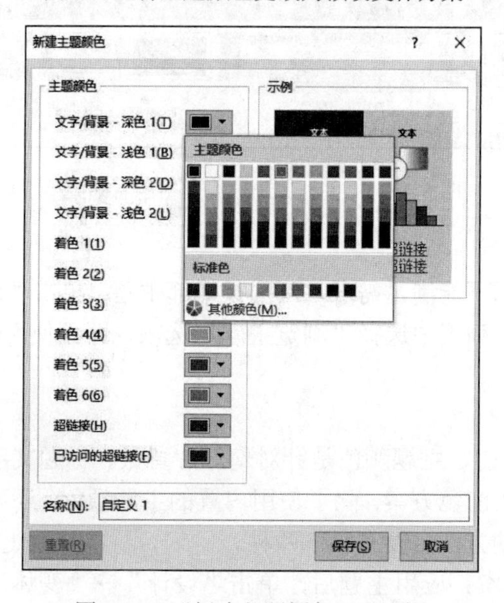

图 5-51　“新建主题颜色”对话框

3. 自定义主题字体

在 PowerPoint 2016 中，用户可以自定义主题字体的样式。自定义主题字体主要针对幻灯片中的标题字体和正文字体。自定义主题字体的方法主要有以下两种。

1）使用预设变体方案：应用主题后，单击“设计”→“变体”→“其他”按钮，在弹出的“变体”下拉列表中展开“字体”子菜单，根据需要选择一种变体字体方案即可，如图 5-52 所示。

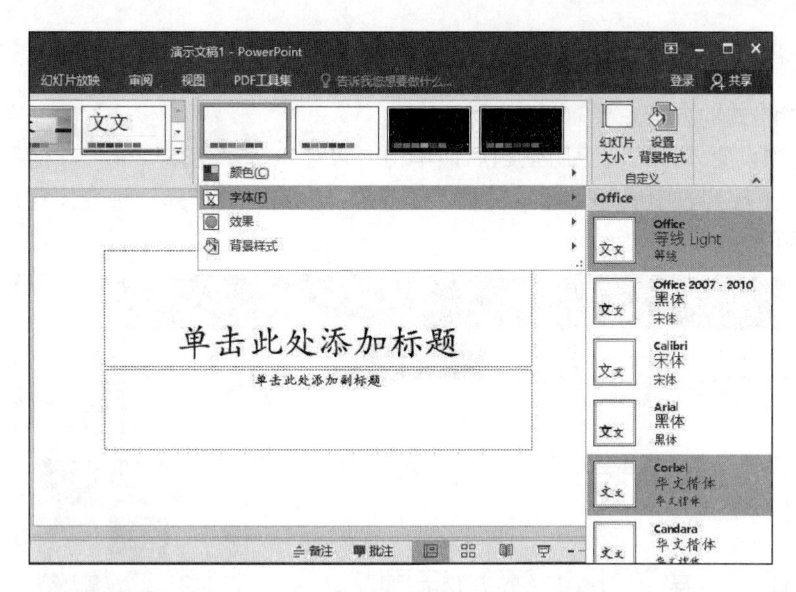

图 5-52　将主题字体更改为预设变体方案

2）新建主题字体方案：单击“设计”→“变体”→“其他”按钮，在弹出的“变体”下拉列表中选择“字体”子菜单中的“自定义字体”选项，弹出“新建主题字体”对话框，如图 5-53 所示，设置新建主题字体方案的名称；然后根据需要在对应项目的下拉列表框中选择字体，设置完成后单击“保存”按钮，即可将其添加到“变体”下拉列表“字体”子菜单的“自定义”栏中，单击即可应用。

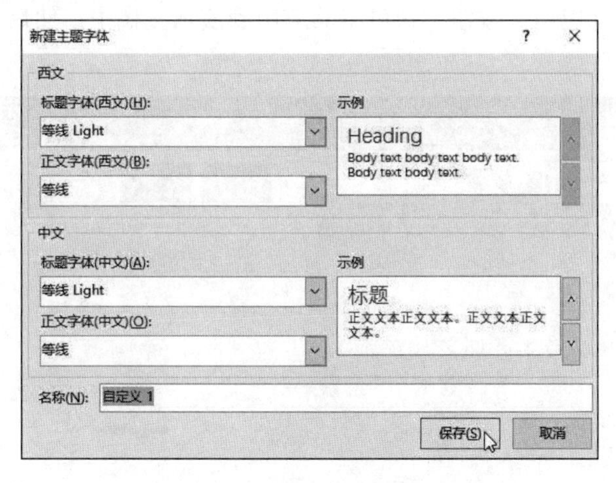

图 5-53　“新建主题字体”对话框

5.4.2　背景

除了应用主题外，用户还可以为幻灯片设置背景格式，主要设置背景的填充与图片效果。在 PowerPoint 2016 中，主题背景样式是随着内置主题一起提供的预设的背景格式。使用不同的主题，背景样式的效果也不同。为了满足不同的设计需求，用户可以对主题的背景样式进行自定义设置。

1. 设置背景格式

设置背景格式的方法主要有以下两种。

1）使用预设变体方案：应用主题后，单击“设计”→“变体”→“其他”按钮，在弹出的“变体”下拉列表中展开“背景样式”子菜单，根据需要选择一种变体背景样式方案即可，如图 5-54 所示。

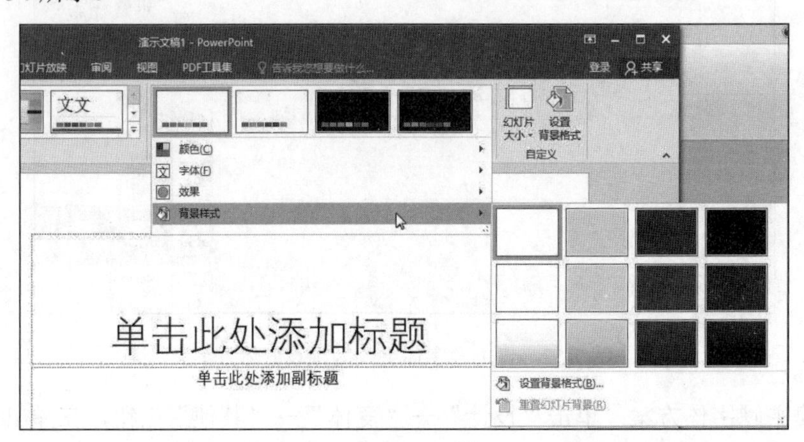

图 5-54　将主题背景样式更改为预设变体方案

2）自定义背景格式：单击“设计”→“自定义”→“设置背景格式”按钮，打开“设置背景格式”窗格，如图 5-55 所示，在“填充”栏中根据需要对背景的填充方式进行设置，设置完成后单击“全部应用”按钮，即可将其应用到演示文稿中；然后单击“关闭”按钮关闭窗格即可。

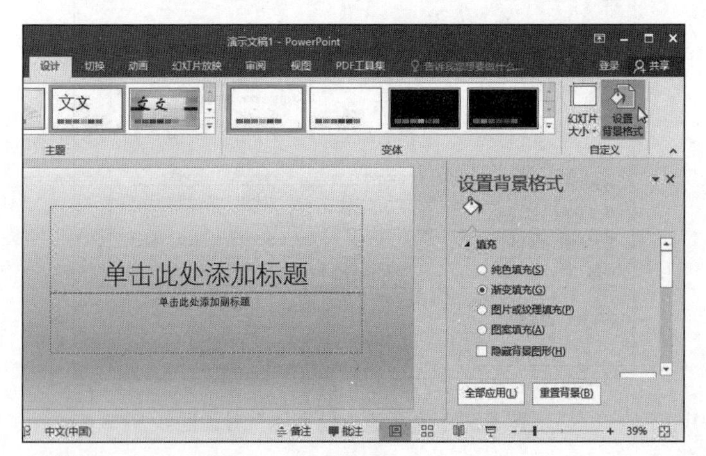

图 5-55　“设置背景格式”窗格

在“设置背景格式”窗格中单击“重置背景”按钮，即可快速恢复到原背景样式。

2. 纯色填充

纯色填充即幻灯片的背景以一种颜色进行显示。在“设置背景格式”窗格中选中“纯色填充”单选按钮，并在“填充颜色”下拉列表中选择背景颜色，在“透明度”输入框中设置透明度值，纯色填充即设置完成。

3. 渐变填充

渐变填充即幻灯片的背景以多种颜色进行显示。在“设置背景格式”窗格中选中“渐变填充”单选按钮，即可在弹出的列表中设置渐变填充的各项参数。其参数的类别及作用如表 5-5 所示。

表 5-5 渐变填充设置参数

参数类别	作用	说明
预设渐变	设置系统提供的渐变颜色	包含浅色渐变、顶部聚光灯、中等渐变、底部聚光灯、径向渐变等预设渐变
类型	设置渐变填充的类型	包含线性、射线、矩形、路径、标题的阴影 5 种类型
方向	设置渐变填充的渐变过程	不同渐变类型的渐变方向选项不同
角度	设置渐变填充的旋转角度	可以在 0° 到 359.9° 之间进行设置
渐变光圈	设置渐变颜色的光圈	可以设置渐变光圈的颜色、位置、透明度及亮度

4. 图片或纹理填充

图片或纹理填充即将幻灯片的背景设置为图片或纹理。在“设置背景格式”窗格中选中“图片或纹理填充”单选按钮，即可在弹出的列表中设置图片或纹理填充的各项参数。其参数的类别及作用如表 5-6 所示。

表 5-6 图片或纹理填充设置参数

参数类别	作用	说明
插入	以图片填充幻灯片背景	包括文件、剪贴板与线上的图片
纹理	以系统提供的纹理填充幻灯片背景	包括画布、编织物、水滴、花岗岩等 24 种类型
透明度	设置背景图片或纹理的透明度	可以在 0～100%之间进行设置
平铺选项	主要调整背景图片的平铺情况	包括偏移量、刻度、对齐方式、镜像类型选项

5. 图案填充

图案填充即幻灯片的背景以系统提供的一种图案进行显示。在“设置背景格式”窗格中选中“图案填充”单选按钮，在弹出的图案列表中选择所需图案，如“横向砖形”。通过“前景”和“背景”下拉列表框可以自定义图案的前景颜色和背景颜色，单击“全部应用”按钮，所选图案即成为幻灯片背景。

任务 7：为“我的家乡”演示文稿应用主题或添加背景，美化外观。

任务分析：前面所做的演示文稿没有任何外观设计，现在要为幻灯片整体应用一种主题，起到美化的作用。为了起到突出的效果，对首张幻灯片设置不一样的背景。

操作步骤如下。

1）选择首张幻灯片，单击“设计”→“自定义”→“设置背景格式”按钮，打开“设置背景格式”窗格，选择“填充”选项卡，选中“图片或纹理填充”单选按钮，单击“纹理”下拉按钮，在弹出的下拉列表中选择“水滴”作为背景，将“透明度”设置为“70%”，如图 5-56 所示，单击“关闭”按钮，即为当前幻灯片设置了“水滴”纹理背景。

图 5-56　设置背景

2）在幻灯片浏览视图下，按住 Shift 键的同时选中第 2～8 张幻灯片，在“设计”选项卡的“主题”选项组中选择一种自己喜欢的主题，如名为“丝状”的主题，在该主题上右击，在弹出的快捷菜单中选择“应用于选定幻灯片”命令，如图 5-57 所示。还可以通过单击“设计”→“变体”→“颜色”“字体”“效果”等按钮更改默认的主题外观，设置为自己喜欢的风格。

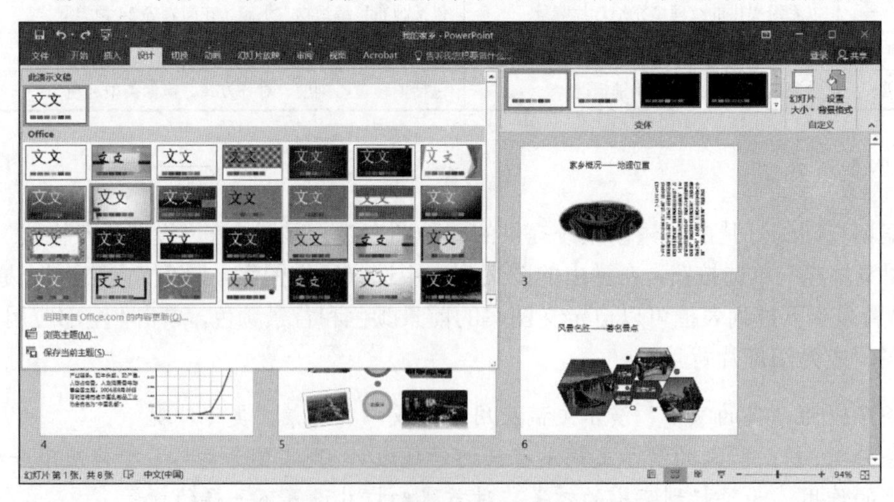

图 5-57　为选定幻灯片设置主题

3）完成外观设计的演示文稿整体效果如图 5-58 所示。

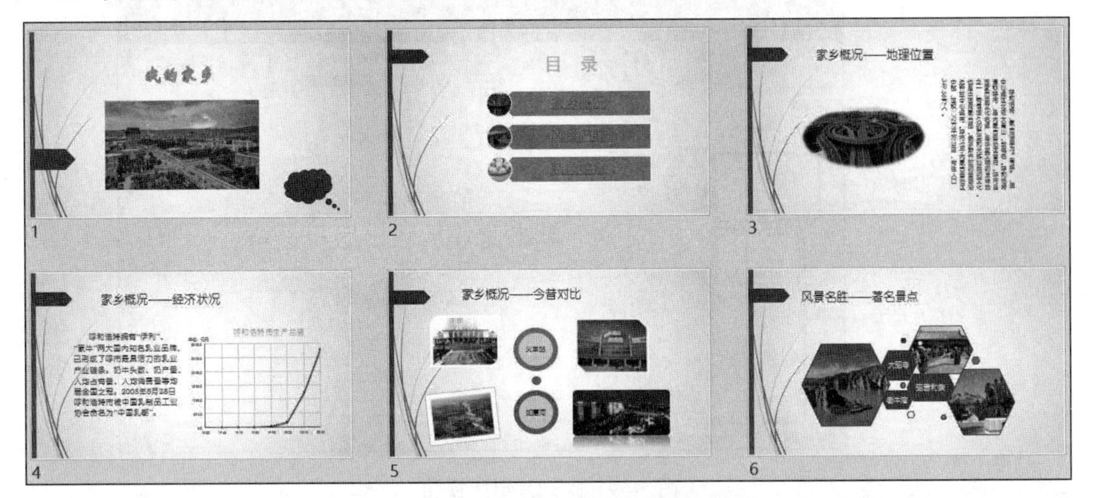

图 5-58　应用外观设计的演示文稿整体效果

5.4.3　母版

在 PowerPoint 2016 中有幻灯片母版、讲义母版和备注母版 3 种母版类型。当需要设置幻灯片风格时，可以在幻灯片母版视图中进行设置；当需要将演示文稿以讲义形式打印输出时，可以在讲义母版视图中进行设置；当需要在演示文稿中插入备注内容时，可以在备注母版视图中插入相应内容。

1. 设置幻灯片母版

幻灯片母版是演示文稿中各幻灯片引用的模板页，能够存储幻灯片的所有信息，包括文本和对象在幻灯片上的放置位置、文本和对象的大小、文本样式、背景、颜色主题、效果和动画等。在幻灯片母版视图中可以查看和编辑不同版式的幻灯片页面的内容布局结构、背景效果、内容字体等。

单击“视图”→“母版视图”→“幻灯片母版”按钮，进入“幻灯片母版”视图，如图 5-59 所示。新建的演示文稿中自动应用了一个幻灯片母版，在这个母版中包含了 11 个幻灯片母版版式。一个演示文稿中可以包含多个幻灯片母版，每个母版下又包括多种幻灯片母版版式。

在幻灯片母版视图下，可以看到所有可以输入内容的区域，如标题占位符、副标题占位符及母版下方的页脚占位符。这些占位符的位置及属性，决定了应用该母版的幻灯片的外观属性，当改变了这些占位符的位置、大小及其中文字的外观属性后，所有应用该母版的幻灯片的属性也将随之改变。

更改幻灯片母版的目的是对幻灯片进行全局更改，并使该更改应用到演示文稿中的所有幻灯片，这样，既能统一演示文稿的外观，又能大大提高工作效率。可以像更改任何幻灯片一样更改幻灯片母版，但要记住母版上的文本只用于设置样式，相当于制作好的框架，而实际的内容应该在普通视图下的幻灯片上编辑。

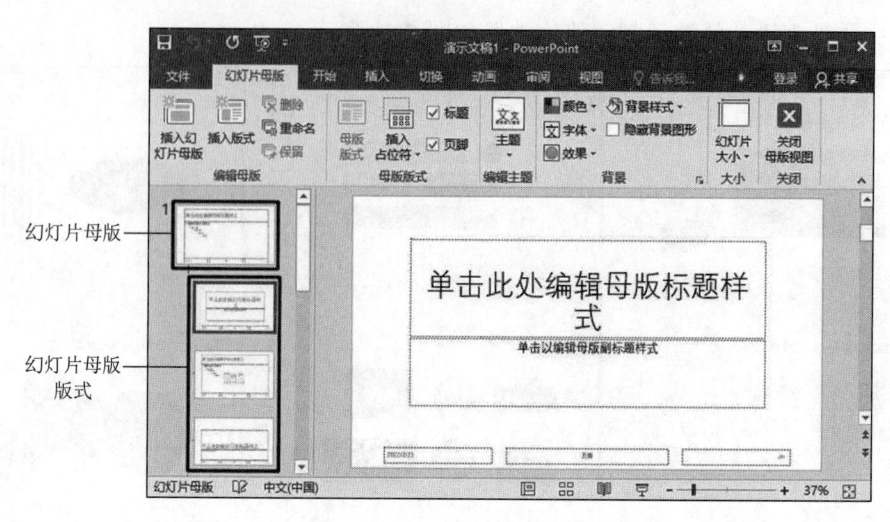

图 5-59　幻灯片母版视图

完成母版的各项设置后，单击“幻灯片母版”→“关闭”→“关闭母版视图”按钮，即可退出“幻灯片母版”视图模式。

（1）编辑母版

演示文稿中可以包含多个母版，以满足不同的设计需要。在“幻灯片母版”“编辑母版”选项组中，可以插入幻灯片母版、插入版式，以及删除、重命名、保留幻灯片母版。

1）插入幻灯片母版。单击“幻灯片母版”→“编辑母版”→“插入幻灯片母版”按钮，便可以在原有的幻灯片母版的基础上新增加一组完整的幻灯片母版，如图 5-60 所示。

2）插入版式。在幻灯片母版中，系统为用户准备了 12 种幻灯片版式，用户可根据不同的版式设置不同的内容。当母版中的版式无法满足工作要求时，可以单击“幻灯片母版”→“编辑母版”→“插入版式”按钮，插入一个标题幻灯片，单击“幻灯片母版”→“母版版式”→“插入占位符”按钮来设置所需的版式。

3）重命名和删除。在幻灯片母版中，选择某个母版或其中某种版式，单击“幻灯片母版”→“编辑母版”→“重命名”按钮，如图 5-61 所示，可重命名所选的母版或版式。选

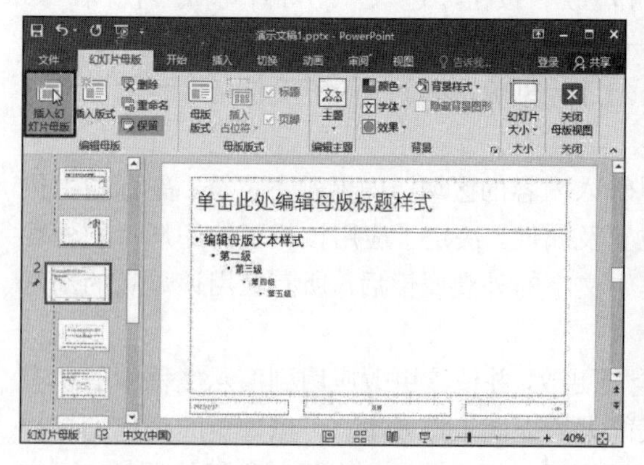

图 5-60　插入幻灯片母版

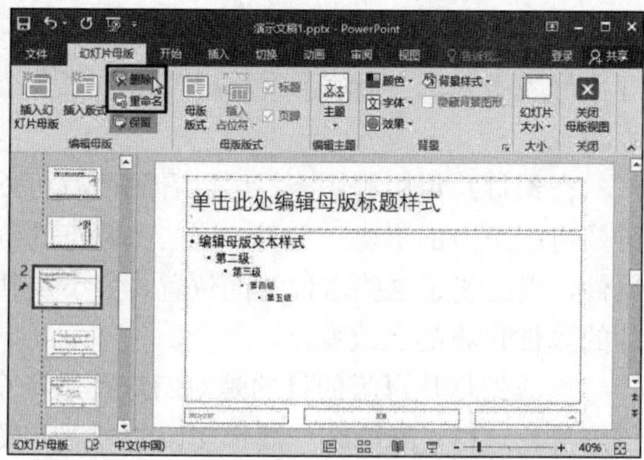

图 5-61　重命名和删除幻灯片母版

择某个幻灯片母版，单击“删除”按钮，可删除所选的幻灯片母版及其所有幻灯片母版版式。如果选择某个幻灯片母版版式，单击“删除”按钮，则仅删除所选的幻灯片母版版式。

4）保留。当插入幻灯片母版之后，“保留”命令变为可用状态，系统会自动以保留的状态存放该幻灯片母版。若单击“幻灯片母版”→“编辑母版”→“保留”按钮，则弹出如图 5-62 所示的系统提示对话框，单击“是”按钮，则取消对插入的幻灯片母版的保留状态。如果有幻灯片使用了该母版，则单击“保留”按钮无效，需要单击“删除”按钮才能删除该母版。

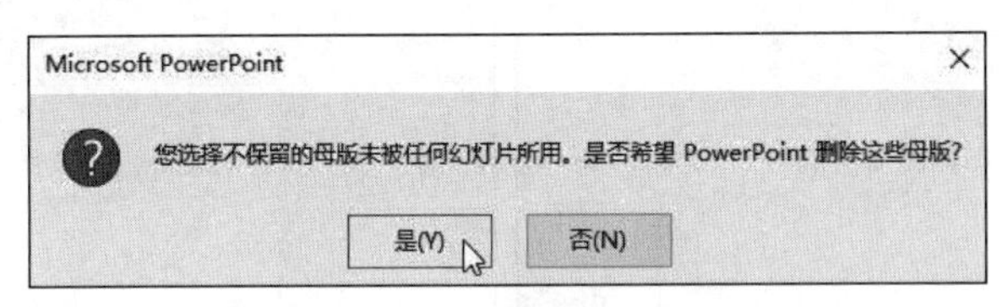

图 5-62　系统提示对话框

（2）设置版式

用户可以通过“母版版式”选项组来设置幻灯片母版的版式，主要包括为幻灯片添加内容、文本、图片、图表等占位符，以及显示或隐藏幻灯片母版中的标题、页脚。

1）插入占位符。母版版式中为用户提供了内容、文本、图片、图表、表格、SmartArt、媒体、联机图像等 10 种占位符，每种占位符的添加方式都相同，即在“插入占位符”下拉列表中选择需要插入的占位符类别选项，如图 5-63 所示，此时光标呈十字状，在幻灯片母版中按住鼠标左键并拖动，到适当位置释放鼠标左键，即可绘制相应的占位符框。

2）删除占位符。选中幻灯片母版中要删除的占位符框，按 Delete 键即可将其删除；此外，选中幻灯片母版，单击“幻灯片母版”→“母版版式”→“母版版式”按钮，在弹出的“母版版式”对话框中取消选中不需要的占位符复选框，然后单击“确定”按钮，也可将所有母版中的该项占位符都删除掉，如图 5-64 所示。若再次在“母版版式”对话框中选中需要的占位符复选框，然后单击“确定”按钮，可恢复被删除的占位符。

图 5-63　插入占位符

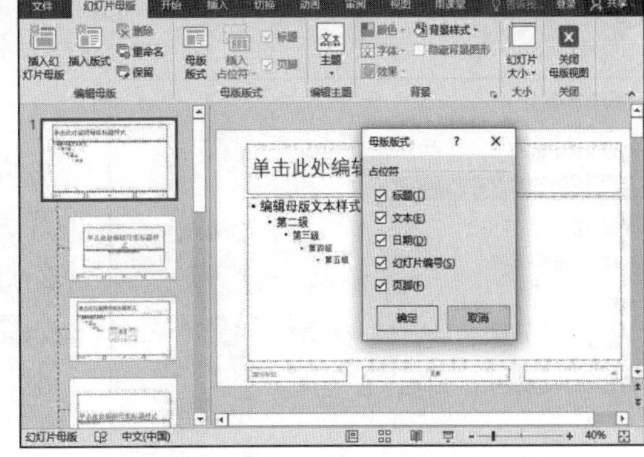

图 5-64　删除占位符

3）设置占位符格式。在设置幻灯片母版版式时，需要对占位符格式进行设置，包括设置文本格式和段落格式等，以便满足不同的设计需要。

选中要设置格式的占位符框，在“开始”选项卡的“字体”选项组中，可以设置占位符框中所有文字的样式，如字体、字号、文字颜色等，如图 5-65 所示。在“开始”选项卡的“段落”选项组中，可以设置对齐方式、段落间距、段落编号、分栏排版等；在“绘图工具-格式”选项卡中，可以设置占位符框的形状样式、艺术字样式等，如图 5-66 所示。

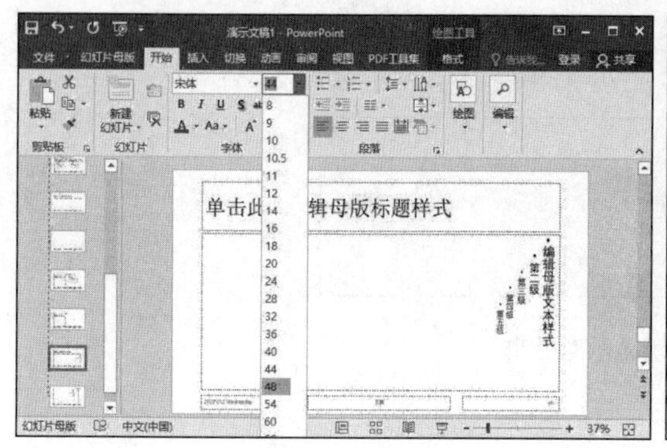

图 5-65 设置占位符的字体格式

图 5-66 设置占位符的绘图格式

4）显示隐藏标题、页脚。在幻灯片母版中，系统默认版式显示标题与页脚，用户可以通过取消选中“标题”和“页脚”复选框，来隐藏标题与页脚，若选中“标题”和“页脚”复选框，则显示标题与页脚。

（3）设置母版的主题和背景

用户可以在幻灯片母版视图中设置主题或背景，这样所有基于母版的幻灯片都应用了此种主题或背景。单击“幻灯片母版”→“编辑主题”→“主题”按钮，在其下拉列表中选择某种主题类型作为母版的主题；也可以单击“幻灯片母版”→“背景”→“颜色”“字体”“效果”等按钮编辑和更改背景。也可以单击“幻灯片母版”→“背景”→“背景样式”按钮，在弹出的下拉列表中选择“设置背景格式”选项，设置纯色填充、渐变填充、图片或纹理填充等背景效果；选中“背景”选项组中的“隐藏背景图形”复选框可以将背景图形隐藏起来。

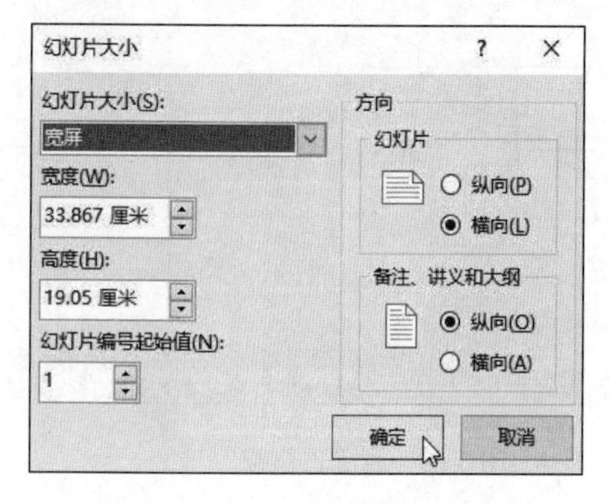

图 5-67 “幻灯片大小”对话框

（4）设置幻灯片大小

设置幻灯片大小即设置幻灯片的大小、编号及方向等。单击“幻灯片母版”→“大小”→“幻灯片大小”按钮，在弹出的下拉列表中选择“自定义幻灯片大小”选项，弹出“幻灯片大小”对话框，如图 5-67 所示，在该对话框中可以设置幻灯片的大小、宽度、高度、幻灯片起始编号及方向等。

2. 讲义母版

单击“视图”→“母版视图”→“讲义母版”按钮，切换到讲义母版视图。由于在幻灯片母版中已经设置了主题，所以在讲义母版中无须再设置主题，只需设置页面设置、占位符与背景即可。讲义母版决定了将来要打印的讲义的外观，主要以讲义的形式来展示演示文稿内容，即在一页上显示多张幻灯片，如图 5-68 所示。

3. 备注母版

备注母版主要包括一个幻灯片占位符与一个备注页占位符，单击“视图”→“母版视图”→“备注母版”按钮，即切换到备注母版视图，如图 5-69 所示。设置备注母版的方法与设置讲义母版大体相同，无须设置母版主题，只需设置幻灯片方向、备注页方向、占位符与背景样式。

图 5-68 讲义母版视图

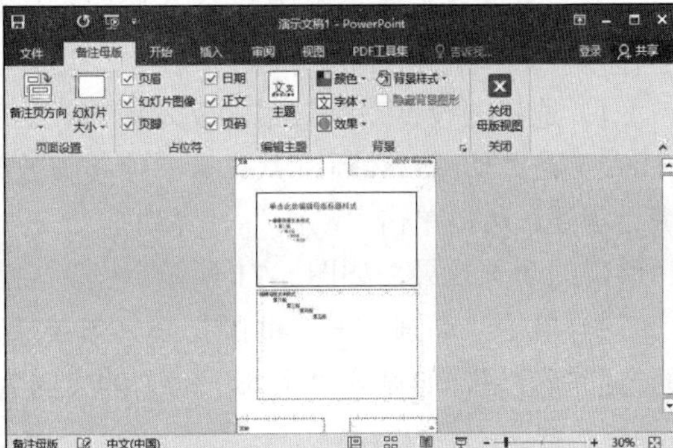

图 5-69 备注母版视图

5.5 设置演示文稿的放映效果

5.5.1 设置动画效果

PowerPoint 能够制作出非常丰富的动画效果，这是它与其他 Office 产品相比更富于动态变化的一面。PowerPoint 2016 的很多功能更接近于专业的动画制作软件。PowerPoint 2016 可以为幻灯片上的各种对象添加动态效果，主要包含进入、强调、退出、动作路径 4 种动画类型，如表 5-7 所示。

表 5-7 PowerPoint 动画类型

动画类型	作用	说明
进入	使文本或对象以某种效果进入	这些效果可以使对象逐渐淡入焦点、从边缘飞入幻灯片或者跳入视图中
强调	为文本或对象添加某种突出显示效果	这些效果包括使对象缩小或放大、更改颜色或沿着其中心旋转等
退出	为文本或对象添加退出效果	这些效果包括使对象飞出幻灯片、从视图中消失或者从幻灯片旋出等
动作路径	使文本或对象按照指定的模式或路径移动	这些效果可以使对象上下移动、左右移动，或者沿着星形或圆形图案移动（与其他效果一起）

“动画”选项卡包含“预览”“动画”“高级动画”“计时”4 个选项组，如图 5-70 所示。

图 5-70 “动画”选项卡

活动 5：设置“我的家乡”演示文稿幻灯片上各种对象的动画效果。

1. 动画和预览

单击“动画”选项组中的命令按钮可以快速为所选文本或对象设置或更改动画效果，操作步骤如下。

1）选择要设置动画效果的文本或对象。

2）在“动画”选项组中选择一种动画效果，如“飞入”。如果当前列出的动画效果不能满足需要，可以单击“动画”→“动画”→“其他”按钮，在弹出的“动画”下拉列表中选择所需的动画效果，如图 5-71 所示。

3）单击“动画”→“动画”→“效果选项”按钮，在弹出的下拉列表中可以设置动画的方向等效果，如设置“飞入”动画的方向为“自顶部”，如图 5-72 所示。

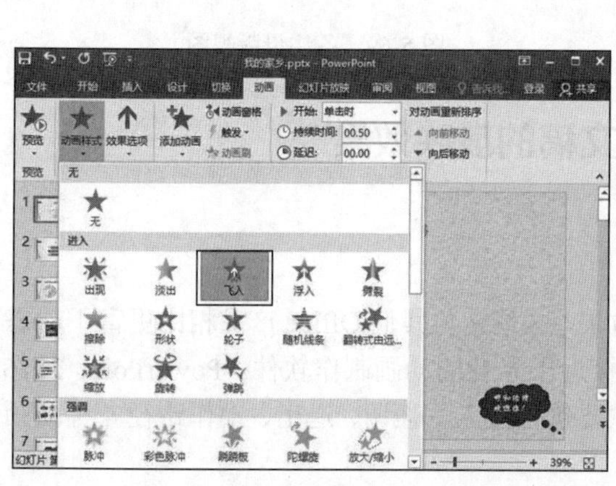

图 5-71 为对象添加一个动画效果

图 5-72 设置动画的效果

4）若要在添加一个或多个动画效果后验证它们是否起作用，单击“动画”→“预览”→“预览”按钮，可以预览动画效果。

5）若要更改已经设置的动画效果，先选中要更改动画效果的文本或对象，然后在“动画”选项组中重新选择一种动画效果即可。

在幻灯片中添加了动画效果后，选择“动画”选项卡，可以看到设置了动画效果的对象左上角出现了动画效果标签，如 1 ；单击相应的标签，即可选中该动画效果，标签中的数字代表了该动画效果在当前幻灯片中的放映顺序。

2. 高级动画

“高级动画”选项组包含“添加动画”“动画窗格”“触发”“动画刷”4 个按钮。

（1）添加动画

“添加动画”按钮可以为所选文本或对象设置一个或多个动画效果，操作步骤如下。

1）选择要添加一个或多个动画效果的文本或对象。

2）单击“动画”→“高级动画”→“添加动画”按钮，在弹出的“添加动画”下拉列表中选择一种进入、强调、退出或动作路径动画效果，如图 5-73 所示。

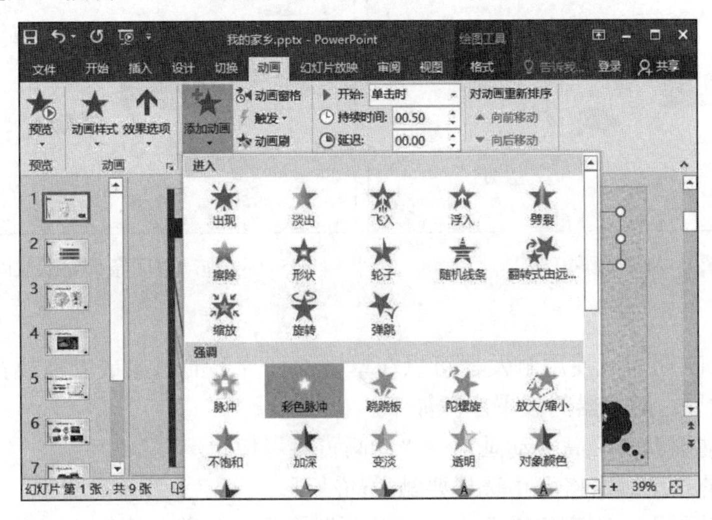

图 5-73 “添加动画”下拉列表

3）如果没有所需的动画效果，可以选择“添加动画”下拉列表中的“更多进入效果”、“更多强调效果”、“更多退出效果”或“其他动作路径”选项，在弹出的对话框中进行选择。

4）可以单独使用任何一种动画效果，也可以将多种效果组合在一起。例如，可以对文本应用“飞入”进入效果及“放大/缩小”强调效果，使它在飞入的同时逐渐放大或缩小。

（2）动画窗格

在添加了多个动画效果后，可能需要反复查看各个动画之间的衔接效果是否合理，以制作出满意的动画效果。此时可以通过“动画窗格”来进行设置。

单击“动画”→“高级动画”→“动画窗格”按钮，弹出如图 5-74 所示的动画窗格。在其中可以看到幻灯片上所有的动画列表，并显示有关动画效果的重要信息，如动画效果的顺序、类型、持续时间及设置命令等。

1）调整播放顺序：在“动画窗格”中使用鼠标拖动；或者选中要设置的动画效果，然后单击“上移”“下移”按钮，即可调整该动画效果的播放顺序。

2）设置动画效果：在“动画窗格”中选中要设置的动画效果，单击其右侧的下拉按钮，在弹出的下拉列表中选择“单击开始”“从上一项开始”“从上一项之后开始”等选项，即可设置所选动画效果的开始方式；选择“隐藏（显示）高级日程表”选项，可以设置隐藏或显示高级日程表；选择“删除”选项，可以删除所选动画效果。

3）拖动时间条调整播放时长和延迟时间：在“动画窗格”中，将光标指向要设置的动画效果的时间条左端，当光标呈形状时，拖动光标可调整该动画效果的延迟时间；将光标指向要设置的动画效果的时间条右端，当光标呈形状时，拖动可调整该动画效果的持续时间，如图 5-75 所示。

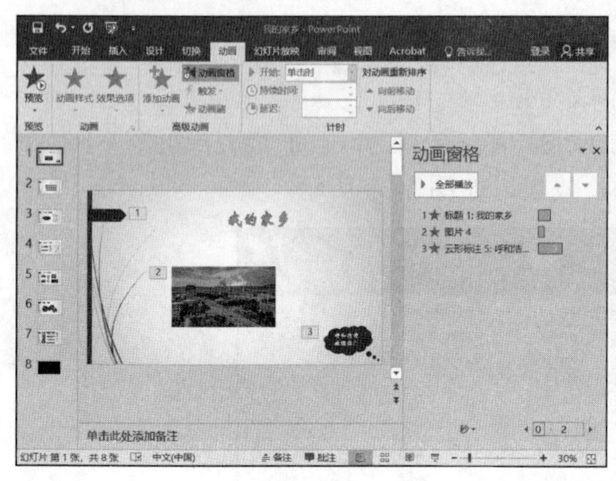

图 5-74　动画窗格

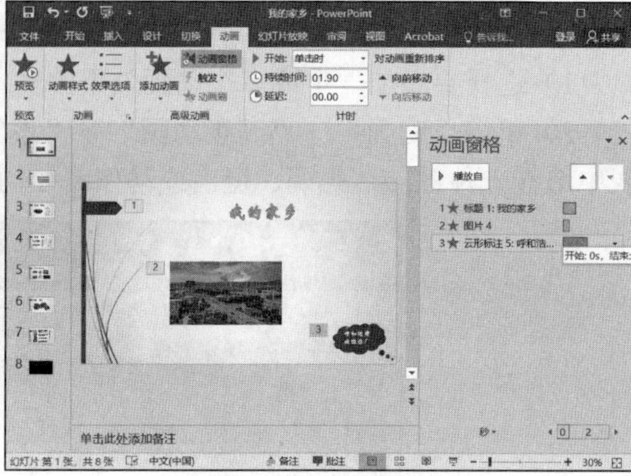

图 5-75　拖动时间条调整播放时长和延迟时间

（3）触发

在幻灯片放映期间，使用触发器可以在单击幻灯片上的对象或者播放视频的特定部分时，显示动画效果。触发器的设置步骤如下。

1）单击“动画”→“高级动画”→“动画窗格”按钮。

2）在打开的“动画窗格”中选择要触发的动画。

3）单击“动画”→“高级动画”→“触发”按钮，在弹出的下拉列表中选择“通过单击”选项，然后选择要触发动画的对象。

（4）动画刷

在 PowerPoint 2016 中，可以使用动画刷快速轻松地将动画从一个对象复制到另一个对象。动画刷的使用方法如下。

1）选择要复制的动画对象。

2）单击“动画”→“高级动画”→“动画刷”按钮，如图 5-76 所示，鼠标指针将变为形状。双击“动画刷”按钮，可以将同一动画应用到多个对象中。

3）在幻灯片上，单击要将动画复制到其中的目标对象。

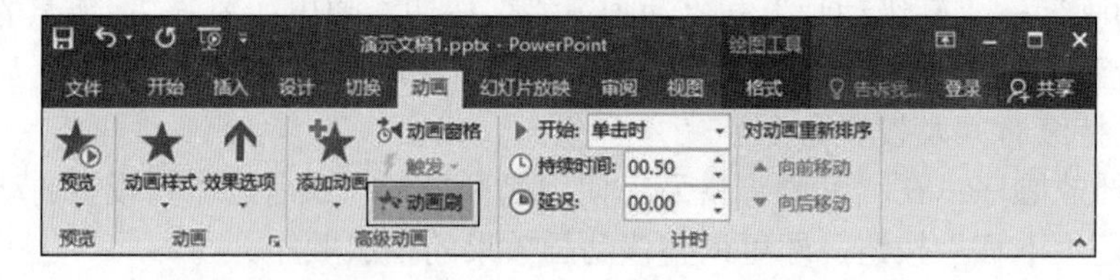

图 5-76　动画刷

3. 计时

在为对象添加动画效果之后，选中要设置的某个动画效果，可以在“动画”选项卡“计时”选项组中设置动画效果的播放方式。

1）“开始”下拉列表框：可以设置所选动画在放映时的开始方式，其下拉列表有“单击时”“与上一动画同时”“上一动画之后”3个选项。“单击时”表示放映时单击启动动画；“与上一动画同时”表示不需要单击就开始播放动画；“上一动画之后”表示在前一动画后自动播放动画。

2）“持续时间”微调框：可以设置所选动画效果的持续时间。

3）“延迟”微调框：可以设置所选动画效果在放映时的延迟时间。

4）“向前移动”和“向后移动”按钮：可以调整所选动画效果在放映时的播放顺序。

任务8：设置外观后的“我的家乡”演示文稿还缺少动态元素。以第1张幻灯片为例设置幻灯片内元素的动画效果，再为整个演示文稿设置背景音乐效果。

（1）为第1张幻灯片设置动画效果

1）设置文本动画效果：选中文本“我的家乡”，先单击“动画”→“动画”→“浮入”按钮，再单击“动画”→“动画”→“效果选项”按钮，在弹出的下拉列表中选择“下浮”选项。在“动画”选项卡的“计时”选项组中设置“开始”为“单击时”。

2）设置图片动画效果：选中图片，先单击“动画”→“动画”→“擦除”按钮，再单击“动画”→“动画”→“效果选项”按钮，在弹出的下拉列表中选择“自左侧”选项。在“动画”选项卡的“计时”选项组中设置“开始”为“上一动画之后”，延迟为01.00秒。

3）设置云形标注动画效果：选中云形标注，单击“动画”→“动画”→“淡出”按钮。在“动画”选项卡的“计时”选项组中设置“开始”为“上一动画之后”，延迟为01.00秒。

4）为云形标注添加另一种动画效果：单击“动画”→“高级动画”→“添加动画”按钮，在弹出的下拉列表中选择“动作路径”组中的“自定义路径”命令，在幻灯片上绘制一条曲线，即为云形标注设置了一条曲线运动路径。在“动画”选项卡的“计时”选项组中设置“开始”为“上一动画之后”，延迟为00.50秒。

5）单击“动画”→“高级动画”→“动画窗格”按钮，显示动画窗格。完成动画设置的界面如图5-77所示。

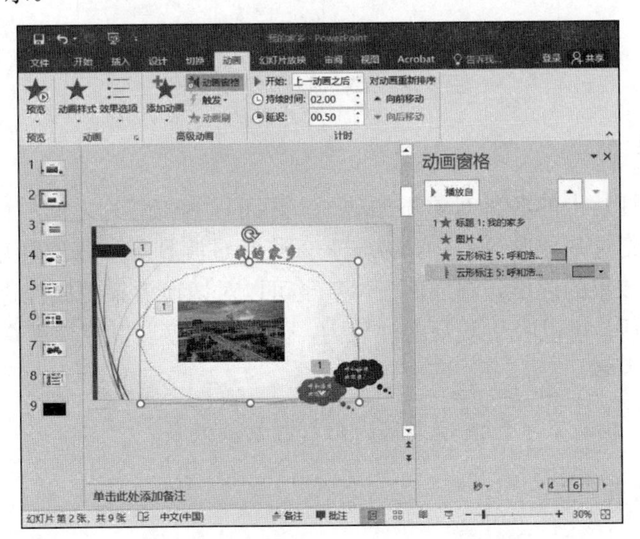

图5-77　设置动画效果后的界面

（2）为演示文稿设置背景音乐

1）在第 1 张幻灯片上单击“插入”→“媒体”→“音频”按钮，在弹出的下拉列表中选择“PC 上的音频”选项，在弹出的“插入音频”对话框中选择一个音频文件。

2）插入音频文件后，单击“动画”→“动画”选项组右下角的对话框启动器按钮，这时将弹出“播放音频”对话框。

3）在对话框的“效果”选项卡中，将“开始播放”设置为“从头开始”，“停止播放”设置为“在 9 张幻灯片后”，因为当前演示文稿共有 9 张幻灯片，设置如图 5-78 所示。在“计时”选项卡中，“开始”设置为“与上一动画同时”，则放映演示文稿时自动播放声音。这样就为“我的家乡”演示文稿添加了背景音乐。

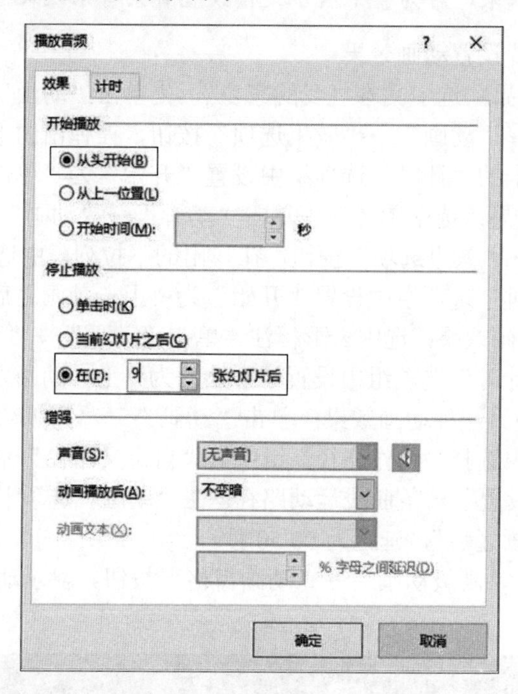

图 5-78　“播放音频”对话框

5.5.2 幻灯片切换

除了可以为幻灯片上的各种对象添加动画，还可以为幻灯片之间的切换设置动态效果。幻灯片切换是指在幻灯片放映过程中，从一张幻灯片过渡到下一张幻灯片时所应用的效果。用户可以控制切换效果的速度，添加声音，甚至可以对切换效果的属性进行自定义。幻灯片放映增加切换效果后，可以吸引观众的注意力，但应该适度，以免使观众只注意到切换效果而忽略了幻灯片的内容。

活动 6: 设置“我的家乡”演示文稿的幻灯片切换效果。

1．添加切换效果

添加切换效果的操作步骤如下。

1）选择要设置切换效果的幻灯片。

2）单击“切换”→“切换到此幻灯片”→“其他”按钮，在弹出的下拉列表中选择需要的切换效果选项，如选择“淡出”切换效果，如图 5-79 所示。

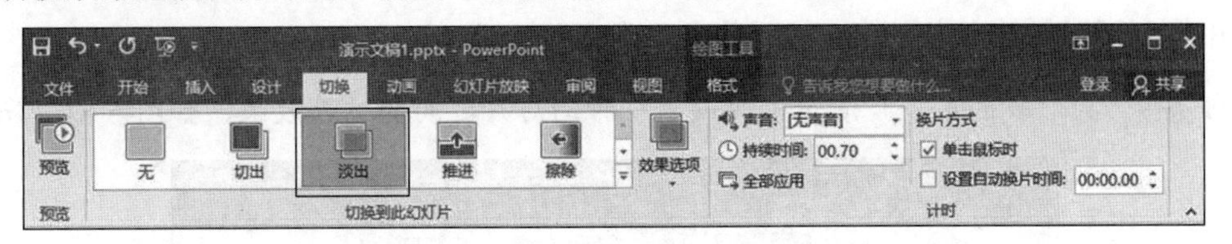

图 5-79 “切换到此幻灯片”选项组

3）单击“切换”→“切换到此幻灯片”→“效果选项”按钮，可以设置切换效果的属性，如设置“淡出”切换效果为“平滑”。

4）若为演示文稿中的所有幻灯片应用相同的幻灯片切换效果，可单击“切换”→“计时”→“全部应用”按钮，如图 5-80 所示，“全部应用”按钮不仅将切换效果应用于所有的幻灯片中，还将设置的切换声音、持续时间、换片方式等都应用于所有幻灯片中。若为幻灯片设置不同的切换效果，可重复以上步骤 1）～3）。

要删除设置好的切换效果，操作步骤如下：选中幻灯片，单击“切换”→“切换到此幻灯片”→“其他”按钮，在弹出的下拉列表中选择“无”选项即可删除所选幻灯片的切换效果。单击“切换”→“计时”→“全部应用”按钮，即可删除演示文稿中所有幻灯片的切换效果。

2. 设置切换速度与换片方式

若要设置上一张幻灯片与当前幻灯片之间的切换效果的持续时间，可在“切换”选项卡“计时”选项组中的“持续时间”输入框中输入或选择所需的时间，如图 5-80 所示。

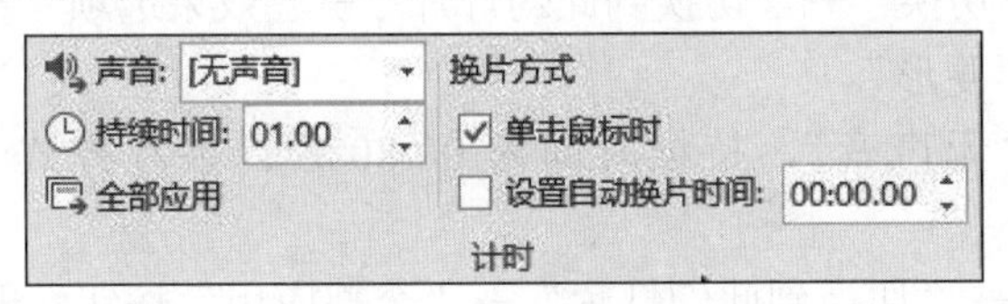

图 5-80 “计时”选项组

若要指定当前幻灯片在多长时间后切换到下一张幻灯片，有单击鼠标时与自动换片两种换片方式。

1）若要在单击鼠标时切换幻灯片，可在“切换”选项卡的“计时”选项组中选中“单击鼠标时”复选框。

2）若要在经过指定时间后切换幻灯片，可在“切换”选项卡的“计时”选项组中选中“设置自动换片时间”复选框，在后面的输入框中输入所需的秒数。

3. 设置切换声音

要设置切换声音，先选择要添加声音的幻灯片，然后单击“切换”→“计时”→“声音”

下拉按钮，再执行下列操作之一：

1）若要添加下拉列表中的声音，则选择所需的声音。

2）若要添加下拉列表中没有的声音，则选择“其他声音”选项，在打开的“添加音频”窗口中找到要添加的声音文件，然后单击“确定”按钮。

任务9: 为“我的家乡”演示文稿设置一种幻灯片之间的过渡效果，如图5-81所示。

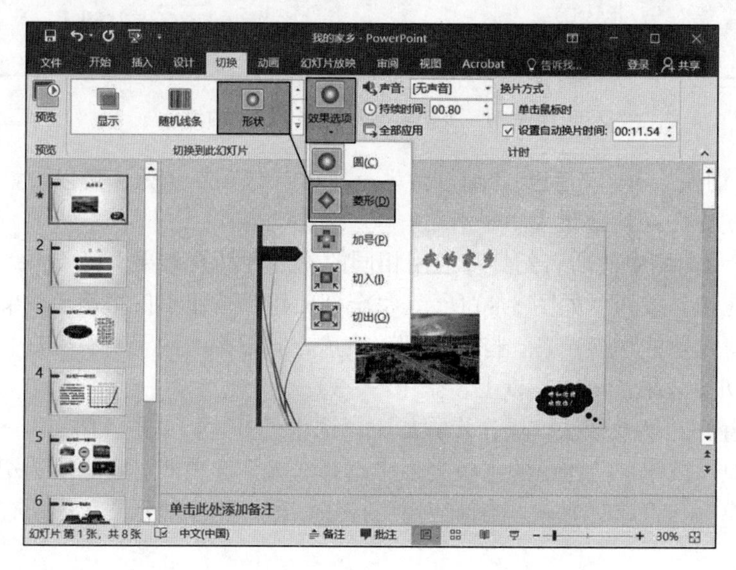

图5-81 幻灯片切换声音设置

操作步骤如下。

1）在“切换”选项卡的“切换到此幻灯片”选项组中选择一种切换效果，如选择“形状”切换效果，单击“切换”→“切换到此幻灯片”→“效果选项”按钮，在弹出的下拉列表中设置效果属性为“菱形”。

2）设置声音为“无声音”，持续时间为00.80秒；换片方式为自动换片，时间为00:11.54秒。

3）单击“切换”→“切换到此幻灯片”→“全部应用”按钮，即为当前演示文稿设计了同一种幻灯片切换效果。

5.6 超链接幻灯片

超链接功能使演示文稿在放映时可以改变播放顺序，用户可以选择跳转到某张幻灯片，或者启动另一个应用程序。幻灯片上的任何对象都可以设置超链接，如文本、图形等。利用所设置的超链接对象可以跳转到不同的位置，如跳转到演示文稿的某一张幻灯片、其他文件、网页、电子邮件地址等。只有在放映视图下，超链接的作用才能显示出来。

活动7: 设置“我的家乡”演示文稿的超链接。

5.6.1　设置超链接

为幻灯片上的对象添加超链接的方法主要有以下 3 种。

1. 插入超链接

插入超链接的操作步骤如下。

1）选择要创建超链接的对象，单击“插入”→“链接”→“超链接”按钮（图 5-82），或右击，在弹出的快捷菜单中选择“超链接”命令，都会弹出“插入超链接”对话框，如图 5-83 所示。

2）如果要链接到其他应用程序或网页，选择“现有文件或网页”选项；如果要链接到当前演示文稿中的其他幻灯片，则选择“本文档中的位置”选项。

3）在“请选择文档中的位置”列表框中选择要链接到的幻灯片。

4）单击“确定”按钮，即完成超链接的设置。

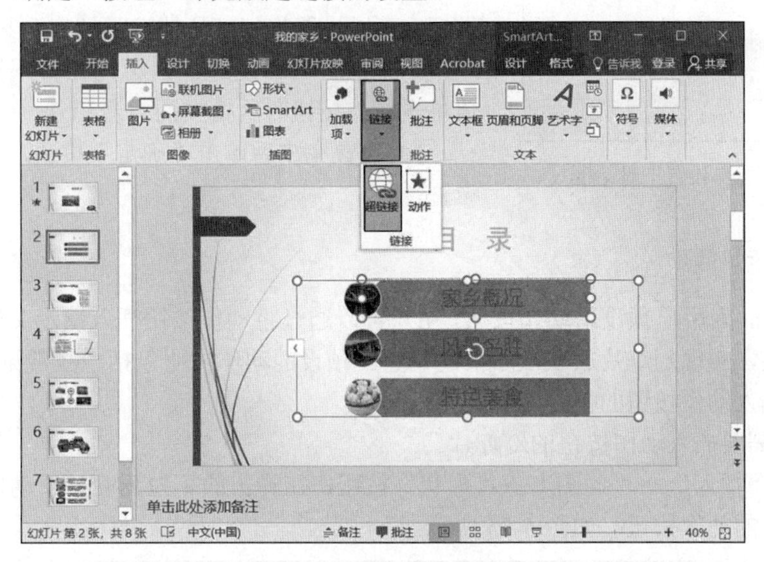

图 5-82　插入超链接

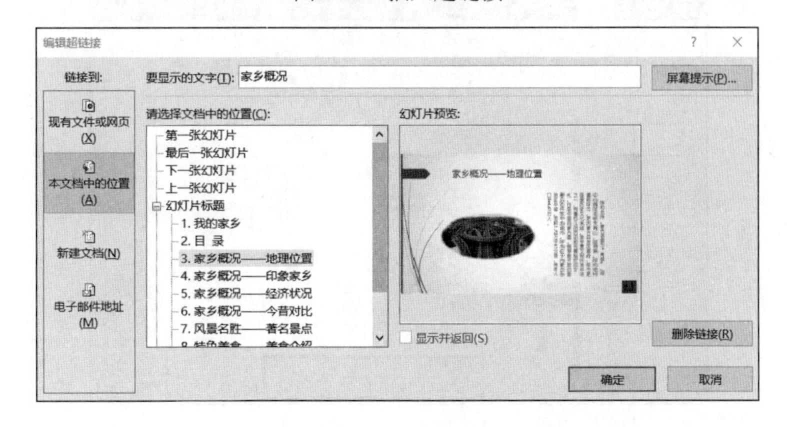

图 5-83　“插入超链接”对话框

2. 动作设置链接

在演示文稿中，可以为幻灯片中的对象添加动作，让对象在单击鼠标或鼠标指向该对象时，指向某种特定的操作，如链接到某张幻灯片时播放某声音、运行某程序等。操作步骤如下。

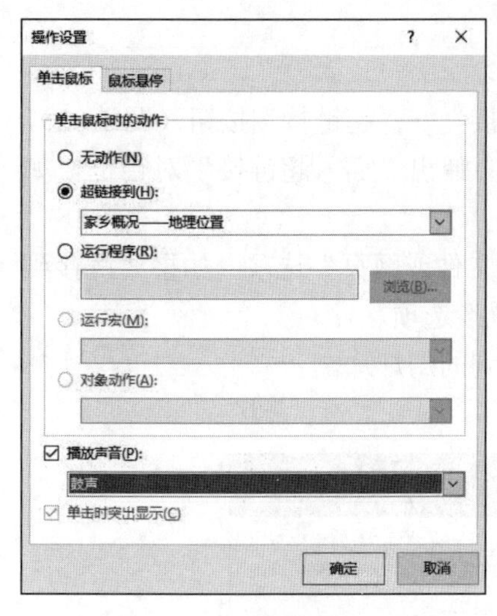

图 5-84 “操作设置”对话框

1）选择要添加动作的对象。

2）单击“插入”→“链接”→“动作”按钮，弹出“操作设置”对话框，如图 5-84 所示。

3）“操作设置”对话框有“单击鼠标”和“鼠标悬停”两个选项卡，它们的设置方式和效果完全一样，只是激活动作按钮的方式不同：一种是单击鼠标时激活动作按钮，另一种是当鼠标指针悬停时激活动作按钮。

4）选中“超链接到”单选按钮，在其下拉列表框中可以选择要跳转到的位置。选中“运行程序”单选按钮，可以设置将幻灯片的演示切换到某程序的运行。选中“播放声音”复选框，可以在其下拉列表框中设置单击动作按钮时所播放的声音。

5）设置完成后单击“确定”按钮，即完成超链接设置。

3. 动作按钮链接

PowerPoint 为用户预设了动作按钮，用户可以通过将动作按钮插入演示文稿并为动作按钮定义超链接，实现幻灯片放映次序上的调整。预设的动作按钮包括一些常见的动作形状。在幻灯片中插入动作按钮的操作步骤如下。

1）选择需要插入动作按钮的幻灯片。

2）单击“插入”→“插图”→“形状”按钮，在弹出的下拉列表的“动作按钮”组中选择用户需要的动作按钮，如图 5-85 所示。

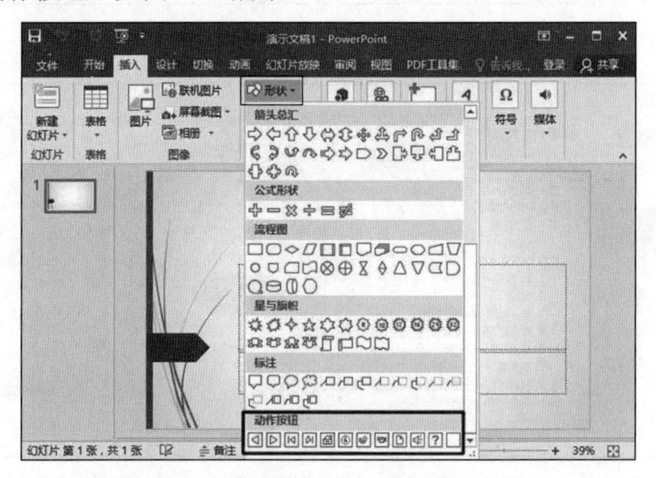

图 5-85 插入动作按钮

3）将鼠标指针移到幻灯片上要放置动作按钮的位置，然后按住鼠标左键拖动绘制动作按钮，释放鼠标左键后，弹出“操作设置”对话框。在“操作设置”对话框中选中“超链接到”单选按钮，然后在其下拉列表框中选择相应的选项。设置是否播放声音，设置完成后单击“确定”按钮，即完成超链接设置，如图 5-86 所示。

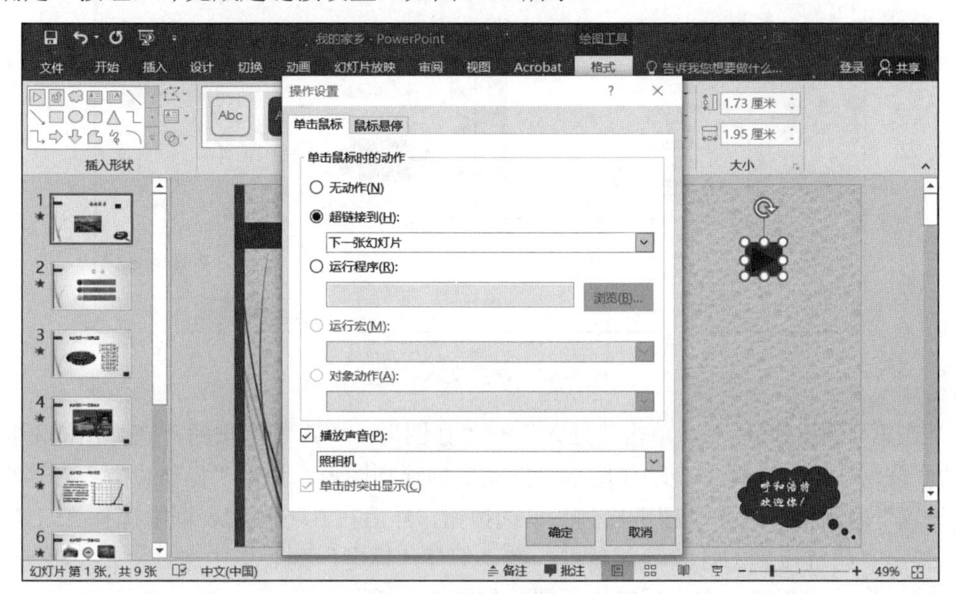

图 5-86　设置动作按钮

选中绘制的动作按钮，切换到“绘图工具-格式”选项卡，在“形状样式”选项组中可以设置动作按钮的形状样式，与设置自选图形的方法相同。

5.6.2　编辑超链接

用户为幻灯片中的对象添加超链接之后，可以根据需要对超链接进行简单的编辑操作，主要包括编辑超链接、删除错误的超链接。

编辑超链接：右击需要修改的超链接，在弹出的快捷菜单中选择“编辑超链接”命令，弹出“编辑超链接”对话框，重新设置超链接。

删除超链接：右击要删除的超链接，在弹出的快捷菜单中选择“取消超链接”命令，即可删除超链接。

任务 10: 在“我的家乡”演示文稿第 2 张幻灯片上设置到后面各张幻灯片的文字超链接，再在后面各张幻灯片上设置能返回第 2 张幻灯片的动作按钮。

操作步骤如下。

1）在第 2 张幻灯片上选择要设置超链接的文本，如选择“家乡概况”并右击，在弹出的快捷菜单中选择“超链接”命令，弹出“插入超链接”对话框，在“链接到”组中选择“本文档中的位置”选项，在“请选择文档中的位置”列表框中选择该文本对应的第 3 张名称为“家乡概况——地理位置”的幻灯片，如图 5-87 所示。

2）用同样的方法可以为第 2 张幻灯片上的各行文本设置超链接，使其链接到相应的幻灯片。设置了超链接的文本下面会出现下划线。

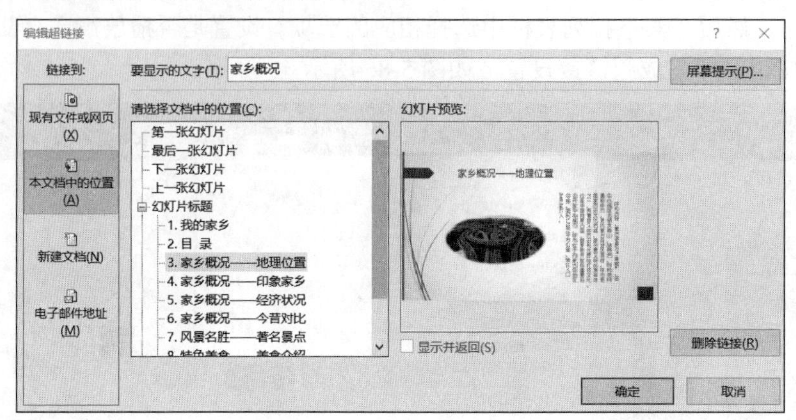

图 5-87　设置文本超链接

3）在第 3 张幻灯片上，单击“插入”→“插图”→“形状”按钮，在弹出的下拉列表的“动作按钮”组中选择一个动作图形，拖动鼠标绘制图形，弹出“操作设置”对话框。在“操作设置”对话框中选中“超链接到”单选按钮，然后在其下拉列表框中选择“幻灯片...”选项，弹出“超链接到幻灯片”对话框，在“幻灯片标题”列表框中选择“2.目录”选项，单击“确定”按钮两次，完成超链接设置，如图 5-88 所示。

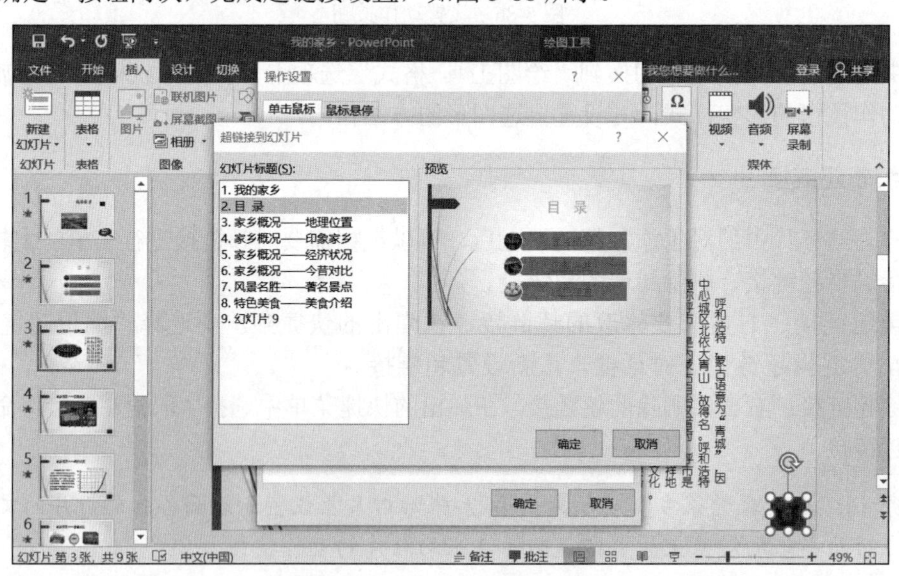

图 5-88　设置动作按钮超链接

4）因为其余各张幻灯片都要超链接到目录幻灯片上，所以不必重复设置，只需将已经设置好超链接的动作按钮复制到其余各张幻灯片上。

5）放映幻灯片，检验超链接的设置是否正确。在幻灯片放映视图下，将鼠标指针移动到已经设置好超链接的对象上，鼠标指针变为手状。检查能否从第 2 张幻灯片链接到对应的幻灯片，能否从各张幻灯片再回到第 2 张幻灯片。至此，“我的家乡”演示文稿全部制作和修饰完毕。

5.7 放映幻灯片

制作完演示文稿之后，为了按规律播放演示文稿，也为了适应播放环境，还需要设置放映幻灯片的方式与范围，以及设置幻灯片的排练计时与录制旁白。选择“幻灯片放映”选项卡，其主要设置按钮如图 5-89 所示。

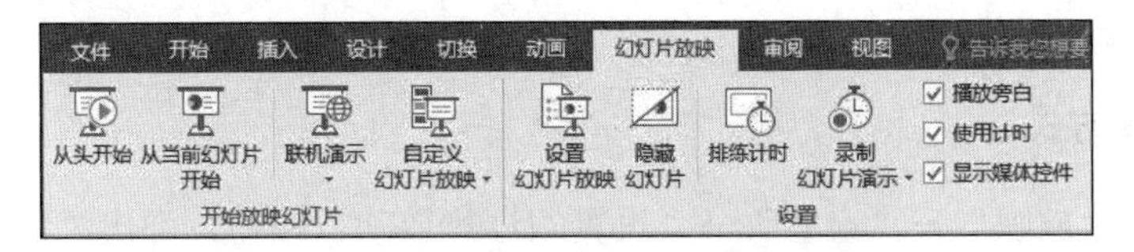

图 5-89 幻灯片放映的主要设置按钮

活动 8: 对“我的家乡”演示文稿进行放映设置和放映控制。

5.7.1 设置播放范围

PowerPoint 2016 主要为用户提供了从头放映、从当前放映、自定义放映 3 种播放范围。

1. 从头放映

从头放映即从第一张幻灯片放映到最后一张幻灯片。单击“幻灯片放映”→“开始放映幻灯片”→“从头开始”按钮，即可从演示文稿的第一张幻灯片开始放映，用户还可以通过按 F5 键从头放映幻灯片。

2. 从当前放映

从当前放映是指从当前幻灯片放映到最后一张幻灯片。选择幻灯片，单击“幻灯片放映”→“开始放映幻灯片”→“从当前幻灯片开始”按钮，即可从选择的幻灯片开始放映；按 Shift+F5 组合键，也可从当前幻灯片开始放映；另外，单击状态栏中的“幻灯片放映”按钮，也可从当前幻灯片开始放映演示文稿。

3. 自定义放映

自定义放映是指仅放映选择的幻灯片。

首先，单击“幻灯片放映”→“开始放映幻灯片”→“自定义幻灯片放映”按钮，在弹出的下拉列表中选择“自定义放映”选项，在弹出的如图 5-90 所示的“自定义放映”对话框中单击“新建”按钮；其次，在弹出的“定义自定义放映”对话框的“幻灯片放映名称”文本框中输入放映名称，默认名称为“自定义放映 1”，从左侧列表框中选择需要自定义放映的幻灯片，单击“添加”按钮，将其添加到右侧列表框中，如图 5-91 所示，单击“确定”按钮，再单击“自定义放映”对话框的“关闭”按钮；最后，选择“自定义幻灯片放映”下拉列表中的“自定义放映 1”选项，即可放映自定义的幻灯片。

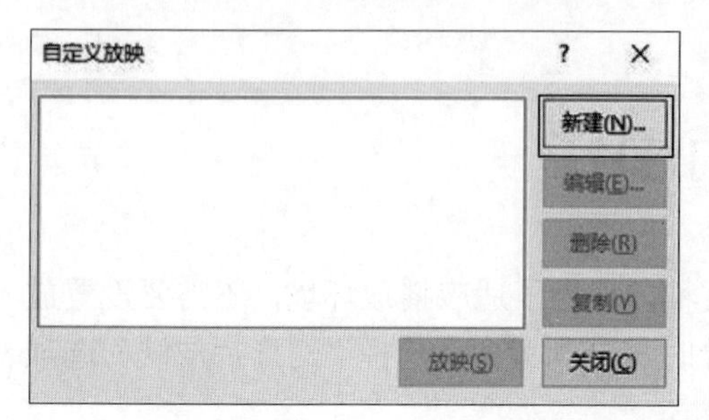

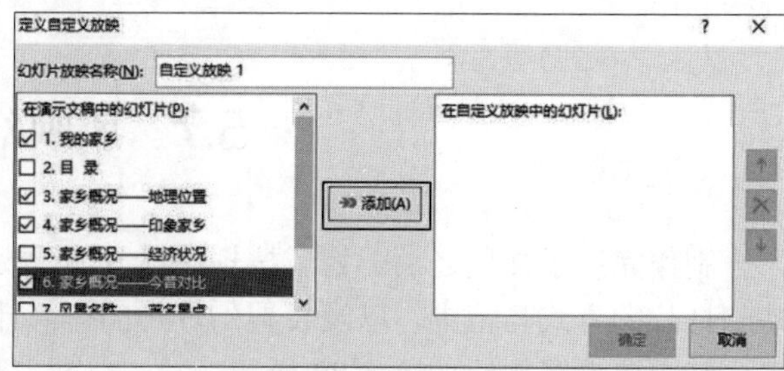

图 5-90 “自定义放映”对话框　　图 5-91 “定义自定义放映”对话框

5.7.2 设置放映方式

单击“幻灯片放映”→“设置”→“设置幻灯片放映”按钮，弹出“设置放映方式”对话框，如图 5-92 所示。在该对话框中主要设置放映类型、放映选项、放映范围和换片方式。

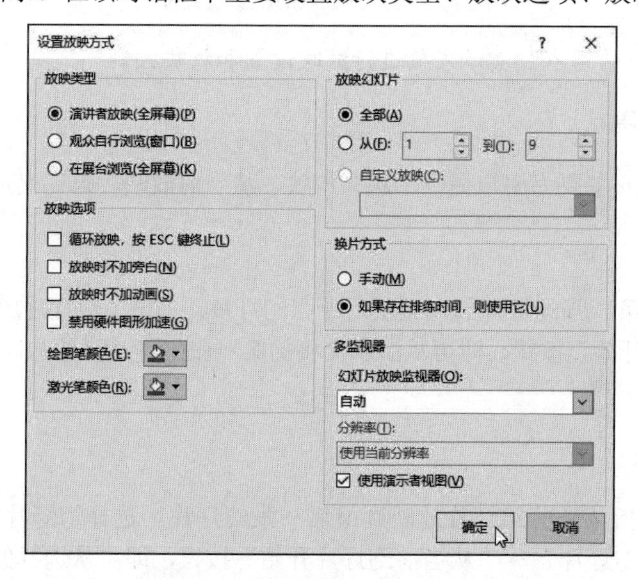

图 5-92 “设置放映方式”对话框

1. 放映类型

根据幻灯片的用途和观众的需求，幻灯片有 3 种放映类型，分别是演讲者放映、观众自行浏览和在展台浏览。

1）演讲者放映：适用于演讲者。在放映过程中幻灯片全屏显示，演讲者自动控制放映全过程，可采用自动或人工方式控制幻灯片。这是最常用的一种放映类型。

2）观众自行浏览：是一种让观众自行观看幻灯片的放映类型。幻灯片不是全屏模式，会显示“标题栏”“任务栏”。放映时可以编辑、复制和打印幻灯片。

3）在展台浏览：一般适用于会展和展台环境等大型放映。这是一种自动运行全屏放映的放映方式，放映时长一般在 5 分钟之内，用户没有指令则重新放映。观众可以切换幻灯片、单击超链接或动作按钮，但是不可以更改演示文稿。按 Esc 键可终止幻灯片放映。

2. 放映选项

在“设置放映方式”对话框的“放映选项”组中还有一些复选框，可让用户设置幻灯片的放映特征，下面介绍 3 个常用的复选框。

1）选中“循环放映，按 Esc 键终止”复选框，则循环放映演示文稿。当放映完最后一张幻灯片后，再次切换到第一张幻灯片继续放映，若要退出放映，可按 Esc 键。

2）选中“放映时不加旁白”复选框，则在放映幻灯片时，将隐藏伴随幻灯片的旁白，但并不删除旁白。

3）选中“放映时不加动画”复选框，则在放映幻灯片时，将隐藏幻灯片上为对象所加的动画效果，但并不删除动画效果。

3. 放映范围

如果要设置幻灯片的放映范围，可在“设置放映方式”对话框的“放映幻灯片”组中指定。

1）选中“全部”单选按钮，则放映整个演示文稿。

2）选中“从”单选按钮，则可以在“从”输入框中指定放映的开始幻灯片编号，在“到”输入框中指定放映的最后一张幻灯片编号。

3）默认情况下如果没有自定义放映，则“自定义放映”单选按钮为灰色，不可用。如果自定义了放映，则选中该单选按钮，在其下拉列表框中选择自定义好的放映名称。

4. 换片方式

在放映幻灯片时，既可以使用人工方式切换幻灯片，也可以使用排练计时自动换片。如果要改变幻灯片的换片方式，可在“设置放映方式”对话框的“换片方式”组中指定。

1）选中“手动”单选按钮，则可以通过键盘按键或鼠标单击来切换幻灯片。

2）选中“如果存在排练时间，则使用它”单选按钮，则按照排练计时为各幻灯片指定的时间自动切换幻灯片。

5.7.3 排练计时与录制演示文稿

排练计时功能就是在正式放映前用手动的方式进行换片，让 PowerPoint 2016 将手动换片的时间记录下来；此后，应用这个时间记录，就可以依照这个换片时间自动进行放映，而无须人为控制。在 PowerPoint 2016 中，用户可以通过为幻灯片添加排练计时与录制演示文稿，来完善幻灯片的功能。

1. 设置排练计时

录制与保存排练计时的方法如下：单击“幻灯片放映”→“设置”→“排练计时”按钮，则当前演示文稿进入放映视图，系统自动弹出如图 5-93 所示的“录制”工具栏，自动记录幻灯片的放映时间；放映到最后一张幻灯片结束放映后，系统会弹出如图 5-94 所示消息提示对话框，单击“是”按钮即可保存排练计时。

图 5-93 “录制”工具栏

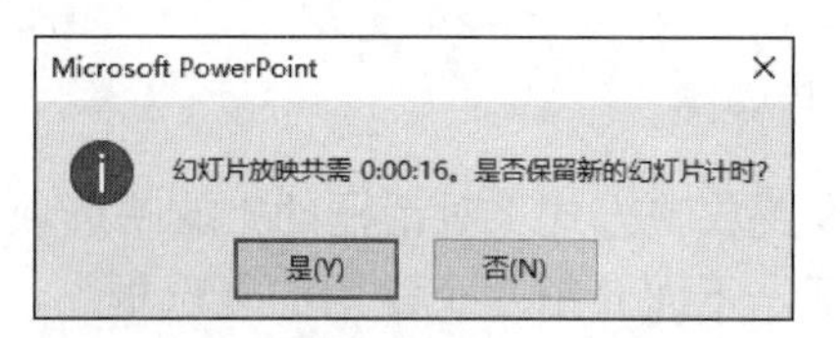

图 5-94 保存计时提示对话框

在放映演示文稿时，默认情况下会选中“幻灯片放映”选项卡“设置”选项组中“排练计时”复选框；如果需要关闭排练时间，则取消选中“排练计时”复选框。

排练计时完成后，将切换到幻灯片浏览视图，在每张幻灯片的右下角可以查看到该张幻灯片播放所需要的时间，如图 5-95 所示。

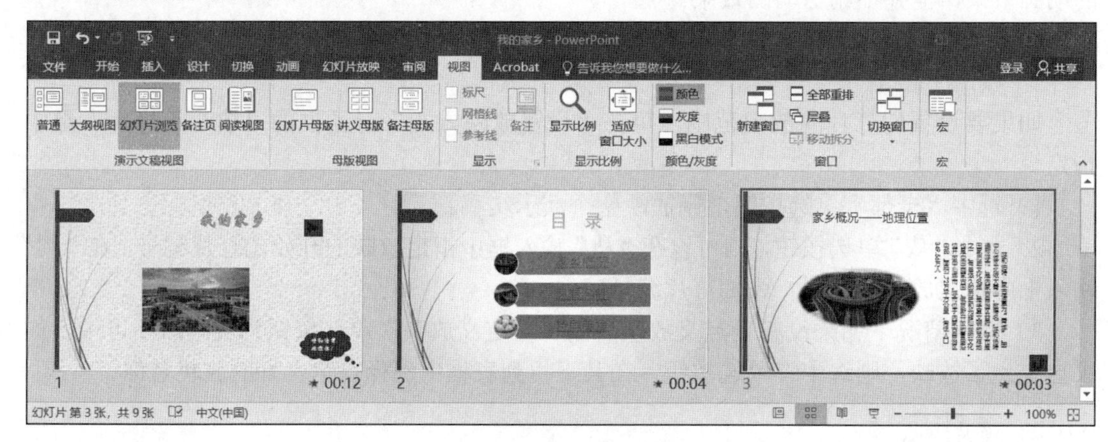

图 5-95 查看排练计时

2. 录制演示文稿

录制幻灯片演示功能可以记录幻灯片的放映时间，还可以在视频中录制用户使用鼠标、激光笔或麦克风为幻灯片加上的注释，从而使演示文稿在脱离演讲者时能智能放映。但要注意的是，在录制幻灯片演示之前，须确保计算机中已安装声卡和麦克风，并且处于工作状态。

单击“幻灯片放映”→“设置”→“录制幻灯片演示”按钮，在其下拉列表中根据实际情况可选择“从头开始录制”或“从当前幻灯片开始录制”，如图 5-96 所示。

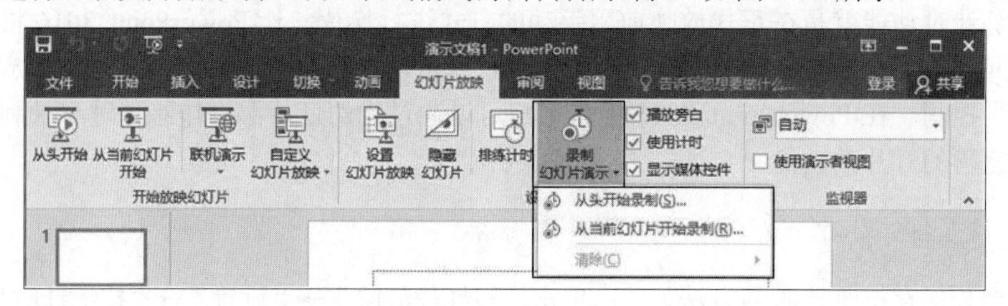

图 5-96 “录制幻灯片演示”下拉列表

选择合适的录制方式之后，将弹出“录制幻灯片演示”对话框，其中包括“幻灯片和动画计时”和“旁白、墨迹和激光笔”两项内容，如图 5-97 所示，选中需要录制的内容的复选框即可。

单击“开始录制”按钮后，将切换到幻灯片播放状态，并在幻灯片的左上角出现“录制”工具框，控制录制时的放映时间。

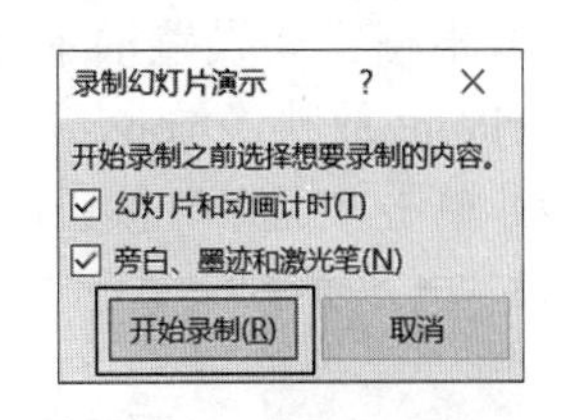

图 5-97　“录制幻灯片演示”对话框

任务 11: 为“我的家乡”演示文稿进行排练计时，让演示文稿在放映时无须人工干预自动播放。

5.7.4　启动幻灯片放映

在完成所有的设置之后，就可以放映幻灯片了。幻灯片放映就是将演示文稿的各张幻灯片一张接一张地显示，直到演示文稿结束。幻灯片放映时进入幻灯片放映视图，每张幻灯片占满整个屏幕，放映结束后返回普通视图。

1. 放映控制菜单

放映时右击屏幕的任意位置将弹出放映控制菜单，如图 5-98 所示。同时，在屏幕左下角有一个放映工具栏。可以通过放映控制菜单或者放映工具栏对放映过程进行控制。

下一张(N)
上一张(P)
上次查看过的(V)
查看所有幻灯片(A)
放大(Z)
自定义放映(W)
显示演示者视图(R)
屏幕(C)
指针选项(O)
帮助(H)
暂停(S)
结束放映(E)

图 5-98　放映控制菜单

放映控制菜单主要包含以下 6 个重要命令。

1）下一张：切换到下一张幻灯片。

2）上一张：回到前一张幻灯片。

3）查看所有幻灯片：以幻灯片浏览方式展示所有幻灯片，单击某张幻灯片会直接放映该幻灯片，按 Esc 键退出浏览状态。

4）屏幕：展开子菜单，选择其中的命令可以对屏幕显示进行一些控制。

5）指针选项：展开子菜单，选择其中的命令可以控制鼠标指针的形状和功能。

6）结束放映：结束演示，也可以按 Esc 键结束演示。

2. 保存为自动放映类型

PowerPoint 2016 提供了一种可以自动放映的演示文稿文件格式，其扩展名为.ppsx。将演示文稿保存为该格式的文件后，双击.ppsx 文件即可打开演示文稿并播放。

将演示文稿保存为自动放映文件的操作步骤如下。

1）打开要保存为幻灯片放映文件类型的演示文稿。

2）选择“文件”→“另存为”选项，在打开的“另存为”窗口中单击“浏览”按钮，弹出“另存为”对话框。

3）根据需要设置演示文稿的保存位置和文件名称，选择“保存类型”下拉列表中的“PowerPoint 放映（*.ppsx）”选项。

4）单击“保存”按钮，如图 5-99 所示。

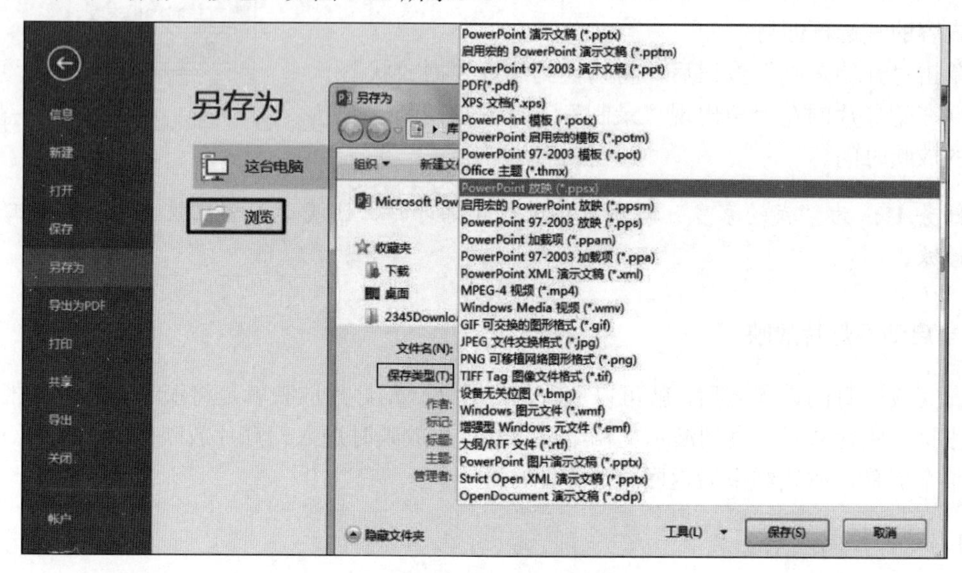

图 5-99　保存为自动放映类型

5.8 实　　验

1. 实验目的

1）熟悉幻灯片的各种视图。

2）掌握幻灯片文字内容的编辑修饰，并能添加图形、图片等对象。

3）掌握幻灯片的外观设计，会应用主题和设置背景。

4）掌握幻灯片切换效果和动画效果的设置。

5）掌握文字超链接和动作按钮的使用。

6）掌握幻灯片的放映设置和放映方法。

2. 实验环境

1）硬件：CPU 在 1GHz 以上的计算机。

2）软件：Windows 10 操作系统、Microsoft Office 2016。

3. 实验内容

1）建立包含 6 张幻灯片的演示文稿。

2）第 1 张幻灯片使用“标题”版式，主标题为“我的家乡”，副标题为个人的学号和姓名。

3）第 2 张幻灯片使用“标题和内容”版式，输入“家乡的地理位置”“家乡的风土人情”“家乡的山水”“家乡的特产”4 个子标题，并添加图形项目符号。

4）第 3～6 张幻灯片分别对以上 4 个子标题进行介绍，内容可上网查找，要求图文并茂，尤其在“家乡的山水”幻灯片中要插入一幅家乡风景图。

5）应用主题或背景对幻灯片外观进行设置，要求标题幻灯片与其他幻灯片的外观设置不同。

6）选取一张幻灯片上的文字和图片，分别设置不同的动画效果。

7）设置一种幻灯片切换效果，应用于所有幻灯片。

8）在第 2 张幻灯片上设置文字超链接，使之能分别链接到所对应的幻灯片；在第 3～6 张幻灯片中设置动作按钮，使它们都能链接到第 2 张幻灯片。

9）设置放映方式为“单击鼠标时”换页，放映幻灯片时利用超链接实现幻灯片之间的跳转。

10）将演示文稿保存到“PPT 演示文稿”文件夹中，并命名为“学号姓名.pptx”。

习 题

一、选择题

1．PowerPoint 2016 中演示文稿类型文件的扩展名为（　　）。

A．.pptm　　B．.ppsx　　C．.pptx　　D．.potx

2．在 PowerPoint 2016 演示文稿中，通常用于片头（第一张幻灯片）的版式是（　　）。

A．标题幻灯片

B．组织结构图

C．垂直排列标题与文本、文字垂直排列

D．标题和文本

3．选定多个占位符的方法是（　　）。

A．拖动鼠标，将其用矩形框选中

B．Shift 键＋鼠标单击

C．Ctrl 键＋鼠标单击

D．以上都对

4．在 PowerPoint 2016 中，选择“文件”→“选项”选项，在弹出的“PowerPoint 选项”对话框中选择“高级”选项卡，可以更改 PowerPoint 的默认视图。以下选项中，不属于默认视图类别的是（　　）。

A．幻灯片浏览视图　　B．备注视图

C．幻灯片放映视图　　D．大纲视图

5．PowerPoint 2016 的（　　）可以实现同一个演示文稿针对不同的观众演示不同的幻灯片内容。

A．多母版功能　　B．自定义放映功能

C．排练计时功能　　　　　　　　D．交互功能

6．（　　）视图主要用于查看幻灯片整体内容，以及调整幻灯片的排列方式。

A．幻灯片浏览　　B．大纲　　C．放映　　D．阅读

7．演示文稿中每张幻灯片都是基于某种（　　）创建的，它预定义了新建幻灯片的各种占位符布局情况。

A．视图　　B．版式　　C．母版　　D．模板

8．以下操作中，不能退出 PowerPoint 的操作是（　　）。

A．选择“文件”→“关闭”选项

B．单击标题栏“关闭”按钮

C．按 Alt＋F4 组合键

D．在软件的最上方空白处右击，在弹出的快捷菜单中选择“关闭”命令

9．在幻灯片的放映过程中要中断放映，可以直接按（　　）键。

A．Alt＋F4　　　　　　　　B．Ctrl＋X

C．Esc　　　　　　　　　　D．End

10．要使幻灯片在放映时能够自动播放，需要为其设置（　　）。

A．预设动画　　B．排练计时　　C．动作按钮　　D．录制旁白

11．当保存演示文稿时，不出现“另存为”窗口，则说明（　　）。

A．该文件保存时不能用该文件原来的文件名

B．该文件不能保存

C．该文件未保存过

D．该文件已经保存过

12．在 PowerPoint 中按 F5 键的作用是（　　）。

A．打开文件　　B．观看放映　　C．打印预览　　D．样式检查

13．不能作为 PowerPoint 演示文稿插入对象的是（　　）。

A．图表　　　　　　　　B．Excel 工作簿

C．图像文档　　　　　　D．Windows 操作系统

14．在 PowerPoint 中需要帮助时，可以按（　　）键。

A．F1　　B．F2　　C．F7　　D．F8

15．幻灯片的切换方式是指（　　）。

A．在编辑新幻灯片时的过渡形式

B．在编辑幻灯片时切换不同视图

C．在编辑幻灯片时切换不同的设计模板

D．在幻灯片放映时两张幻灯片间的过渡形式

16．在 PowerPoint 中，安排幻灯片对象的布局可选择（　　）来设置。

A．应用设计模板　　　　B．幻灯片版式

C．背景　　　　　　　　D．配色方案

17．幻灯片切换的换页方式包括自动换页和手动换页，以下叙述中正确的是（　　）。

A．同时选择“单击鼠标时”和“设置自动换片时间”两种换页方式，但“单击鼠

标时”换页方式不起作用

B．可以同时选择“单击鼠标时”和“设置自动换片时间”两种换页方式

C．只允许在“单击鼠标时”和“设置自动换片时间”两种换页方式中选择一种

D．同时选择“单击鼠标时”和“设置自动换片时间”两种换页方式，但“设置自动换片时间”换页方式不起作用

18．在 PowerPoint 中，以下关于表格的说法错误的是（　　）。

A．可以向表格中插入新行和新列

B．不能合并和拆分单元格

C．可以改变列宽和行高

D．可以给表格添加边框

19．在 PowerPoint 中，以下关于在幻灯片中插入图表的说法，错误的是（　　）。

A．可以直接通过复制和粘贴的方式将图表插入幻灯片中

B．对不含图表占位符的幻灯片可以插入新图表

C．只能通过插入包含图表的新幻灯片来插入图表

D．双击图表占位符可以插入图表

20．在 PowerPoint 2016 中，用户可以为幻灯片母版设置背景格式，以下选项中不属于背景格式的是（　　）。

A．纯色填充　　B．渐变填充　　C．纹理与图片填充　　D．页面填充

二、填空题

1．在 PowerPoint 2016 普通视图中，单击一个对象后，按住 Ctrl 键不放，再单击另一个对象，则两个对象均被_____。

2．在 PowerPoint 2016 中新建演示文稿的快捷键为________，插入幻灯片的快捷键为________。

3．________视图既是 PowerPoint 2016 的默认视图，又是主要的编辑视图。

4．对于演示文稿中不准备放映的幻灯片可以用________选项卡“设置”选项组中的“隐藏幻灯片”按钮隐藏。

5．PowerPoint 为用户提供了列表、流程、循环等 7 类________图形，极大地简化了制作图文效果的烦琐工作。

6．在 PowerPoint 2016 中，通过插入________的方法可以批量插入图片。

7．________是模板的一部分，主要用来定义演示文稿中所有幻灯片的格式。

8．PowerPoint 2016 主要提供了________、________、________3 种母版类型。

9．在选择幻灯片时，按住________键可选择多张连续幻灯片，按住________键可以选择多张不连续的幻灯片。

10．在 PowerPoint 2016 中，单击“插入”→________→“艺术字”按钮，可以打开艺术字样式下拉列表。

11．单击“插入”→“插图”→________按钮，可以插入线条、矩形、基本形状、箭头总汇、流程图、星与旗帜、标注等图形类型。

12．PowerPoint 2016 的外观设计主要通过________、背景和母版的设置来实现。

13. 在 PowerPoint 的________视图中，用户可以看到画面变成上下两半，上面是幻灯片，下面是文本框，可以记录演讲者讲演时所需的一些提示重点。

14．PowerPoint 2016 中有进入、强调、退出、________4 种动画效果。

15．________是指在幻灯片放映过程中，从一张幻灯片过渡到下一张幻灯片时所应用的效果。

16．在 PowerPoint 2016 中，可以使用________快速轻松地将动画从一个对象复制到另一个对象。

17. 在放映幻灯片时，选择幻灯片后按________键，可以从当前幻灯片开始放映幻灯片。

18．幻灯片的放映方式主要包括________、观众自行浏览和在展台浏览。

19．________功能使幻灯片在放映时可以不顺序播放，用户可以选择跳转到某张幻灯片，或者启动另一个应用程序。

20．右击包含超链接的对象，在弹出的快捷菜单中选择________命令，即可重新设置超链接。

三、判断题

1．首次保存 PowerPoint 时会弹出“另存为”对话框，此时可以设置保存文件的格式、名称、保存位置等。（ ）

2．在 Excel 中建立好的图表可以直接利用剪贴板复制到 PowerPoint 2016 中。（ ）

3．GIF 图片本身可具有动画效果，在 PowerPoint 放映时能显示动画。（ ）

4．在 PowerPoint 2016 中，可以在绘制的形状中加入文字。（ ）

5．文本框能插入文字，不能插入图像。（ ）

6．可以设置在一页中打印多张幻灯片。（ ）

7. “超链接”功能使用户可以从演示文稿中的某个位置直接跳转到演示文稿的另一个位置、其他演示文稿或公司 Internet 地址。（ ）

8．幻灯片母版不可以被重命名。（ ）

9．在 PowerPoint 2016 中，自定义幻灯片放映时，添加的顺序就是放映顺序，添加的顺序不可以修改。（ ）

10．使用 PowerPoint 2003 可以直接打开 PowerPoint 2016 文档。（ ）

11．PowerPoint 2016 的“屏幕截图”功能，可以将屏幕或窗口快速显示到当前幻灯片中。（ ）

12．用户可以将 Excel 电子表格放置于幻灯片中，并利用公式功能计算表格数据。（ ）

13．幻灯片上的任何对象都可以设置超链接。（ ）

14．PowerPoint 2016 为用户提供了 GIF、JPG、PNG 等多种图片保存类型。（ ）

15．隐藏了的幻灯片不可以再显示出来。（ ）

16．在 PowerPoint 2016 中将一张幻灯片上的内容全部选定的组合键是 Ctrl＋A。（ ）

17．在 Powerpoint 2016 中，在幻灯片浏览视图中复制某张幻灯片，可按 Ctrl 键的同时用鼠标拖动到幻灯片到目标位置。 （ ）

18．利用 PowerPoint 2016 可以把演示文稿另存为.docx 格式。 （ ）

19．在 PowerPoint 2016 中，在文字区中输入文字，只要单击鼠标即可。 （ ）

20．在 PowerPoint 2016 中，可以对普通文字进行三维效果设置。 （ ）

第 6 章

Excel 电子表格软件

【问题与情景】

在第 4 章和第 5 章中，大家都完成了对应的作品。本章将对学生的作品进行评价和分析。为了查看学生的学习效果，可以使用 Excel 提供的数据处理方法进行统计，并利用图表、分类汇总等方法进行分析。

【学习目标】

通过分析“学生作品成绩”，了解 Excel 2016 的特点和功能，掌握启动与退出 Excel 2016 的方法，了解 Excel 2016 的窗口组成及基本概念，掌握工作簿和工作表的基础操作，掌握数据录入、格式化工作表、数据计算、数据可视化、数据处理等操作。通过对 Excel 2016 的实际操作，提高学生收集、处理、分析和应用信息数据的能力，培养学生实事求是的科学态度和团结协作的精神。

【实施过程】

活动 1：从本课程的 MOOC 平台上下载板报评价量规和演示文稿量规，建立并编辑学生成绩表。

活动 2：利用公式和函数计算学生总成绩。

活动 3：利用图表等方法对学生成绩进行统计分析。

Excel 2016 是 Office 2016 组件中的电子表格软件，集电子表格、图表、数据库管理于一体，支持文本和图形编辑功能，具有功能丰富、用户界面良好等特点。利用 Excel 2016 提供的函数计算功能，可以很容易地完成数据计算、排序、分类汇总及报表等操作。

6.1 Excel 2016 概述

6.1.1 Excel 2016 的基本功能

Excel 2016 具有以下 5 项基本功能。

1）方便的表格制作。能够快捷地建立工作簿和工作表，并对其进行数据录入、编辑操作和多种格式化设置。

2）强大的计算能力。提供公式输入功能和多种内置函数，便于用户进行复杂计算。

3）丰富的图表表现。能够根据工作表数据生成多种类型的统计图表，并对图表外观进行修饰。

4）快速的数据库操作。能够对工作表中的数据实施多种数据库操作，包括排序、筛选和分类汇总等。

5）数据共享。可实现多个用户共享同一个工作簿文件，即与超链接功能结合，实现远程或本地多人协同对工作表进行编辑和修饰。

6.1.2 Excel 2016 的启动与退出

1. Excel 2016 的启动

启动 Excel 2016 的方法主要有以下 3 种。

1）从“开始”菜单中启动。选择“开始”→“Excel 2016”选项，可以启动 Excel 2016。

2）通过快捷方式图标启动。如果已在桌面上建立了“Microsoft Office Excel 2016”的快捷方式图标，可双击“Microsoft Office Excel 2016”快捷方式图标启动 Excel 2016。

3）通过已有的 Excel 文件启动。在“资源管理器”中，双击已存在的电子表格文件（扩展名为.xlsx 的文件）可以启动 Excel 2016，并打开该文件。

2. Excel 2016 的退出

退出 Excel 2016 的方法主要有以下 3 种。

1）单击 Excel 标题栏右侧的“关闭”按钮。

2）在标题栏处右击，在弹出的快捷菜单中选择“关闭”命令。

3）按 Alt＋F4 组合键。

6.1.3 Excel 2016 窗口

Excel 2016 启动成功后，屏幕上会显示 Excel 2016 窗口。由于 Excel 2016 与 Word 2016 都是 Microsoft Office 办公软件中的组件，两者窗口的组成有很多相似之处，相似的组件就不再重复介绍，本节主要介绍 Excel 2016 窗口中特有的几个组成元素。Excel 2016 具体组成元素及其功能如图 6-1 和表 6-1 所示。

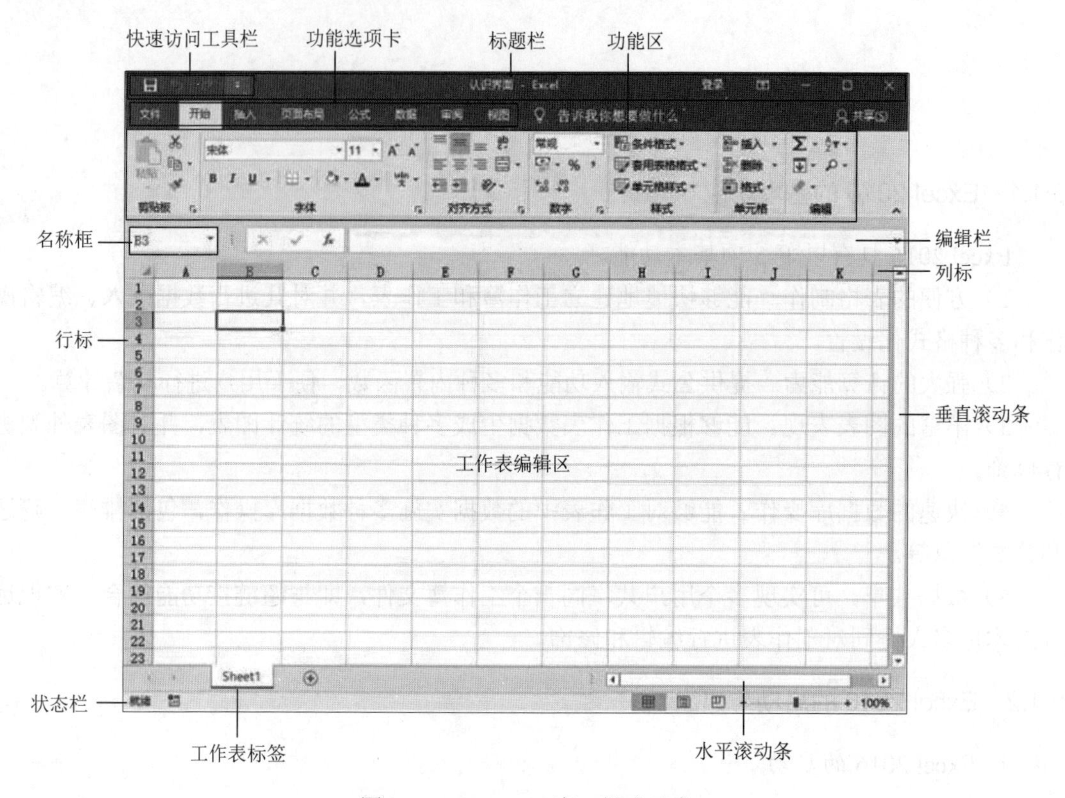

图 6-1 Excel 2016 窗口组成元素

表 6-1 Excel 2016 窗口组成元素及其功能

组成元素	功能
编辑栏	位于工作表窗口上部的条形区域，用于输入单元格或图表中的值或公式。编辑栏中显示活动单元格中的常量值或公式。其左侧有一个“插入函数”按钮，可以方便地插入函数
名称框	位于编辑栏左侧的框，用于标明所选定的单元格和图表项。可在名称框中为单元格或区域命名
行标	横向一组连续的单元格组成一行，每行均有一个行名，称为 “行标”，并用数字标示，位于窗口左侧，用于快速选择整行
列标	纵向一组连续的单元格组成一列，每列均有一个列名，称为“列标”，并用字母标示，位于编辑栏下方，用于快速选择整列
工作表标签	用于标明工作表的名称
工作表编辑区	用于输入和编辑工作表中的数据
状态栏	位于窗口的底部，用于显示表格处理过程中的状态信息，包括工作状态和计算结果等

6.1.4 Excel 2016 的基本概念

Excel 的基本概念主要包括工作簿、工作表、行、列及单元格，它们之间的关系是层层包含，即工作簿包含工作表，工作表包含行、列及单元格。

1. 工作簿

Excel 工作簿由一张或若干张工作表组成，是用于存储并处理数据的文件。一个 Excel

文件就是一个工作簿，其扩展名为“.xlsx”。当启动 Excel 时，它会自动生成一个新的工作簿，其默认名称为“工作簿 1”。

2. 工作表

工作表又称电子表格，是用来存储并处理数据的重要文档。每张工作表由 1 048 576 行和 16 384 列组成，即工作簿中的每一张表格即为一张工作表。初始启动时每一个工作簿中默认有 1 张工作表，以 Sheet1 命名，可以根据需要增加或删除工作表，也可以对工作表重命名。在同一时刻，只能对一张工作表进行编辑、处理。此时，这张工作表被称为活动工作表。

3. 行、列及单元格

在工作表中，以数字标识的为行，以英文字母标识的为列。一行与一列的交叉处即为一个单元格，单元格是组成工作表的最小单位。

（1）活动单元格

当单击某个单元格时，其四周会出现边框，此时该单元格即为当前活动单元格。可在活动单元格中输入或编辑数据。

（2）单元格地址

单元格地址用列标和行标来表示。列标用英文大写字母 A、B、C 等表示，行标用数字 1、2、3 等表示。例如，C7 表示位于第 C 列和第 7 行交叉处的单元格。

（3）单元格区域地址

若要表示一个连续的单元格区域地址，可用该区域“左上角单元格地址:右下角单元格地址”来表示。例如，C5:E9 表示从单元格 C5 到单元格 E9 的区域。

6.2 工作簿的基本操作

6.2.1 工作簿的建立

Excel 2016 启动后，选择“空白工作簿”选项即可创建一个名为“工作簿 1”的工作簿，该工作簿包含一张空白工作表“Sheet1”。此后任何时刻，若要建立一个新工作簿可以使用以下两种方法。

1）单击快速访问工具栏右侧的下拉按钮，在弹出的下拉列表中选择“新建”选项，将其添加到快速访问工具栏中。单击快速访问工具栏中的“新建”按钮或按 Ctrl+N 组合键，可直接建立一个新的工作簿。

2）选择“文件”→“新建”选项，在打开的“新建”窗口中可选择新建一个空白工作簿或带有一定格式的工作簿。

6.2.2 工作簿的保存、打开与关闭

1. 工作簿的保存

当完成对一个工作簿文件的建立、编辑后，需要将文件保存起来，以便随时使用。单击

快速访问工具栏中的“保存”按钮，或者选择“文件”→“另存为”选项，在打开的“另存为”窗口中选择文件的保存路径，在弹出的“另存为”对话框的“文件名”编辑框中输入文件名称，单击“保存”按钮即可保存该工作簿。

2. 工作簿的打开

打开工作簿的方法主要有以下 3 种。

1）在想要打开的工作簿文件（以.xlsx 为扩展名）图标上双击，即可打开该工作簿。

2）选择“文件”→“打开”选项，或者单击快速访问工具栏中的“打开”按钮，在打开的“打开”窗口中单击“浏览”图标，在弹出的“打开”对话框中选择要打开的工作簿文件并单击“打开”按钮。

3）如果要打开最近使用过的工作簿，可以采用更快捷的方式。在 Excel 窗口中，选择“文件”→“打开”选项，在打开的窗口中单击“最近”图标，可以发现在最近使用的工作簿列表中列出了最近打开过的工作簿文件，可直接从中选择一个文件并快速打开。

3. 工作簿的关闭

关闭工作簿常用方法如下：单击 Excel 标题栏右侧的“关闭”按钮，或者选择“文件”→“关闭”选项。

6.2.3 在工作簿中选择工作表

在一个工作簿中，通常只能对当前的活动工作表进行操作。用户可根据需要选择工作簿中的一张或多张工作表，同时在多张工作表中输入数据，并进行编辑或格式设置。

（1）切换工作表

单击工作表标签即可在不同的工作表之间切换。

（2）选择单个工作表

要选择单个工作表，使其成为当前活动工作表，单击相应的工作表标签即可。

（3）选择多个连续的工作表

选择多个连续的工作表的操作步骤如下。

1）单击要选择的第一个工作表标签。

2）按住 Shift 键的同时单击要选择的最后一个工作表标签，即可选择多个连续的工作表。

（4）选择多个不连续的工作表

选择多个不连续的工作表的操作步骤如下。

1）单击要选择的第一个工作表标签。

2）按住 Ctrl 键的同时单击要选择的各工作表标签，可选择多个不连续的工作表。

6.3 工作表的基本操作

6.3.1 工作表的插入与删除

新创建的工作簿只包含一张工作表，在实际工作中根据需要，可以在工作簿中插入新的工作表，无用的工作表也可以随时删除。

1. 插入工作表

插入工作表的方法主要有以下两种。

1）右击某工作表标签，在弹出的快捷菜单中选择“插入”命令，此时弹出“插入”对话框，若只插入常规样式的工作表，直接单击“确定”按钮；若需要插入基于模板的工作表，可选择“电子表格方案”选项卡，然后根据希望创建的工作表类型，双击相应模板的图标即可。插入的工作表出现在最初选择的工作表标签之前。

2）单击“开始”→“单元格”→“插入”按钮，在弹出的下拉列表中选择“插入工作表”选项，即可在选择的工作表前面插入一张新的空白工作表。

2. 删除工作表

删除工作表的方法主要有以下两种。

1）右击选择的工作表标签，在弹出的快捷菜单中选择“删除”命令。

2）选中要删除的一个或多个工作表，单击“开始”→“单元格”→“删除”按钮，在弹出的下拉列表中选择“删除工作表”选项。

6.3.2 工作表的移动、复制与重命名

工作表的移动和复制既可以在同一工作簿中进行，也可以在不同工作簿之间进行，还可以同时移动和复制多张工作表。

1. 移动工作表

1）在同一工作簿中移动。单击要移动的工作表标签，按住鼠标左键拖动到所需的位置即可。在拖动过程中，屏幕上会出现一个黑色的三角，指示工作表要插入的位置。

2）在不同工作簿之间移动。右击要移动的工作表标签，在弹出的快捷菜单中选择“移动或复制”命令；或单击“开始”→“单元格”→“格式”按钮，在弹出的下拉列表中选择“移动或复制工作表”选项，弹出“移动或复制工作表”对话框，在对话框中选择目的工作簿和工作表的插入位置，单击“确定”按钮即可完成不同工作簿之间工作表的移动。若在对话框中选中“建立副本”复选框则实现复制操作。

2. 复制工作表

单击要复制的工作表标签，按住 Ctrl 键，同时按住鼠标左键将其拖动到所需的位置即可。

在拖动过程中，屏幕上会出现一个黑色的三角形，指示工作表要插入的位置，在鼠标指针上的“＋”表示复制工作表。或利用上面的移动工作表方法，在“移动或复制工作表”对话框中选中“建立副本”复选框也可复制工作表。

3. 重命名工作表

工作表默认名称为Sheet1、Sheet2等，在实际工作中，这样的名称不能反映工作表的内容，不便于记忆和进行有效的管理。因此，通常需要给工作表重命名。

重命名工作表的操作步骤如下。

1）双击要重命名的工作表标签，或右击该工作表标签，在弹出的快捷菜单中选择“重命名”命令，使之反白显示。

2）输入新的工作表名后，按Enter键。

6.3.3 工作表、行、列的隐藏与取消隐藏

若工作表的内容不愿意让他人随意看到，可以将其隐藏起来。

1. 工作表的隐藏与取消隐藏

右击要隐藏的工作表标签，在弹出的快捷菜单中选择“隐藏”命令，则该工作表即被隐藏。或单击“开始”→“单元格”→“格式”按钮，在弹出的下拉列表中选择“隐藏与取消隐藏”子菜单中的“隐藏工作表”选项，这时当前工作表就从当前工作簿中消失了。

当需要再次查看该工作表时，只需在任何一张工作表标签上右击，在弹出的快捷菜单中选择“取消隐藏”命令；或单击“开始”→“单元格”→“格式”按钮，在弹出的下拉列表中选择“隐藏与取消隐藏”子菜单中的“取消隐藏工作表”选项，在弹出的“取消隐藏”对话框中选择所要取消隐藏的工作表，单击“确定”按钮。

2. 行、列的隐藏与取消隐藏

其操作方法与工作表类似，不同之处在于：隐藏时，先选择要隐藏的行、列；取消隐藏时，先选择包含隐藏内容的行、列，然后执行“取消隐藏”命令。另外，也可以使用鼠标拖动的方法实现行、列的隐藏与取消隐藏操作：将鼠标指针指向行号、列标的边缘时，鼠标指标会变成┿或╫形状的十字箭头，此刻，按住鼠标左键拖动即可将相应的行、列隐藏起来，或将隐藏的行、列取消隐藏。

6.3.4 工作表窗口的拆分与冻结

当工作表较大时，在浏览与修改工作表数据时，由于屏幕上只能显示整个工作表的一部分，修改数据时难以看到对应的参照内容，常常会出现修改错误的情况。为此，Excel 提供了窗口的拆分与冻结功能。

1. 工作表窗口的拆分

所谓窗口拆分，就是将一个窗口拆分成几个窗口，以便在不同的窗口中显示同一工作表

的不同部分。例如，希望将工作表中相距较远不能在屏幕上同时显示的数据在屏幕上同时显示时，可将工作表窗口拆分为多个窗口。工作表窗口最多可拆分成 4 个窗口。

单击“视图”→“窗口”→“拆分”按钮，会在活动单元格的左侧和上方出现两条粗杠形的拆分线，形成 4 个独立的窗口，直接用鼠标拖动其拆分线可以调整各个拆分窗口大小。此时，当前窗口鼠标指针的移动不影响其他窗口，4 个窗口可以独立显示整个工作簿的某一部分，便于用户对照修改数据内容。取消拆分操作，只需再次单击“拆分”按钮或双击拆分线。

2. 工作表窗口的冻结

如在滚动窗口时希望某些数据不随窗口的移动而移动，可采用窗口的冻结操作。与工作表窗口的拆分操作不同，拆分后有 4 个窗口，可以各自操作，而冻结后只有一个窗口。其操作步骤如下：单击“视图”→“窗口”→“冻结窗格”按钮，在弹出的下拉列表中选择一种冻结方式。若用户选择“冻结拆分窗格”，则先要选中一个单元格，单击“视图”→“窗口”→“冻结窗格”按钮，在弹出的下拉列表中选择“冻结拆分窗格”选项，此时会出现黑色的冻结线，该线上方的行、列随窗口的移动而始终保持不动。若要取消冻结操作，可在“冻结窗格”下拉列表中选择“取消窗口冻结”选项。

6.3.5 行、列和单元格的插入与删除

1. 行、列的插入

在要插入行或列的位置处单击，单击“开始”→“单元格”→“插入”按钮，在弹出的下拉列表中选择“插入工作表行”或“插入工作表列”选项；或者在要插入行或列的位置处右击，在弹出的快捷菜单中选择“插入”命令，在弹出的“插入”对话框中选中“整行”或“整列”单选按钮，则在选定行的上方插入一行或选定列的左侧插入一列。若要同时插入多行或多列，则先选中多行或多列，再执行插入操作。

2. 单元格的插入

在要插入单元格的位置处单击，单击“开始”→“单元格”→“插入”按钮，在弹出的下拉列表中选择“插入单元格”选项；或者，在要插入单元格的位置处右击，在弹出的快捷菜单中选择“插入”命令，在弹出的“插入”对话框中选择插入后活动单元格的移动方式。若要同时插入多个单元格，则先选中多个单元格后，再执行插入操作。

3. 行、列的删除

选择要删除的行、列，单击“开始”→“单元格”→“删除”按钮，在弹出的下拉列表中选择“删除工作表行”或“删除工作表列”选项；或者右击，在弹出的快捷菜单中选择“删除”命令，选择的行、列即被删除。

4. 单元格的删除

选择要删除的单元格，单击“开始”→“单元格”→“删除”按钮，在弹出的下拉列表

中选择“删除单元格”选项；或者右击，在弹出的快捷菜单中选择“删除”命令，在弹出的“删除”对话框中选择删除后单元格的填补方式，单击“确定”按钮，则选择的单元格及其内容一起被删除。

6.3.6 单元格及单元格区域的选取

在 Excel 中同样遵循“先选择，后操作”的原则，即先选择要操作的区域，然后进行操作。选择单元格或区域的方法如下。

1. 单个单元格的选择

直接单击要选择的单元格，当单元格四周出现粗边框时，就选择了该单元格。该单元格被称为活动单元格或当前单元格，可在其中输入数据或对其内容进行编辑。

2. 单元格区域的选择

单击要选择单元格区域左上角的第一个单元格，按住鼠标左键拖动到该区域右下角最后一个单元格，释放鼠标左键，就选择了该区域。或单击要选择区域的开始单元格，按住 Shift 键的同时，单击要选择区域的结束单元格。

3. 不相邻单元格区域的选择

先选择第一个单元格区域，按住 Ctrl 键，再分别单击要选择的其他单元格区域。

4. 行或列的选择

（1）一行或一列的选择

直接单击工作表中的行标或列标，即可选择相应的一行或一列。

（2）相邻多行或多列的选择

先选择一行或一列，按住鼠标左键沿行标或列标拖动，即选择了相邻的多行或多列。

（3）不相邻多行或多列的选择

按住 Ctrl 键的同时分别单击要选取的行标或列标，即选择了不相邻的多行或多列。

5. 工作表的选择

直接按 Ctrl＋A 组合键或者单击工作表左上角行标和列标交叉处的“全选单元格”按钮，即可选择整个工作表。

6. 取消对工作表的选择

如果要取消对工作表的选择，只需单击工作表中任意一个单元格。

6.4 数 据 录 入

单元格是存储数据的基本单位。在工作表中输入数据，就是将系统允许的各类数据输入到指定的单元格。在工作表中用户可以输入两种数据——常量和公式，两者的区别在于单元格的内容是否以“=”开头，以“=”开头的表示其内容为公式。在单元格内实现输入、编辑数据的方法有以下 4 种。

1）选择单元格后，按 F2 键，在单元格中输入、编辑数据。

2）选择单元格后，单击编辑栏，在编辑栏中输入、编辑数据。

3）选择单元格并双击，即可在单元格中输入、编辑数据。

4）选择单元格后，直接输入数据，但此方法会自动删除单元格原有的数据。

6.4.1 直接录入数据

常量的数据类型分为文本、数值、日期时间型，下面分别介绍这 3 类数据的输入方法。

1. 文本型数据

文本通常包含汉字、英文字母、数字、空格，以及其他从键盘输入的符号。一般情况下，文本默认为水平方向“左对齐”，垂直方向“底端对齐”。如果要把一个数字作为文本保存，如邮政编码、产品代号等，只需在输入时加上一个英文状态下的单撇号，如’455 000，其中单撇号并不在单元格中显示，只在编辑栏中显示，说明该数字是文本值形式。

输入文本时，如果文本的长度超出了单元格的宽度，会出现两种情况：一种是当此单元格的右边为空白单元格时，超出的文本内容不会被截断；另一种是当此单元格右边的单元格不为空时，则单元格中的文本内容会被截断，这时增加单元格的宽度即可完整显示，内容并不丢失。

2. 数值型数据

数值不仅包括 0～9 这 10 个数码，还包括+、-、E、e、$、/、%、小数点及千分位等特殊符号（如$5,000）。它在 Excel 单元格中默认为水平方向“右对齐”。在 Excel 中要输入的数值为分数时，应在整数和分数之间输入一个空格，如果输入的分数小于 1，则应先输入一个“0”和一个空格，再输入分数。

Excel 数值输入与数值显示未必相同，如果输入数据太长，Excel 会自动以科学记数法表示，例如，输入 1 357 829 457 008，则显示 1.35783E+12，代表 1.35783×10^{12}。需要注意的是，若输入的小数超过预先设置的小数位数时，超过的部分会自动四舍五入显示。Excel 计算时将以输入数值而非显示数值为准。

3. 日期时间型数据

Excel 内置了一些日期和时间的格式，当输入数据与这些格式相匹配时，Excel 将自动识别它们。一般的日期与时间的格式有“年-月-日”“小时:分钟:秒”等。

6.4.2 快速录入数据

在 Excel 快速录入数据的方法有以下两种。

1. 在多个单元格中输入相同数据

先选择要输入数据的多个单元格，然后输入数据，此时数据默认输入在最后一个单元格区域左上角的单元格中，输入结束后同时按 Ctrl＋Enter 组合键，就可以在选择的单元格区域内输入相同的数据。

2. 自动填充数据

如果在一个连续区域中输入有规律的数据，则可以考虑使用 Excel 的数据自动填充功能实现，它可以方便地输入等差、等比及预定义的数据序列。

（1）自动填充

自动填充根据初始值决定其后的填充项。自动填充数据的操作步骤：先选择初始值所在的单元格，将鼠标指针指向该单元格右下角的填充柄（黑色小方块），鼠标指针变为实心十字形后按住鼠标左键拖动到填充的最后一个单元格，释放鼠标左键。自动填充可以完成以下操作。

1）单个单元格内容为纯文本、纯数字或是公式，自动填充相当于数据复制，不过公式中若涉及单元格地址，则单元格地址会发生相应变化。

2）单个单元格内容为文字与阿拉伯数字混合体，填充时文字不变，最右边的数字递增。纯数字要实现等差值为 1 的填充，可以按住 Ctrl 键的同时拖动填充柄。

3）单个单元格内容为预设的自动填充序列中的一员，则按预设序列填充。Excel 预先设置了一些常用的序列，如一月～十二月、星期日～星期六等，供用户按需选用。

（2）等差数列的填充

填充自定义增量的等差数列的操作步骤：先选择 2 个单元格作为初始区域，输入序列的前两个数据，如“10”“16”，然后拖动填充柄，即可输入增量值为“6”的数据填充。

（3）等比数列的填充

输入等比数列，如输入等比数列“1、3、9、27、81”，其操作步骤如下：先选择某个单元格并输入第一个数值“1”，按 Enter 键确认，然后选择有值的单元格及要填充序列的单元格。单击“开始”→“编辑”→“填充”按钮，在弹出的下拉列表中选择“序列”选项，弹出“序列”对话框。在此对话框的“产生序列在”组中设置序列产生在“行”还是“列”；在“类型”组中选中“等比序列”单选按钮；“步长值”设置为“3”，单击“确定”按钮，即可实现等比值为“3”的数据填充，如图 6-2 所示。

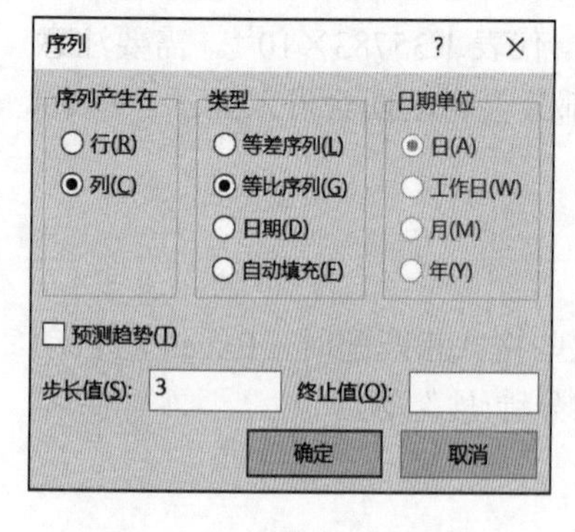

图 6-2 “序列”对话框

（4）自定义填充序列

通过自定义序列，可以把经常使用的一些序列自定义为填充序列，以便随时调用。其操作步骤如下。

1）选择“文件”→“选项”选项，在弹出的“Excel 选项”对话框中选择“高级”选项卡，单击“常规”组中的“编辑自定义列表”按钮，如图 6-3 所示，弹出“自定义序列”对话框，如图 6-4 所示。

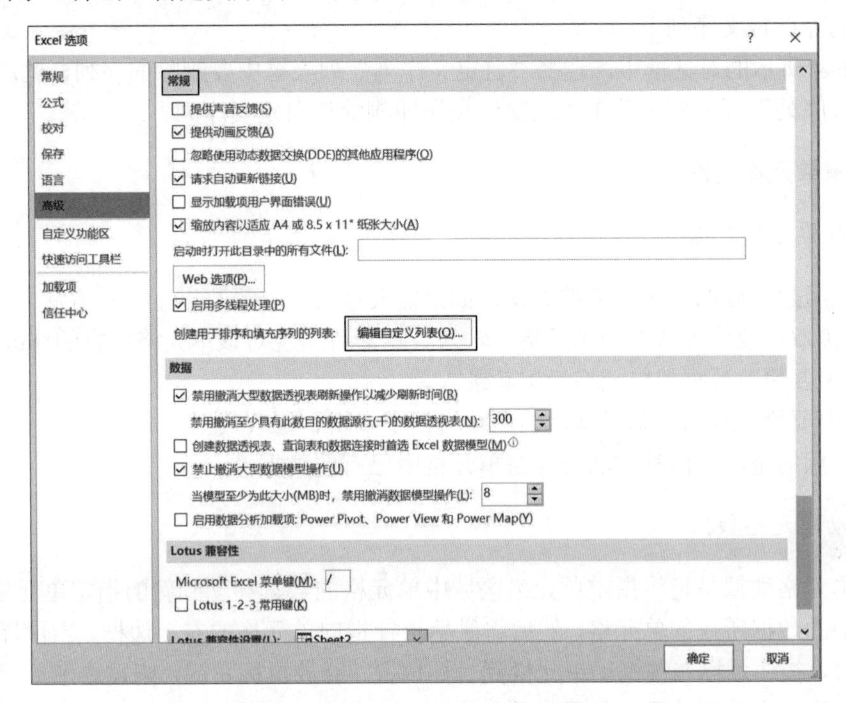

图 6-3　“编辑自定义列表”按钮

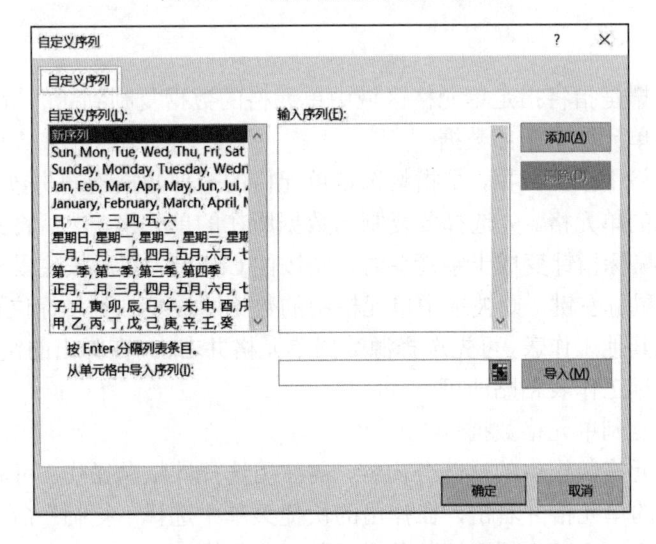

图 6-4　“自定义序列”对话框

2）在“自定义序列”列表框中选择“新序列”选项，将光标定位到“输入序列”列表框。

3）输入自定义序列项，在每项末用英文逗号分隔。新序列全部输入完毕后，单击“添加”按钮，输入的序列即出现在“自定义序列”列表框中。

4）单击“确定”按钮，完成自定义填充序列。

若要将表中某一区域的数据添加到预定义序列中，则应先选择该区域，然后打开如

图 6-4 所示的对话框，在对话框中单击“导入”按钮即可。

（5）删除自定义序列

在图 6-4 所示的对话框中，选择“自定义序列”列表框中要删除的序列，此序列显示在右侧“输入序列”列表框，单击“删除”按钮即删除该自定义序列。

6.4.3 编辑单元格数据

1. 修改单元格数据

对于已经建立好的工作表中的数据，如果需要修改，一般有以下 3 种方法。

1）直接双击要修改数据的单元格，输入数据即可实现对该单元格内容的修改。

2）选中要修改数据的单元格后重新录入。

3）选中要修改数据的单元格后，在编辑栏中编辑、修改数据。

需要注意的是，后两种方法将覆盖单元格中已有的数据。

2. 移动单元格数据

移动单元格数据是指将指定单元格区域中单元格的数据移动到新的指定单元格区域。先选择要移动的数据所在的单元格，然后将鼠标指针指向单元格的右上边框，当鼠标指针变成十字箭头时，按住鼠标左键拖动单元格到目标位置，释放鼠标左键，则被选中单元格中的数据即被移动到一个新的位置，如果新单元格中有内容，内容将被替换。

3. 复制单元格数据

复制单元格数据是指将指定单元格区域中单元格的数据复制到新的指定单元格区域。

（1）复制选定单元格中全部数据

复制选定单元格中全部数据，是指将选定单元格的全部数据连同与数据有关的公式、格式等一并复制到目的单元格。先选择要复制的数据所在的单元格，然后将鼠标指针指向单元格的右上边框，当鼠标指针变成十字箭头时，先按住 Ctrl 键，然后按住鼠标左键拖动单元格到目标位置，释放鼠标左键，则被选中单元格中的数据即被复制到目标位置处的单元格。若复制的数据要放入其他工作表，可先选择源数据单元格并右击，在弹出的快捷菜单中选择“复制”命令，打开目标工作表粘贴即可。

（2）选择性地复制单元格数据

若只需复制单元格数据中的一部分内容，需使用选择性粘贴操作。可利用鼠标完成这一操作。选择要复制的单元格并右击，在弹出的快捷菜单中选择“复制”命令，将鼠标指针移动到目标位置并右击，在弹出的快捷菜单中选择“选择性粘贴”命令，在弹出的“选择性粘贴”对话框中可选择粘贴方式等，如图 6-5 所示。也可以直接选择“选择性粘贴”右侧子菜单中对应的选项进行粘贴。

4. 清除单元格数据

单元格区域中的数据不再需要时，可以将其清除。清除单元格数据的方法主要有以下 3 种。

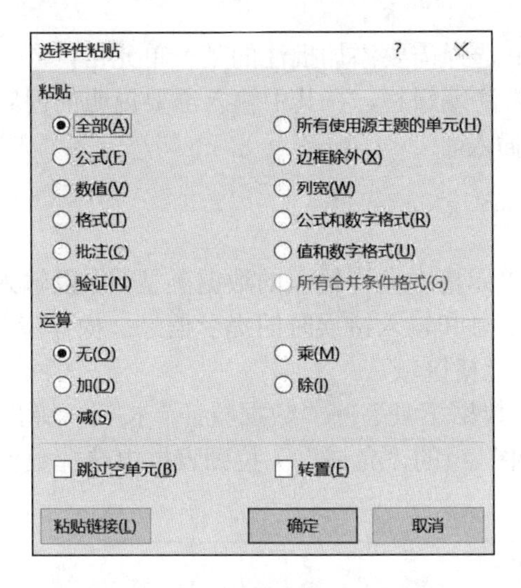

图 6-5　“选择性粘贴”对话框

1）选择要清除数据的单元格区域并右击，在弹出的快捷菜单中选择“清除内容”命令。

2）选择要清除数据的单元格区域后按 Delete 键。

3）选择要清除数据的单元格区域后，单击“开始”→“编辑”→“清除”按钮，在弹出的下拉列表中选择一种清除的方式。

6.4.4　单元格的命名及为单元格插入批注

1. 单元格的命名

在 Excel 中可以把单元格的地址定义成一个有意义的名称。被定义的名称可以表示一个单元格、单元格区域、数值或公式。

（1）单元格命名规则

1）名称的第一个字符必须是字母（汉字）或下划线，其他字符可以是大小写字母、数字、中英文句号和下划线。

2）每一个名称的长度不能超过 256 个字符。

3）名称中不能使用空格。

（2）单元格命名方法

单元格命名的方法主要有以下两种。

1）选择要命名的单元格或单元格区域，在编辑栏的名称框中直接输入新的名称，然后按 Enter 键。

2）选择要命名的单元格或单元格区域并右击，在弹出的快捷菜单中选择“定义名称”命令，弹出“新建名称”对话框，在“名称”文本框中输入名称，单击“确定”按钮。

2. 为单元格插入批注

有时需要对工作表中的某一单元格进行注释说明，这可以通过添加批注实现。插入批注后的单元格右上角会出现一个红色三角。当鼠标滑过时批注内容可在旁边显示出来。

插入批注的操作步骤：选择需要添加批注的某一单元格，单击“审阅”→“批注”→“新建批注”按钮，即可出现批注编辑栏，在其中输入需要说明的内容，完成后在窗口其他任意位置单击就可完成批注的插入。

6.4.5 设置数据的有效检验

用户可以预先设置某单元格中允许输入的数据类型，以及输入数据的有效范围，还可以设置有效输入数据的提示信息和输入错误时的提示信息。操作步骤如下。

1）选择输入数据的单元格区域。

2）单击“数据”→“数据工具”→“数据验证”按钮，弹出“数据验证”对话框，如图 6-6 所示。在“验证条件”组的“允许”下拉列表框中选择数值类型，在“数据”下拉列表框中选择合适范围。

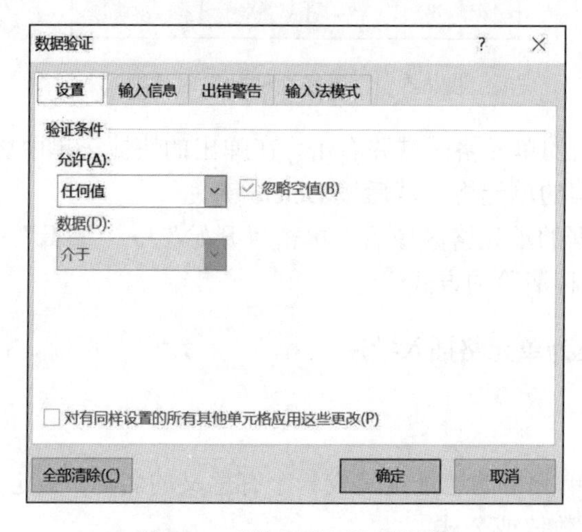

图 6-6 “数据验证”对话框

3）单击“确定”按钮。

若要设置有效输入数据的提示信息，可选择“输入信息”选项卡；若要设置出错警告，可选择“出错警告”选项卡，设置输入错误数值后的提示信息及警告信息。

6.4.6 查找与替换

1. 查找

查找是指在指定范围内，查找指定的数据内容，包括数值、文字、公式和批注等。单击“开始”→“编辑”→“查找和选择”按钮，在弹出的下拉列表中选择“查找”选项，在弹出的“查找”对话框中输入所要查找的内容，选择搜索方式及范围等，即可完成查找操作。

2. 替换

替换是指在指定范围内，用指定的新数据替换原来的数据。单击“开始”→“编辑”→“查找和选择”按钮，在弹出的下拉列表中选择“替换”选项，在弹出的“替换”对话框中输入“查找内容”和“替换值”，选择搜索方式及范围等，即可完成替换操作。

6.5 格式化工作表

6.5.1 行高与列宽的调整

在实际工作中，经常要调整工作表的行高与列宽，以适应不同的数据输入。例如，当单元格中的信息过长，列宽不够时，部分内容将无法显示；如果单元格中是数值，列宽不足时，将显示为“####”。当选用的字号过大时，行高不够，字符会被消去顶部。一般可通过下列方法调整行高与列宽。

1. 鼠标拖动法

1）将鼠标指针指向横（纵）坐标轴格线。当鼠标指针变为双向箭头状时，按住鼠标左键拖动行（列）标题的下（右）边界来设置所需的行高（列宽），这时将自动显示行高（列宽）的值。调整到合适的行高（列宽）后释放鼠标左键。

2）如果要更改多行（列）的行高（列宽），先选择要更改的所有行（列），然后按住鼠标左键拖动其中一个行（列）标题的下（右）边界；如果要更改工作表中所有行（列）的行高（列宽），单击“全选”按钮，然后按住鼠标左键拖动任何一个行（列）的下（右）边界。

3）在行、列边框线上双击，即可将行高、列宽调整到与其中的内容相适应。

2. 用菜单精确设置行高、列宽

选择所需调整的区域后，单击“开始”→“单元格”→“格式”按钮，在弹出的下拉列表中选择“行高”（或“列宽”）选项，然后在“行高”（或“列宽”）对话框中设定行高或列宽的精确值。

3. 自动设置行高、列宽

选择需要设置的行或列，单击“开始”→“单元格”→“格式”按钮，在弹出的下拉列表中选择“自动调整行高”（或“自动调整列宽”）选项，系统将自动调整该行或列至最佳行高或列宽。

6.5.2 “设置单元格格式”对话框

Excel 有一个“设置单元格格式”对话框，专用于设置单元格的格式。选择需要格式化的数字所在的单元格或单元格区域后，单击“开始”→“数字”选项组右下角的对话框启动器按钮，弹出“设置单元格格式”对话框；或者右击，在弹出的快捷菜单中选择“设置单元格格式”命令，同样会弹出“设置单元格格式”对话框，如图 6-7 所示。该对话框包含 6 张选项卡，分别简介如下。

1. “数字”选项卡

Excel 提供了多种数字格式，在将数字格式化时，可以设置不同小数位数、百分号、货币符号等来表示同一个数，这时屏幕上的单元格表现的是格式化后的数字，编辑栏中表现的是系统实际存储的数据。如果要取消数字的格式，可单击“开始”→“编辑”→“清除”按钮，在弹出的下拉列表中选择“清除格式”选项。

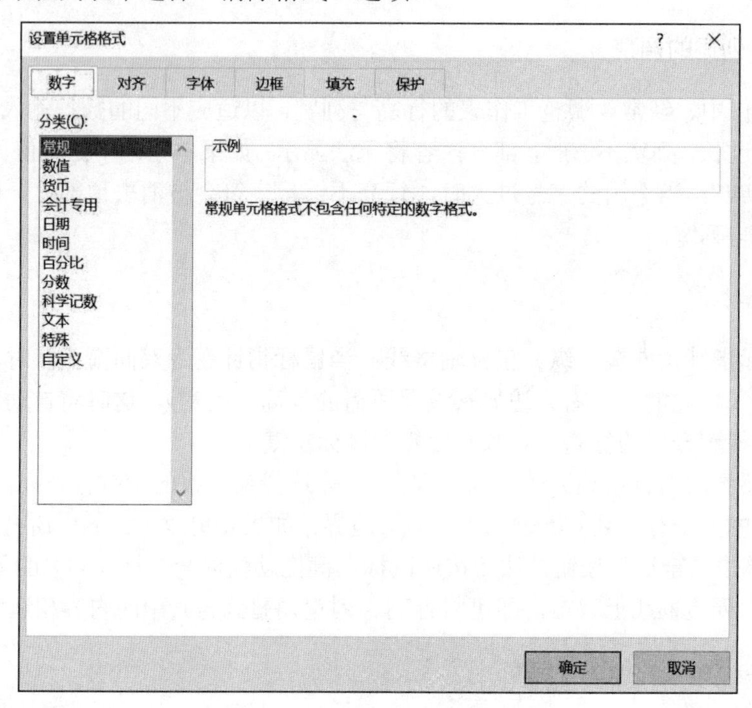

图 6-7 “设置单元格格式”对话框

在“设置单元格格式”对话框的“数字”选项卡“分类”列表框中可以看到 12 种内置格式，如图 6-7 所示。

其中，“常规”格式是默认的数字格式。对于大多数情况，在设置为“常规”格式的单元格中所输入的内容可以正常显示。但是，如果单元格的宽度不足以显示整个数字，则“常规”格式将对该数字进行取整，并对较大数字使用科学记数法。

如果内置数字格式不能按需要显示数据，则可选择“自定义”格式创建自定义数字格式。自定义数字格式使用格式代码来描述数字、日期、时间或文本的显示方式。

2. “对齐”选项卡

默认情况下，输入单元格中的数据是按照文字左对齐、数字右对齐、逻辑值居中对齐的方式显示的。可以通过有效设置对齐方法，使版面更加美观。

在“设置单元格格式”对话框的“对齐”选项卡中可设置所需的对齐方式，如图 6-8 所示。

（1）文本对齐方式

1）水平对齐包括常规（系统默认的对齐方式）、靠左（缩进）、居中、靠右（缩进）、填充、两端对齐、跨列居中、分散对齐（缩进）8 种方式，可自定义缩进量。

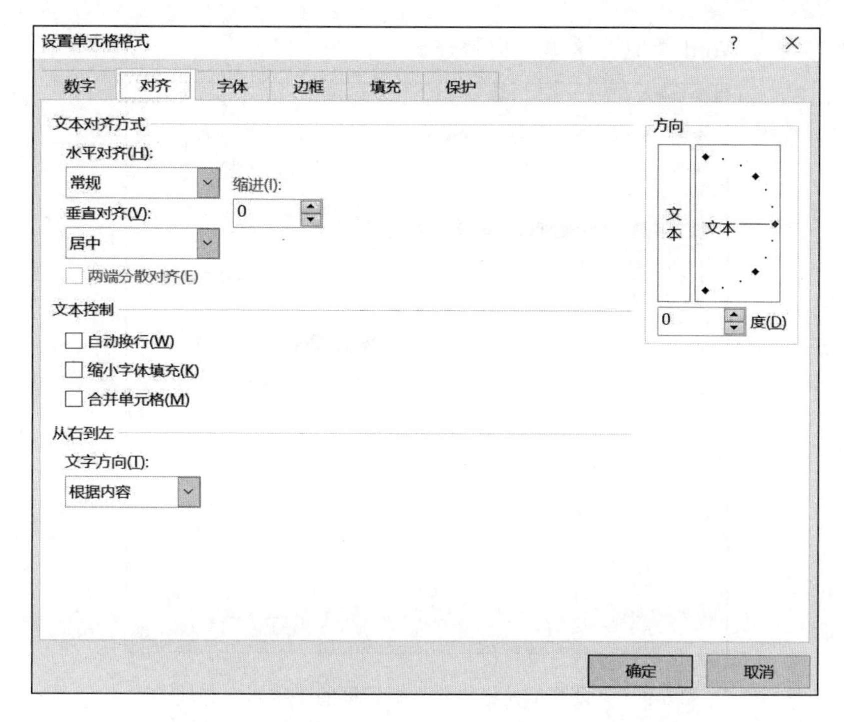

图 6-8 “设置单元格格式”对话框的“对齐”选项卡

2）垂直对齐包括靠上、居中、靠下、两端对齐、分散对齐 5 种方式。

（2）文本显示方向

在“方向”列表框中单击选择一个方向或输入（选择）角度值，可以改变单元格内容的显示方向。

（3）文本控制

1）选中“自动换行”复选框，则当单元格中的内容宽度大于列宽时，会自动换行（注意不是分段）。

2）选中“缩小字体填充”复选框，则当单元格中的内容宽度大于列宽时，会自动调整字号的大小，使其完全显示。

3）“合并单元格”复选框，当需要将选中的单元格（一个以上）合并时，选中它；当需要将选中的合并单元格拆分时，取消选中。

4）在“文字方向”下拉列表框中，可以改变单元格内容的显示方向。

注意：若要在单元格内强行分段，可直接按 Alt+Enter 组合键。

3. “字体”选项卡

可以根据需要通过“开始”选项卡中的“字体”选项组方便地重新设置字体、字形和字号，还可以添加下划线及改变字体的颜色。也可以通过右键菜单进行设置。在“设置单元格格式”对话框“字体”选项卡中可进行一系列的相应设置，如图 6-9 所示。如果需要取消字体的格式，可单击“开始”→“编辑”→“清除”按钮，在弹出的下拉列表中选择“清除格式”选项。

其设置方法与 Word 类似，这里不再赘述。

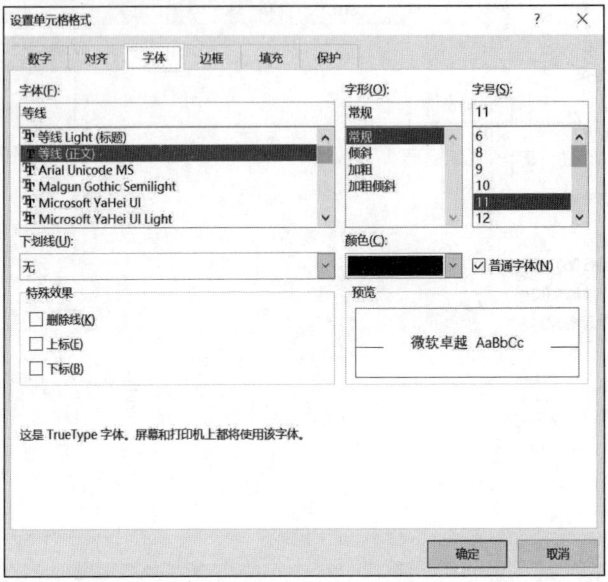

图 6-9 “设置单元格格式”对话框的“字体”选项卡

4.“边框”选项卡

工作表中显示的网格线是为输入、编辑方便而预设置的（相当于 Word 表格中的虚框），是不打印的。若需要打印网格线，则除了可以在“开始”选项卡“字体”选项组中选择相应的边框外，还可以在“设置单元格格式”对话框的“边框”选项卡中进行设置，如图 6-10 所示。

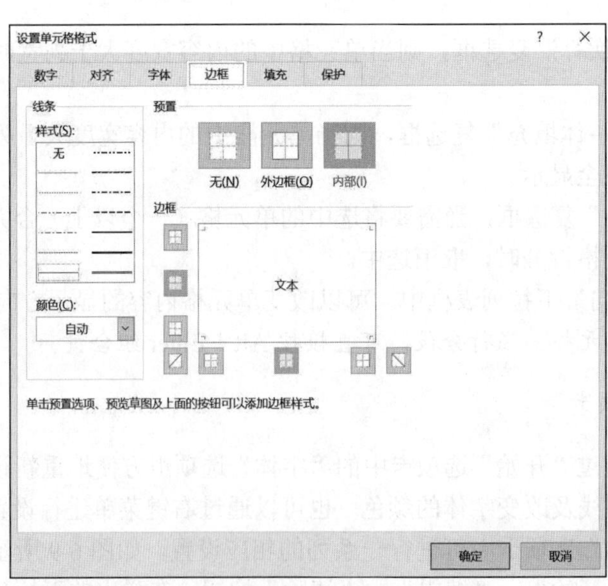

图 6-10 “设置单元格格式”对话框的“边框”选项卡

此外，若需要强调工作表的某一部分，也可在“边框”选项卡中设置特殊的网格线。

在该选项卡中设置单元格边框时，应注意以下两点。

1）除了边框线外，还可以为单元格添加对角线（用于斜线表头等）。

2）不一定添加四周边框线，可以仅为单元格的某一边添加边框线。

5. “填充”选项卡

“填充”选项卡，用于设置单元格的背景颜色和底纹。其设置方法与 Word 类似，这里不再赘述。

6. “保护”选项卡

“保护”选项卡，用于设置保护工作表，包括工作表的状态是“锁定”还是“隐藏”，选中相应的复选框即可。

所有的选项设置完毕后，单击“确定”按钮，完成单元格格式设置。

6.5.3 格式化的其他方法

1. 使用“数字”选项组中的命令按钮格式化数字

选中包含数字的单元格，单击“开始”→“数字”选项组中的相应按钮，如“会计数字格式”“百分比样式”“千位分隔样式”“增加小数位数”“减少小数位数”等，即可为选中的单元格内的数字设置相应的数字格式。

2. 使用“字体”选项组中的命令按钮格式化文字及设置单元格的边框与底纹

选中需要进行格式化的单元格，单击“开始”→“字体”选项组中的按钮，如“加粗”“倾斜”“下划线”“填充颜色”“边框”等，即可完成文字格式、单元格边框和底纹的设置。

3. 使用“对齐方式”选项组中的命令按钮格式化对齐方式

选中需要格式化的单元格后，单击“开始”→“对齐方式”选项组中的按钮，如“左对齐”“居中对齐”“右对齐”“合并后居中”“减少缩进量”“增加缩进量”等，即可为单元格内容设置相应的对齐方式。

4. 复制单元格格式

当格式化表格时，往往有些操作是重复的，这时可以使用 Excel 提供的复制功能来提高格式化的效率。复制单元格格式的方法主要有以下两种。

1）选中需要被复制格式的单元格，单击“开始”→“剪贴板”→“格式刷”按钮（这时所选单元格出现闪动的虚线框），然后用带有格式刷的鼠标指针单击目标单元格即可。

2）选中需要被复制格式的单元格，单击“开始”→“剪贴板”按钮，在弹出的下拉列表中选择“复制”选项（这时所选单元格出现闪动的虚线框）；选中目标单元格后，单击“开始”→“剪贴板”→“粘贴”按钮，在弹出的下拉列表中选择“选择性粘贴”选项，在弹出的“选择性粘贴”对话框中选择需要复制的项目即可。

5. 使用样式

样式（与 Word 中的样式性质相同）是指定义并成组保存的格式设置集合，如字体大小、边框、图案、对齐方式和保护等。对于不同的单元格或单元格区域，如果要求具有相同的格式，使用样式可以快速地为它设置同一种格式。

选中需要使用样式的单元格或单元格区域，单击“开始”→“样式”→“单元格样式”按钮，在弹出的下拉列表中选择一种满意的样式即可。

6. 自动格式化表格

Excel 2016 的“自动套用格式”功能，提供了许多种漂亮而且专业的表格形式，它们是上述各项组合的格式方式，使用它可以快速格式化表格。

选中需要格式化的单元格或单元格区域，单击“开始”→“样式”→“套用表格格式”按钮，在弹出的下拉列表中选择一种满意的格式即可。

6.5.4　条件格式

条件格式设置是指为满足指定条件的数据设置特殊的格式，以突出显示；不满足条件的数据保持原有的格式，从而方便用户直观地查看和分析数据。

选中要设置条件格式的单元格区域，单击“开始”→“样式”→“条件格式”按钮，弹出如图 6-11 所示的下拉列表，从中选择相应的选项并设置对应的格式即可。其中各选项的含义如下。

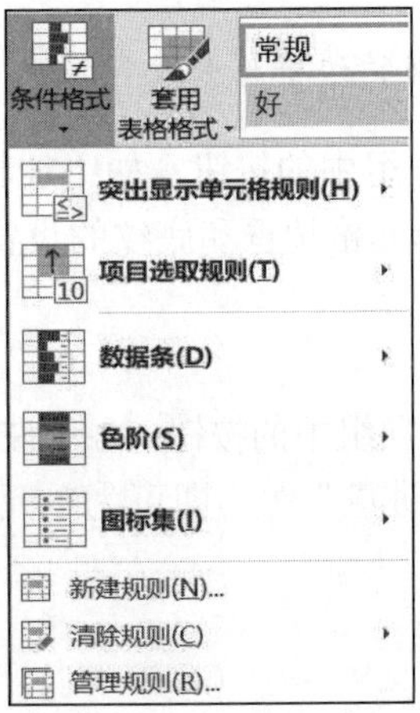

图 6-11　“条件格式”下拉列表

（1）突出显示单元格规则

其子菜单基于比较运算符，如大于、小于、介于、等于等常用的各种条件选项，可选择所需的条件选项进行具体条件和格式的设置，以突出显示满足条件的数据。

（2）项目选取规则

其子菜单包含“前 10 项”“前 10%”“最后 10 项”“最后 10%”“高于平均值”“低于平均值”6 个选项。当选择某一选项时，自动弹出相应的对话框，在此对话框中设置即可。

（3）数据条

根据单元格数值的大小，填充长度不等的数据条，以便直观地显示所选区域数据间的相应关系。数据条的长度代表单元格中数值的大小，数据条越长，值就越大。该选项主要包含“渐变填充”和“实心填充”两组（各含 6 种）数据条样式，根据需要选择相应的样式即可。

（4）色阶

根据单元格数值的大小，填充不同的底纹颜色以反映数值的大小。例如，“红-白-绿”色阶的 3 种颜色分别代表数值的大（红色）、中（白色）、小（绿色）3 部分显示，每一部分又以颜色的深浅进一步区分数值的大小。该选项包含“双色渐变”和“三色渐变”两类（各含 6 种）选项。

（5）图标集

根据单元格数据在所选区域的相对大小，在所选图标集的 3～5 组的图标中，自动地在每个单元格之前显示不同的图标，以反映各单元格数据在所选区域中所处的区段。例如，在“三色交通灯”形状图标中，绿色代表较大值，黄色代表中间值，红色代表较小值。

（6）新建规则

该选项用于创建自定义的条件格式。

（7）清除规则

该选项用于删除已设置的条件规则。

（8）管理规则

该选项用于创建、删除、编辑和查看工作簿中的条件格式规则。

活动 1： 从本课程 MOOC 平台上下载板报评价量规和演示文稿量规，建立学生成绩表并对学生成绩表进行编辑，格式化学生成绩表。

6.6 数据计算

6.6.1 公式

公式是一种数据形式，可以像数值、文字及日期一样存放在表格中。使用公式有助于分析工作表中的数据。公式中可以进行加、减、乘、除、乘方等算术运算，字符的连接运算及比较运算等。

1. 公式的表达形式

公式由常量、变量、运算符、函数、单元格引用位置及名称等组成。公式必须以等号“=”开头，Excel 会自动将等号“=”后面的字符串识别为公式。例如：

=100+3*22 常量运算

=A3*25+B4 引用单元格地址

=SQRT(A5+C6) 使用函数

2. 公式中的运算符

运算符用于对公式中的各元素进行运算操作。Excel 的运算符包括算术运算符、比较运算符、文本运算符和引用运算符 4 种类型。

1）算术运算符。算术运算符用来完成基本的数学运算，如加法、减法和乘法。算术运算符有+（加）、-（减）、*（乘）、/（除）、%（百分比）、^（乘方）等。

2）比较运算符。比较运算符用来对两个数值进行比较，产生的结果为逻辑值 True（真）或 False（假）。比较运算符有=（等于）、>（大于）、<（小于）、>=（大于等于）、<=（小于等于）、<>（不等于）6 种。

3）文本运算符。文本运算符“&”用来将一个或多个文本连接成为一个组合文本。例如，“Micro”&“soft”的结果为“Microsoft”。

4）引用运算符。引用运算符用来将单元格区域合并运算。引用运算符“:”（英文冒号）又称区域运算符，生成对两个引用之间所有单元格的引用，例如，SUM(B1:D5)。

引用运算符“,”（英文逗号）也称为联合运算符，表示将多个引用合并为一个引用，例如，SUM(B5,B15,D5,D15)。

引用运算符“ ”（空格）也称为交集运算符，表示引用两个表格区域交叉（重叠）部分单元格中的数值。

3. 运算符的运算顺序

如果公式中同时用到了多个运算符，Excel 将按照以下顺序进行运算。

1）如果公式中只包含相同优先级的运算符，如公式中同时包含乘法和除法运算符，Excel 将从左到右进行计算。

2）如果公式中包含不同优先级的运算符，会先计算运算符优先级高的部分，再计算优先级低的部分，优先级相同则从左到右计算。

3）如果要修改计算的顺序，应把公式需要先计算的部分括在圆括号内。

公式中运算符的优先级从高到低依次为引用运算符、算术运算符、文本运算符和比较运算符。

4. 公式的输入

在 Excel 中可以创建多种公式，其中既有进行简单代数运算的公式，也有分析复杂数学模型的公式。输入公式的方法有两种：一种是直接输入，另一种是利用公式选项板输入。

（1）直接输入公式

1）选中需要输入公式的单元格。

2）在选中的单元格中输入等号“=”，也可以单击编辑栏中的“插入函数”按钮，这时将在选中的单元格中自动插入一个等号“=”。

3）输入公式内容。如果计算中用到单元格中的数据，单击所需引用的单元格，如果输入错误，在未输入新的运算符之前，可再次单击正确的单元格；也可使用手工方法引用单元格，即在光标处输入单元格的名称。

4）公式输入完成后，按 Enter 键，Excel 自动计算公式并将计算结果显示在单元格中，公式内容显示在编辑栏中。

5）按 Ctrl+'组合键，可使单元格在显示公式内容与公式结果之间进行切换。

从上述步骤可知，公式的最前面必须是等号，后面是计算的内容。例如，要在 G4 单元格中建立一个公式来计算单元格 E4+F4 的值，则在 G4 单元格中输入“=E4+F4”。按 Enter 键确认，结果将显示在 G4 单元格中。

（2）利用公式选项板输入公式

输入的公式中，如果含有函数，公式选项板将有助于输入函数。在公式中输入函数时，公式选项板将显示函数的名称、各个参数、函数功能和参数的描述、函数的当前结果和整个公式的结果。如果要显示公式选项板，可单击编辑栏上的“插入函数”按钮。

6.6.2 公式的引用位置

引用位置用于表明公式中用到的数据在工作表的哪些单元格或单元格区域。通过引用位置，可以在一个公式中使用工作表内不同区域的数据，也可以在几个公式中使用同一个单元格中的数据，还可以引用同一个工作簿上其他工作表中的数据。

1. 输入单元格地址

输入单元格地址主要有以下两种方法。

1）使用鼠标单击单元格或选择单元格区域，单元格地址自动输入公式中。

2）使用键盘在公式中直接输入单元格或单元格区域地址。

例如，在单元格 A1 中已输入数值 20，B1 中已输入数值 15，在单元格 C1 中输入公式“=A1*B1+5”。操作步骤如下：

① 选中单元格 C1；

② 输入等号“=”，单击单元格 A1；

③ 输入运算符“*”，单击单元格 B1；

④ 输入运算符“+”和数值“5”；

⑤ 按下 Enter 键或者单击编辑栏上的“输入”按钮。

2. 引用相对地址

相对地址是指使用单元格的行标或列标表示单元格地址的方法。例如，A1:B2、C1:C6 等。引用相对地址的操作称为相对引用，是指把一个含有单元格地址的公式复制到一个新的位置时，公式中的单元格地址会随着变化。

3. 引用绝对地址

一般情况下，复制单元格地址引用相对地址，但有时并不希望单元格地址发生变动。这时，就必须引用绝对地址。绝对地址的表示方法如下：在单元格的行标、列标前面各加一个“$”符号，如$A$1:$C$5。引用绝对地址的公式无论粘贴到哪个单元格，所引用的始终是同一个单元格地址，其公式内容及结果始终保持不变。这种操作称为绝对引用。

4. 引用混合地址

引用混合地址是指引用单元格地址时，既引用绝对地址，也引用相对地址，即列标用相对地址，行标用绝对地址；或行标用相对地址，列标用绝对地址，如$A1,C$1。这种操作称为混合引用。

5. 引用不同工作表中的单元格

在工作表的计算操作中，需要用到同一工作簿文件中其他工作表中的数据时，可在公式中引用其他工作表中的单元格；引用格式如下：<工作表标签>!<单元格地址>。若需要用到其他工作簿文件中的工作表时，引用格式如下：[工作簿名]工作表标签!<单元格地址>。

6.6.3 自动求和

求和计算是一种最常见的公式计算，Excel 提供了快捷的自动求和方法，单击“公式”→“函数库”→“自动求和”按钮，即可自动对活动单元格上方或左侧的数据进行求和计算。具体操作步骤如下。

1）将光标定位到求和结果单元格。

2）单击“公式”→“函数库”→“自动求和”按钮，Excel 将自动出现求和函数 SUM 及求和数据区域。

3）单击编辑栏上“输入”按钮确认公式，或重新输入数据区域修改公式。

在计算连续单元格的数据之和时，如果求和区域内单元格中的数字有所改变，Excel 2016 会自动更新自动求和结果。

6.6.4 公式自动填充

在一个单元格输入公式后，如果相邻的单元格中需要进行同类型的计算（如数据行合计），可以利用公式的自动填充功能实现。具体操作步骤如下。

1）选中公式所在的单元格，将鼠标指针指向该单元格的右下角，当鼠标指针变为黑十字形时，称为填充柄。

2）按住鼠标左键，拖动填充柄经过目标区域。

3）当到达目标区域后，释放鼠标左键，公式即自动填充完毕。

6.6.5 函数

1. 函数的格式

函数由函数名，以及函数名后用括号括起来的参数组成。如果函数以公式的形式出现，应在函数名前面输入“=”。例如，要对工作表中的 D3:E3 单元格区域求和，可以输入：“=SUM(E3:F3)”。函数名可以大写也可以小写，当有两个以上的参数时，参数之间要用英文逗号隔开。

2. 函数的输入

在函数的输入过程中，对于比较简单的函数，可直接输入；对于较为复杂的函数，可利用公式选项板输入。利用公式选项板输入函数的操作步骤如下。

1）选中要插入函数的单元格。

2）单击“公式”→“函数库”→“插入函数”按钮，或单击编辑栏中的“插入函数”按钮。

3）这时会显示公式选项板，并同时弹出“插入函数”对话框，如图 6-12 所示。

4）在“或选择类别”下拉列表框中选择合适的函数类型，再在“选择函数”列表框中选择所需的函数名。

5）单击“确定”按钮，弹出“函数参数”对话框，它显示了该函数的函数名、每个参数，以及参数的描述和函数的功能，如图 6-13 所示。根据提示输入每个参数值。为了操作方便，可单击参数框右侧的“暂时隐藏对话框”按钮，将对话框的其他部分隐藏，再从工作表上单击相应的单元格，然后再次单击该按钮，恢复原对话框。

6）单击“确定”按钮，完成函数的输入。

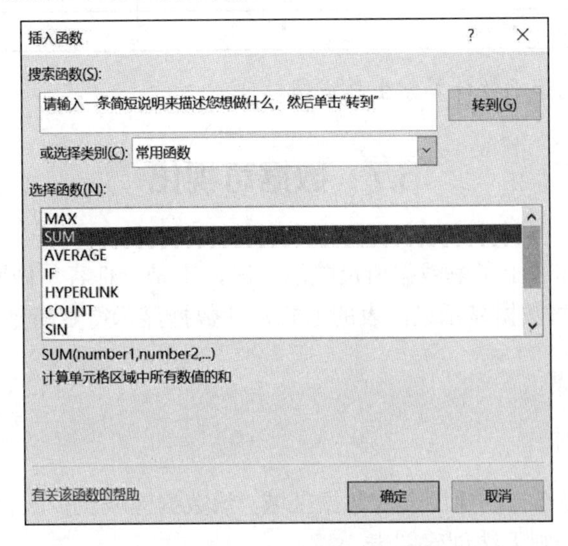

图 6-12 “插入函数”对话框

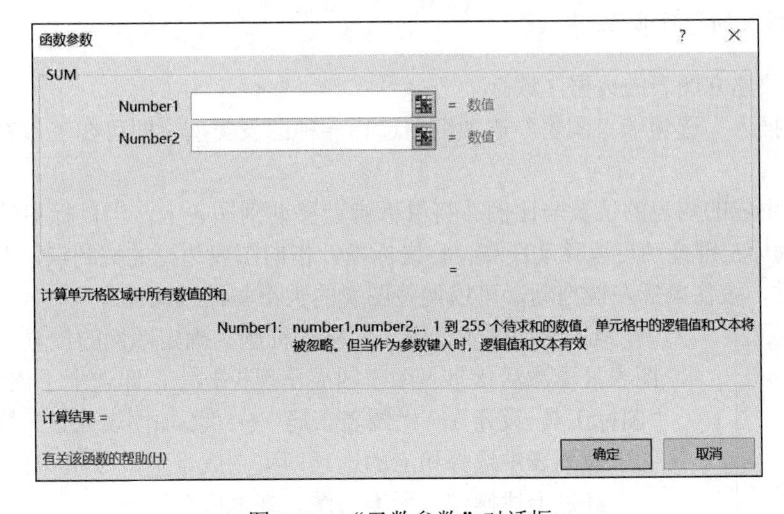

图 6-13 “函数参数”对话框

6.6.6 错误值

当工作表中某单元格中设置的计算公式无法求解时，系统将在该单元格中以错误值的形式进行提示。错误值可以使用户迅速判断出发生错误的原因。表 6-2 中列出了常见的错误值的提示信息及其含义。

表 6-2 常见的错误值及其含义

错误值	含义	错误值	含义
#DIV/0!	除数为零	#NAME?	不能识别公式中使用的名称
#REF!	在公式中引用了无效的单元格	#NUM!	数字有问题
#VALUE	参数或操作数类型错误	$NULL!	指定的两个区域不相交
#N/A!	没有可用的数值		

活动 2： 利用公式和函数计算学生总成绩。

6.7 数据可视化

如果想直接从工作表上了解数据所反映的情况，不是一件容易做到的事情。利用 Excel 2016 提供的图表功能将数据显示成图表的形式，使数据显示得更清楚、更直观。

6.7.1 创建图表

1. 创建图表的条件

要创建图表，先要选择创建图表的数据区域，该数据区域至少应含有一行或一列数值或由公式产生的数据，否则无法创建图表。

2. 创建图表的操作步骤

1）选择要建立图表的数据区域。

2）在“插入”选项卡“图表”选项组中选择一种图表类型，即可在工作表中生成一张图表。

3）调整生成的图表的位置与比例。将鼠标指针移动到图表上，当鼠标指针变为十字箭头时，按住鼠标左键拖动可以移动图表；将鼠标指针指向图表边框的控制点，当鼠标指针变为双向箭头时，按住鼠标左键拖动，可以调整图表的大小与缩放比例。

4）增加图表标题、坐标轴标题、确定图例的位置。单击图表使图表处于激活状态（图表四周出现控制点，即选中了该图表），单击“图标工具-设计”→“图表布局”→“添加图表元素”按钮，在弹出的下拉列表中选择相应的选项即可完成设置，如图 6-14 所示。

图 6-14 添加图表元素

经过上述操作，所需的图表基本成型。

6.7.2 编辑图表

创建图表时或激活图表后，图表工具将变为可用状态，并出现“图表工具-设计”和“图表工具-格式”选项卡。用户可以使用这些选项卡中的相应命令按钮修改、编辑图表。例如，可以在“图表工具-设计”选项卡中按行或列显示数据系列，更改图表的数据源、位置、类型，将图表保存为模板或选择预定义布局和格式。也可以在“图表工具-设计”选项卡中更改图表元素（如图表标题和图例）的显示，使用绘图工具在图表上添加文本框和图片。可以使用“图表工具-格式”选项卡为图表填充颜色、更改线形或应用特殊效果等。

1. 图表的移动、复制、调整比例和删除

图表生成后，激活图表可以实现以下操作。

1）移动图表。将鼠标指针移动到图表区，当鼠标指针变为十字箭头时，按住鼠标左键拖动可以移动图表；也可以右击，在弹出的快捷菜单中选择“移动图表”命令，在弹出的“移动图表”对话框中选择图表对象的位置即可。若在不同工作簿和工作表之间移动图表，可选择“剪切”与“粘贴”命令。

2）复制图表。将鼠标指针移动到图表区，当鼠标指针变为十字箭头时，按住 Ctrl 键拖动可以复制图表。若是在不同工作簿和工作表之间复制图表，可选择“复制”与“粘贴”命令。

3）调整图表比例。将鼠标指针指向图表边框的控制点，当鼠标指针变为双向箭头时，按住鼠标左键拖动，可以调整图表的大小。

4）删除图表。在图表区右击，在弹出的快捷菜单中选择“剪切”命令，或选中图表按 Delete 键即可删除图表。

2. 图表类型的改变

对已创建的图表可以根据需要改变其类型。首先，激活需要更改的图表。其次，在“插入”选项卡“图表”选项组中选择要使用的图表类型；或者，单击“图标工具-设计”→“类型”→“更改图表类型”按钮，在弹出的对话框中选择要使用的图表类型。也可以在图表上右击，在弹出的快捷菜单中选择“更改图表类型”命令，在弹出的“更改图表类型”对话框中选择要使用的图表类型。

3. 删除和增加图表数据

创建图表后，图表和创建图表的工作表的数据区域之间就建立了联系，当工作表中的数据发生变化时，图表中的对应数据也会自动更新。图表中的数据也可以被删除或增加，但不会影响工作表中的数据。

（1）删除数据系列

选中要删除的数据系列（在图表中单击要删除的数据系列，在该系列数据的图示中会出现小方块，表示选中），按 Delete 键或右击，在弹出的快捷菜单中选择“删除”命令，便将该系列数据从图表中删除。

（2）增加数据系列

给制作好的图表增加数据系列，需要在该图表上右击，在弹出的快捷菜单中选择“选择数据”命令，在弹出的“选择数据源”对话框中单击“添加”按钮，在弹出的“编辑数据系列”对话框中，分别选择要增加的数据系列的名称及系列值，单击“确定”按钮，即可增加数据系列。

4. 转换图表的行、列

激活所要转换的图表，单击“图表工具-设计”→“数据”→“切换行/列”按钮，即可将所选图表的行列互换。

6.7.3 格式化图表

格式化图表是指为图表标题、图例、数值轴和分类轴等图表对象设置格式。

1. 格式化文字

图表中的文字主要有图表标题、坐标轴标题、数据标识文字、图例文字、数据表文字等。它们包含在相应的独立图表对象中，如图表标题、坐标轴标题、图例文字等分别包含在各个图表对象（文本框）中。格式化文字的操作步骤如下：右击要设置格式化的图表对象，在弹出的快捷菜单中选择“字体”命令，在弹出的“字体”对话框中进行相应的设置即可。

2. 格式化坐标轴

坐标轴包括分类轴和数值轴，可设置的格式有图案、刻度、字体、数字和对齐等内容。格式化坐标轴的操作步骤如下：选择要格式化的坐标轴并右击，在弹出的快捷菜单中分别选择“添加次要网格线”“设置主要网格线格式”“设置坐标轴格式”命令，然后进行相应的设置即可。

3. 格式化图表区

图表区是指整个图表对象，可以设置图表区的图案（背景）、边框、阴影等。

格式化图表区的操作步骤如下：激活图表，单击“图表工具-格式”→“当前所选内容”→“设置所选内容格式”按钮，或者在图表的空白区域右击，在弹出的快捷菜单中选择“设置图表区域格式”命令，然后在右侧打开的“设置图表区格式”窗格中进行相应的设置即可。

活动 3： 利用图表等方法对学生成绩进行统计分析。

6.8 数据处理

建立工作表的目的是处理表中的数据，使之成为用户所需的信息。数据处理方法除公式、函数、图表外，还包括数据排序、数据筛选、合并计算、分类汇总、数据透视表等。熟练、灵活地应用这些数据处理方法，既可以快速、高效地处理数据，又能够为用户提供形象、具体、直观的处理结果。

6.8.1 数据排序

工作表中的数据输入完成后，表中数据按输入的先后次序排列。若要使数据按照用户要求指定的顺序排列，就要对数据进行排序。可以通过“数据”选项卡“排序与筛选”选项组中的“排序”按钮或快捷菜单中的“排序”命令实现。

1. 简单数据排序

只按照某一列数据为排序依据进行的排序称为简单排序。例如，从本课程的 MOOC 平台上下载“数据源”工作簿文件并打开，将其中的“学生成绩表”按总分降序排序。

具体操作步骤如下。

选中总分所在列的任意单元格，单击“数据”→“排序与筛选”→“降序”按钮，如图 6-15 所示；或者，右击，在弹出的快捷菜单中选择“排序”→“降序”命令，即可实现按总分从高到低排序。

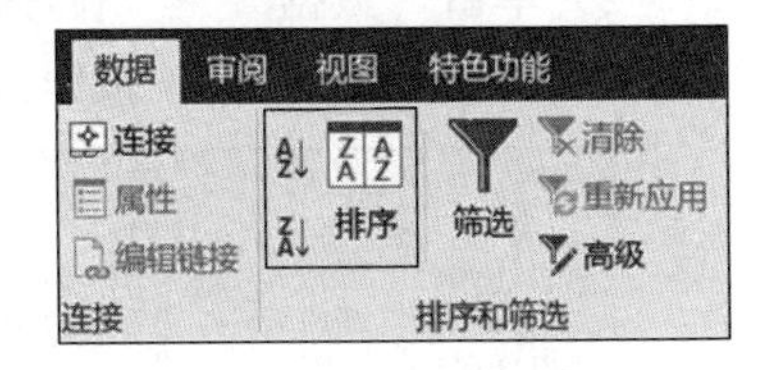

图 6-15 排序按钮

2. 复杂数据排序

有些情况下简单排序不能满足要求，需要按照多个排序依据进行排序，这时可采用“自定义排序”。例如，对“学生成绩表”按总分降序排序，总分相同的按计算机成绩降序排序，操作步骤如下。

1）将光标定位到数据单元格区域的任意一个单元格中。

2）单击“数据”→“排序与筛选”→“排序”按钮，或在光标所在单元格上右击，在弹出的快捷菜单中选择“排序”→“自定义排序”命令，弹出“排序”对话框。

3）分别在对话框的“主要关键字”“排序依据”“次序”下拉列表框中选择“总分”“数值”“降序”选项。然后，单击“添加条件”按钮，分别在“次要关键字”“排序依据”“次序”下拉列表框中选择“计算机”“数值”“降序”，单击“确定”按钮。此时，已经按要求完成排序操作，如图 6-16 所示。当然，也可以继续添加排序条件，直到符合用户的所有排序要求。

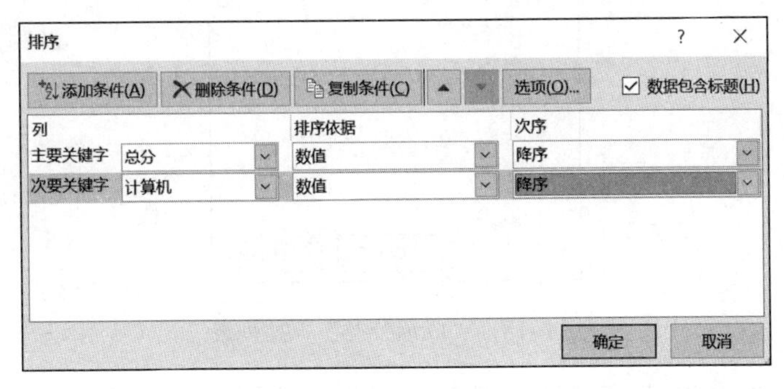

图 6-16 自定义排序

6.8.2 数据筛选

数据筛选就是将工作表中符合要求的数据显示出来，其他不符合要求的数据，系统会自动隐藏起来。这样可以快速寻找和使用工作表中用户所需的数据。Excel 数据筛选功能包括自动筛选、自定义筛选及高级筛选 3 种方式。下面以“学生成绩表”的数据筛选为例进行讲解。

1. 自动筛选

使用“自动筛选”功能筛选“学生成绩表”中“成绩分类”为“优”的学生，操作步骤如下。

1）将光标定位到数据单元格区域的任意一个单元格中。

2）单击“数据”→“排序与筛选”→“筛选”按钮，此时表头的各数据列标记（字段名）右侧均出现一个下拉按钮，如图 6-17 所示。

A	B	C	D	E	F	G	H	I	J	K
学号	姓名	性别	班级	计算机	英语	语文	数学	总分	平均分	成绩分
20211103201	张成祥	女	21级计算机（1）班	95	95	94	93	377	94	优
20211103202	唐来云	男	21级计算机（1）班	80	73	69	87	309	77	中
20211103203	张雷	男	21级计算机（1）班	85	71	67	77	300	75	中
20211103204	韩文歧	女	21级计算机（1）班	88	81	73	81	323	81	良
20211103205	郑俊霞	女	21级计算机（2）班	89	62	77	85	313	78	中
20211103206	马云燕	女	21级计算机（2）班	91	68	76	82	317	79	中
20211103207	王晓燕	女	21级计算机（2）班	86	79	80	93	338	85	良
20211103208	贾莉莉	女	21级计算机（2）班	93	73	78	88	332	83	良
20211103209	李广林	男	21级计算机（3）班	94	84	60	86	324	81	良
20211103210	马丽萍	女	21级计算机（3）班	55	59	98	76	288	72	中
20211103211	高云河	男	21级计算机（3）班	96	95	95	91	377	94	中
20211103212	王卓然	男	21级计算机（3）班	88	74	77	78	317	79	中

图 6-17　单击“筛选”按钮后的数据表界面

3）单击“成绩分类”右侧的下拉按钮，弹出如图 6-18 所示的下拉列表。

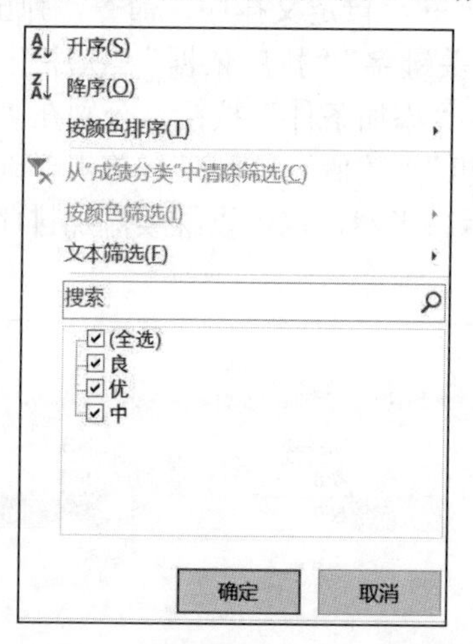

图 6-18　“成绩分类”下拉列表

4）取消选中“(全选)”复选框，选中“优”复选框，单击“确定”按钮，筛选结果如图 6-19 所示。

A	B	C	D	E	F	G	H	I	J	K
学号	姓名	性别	班级	计算机	英语	语文	数学	总分	平均分	成绩分
20211103201	张成祥	女	21级计算机（1）班	95	95	94	93	377	94	优

图 6-19　“成绩分类”为“优”的筛选结果

此时，所有“成绩分类”不是“优”的记录全部自动隐藏，若要将隐藏的其他学生的数据显示出来，在图 6-18 所示下拉列表中选中“(全选)”复选框即可。

2. 自定义筛选

在实际应用中，有些筛选的条件值不是表中已有的数据，所以需要在下拉列表中，由用户提供相应的信息后再筛选。例如，将“学生成绩表”中“总分”前三名的学生筛选出来。

将光标定位到数据单元格区域的任意一个单元格中，单击“数据”→“排序与筛选”→“筛选”按钮后，单击“总分”右侧的下拉按钮，在弹出的下拉列表中选择“数字筛选”子菜单中的“前 10 项”选项，如图 6-20 所示。此时会弹出如图 6-21 所示的对话框，在该对话框中设置为显示“最大”“3”“项”即可。

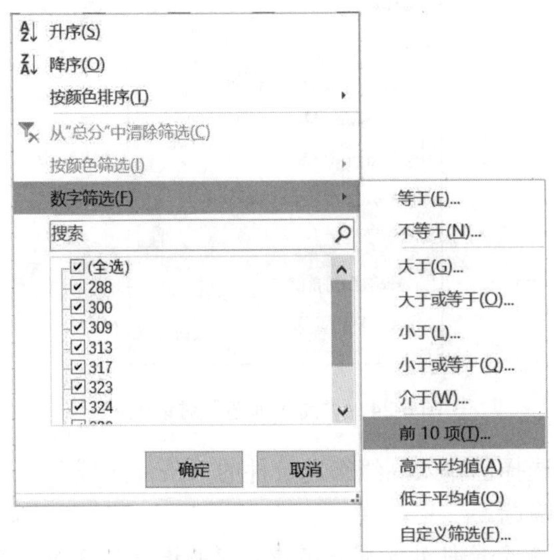

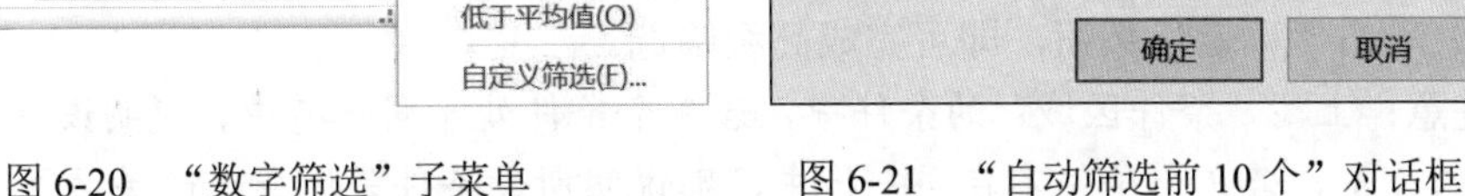

图 6-20 “数字筛选”子菜单　　图 6-21 “自动筛选前 10 个”对话框

例如，在“学生成绩表”中选择“英语”成绩大于或等于 60 且小于 90 的学生，操作步骤如下。

将光标定位到数据单元格区域的任意一个单元格中，单击“数据”→“排序与筛选”→“筛选”按钮后，单击“英语”右侧的下拉按钮，在弹出的下拉列表中选择“数字筛选”子菜单中的“自定义筛选”选项，或选择“介于”选项，弹出如图 6-22 所示的对话框，在该对话框中设置英语成绩大于或等于 60 与小于 90，然后单击“确定”按钮即可。

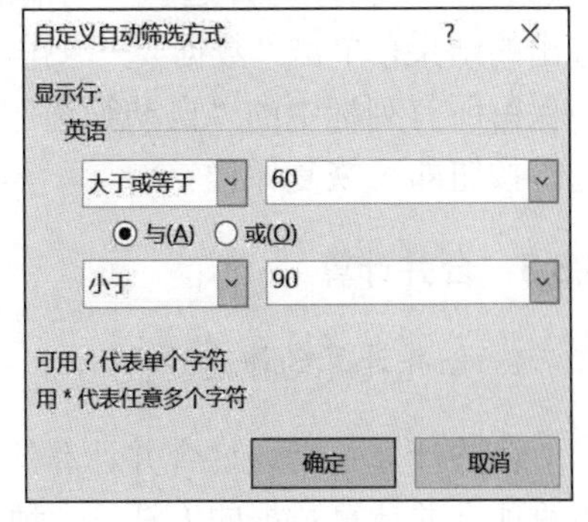

图 6-22 “自定义自动筛选方式”对话框

另外，还可以将背景颜色、字体颜色、字体、字号等作为筛选条件，例如，可以将“计算机”成绩中红色的成绩（不及格）筛选出来。单击“计算机”右侧的下拉按钮，在弹出的下拉列表中选择“按颜色筛选”子菜单中的“按单元格颜色筛选”或“按字体颜色筛选”选项，并选择一种颜色即可。

3. 高级筛选

如果筛选的条件比较简单，采用自动筛选或自定义筛选就可以了。但有时筛选条件不是很直观、具体，而是很复杂，往往是多个条件的重叠，此时使用“高级筛选”功能会更方便。例如，在“学生成绩表”中筛选英语与平均分大于或等于 80 分的女同学，操作步骤如下。

1）在表的任意一个空白区域输入高级筛选条件，如图 6-23 所示。

2）把光标定位到数据单元格区域，单击“数据”→“排序与筛选”→“高级”按钮。

3）在弹出的如图 6-24 所示的“高级筛选”对话框中，单击“列表区域”右侧的按钮，并选择要筛选的数据单元格区域。

性别	英语	平均分
女	>=80	>=80

图 6-23　设置高级筛选条件

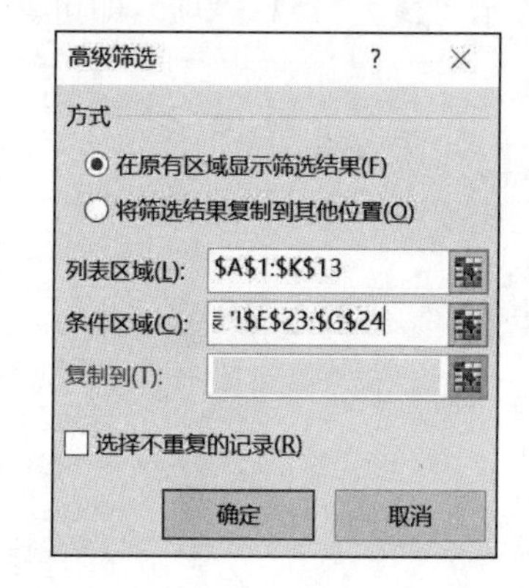

图 6-24　“高级筛选”对话框

4）单击“条件区域”右侧的按钮，并选择已输入高级筛选条件的“条件区域”。

5）单击“确定”按钮，即可完成高级筛选。

注意：上述“条件区域”的条件中，若 3 个条件处于同一行中，说明设置的 3 个条件是“与”的关系，若 3 个条件不在同一行中，则说明所设条件是“或”的关系。

4. 取消筛选

取消筛选可恢复筛选前的数据，如果是使用“高级筛选”功能筛选出的结果，直接单击“数据”→“排序与筛选”→“清除”按钮即可恢复原样；如果是使用“自动筛选”功能筛选出的结果，单击“数据”→“排序与筛选”→“清除”按钮后，显示所有筛选之前的数据，但保留所有列标中的“自动筛选”按钮，此时，再次单击“数据”→“排序与筛选”→“筛选”按钮即可恢复原样。

6.8.3　合并计算

1. 合并计算的概念

合并计算是指通过合并计算的方法来汇总一个或多个源区域中的数据。Excel 2016 提供了两种合并计算数据的方法：一种是通过位置，即源区域有相同布局时的数据汇总；另一种是通过分类，当源区域没有相同的布局时，则采用分类方式进行汇总。

要想合并计算数据，首先，必须为汇总信息定义一个目标区域，用来显示摘录的信息。

此目标区域可在源数据工作表上，也可在另一个工作表上或工作簿内。其次，需要选择要合并计算的数据源。此数据源可以来自单个工作表、多个工作表或多重工作簿。

1）通过位置来合并计算数据：在所有源区域中的数据被相同地排列，也就是说想从每一个源区域中合并计算的数值必须在被选中源区域的相同的相对位置上。这种方式适用于处理日常相同表格的合并工作，例如，总公司将各分公司的报表合并形成一个整个公司的报表。

2）通过分类来合并计算数据：当多重来源区域包含相似的数据却以不同方式排列时，该方法可使用标记，依不同分类进行数据的合并计算。也就是说，当所选择的表格具有不同的内容时，可以根据这些表格的分类来分别进行合并工作。举例来说，假设某公司共有两个分公司，它们分别销售不同的产品，总公司要得到完整的销售报表时，就必须使用分类来合并计算数据。

2. 合并计算的具体操作

例如，要合并计算选修同一门课程的总人数与总课时，打开“数据源”工作簿中的“课程安排”工作表，如图 6-25 所示。

	课程安排表				课程安排统计表		
班级	课程名称	人数	课时		课程名称	人数	课时
2	英语	50	26				
6	英语	59	28				
9	英语	50	36				
5	英语	50	61				
4	英语	76	35				
2	离散数学	51	53				
6	离散数学	44	21				
9	离散数学	75	36				
5	离散数学	44	62				
4	离散数学	48	61				
2	体育	58	71				
6	体育	42	38				
9	体育	41	41				
5	体育	44	61				
4	体育	57	26				
2	大学语文	57	30				
6	大学语文	58	36				
9	大学语文	58	41				
5	大学语文	58	26				
4	大学语文	75	44				
2	军事理论	88	25				
6	军事理论	58	54				
9	军事理论	66	52				
5	军事理论	76	21				
4	军事理论	75	34				

图 6-25 课程安排工作表

操作步骤如下。

1）选中工作表空白区域的任何一个单元格，本例选中空白表的“课程名称”处的单元格（注意，插入点不能在将被合并计算的数据区域内），单击“数据”→“数据工具”→“合并计算”按钮，弹出“合并计算”对话框，如图 6-26 所示。

① 函数下拉列表中有求和、平均值、计数等 11 种函数。常用的有求和、平均值等，本例选择求和。

② “引用位置”编辑框用于设置需要求和的数据源位置。用户可以直接在输入栏中输入引用的数据区域，也可以单击输入栏右侧的按钮，到某一张表的合适位置选择数据，

单击“添加”按钮即可，本例选择位置如图 6-26 所示。

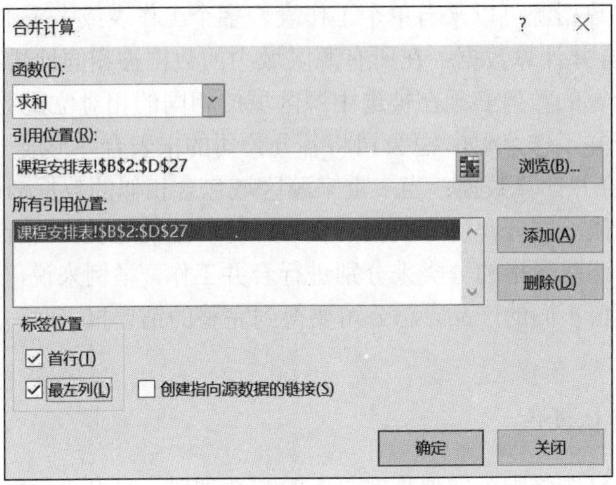

合并计算 ? ×
函数(F):
求和
引用位置(R):
课程安排表!$B$2:$D$27
浏览(B)...
所有引用位置:
课程安排表!$B$2:$D$27
添加(A)
删除(D)
标签位置
首行(T)
最左列(L)
创建指向源数据的链接(S)
确定
关闭

图 6-26　“合并计算”对话框

③“所有引用位置”列表框，在“引用位置”编辑框中被输入或被选中的数据单元格区域会在此以列表形式出现。若选择错误或不当，可以在选中某个单元格区域的前提下，单击“删除”按钮，将其从“所有引用位置”列表框中删除。

④“标签位置”即标题行的位置。一般情况下，在首行输入标题，在最左列输入说明，所以标签位置设置为“首行”“最左列”。

课程安排统计表		
课程名称	人数	课时
英语	285	186
离散数学	262	233
体育	242	237
大学语文	306	177
军事理论	363	186

图 6-27　合并计算结果

2）单击“确定”按钮，合并计算后的新表即出现在空白表格内。合并计算的结果如图 6-27 所示。

此题目的要求只进行一张表相关内容的计算，但多数情况下会进行两张以上工作表的合并计算。后者与前者方法基本一致，只需在“所有引用位置”列表框中选择多个数据区域并进行“添加”即可。另外，合并计算的对象是数值，如果选择单元格区域中的非数值单元格，合并计算结果则为“空”。标签不参与计算，位置必须一一对应。

6.8.4　分类汇总

1. 分类汇总的概念

分类汇总是指按某个字段分类，把该字段值相同的记录放在一起，再对这些记录的其他数值字段进行求和、求平均值、计数等汇总运算。要求先按分类汇总的依据排序，然后再进行分类汇总计算。分类汇总结果将插入并显示在字段相同值记录行的下方，同时自动在数据底部插入一个总计行。

2. 分类汇总操作步骤

1）对数据清单中的记录按需要分类汇总的字段排序。

2）在数据清单中选择任意一个单元格。

3）单击“数据”→“分级显示”→“分类汇总”按钮，弹出“分类汇总”对话框，如图 6-28 所示。

4）在“分类字段”下拉列表框中，选择进行分类的字段（所选字段必须与排序字段相同）。

5）在“汇总方式”下拉列表框中，选择所需的用于计算分类汇总的方式，如求和、平均值等。

6）在“选定汇总项”列表框中，选择要进行汇总的数值字段（可以是一个或多个）。

7）选中“替换当前分类汇总”复选框，则替换已经存在的汇总。

8）选中“每组数据分页”复选框，则添加分页符，将每组数据分页。

9）取消选中“汇总结果显示在数据下方”复选框，则汇总数据显示在上方。

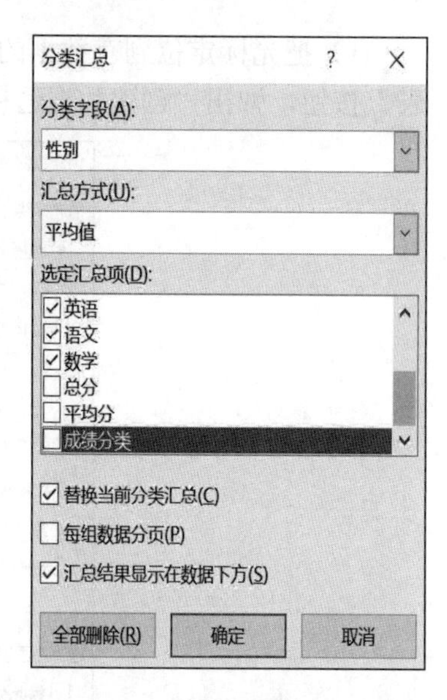

图 6-28 “分类汇总”对话框

10）单击“确定”按钮，完成汇总操作，工作表将出现分类汇总的数据清单。

如果需要恢复原样，单击“分类汇总”对话框中的“全部删除”按钮即可。

若想对一批数据以不同的汇总方式进行多个汇总时，设置“分类汇总”对话框的相应内容后，取消选中“替换当前分类汇总”复选框，即可叠加多种分类汇总，即实现二级分类汇总及三级分类汇总等。

6.8.5 数据透视表

1. 建立数据透视表的目的

数据透视表能帮助用户分析、组织数据。利用它可以快速地从不同角度对数据进行分类汇总。但是应该明确，不是所有工作表都有建立数据透视表的必要。

记录数量众多、以流水账形式记录、结构复杂的工作表，为使其中的一些内在规律显现出来，可将工作表重新组合并添加算法，即建立数据透视表。

例如，有一张工作表，是一个公司员工信息（姓名、性别、出生年月、所在部门、工作时间、政治面貌、学历、技术职称、任职时间、毕业院校、毕业时间等）一览表。该表不但字段（列）多，且记录（行）也多。为此，需要建立数据透视表，以便将其一些内在规律显现出来。

2. 创建数据透视表

例如，根据已建立的“数据源”工作簿中的“南京主要景区客流量表”，使用数据透视表分别对各个景区、各年度的总客流量进行统计。其数据透视表的布局如下：以“景区”为报表筛选字段，以“年份”为行标签，以“总客流量”为求和项，并将生成的数据透视表放置在一个新的工作表中。操作步骤如下。

1）把光标定位到有数据的任意一个单元格中，单击“插入”→“表格”→“数据透视表”按钮，弹出“创建数据透视表”对话框，如图 6-29 所示。

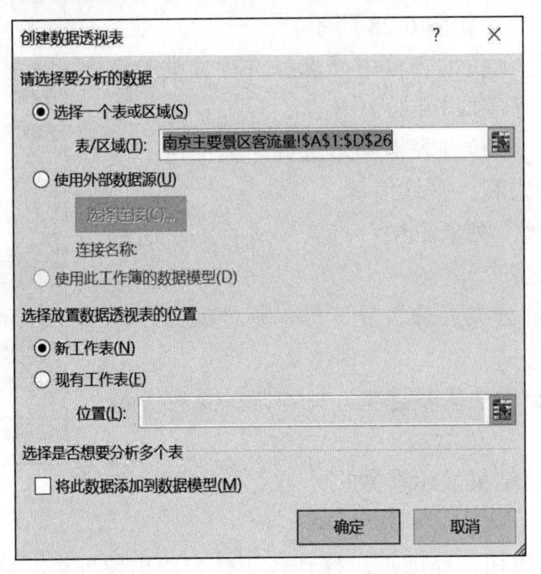

图 6-29　“创建数据透视表”对话框

2）在“请选择要分析的数据”组中选中“选择一个表或区域”单选按钮，选择要进行分析的数据区域（通常会自动选择整个表作为数据分析区域），在“选择放置数据透视表的位置”组中选中“新工作表”单选按钮，单击“确定”按钮。

3）在“数据透视表字段列表”窗格的“选择要添加到报表的字段”列表框中，将“景区”字段拖入“筛选器”区域，将“年份”字段拖入“行”区域，将“总客流量”拖入“值”区域。

4）对新建立的表页中的数据透视表进行相应的格式设置，可以右击，在弹出的快捷菜单中选择“设置单元格格式”“数字格式”“数据透视表选项”等命令，也可以单击“开始”→“单元格”→“格式”按钮对其格式进行设置。得到的结果如图 6-30 所示。

景区	（全部）
行标签	**求和项:总客流量**
2017年	3514
2018年	3826
2019年	4001
2020年	4278
2021年	4750
总计	**20369**

图 6-30　数据透视表结果

6.9 打 印 输 出

完成对工作表的输入、编辑、格式化等操作后，为了方便查看，往往需要将其打印输出。工作簿的打印和 Word 文档有很多相同之处，本节主要介绍其页面设置、打印区域设置、打印预览和输出等操作。

6.9.1 页面设置

页面设置是影响工作表外观的主要因素之一，因此在打印工作表之前，先要进行页面设置。页面设置的方法主要有以下两种。

（1）利用功能区设置

利用“页面布局”选项卡“页面设置”选项组中的相应命令可以设置页边距、纸张大小、纸张方向等。

（2）利用对话框设置

单击“页面布局”→“页面设置”选项组右下角的对话框启动器按钮，弹出“页面设置”对话框，如图 6-31 所示，在此对话框中可设置纸张方向、缩放比例、页边距、页眉/页脚等。

图 6-31 “页面设置”对话框

1）“页面”选项卡。在此选项卡中设置纸张方向、缩放比例及纸张大小。例如，选中“缩放”组中的“调整为”单选按钮，设置为 1 页宽、1 页高，则整个工作表在 1 页纸上输出。

2）“页边距”选项卡。此选项卡用于设置纸张的“上”“下”“左”“右”页边距，居中方式及页眉、页脚的位置。

3）“页眉/页脚”选项卡。在此选项卡中可选择 Excel 预定义的页眉、页脚，也可以自定义页眉、页脚。

4）“工作表”选项卡。此选项卡用于设置打印区域、打印标题、打印顺序等。

6.9.2 设置打印区域

打印区域是指 Excel 工作表中要打印的数据范围，默认是工作表的整个数据单元格区域，若要打印部分数据，可通过设置打印区域的方法来实现。

1. 利用命令设置

选择要打印的数据单元格区域，单击“页面布局”→“页面设置”→“打印区域”按钮，从弹出的下拉列表中选择“设置打印区域”选项即可。若要继续添加打印区域，可选择要添加的打印区域，然后在“打印区域”下拉列表中选择“添加到打印区域”选项即可。

2. 利用对话框设置

在“页面设置”对话框中，选择“工作表”选项卡，如图 6-32 所示。此选项卡的“打印区域”文本框用于设置要打印的区域。可单击其右侧的按钮，在工作表中利用鼠标拖动选择要打印的区域，或直接在“打印区域”文本框中输入要打印的单元格区域地址。

图 6-32 “页面设置”对话框的“工作表”选项卡

“打印标题”组用于设置每页是否打印行标题和列标题。若需要所有页都打印行标题与列标题，可分别单击“顶端标题行”和“左端标题列”文本框右侧的按钮，在工作表中利用鼠标拖动选择行标题与列标题所在的区域。

在“打印”组中可设置是否打印网格线、行号列标、批注等内容。在“打印顺序”组中可设置打印顺序。

6.9.3 打印预览与打印文档

1. 打印预览

打印预览主要是查看最终打印出来的效果，若对效果满意，便可以进行打印输出。若不满意，可以返回到页面视图下重新进行编辑，满意后再打印。

单击快速访问工具栏中的“打印预览和打印”按钮，或者选择“文件”→“打印”选项，都可以打开“打印”窗口，预览打印的效果，如图 6-33 所示。其各项含义如下。

1）“打印”组用于设置打印文档的份数。

2）“打印机”组用于显示打印机的状态、类型和位置。

3）“设置”组用于设置打印的范围、方向、缩放，以及自定义边距等。

窗口右下角的▢按钮用于显示边距，▣按钮用于缩放预览页面。

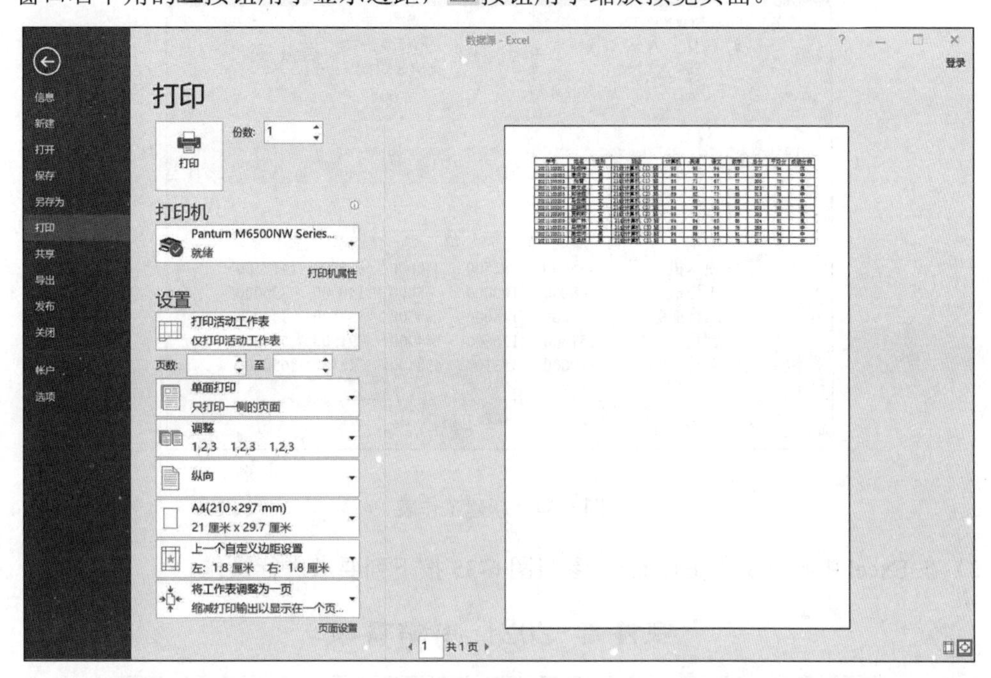

图 6-33　“打印”窗口

2. 打印文档

当对预览效果满意后，单击快速访问工具栏中的“打印预览和打印”按钮，或选择“文件”→“打印”选项，再单击窗口左上角的“打印”按钮，可以直接进行打印。也可以设置打印参数，进行个性化打印。例如，单击“设置”组中的“打印活动工作表”下拉按钮，在弹出的下拉列表中可以选择打印的范围，或者单击“自定义边距”下拉按钮，在弹出的下拉列表中设置页边距。其他设置与 Word 类似，在此不再赘述。

6.10 实　验

6.10.1 工作簿操作

1. 实验目的

1）利用 Excel 建立电子表格，掌握各种数据输入技巧。

2）掌握对 Excel 电子表格进行格式设置和用图表表示数据的方法。

2. 实验内容

1）新建如图 6-34 所示的工作表，并以 E1.xlsx 为文件名保存在自己的文件夹下。

	A	B	C	D	E	F	G
1							
2		硬件部 2021 年销售额					
3		类别	第一季	第二季	第三季	第四季	总计
4		便携机	515500	82500	340000	479500	1417500
5		工控机	68000	100000	68000	140000	376000
6		网络服务器	75000	144000	85500	37500	342000
7		微机	151500	126600	144900	91500	514500
8		合计	810000	453100	638400	748500	2650000

图 6-34　新建工作表

2）在 Excel 中打开文件 E1.xlsx，参照图 6-35 按下列要求进行操作。

硬件部 2021 年销售额

类别	第一季	第二季	第三季	第四季	总计
合计	¥ 810,000.00	¥ 453,100.00	¥ 638,400.00	¥ 748,500.00	¥ 2,650,000.00
便携机	¥ 515,500.00	¥ 82,500.00	¥ 340,000.00	¥ 479,500.00	¥ 1,417,500.00
工控机	¥ 68,000.00	¥ 100,000.00	¥ 68,000.00	¥ 140,000.00	¥ 376,000.00
网络服务器	¥ 75,000.00	¥ 144,000.00	¥ 85,500.00	¥ 37,500.00	¥ 342,000.00
微机	¥ 151,500.00	¥ 126,600.00	¥ 144,900.00	¥ 91,500.00	¥ 514,500.00

图 6-35　样文 6-1

① 在标题下插入一行，行高为 12。

② 将“合计”行移动到“便携机”行之上，设置“合计”行字体颜色为深红。

③ 标题格式：字体为隶书，字号为 20，粗体，跨列居中；字体颜色为深蓝色；底纹为黄色。

④ 将表格中的数据区域设置为会计专用格式，保留两位小数，应用货币符号；其他各单元格内容居中。

⑤ 设置表格边框线，按样文为表格设置相应的边框格式。

⑥ 定义单元格名称，将“便携机”行“总计”单元格的名称定义为“销售额最多”。

⑦ 添加批注，为“类别”单元格添加批注“各部门综合统计”。

⑧ 重命名工作表，将 Sheet 1 工作表重命名为“销售额”。

⑨ 复制工作表，将“销售额”工作表复制到 Sheet 2 工作表。

⑩ 设置打印标题，设置“类别”列为打印标题。

⑪ 建立图表，使用 4 个季度各种商品销售额的数据创建一个簇状柱型图，如图 6-36 所示。

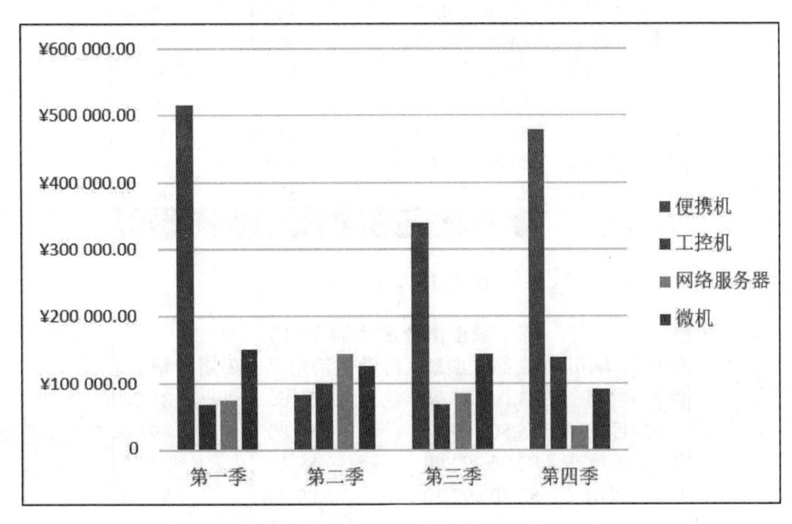

图 6-36　样文 6-2

6.10.2　数据处理

1. 实验目的

1）掌握使用公式与函数进行数据计算的方法。

2）掌握对数据进行排序和筛选的方法。

3）掌握对数据进行分类汇总和合并计算的方法。

4）掌握建立数据透视表的方法。

2. 实验内容

从本课程的 MOOC 平台上下载文档 E2.xlsx 并打开，按下列要求操作，形成所示样文。

1）公式（函数）应用：按照图 6-37 所示，使用 Sheet1 工作表中的数据，计算“平均消费”，计算结果放在相应的单元格中。

2）数据排序：按照图 6-38 所示，使用 Sheet 2 工作表中的数据，以“日常生活用品”为关键字，以递增方式排序。

3）数据筛选：按照图 6-39 所示，使用 Sheet 3 工作表中的数据，筛选出“食品”消费小于 87.35，并且“日常生活用品”消费小于 89.30 的记录。

4）数据合并计算：按照图 6-40 所示，使用 Sheet 4 工作表中的数据，在“地区消费水平平均值”表格中进行“均值”合并计算。

部分城市消费水平抽样调查					
地区	城市	食品	服装	日常生活用品	耐用消费品
东北	沈阳	89.50	97.70	91.00	93.30
东北	哈尔滨	90.20	98.30	92.10	95.70
东北	长春	85.20	96.70	91.40	93.30
华北	天津	84.30	93.30	89.30	90.10
华北	唐山	82.70	92.30	89.20	87.30
华北	郑州	84.40	93.00	90.90	90.07
华北	石家庄	82.90	92.70	89.10	89.70
华东	济南	85.00	93.30	93.60	90.10
华东	南京	87.35	97.00	95.50	93.55
西北	西安	85.50	89.76	88.80	89.90
西北	兰州	83.00	87.70	87.60	85.00
平均消费:		85.46	93.80	90.77	90.73

图 6-37 样文 6-3

部分城市消费水平抽样调查					
地区	城市	食品	服装	日常生活用品	耐用消费品
西北	兰州	83.00	87.70	87.60	85.00
西北	西安	85.50	89.76	88.80	89.90
华北	石家庄	82.90	92.70	89.10	89.70
华北	唐山	82.70	92.30	89.20	87.30
华北	天津	84.30	93.30	89.30	90.10
华北	郑州	84.40	93.00	90.90	90.07
东北	沈阳	89.50	97.70	91.00	93.30
东北	长春	85.20	96.70	91.40	93.30
东北	哈尔滨	90.20	98.30	92.10	95.70
华东	济南	85.00	93.30	93.60	90.10
华东	南京	87.35	97.00	95.50	93.55

图 6-38 样文 6-4

部分城市消费水平抽样调查					
地区	城市	食品	服装	日常生活用品	耐用消费品
华北	唐山	82.70	92.30	89.20	87.30
华北	石家庄	82.90	92.70	89.10	89.70
西北	西安	85.50	89.76	88.80	89.90
西北	兰州	83.00	87.70	87.60	85.00

图 6-39 样文 6-5

5）数据分类汇总：按照图 6-41 所示，使用 Sheet 5 工作表中的数据，以“地区”为分类字段，将“食品”“服装”“日常生活用品”“耐用消费品”进行“最大值”分类汇总。

6）建立数据透视表：按照图 6-42 所示，根据工作表 Sheet 6 中的数据(C9:H17)，以“项目”为报表筛选字段，以“城市”为行标签，以“合计”为求和项，在一个新的工作表中建立数据透视表。

统计表						地区消费水平平均值				
地区	食品	服装	日常生活用品	耐用消费品		地区	食品	服装	日常生活用品	耐用消费品
东北	89.50	97.70	91.00	93.30		东北	88.30	97.57	91.50	94.10
东北	90.20	98.30	92.10	95.70		华北	83.58	92.83	89.63	89.29
东北	85.20	96.70	91.40	93.30		华东	86.18	95.15	94.55	91.83
华北	84.30	93.30	89.30	90.10		西北	84.25	88.73	88.20	87.45
华北	82.70	92.30	89.20	87.30						
华北	84.40	93.00	90.90	90.07						
华北	82.90	92.70	89.10	89.70						
华东	85.00	93.30	93.60	90.10						
华东	87.35	97.00	95.50	93.55						
西北	85.50	89.76	88.80	89.90						
西北	83.00	87.70	87.60	85.00						

图 6-40 样文 6-6

	A	B	C	D	E	F
1	部分城市消费水平抽样调查					
2	地区	城市	食品	服装	日常生活用品	耐用消费品
3	东北	沈阳	89.50	97.70	91.00	93.30
4	东北	哈尔滨	90.20	98.30	92.10	95.70
5	东北	长春	85.20	96.70	91.40	93.30
6	**东北 最大值**		90.20	98.30	92.10	95.70
7	华北	天津	84.30	93.30	89.30	90.10
8	华北	唐山	82.70	92.30	89.20	87.30
9	华北	郑州	84.40	93.00	90.90	90.07
10	华北	石家庄	82.90	92.70	89.10	89.70
11	**华北 最大值**		84.40	93.30	90.90	90.10
12	华东	济南	85.00	93.30	93.60	90.10
13	华东	南京	87.35	97.00	95.50	93.55
14	**华东 最大值**		87.35	97.00	95.50	93.55
15	西北	西安	85.50	89.76	88.80	89.90
16	西北	兰州	83.00	87.70	87.60	85.00
17	**西北 最大值**		85.50	89.76	88.80	89.90
18	**总计最大值**		90.20	98.30	95.50	95.70

图 6-41 样文 6-7

项目	(全部)
求和项:合计	
城市	汇总
杭州	786.7
南京	610.2
太原	567.4
西安	851.1
总计	2815.4

图 6-42 样文 6-8

习 题

一、选择题

1. Excel 新建或打开一个工作簿后，工作簿的名称显示在（ ）。
   A. 状态栏 B. 标签栏 C. 菜单栏 D. 标题栏
2. 在 Excel 工作表的单元格 D1 中输入公式“=SUM(A1:C3)”，其结果为（ ）。
   A. A1,A2,A3,C1,C2,C3 6 个单元格之和
   B. A1 与 A3 两个单元格之和
   C. A1,A2,A3,B1,B2,B3,C1,C2,C3 9 个单元格之和
   D. A1,B1,C1,A3,B3,C3 6 个单元格之和
3. 单元格或单元格区域被“锁定”后，其内容（ ）。
   A. 不能浏览也不能修改 B. 只能浏览不能修改
   C. 只能修改不能浏览 D. 可以浏览也可以修改

4. 单元格地址是指（　　）。
A. 单元格在工作表中的位置　　B. 单元格所在的工作表
C. 每一个单元格　　D. 每一个单元格的大小
5. 下列 Excel 运算符的优先级最高的是（　　）。
A. *　　B. ^　　C. +　　D. /
6. 如果要修改计算的顺序，需要把公式先计算的部分括在（　　）内。
A. 双引号　　B. 单引号　　C. 中括号　　D. 圆括号
7. 若要关闭工作簿，但不想退出 Excel，可以（　　）。
A. 选择“文件”→“关闭”选项　　B. 选择“文件”→“退出”选项
C. 单击 Excel 窗口的“关闭”按钮　　D. 选择“窗口”下拉菜单中的“隐藏”选项
8. 在 Excel 中，单元格 A1 设定其数字格式为整数，当输入“33. 51”时，显示为（　　）。
A. 33. 51　　B. 34　　C. 33　　D. ERROR
9. 当操作数发生变化时，公式的运算结果（　　）。
A. 不会发生改变　　B. 与操作数没有关系
C. 会显示出错信息　　D. 会发生改变
10. Excel 广泛应用于（　　）。
A. 工业设计、机械制造、建筑工程
B. 统计分析、财务管理分析、股票分析和经济、行政管理等各个方面
C. 多媒体制作
D. 美术设计、装修、图片制作等各个方面
11. Excel 使用（　　）来定义一个区域。
A. “;”　　B. “:”　　C. “(　　)”　　D. “|”
12. 以下关于 Excel 中筛选与排序的叙述，正确的是（　　）。
A. 排序是查找和处理数据清单中数据子集的快捷方法；筛选是显示满足条件的行
B. 筛选重排数据清单；排序是显示满足条件的行，暂时隐藏不必显示的行
C. 排序重排数据清单；筛选是显示满足条件的行，暂时隐藏不必显示的行
D. 排序不重排数据清单；筛选重排数据清单
13. 在 Excel 中插入一组单元格后，活动单元格将（　　）移动。
A. 由设置而定　　B. 向左　　C. 向上　　D. 向右
14. 现要向单元格 A5 输入分数“1/10”，并显示分数“1/10”，正确的输入方法是（　　）。
A. 0 1/10　　B. 110　　C. 1/10　　D. 10/1
15. （　　）函数表示计算工作表一串数值的总和。
A. Average(A1:A10)　　B. MIN(A1:A10)
C. COUNT(A1:A10)　　D. SUM(A1:A10)
16. 要在单元格内进行编辑，只需（　　）。
A. 单击该单元格　　B. 双击该单元格
C. 用光标选择该单元格　　D. 用“单元格”选项组中的按钮
17. 要同时选择两个不连续工作表，选择一个工作表后，先按住（　　）键，然后单击

另一个要选择的工作表。

A. Alt　B. Shift　C. Esc　D. Ctrl

18. 某单元格区域由单元格 A4、A5、A6 和 B4、B5、B6 组成，该区域可表示为（　　）。

A. B6:A4　B. A4:B4　C. A4:B6　D. A6:B4

19. 一行与一列相交构成一个（　　）。

A. 窗口　B. 区域　C. 单元格　D. 工作表

20. 在 Excel 2016 中，单元格的条件格式在（　　）中。

A. “文件”选项卡　B. “页面布局”选项卡

C. “视图”选项卡　D. “开始”选项卡的“样式”选项组中

21. 在降序排序中，在排序列中有空白单元格的行会被（　　）。

A. 放置在排序的数据清单最后　B. 不被排序

C. 放置在排序的数据清单最前　D. 保持原始次序

22. 要使 Excel 把输入的数字当作文本，所输入的数字应以（　　）开头。

A. 等号　B. 星号　C. 单引号　D. 一个字母

23. Excel 的页面设置功能，能够（　　）。

A. 绘制图表　B. 选择所有工作簿

C. 进行工作簿的复制　D. 改变页边距

24. 新建的 Excel 2016 工作簿窗口中默认包含（　　）个工作表。

A. 1　B. 4　C. 2　D. 3

25. 在 Excel 工作表的单元格中输入公式时，应先输入（　　）。

A. '　B. &　C. @　D. =

26. 在 Excel 工作表中，假设 A2=7，B2=6.3，选择单元格区域 A2:B2，并将鼠标指针指向该单元格区域右下角的填充柄，按住鼠标左键拖动到单元格 E2，则 E2=（　　）。

A. 9.8　B. 3.5　C. 4.2　D. 9.1

27. 设置日期格式，是在“单元格格式”对话框的（　　）选项卡中进行。

A. 对齐　B. 字体　C. 编辑　D. 数字

28. Excel 2016 文件的扩展名为（　　）。

A. .doc　B. .xlsx　C. .exc　D. .exe

29. 图表是（　　）。

A. 可以用画图工具进行编辑的

B. 照片

C. 根据工作表数据用画图工具绘制的

D. 工作表数据的图形表示

30. 在 Excel 中，若单元格地址引用随公式所在单元格位置的变化而改变，则称为（　　）。

A. 混合引用　B. 绝对引用

C. 3-D 引用　D. 相对引用

二、填空题

1. 在 Excel 中，单元格默认对齐方式与数据类型有关，如文字是左对齐，数字是_____。

2. 在 Excel 中，如果要打印一个多页的列表，并且使每页都出现列表的标题行，则应单击“页面布局”选项卡“页面设置”选项组中的_____按钮进行设置。

3. 相对地址引用的地址形式是 A1，绝对地址引用的地址形式是_____。

4. Excel 中工作簿的最小组成单位是_____。

5. 在 Excel 中，正在处理的单元格称为_____单元格。

6. Excel 中对指定区域(C1:C5) 求和的函数公式是_____。

7. 分类汇总前必须先按分类字段进行____操作。

8. 如果在单元格 A1 中输入公式“=10*2”，那么在这个单元格中将显示_____；如果在单元格 A2 中输入公式“=A1^2”，那么在这个单元格中将显示_____。

9. 选择整行，可将光标移动到_____上，选择整列，可将光标移动到列标上，单击即可。

10. Excel 中，要在公式中引用某个单元格的数据时，应在公式中输入该单元格的_____。

三、判断题

1. 选取连续的单元格，需要用 Ctrl 键配合。 (   )

2. Excel 中的清除操作是将单元格内容删除，包括其所在的单元格。 (   )

3. 在 Excel 中，删除工作表中对图表有链接的数据，图表将自动删除相应的数据。 (   )

4. 相对引用的含义是把一个含有单元格地址引用的公式复制到一个新的位置或用一个公式填入一个选定范围时，公式中的单元格地址会根据情况而改变。 (   )

5. 在 Excel 中可同时将数据输入多张工作表中。 (   )

6. 在 Excel 中，当用户复制某一公式后，会自动更新单元格的内容，但不计算其结果。 (   )

7. 公式由常量、变量、运算符、函数、单元格引用位置及名称等组成。 (   )

8. Excel 2016 中工作表的隐藏相当于删除。 (   )

9. 单元格中的数据格式一旦被设定，将不能被修改。 (   )

10. 单元格中的错误信息都是以#开头的。 (   )